铁摩辛柯材料力学史

［美］斯蒂芬·普罗科菲耶维奇·铁摩辛柯 　著
(Stephen P. Timoshenko)

马乐为　史庆轩　周铁钢　译

上海科学技术出版社

内 容 提 要

本书为"现代工程力学之父"斯蒂芬·普罗科菲耶维奇·铁摩辛柯撰写的经典著作 History of Strength of Materials 的中译本。全书浓缩 18—20 世纪材料力学发展之大成，具有重要的文献与史料价值。著作以时间为顺序、以人物为章节，内容涵盖材料力学发展 300 年间的大事件、大人物，涉及欧洲的早期大学教育理念及其工程专业教学模式。书中插图精美、语言流畅，呈现出诸多经典理论公式背后鲜为人知的故事，还原了它们的提出场景、演化脉络和应用方式；这些不仅令人茅塞顿开，更有助于我们掌握材料力学学科的整个文脉。

本书读者对象为高等院校工程力学专业方向的本科生、研究生，以及相关科研机构工作者与工程技术人员。

图书在版编目（ＣＩＰ）数据

铁摩辛柯材料力学史 / （美）斯蒂芬·普罗科菲耶维奇·铁摩辛柯著 ; 马乐为，史庆轩，周铁钢译. -- 上海：上海科学技术出版社，2023.1（2025.1重印）
    书名原文：History of Strength of Materials
    ISBN 978-7-5478-5935-3

Ⅰ．①铁… Ⅱ．①斯… ②马… ③史… ④周… Ⅲ．①材料力学－力学史 Ⅳ．①TB301-091

中国版本图书馆CIP数据核字(2022)第193886号

铁摩辛柯材料力学史

［美］斯蒂芬·普罗科菲耶维奇·铁摩辛柯
    （Stephen P. Timoshenko）　著

马乐为　史庆轩　周铁钢　译

上海世纪出版(集团)有限公司
上海科学技术出版社　出版、发行
（上海市闵行区号景路 159 弄 A 座 9F‑10F）
邮政编码 201101　www.sstp.cn
上海新华印刷有限公司印刷
开本 890×1240　1/32　印张 15
字数 410 千字
2023 年 1 月第 1 版　2025 年 1 月第 3 次印刷
ISBN 978‑7‑5478‑5935‑3/O·107
定价：98.00 元

译者序

　　上海科学技术出版社曾于1961年将本书引入中国，当时的译者是常振楫老师。然而由于历史原因，1961年版译本已经无法适应当今人们的阅读习惯。例如，原译本中的"雪克斯特斯第五""加利略""雷莱""马克斯威尔"，其实就是现在众所周知的"西克斯图斯五世""伽利略""瑞利""麦克斯韦"；另外，该译本中的一些专业术语也同当下差别过大，例如，"左右摇摆""角变位移法""箱形管桥"实为现在的"横摇""转角位移法""箱梁桥"。常老师的翻译在"信"字上做足了功夫，但也正因为如此，很多长句读起来就有些拗口，例如，"工程师们在最后将理论发展得与马克斯威尔的完全相同之前，他们是花了相当长的一段时间的"，若改为"工程师花费相当长一段时间后，才将强度理论发展到与麦克斯韦相当的水平"，读起来或许会顺口一些。在这里列举几例，以证重译之必要性。

　　当然，在本次译稿过程中，我们也参考了常老师的文字，并受益匪浅。在此，应首先向常老师致敬，正是他的努力，才使这本经典著作在60多年前就来到了中国。

　　人们常说"历史就是一个任人打扮的小姑娘"，但真正敢写历史、能写历史的唯有大师，本书正是"现代工程力学之父"铁摩辛柯笔下的"小姑娘"。

　　铁摩辛柯，这位20世纪世界上最伟大的工程力学专家，在中国具有广泛认知度,其著作无一不经典、无一不畅销。相比有些书习惯于把简单问题复杂化,铁摩辛柯总会力图将十分晦涩的问题以简单方式描述清楚,既严谨又通俗,人们很难从他的书中找到错误,这也使得其人家喻户晓、其书入木三分。

本次译稿的出版得到了西安建筑科技大学土木工程学院领导、同事及研究生的帮助,在此一并表示感谢。

最后想告诉大家,铁摩辛柯打扮的这位"小姑娘"是一本值得"悦"读的书。

马乐为

西安建筑科技大学

2022 年 6 月

前　言

　　这本书的原型是我的《材料力学史讲义》。最近 25 年以来，我一直在给工程力学专业的学生讲授材料力学这门课程，当然，他们已经学过了材料力学和结构理论。虽然在本书准备付梓过程中，我又将大量素材补充到原讲义里，然而课程核心要义却没有变化。在写作过程中，我已经关注到，有些读完材料力学必修课的学生，往往有意对此进行深造，并愿意了解一些材料力学领域的发展史。正是基于此，我无心罗列一个《弹性力学》的图书目录或者该学科的文献索引，因为它们已经广泛存在于现有图书中，例如，由托德亨特和皮尔森合著的《弹性理论与材料力学史》[①]，或者克莱因与穆勒编写的《数学知识百科全书》第四卷内的很多文章[②]。

　　在这里，倒更愿意用圣维南的《固体抗力与弹性的研究简史》一文为参照[③]，服务于更大的读者群体，对材料力学这门学科发展的主要脉络作出宏观的历史性回顾，而不去在意过多细枝末节。我认为：本书要做到这一点，就应当涵盖本学科最杰出人物的生平简介，并讨论材料力

---

　　① 译者注：伊萨克·托德亨特（Isaac Todhunter）、卡尔·皮尔森（Karl Pearson, 1857—1936），《弹性理论与材料力学史》（*A History of the Elasticity and Strength of Materials*）。

　　② 译者注：作者及书名如下，菲利克斯·克莱因（Felix Klein, 1849—1925）、穆勒（C. Müller），《数学知识百科全书》（*Encyklopädie der Mathematischen Wissenschaften*）。

　　③ 译者注：这篇有关材料力学的发展概要《固体抗力与弹性的研究简史》（*Historique abrégé des recherches sur la résistance et sur l'élasticite des corps solides*）由圣维南增订在纳维原著的《国立路桥学校应用力学课程总结》（*Résumé des leçons données à l'École des ponts et chaussées sur l'application de la mécanique*）一书中，该书的第 3 版经圣维南重新修编。

学的发展与各国工程教育及工业发展状况之间的联系。比如,铁路运输的进步以及工程结构中钢材的应用,都给我们带来大量有关结构强度的新课题,已经对材料力学发展产生了重大影响。而在当下,内燃机与轻型飞机结构的进步也有异曲同工之处。

如果离开弹性理论与结构原理等相关学科的深耕细作,便无法对材料力学的演绎做出充分讨论。因为这些学科之间的关系紧密相连,所以必然少不了涉及它们的历史沿革。对此,我会仅仅撷取弹性理论中那些同材料力学发展密切相关的部分,而略去一切有关学科中纯理论或纯数学的发展过程;同样,仅就结构理论的发展而言,本书也不会触及那些单纯的技术性细节。

这里以时间为顺序,将学科历史分成若干时期;在每个阶段内,我都会讨论材料力学及相关学科的发展进程。当然,时间顺序并非金科玉律,在讨论某位特定学者成就时,我认为,将其所有贡献放在一起来介绍可能更恰当,即便它们中的一些也许并不属于正在讨论的那个时期。

编写过程中,很多已出版的科学史读物令人受益匪浅。包括以上提到的图书在内,手头还有一本由纳维原著,圣维南编辑、增订的《国立路桥学校应用力学课程总结》,在其第三版里,便包括后者的论文《固体抗力与弹性的研究简史》以及大量相关注释,这些都具有重要历史价值。另外,我还参考了由克莱布什编写、圣维南翻译的弹性力学著作,其中也涵盖对弹性力学早期发展史的简述。另外一些有价值的档案资料包括梅尔的《数学与物理科学史》、鲁尔曼的《工程力学史》、约瑟夫·伯川德的《来自科学院的颂词》以及弗朗索瓦·阿拉戈的许多英文传记作品[①]。为了对较新的出版物做出综述,就必须审读各种语言的大量期刊论文,虽然这是个耗时耗力的工作,但如果能够节省其他从事材料力

---

① 译者注:梅尔(M. Maire),《数学与物理科学史》(*Histoire des Sciences Mathématiques et Physiques*);鲁尔曼(M. Rühlmann),《工程力学史》(*Geschichte der Technischen Mechanik*);约瑟夫·伯川德(Joseph Bertrand),《来自科学院的颂词》(*Éloges Académiques*),内容涉及作者为法国科学院已故院士所写的 70 篇悼词;弗朗索瓦·阿拉戈(François Arago)。

学史研究者的心力,那么,我将衷心地倍感荣耀。

在此,非常感谢斯坦福大学的同事们[①]:奈尔斯教授对我有关桁架的早期发展史与超静定桁架分析中麦克斯韦-莫尔法的手稿部分提出了宝贵建议;多诺万·杨教授在初稿准备工作期间发表过许多建设性意见;毕肖普博士阅读过全部手稿并给出很多重要评述;我们的研究生詹姆士·基尔核对了校样。在此一并致谢。

斯蒂芬·普罗科菲耶维奇·铁摩辛柯(Stephen P. Timoshenko)

斯坦福,加利福尼亚

1952 年 12 月

[①] 译者注:阿尔弗雷德·S.奈尔斯(Alfred S. Niles)、多诺万·杨(Donovan H. Young)、毕肖普(R. E. D. Bishop)、詹姆士·基尔(James Gere)。

目　录

引　言

在古代，从开始盖房子起，人们便发觉，了解一些结构材料强度的知识必不可少，久而久之，一套确定构件安全尺寸的法则便应运而生。毋庸置疑，古埃及人在材料强度方面经验丰富，否则，那些伟大的纪念碑、庙宇、金字塔以及方尖碑就无从谈起，更甭提其中一些还能保存至今。希腊人进一步提升了建造手艺，发展出构成材料力学基础的静力学。阿基米德（前287—前212）不仅给出杠杆平衡条件的严格证明，勾画出确定物体重心的方法，还将自己的理论应用到起重设备结构里。图1～图3展示了古希腊人搬运以弗所城戴安娜神庙里柱子和额枋的办法。

罗马人不愧为伟大的建筑师，不仅纪念碑和庙宇能够保留至今，而且许多道路、桥梁和堡垒也都经受住了岁月考验。维特鲁威是奥古斯都王朝时期罗马著名的建筑师与工程师[①]，留下了很多古罗马的建筑施工方法，其在书中详细描述过当时的建筑材料和构造形式。图4为罗马人吊装巨石的一种起重机具。拱是罗马建筑的常见形式，图5这座位于法国南部著名的加德桥使用至今。虽然现代的拱已经轻巧许多[②]，但当时的罗马人还不会利用应力分析，也无法选择合适的建筑造型，只好采用跨度较小的半圆拱。

希腊与罗马在结构工程中积累的大量知识在黑暗的中世纪消失殆尽，直到文艺复兴时期才得以恢复。随时间流逝，当著名意大利建筑师

[①] 维特鲁威（Vitruvius）的《建筑学》（*Architecture*）是由德·比乌勒（De Bioul）译成法文的，布鲁塞尔，1816年。另：奥古斯都（Augustus）。

[②] 关于该比较，可以参考阿尔弗雷德·莱热（Alfred Leger）的《罗马时代的公共工程》（*Les Travaux Publics aux temps des Romains*）第135页，巴黎，1875年。另：加德桥（Pont de Gard）。

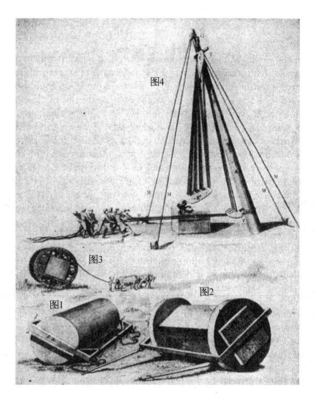

图1~图3   希腊人运输柱子的方法；
图4   罗马人的起重方式

图5   著名的加德桥

丰塔纳（Fontana，1543—1607）遵照教皇西克斯图斯五世（Sixtus Ⅴ）旨意建造梵蒂冈方尖碑时（图6），这项工程立刻吸引来整个欧洲工程师的注意力。然而众所周知，早在几千年前，埃及人就已开始从赛伊尼（Syene，阿斯旺的旧称）采石场琢石，并经尼罗河运输，最后树立起很多这样的方尖碑。显然，罗马人仅仅将埃及的方尖碑从其诞生地搬运到罗马，然后再将它们树立起来罢了。如此看来，仅就这么困难的建设任务而言，也许16世纪的工程师技术储备并不比他们的前辈丰富。

图 6　梵蒂冈方尖碑的建造

文艺复兴使得科学与艺术得到空前繁荣，在建筑和工程领域出现了很多艺术领军人物，莱昂纳多·达·芬奇无疑是那个时代最杰出的代表，他不但非凡于艺术，也是伟大的科学家与工程师（图7）。虽然其一生并未出书立传，然而笔记本中却记载着众多科学分支的巨大发现[①]。达·芬奇对机械学具有浓厚兴趣，他在一本笔记中有言："力学是数学的伊甸园，因为在这里能够获得后者的果实。"采用力矩法，达·芬

---

① 莱昂纳多·达·芬奇（Leonardo da Vinci，1452—1519；简称"达·芬奇"）的成就列表刊载于《大英百科全书》中。达·芬奇手稿中的一些段落节选可以从爱德华·麦柯迪（Edward McCurdy）的《莱昂纳多·达·芬奇的笔记》（*Leonardo da Vinci's Note-books*）里找到。另外，在帕森斯（W. B. Parsons）于1939年所著的《文艺复兴时期的工程师与工程》（*Engineers and Engineering in the Renaissance*）中，也留下不少手稿痕迹。本节的图10及引文均摘录于上述最后一本书。

图7　莱昂纳多·达·芬奇

奇找到如图8所示问题的正确解。他还运用虚位移概念分析过起重机械上的滑轮和杠杆系统。达·芬奇几乎已经具备"拱能够产生横向推力"的正确理念。我们在他的手稿中发现了一张草图,其上画着作用有竖向荷重 Q 的两个构件(图9),并配有如下问题:"请问,在 a、b 处施加怎样的力才能使杆系保持平衡?"依照图9中虚线所表示的平行四边形,我们能够断言:在这个问题上,这位艺术家已经找到了正确答案。

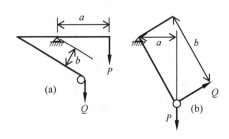

图8　达·芬奇正确解决过的问题

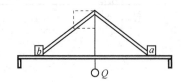

图9　达·芬奇手稿中的草图

　　达·芬奇对结构材料的强度问题进行了大量实验研究。在其笔记"不同长度铁丝的强度实验"中,他给出图10所示测试方案,并注释道:"本实验目的是确定一根铁丝的承载力。取一段两布拉恰[①]长的铁丝,把首端固定于某处,再于末端悬挂一只提篮或类似容器,并通过漏斗端部的小孔将细沙倒入其中。然后设计一根弹簧,用于当铁丝断裂时关闭小孔。由于下落行程很短,故篮子不会翻转。这样一来,沙重和铁丝的断裂位置就能够被记录下来,如此反复实验,即可得到精确结果。接下来,把铁丝长度减半,记录其所能承受的附加重量;然后再用1/4的长度进行测试,以此类推,每次都记录下极限强度与

---

①　译者注:布拉恰(braccia)是一种古老的意大利长度单位,1 布拉恰约等于 66~68 cm。

断裂位置。"①

　　达·芬奇还考查了梁的强度问题，并提出如下一般性原理："任何被支撑但能够自由弯曲的杆件，如果截面和材料均匀，则距支撑端最远处，弯曲程度最大。"他建议通过一系列实验来研究梁的强度。首先，从两端支撑且承载力已知的梁开始，然后，在保持梁截面高度与宽度不变的条件下，不断增加梁长，并记录其载重量。达·芬奇的实验结论是：两端支撑梁的承载力与长度成反比，与截面宽度成正比。另外，他还研究了一端固定、另一端自由的梁，并写道："如果两布

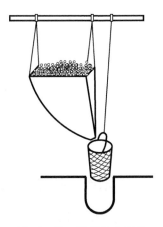

图 10　达·芬奇的金属丝抗拉试验

拉恰长度的梁能够承重 100 罗马磅②，那么，一布拉恰的梁则能承重 200 罗马磅，梁长度减小多少倍，承载力便会增大多少倍。"有关梁高对强度的影响，达·芬奇在笔记中没有确切说明。

　　显而易见，达·芬奇进行过柱的强度研究，并得出如下结论：柱的强度与长度成反比，但正比于横截面的某些比率。

　　达·芬奇的研究成果可以概括为：大概是第一位试图利用静力学原理求解构件作用力之人，也是首先采用实验方法确定结构材料强度的践行者。然而，这些重要进步却一直"沉睡"在他的笔记中，15—16 世纪的工程师依旧延续罗马时代的设计建造方法，仅仅依靠经验臆断结构杆件尺寸。

　　直到 17 世纪，人们才开始利用解析方法寻找承重体系的安全尺寸。伽利略通过其名著《关于两门新科学的对话》③，谋求将解析方法应用于应力分析并得到符合逻辑的结果，也代表着"材料力学"的诞生。

---

　　① 详见帕森斯的《文艺复兴时期的工程师与工程》第 72 页。

　　② 译者注：罗马磅（libbra），或称"里拉"，相当于 328.90 g，远低于目前国际通用"磅（453.59 g）"的重量。罗马磅是欧洲中世纪的质量单位，也是金属货币单位的基础。

　　③《关于两门新科学的对话》（*Dialogues Concerning Two New Sciences*），详见亨利·克鲁（Henry Crew）与阿方索·德·沙尔韦奥（Alfonso de Salvio）的英文译本，纽约，1933 年。

第 1 章

17 世纪的材料力学[1]

1. 多米诺·伽利略·伽利雷(1564—1642)

伽利略(图 11)生于意大利比萨[2],是佛罗伦萨贵族家庭的后裔。在位于佛罗伦萨附近的瓦隆布罗萨(Vallombrosa)修道院,他接受了拉

丁语、希腊语和逻辑学的预科教育。1581年,伽利略进入比萨大学,准备从事医科学习,然而很快数学讲义开始吸引他的兴趣,于是便全身心投入欧几里得和阿基米德工作成果的研究。也许正是通过卡丹的书[3],他才熟悉了达·芬奇的力学发现。1585年,伽利略因经济困难而退学,没有取得学位便回到家乡佛罗伦萨。他在那里当起了数学与力学家教,并继续着自己的科学工作。1586年,伽利略制作了一台用于测量

图 11　伽利略

---

[1] 在《论固体抗力分析》(*Traité Analytique de la résistance des Solides*)这本书的前言中,知名作者吉拉尔(P. S. Girard)讨论了 17—18 世纪的材料力学发展史。巴黎,1798 年。

[2] 多米诺·伽利略·伽利雷(Domino Galileo Galilei;简称"伽利略"),详见费伊(J. J. Fahie)的《伽利略的生活与成就》(*Galileo, His Life and Work*),纽约,1903 年。另见若尔特·德·豪尔沙尼(Zsolt de Harsányi)的小说《观星者》(*The Star-gazer*),这本书的英文版译者为泰伯(P. Tabor),纽约,1939 年。

[3] 详见皮埃尔·迪昂(P. Duhem)的《静力学的起源》(*Les Origines de la Statique*)第 39页,巴黎,1905 年。卡丹(Cardan, 1501—1576)在其数学论著中讨论过力学问题,他对该学科的论述与达·芬奇很相似。人们普遍认为,卡丹拿到了达·芬奇的手稿与笔记。

各种物质密度的流体静力天平,并着手考查实心物体的重心,这使得他名声大振。1589 年 6—7 月间,伽利略被任命为比萨大学数学教授,而当时的他还不到 26 岁。

在比萨期间(1589—1592),伽利略继续着数学与力学研究工作,并完成了那个著名的比萨斜塔落体实验。这些成果促成其著作《论重物的运动》[①]于 1590 年成型,也代表如今众所周知的动力学之启航。这部研究成果的主要结论包括: ① 一切物体从相同高度下落,所需的时间相等;② 下落时,末速度正比于时间;③ 下落距离正比于时间的平方。即便上述结论完全有悖于亚里士多德的力学观点,但伽利略毫不妥协,敢于按照自己的结论与亚里士多德学派追随者争论。然而,如此行为却让年轻的他成为众矢之的,最终不得不离开比萨,重新回到佛罗伦萨。在此危难之际,朋友们向他伸出援手,使其获得帕多瓦大学(Univ. of Padua)教授头衔。当时的官方聘书上还留下了一段耐人寻味的话[②]: “因帕多瓦大学前任数学教师莫莱蒂先生(Signor Moletti)离世,故该讲席已长期空缺,鉴于此职位之重要性,宁缺毋滥,以待合适且有才者补缺。现得知多米诺·伽利略·伽利雷教授在比萨大学的荣誉及成功、业界之翘楚,如有意,望即刻来我大学讲授此课,当以任命为盼。”

1592 年 12 月 7 日,伽利略开始履行新职。其讲座不仅知识内涵丰富,而且口才雄辩、措辞考究,从而博得听众们极大的钦佩。在帕多瓦大学的最初几年里,伽利略非常活跃,课堂知名度颇高,欧洲其他国家的许多学生都慕名而来,以致需要一间能够容纳 2 000 多人的大教室方可满足需求。1594 年,伽利略完成了名篇《力学科学》[③],其中包括各种静力学问题的虚位移原理处理方法,此大作很快便以手抄本形式广泛流传开来。几乎与之同时,关注造船问题的动因又让他对材料力学产生浓厚兴趣,不久后便是天文学。众所周知,在帕多瓦大学头几年,伽利略讲授的是当时非常流行的托勒密体系。然而,早于 1597 年在写给

---

① 译者注: 原书名 *De Motu Gravium*。
② 详见费伊的《伽利略的生活与成就》第 35 页。
③ 译者注: 原书名 *Della Scienza Meccanica*。

开普勒的信里,他就强调:"很多年以前,我就已经成为哥白尼的拥趸,其理论能够成功解释许多现象,但如果按照相反的假定,这些却完全匪夷所思。"在1609年的帕多瓦大学,望远镜已经问世的谣言不期而至;刺激之下,伽利略凭借一些少得可怜的信息,竟然成功组装出一架32倍放大率的望远镜。利用此"神器",他获得了一系列重大发现。例如,银河是由许多更小的星星所组成,月球表面具有多山特性。1610年1月,伽利略首次观测到木星的卫星,此最新发现极大地推动了天文学进步,鉴于这些卫星的运动肉眼可见,从而也就成为哥白尼理论最具说服力的证据。如此多的发现令伽利略声名鹊起,他以"杰出哲学家与数学家"身份被推荐给托斯卡纳(Tuscany)大公爵,并于1610年9月放弃帕多瓦,重返佛罗伦萨。新环境可以让伽利略别无他求,继续自己的科学工作,并全身心投入天文学研究,继而发现土星的特殊形状、金星相位以及太阳黑子。

伽利略所有这些伟大发现以及那些力挺哥白尼理论的文章,立刻引起教会紧张。显然,行星体系新论点与圣经教义存在不可调和之矛盾,很快被提交至宗教裁判所面前。1615年,伽利略接到半官方警告:必须回避神学,并且只能限于物理学论证。1616年,哥白尼的不朽成就遭到教会谴责。于是,在接下来的7年里,伽利略被迫中止公布有可能引起争议的天文学发现。1623年,他的朋友及崇拜者马菲欧·巴贝利尼(Maffeo Barberini)登上教皇宝座。伽利略期望自己曾经的天文学论述可以重见天日,便开始着手写作那本关于两种宇宙观的名著,该书最终刊印于1632年。然而,由于这本大作完全秉持哥白尼理论,所以变成了教会禁书,伽利略也被宗教裁判所传唤到罗马。在那里,他受到谴责并被迫诵读自己的忏悔书。即便回到佛罗伦萨,他也被强制待在自己位于阿斯堤城郊的庄园里(图12),过着严格与世隔绝的生活,阿斯堤成为伽利略生命最后8年的归宿。正是在此期间,他完成了著名论作《关于两门新科学的对话》①,其中概述了自己在力学各领域内的全部前期

---

　　① 伽利略,《关于两门新科学的对话》的英文版由亨利·克鲁、沙尔韦奥翻译,麦克米伦出版公司(Macmillan Company),纽约,1933年。

成果,1638 年,该书由位于荷兰莱顿的埃尔塞维尔印刷商出版(Elzevir,图 13)。这本书是材料力学的首部读物,因为我们在其中发现了有关结构材料力学性能以及梁强度的内容。从这一时刻起,弹性体力学史的大树便开始萌芽。

图 12　位于阿斯堤(Arcerti)的
　　　伽利略乡间庄园客厅

图 13　《关于两门新科学的
　　　对话》扉页

2. 伽利略在材料力学方面的成就

伽利略的所有材料力学论述都囊括在《关于两门新科学的对话》最开始两节中。他以对威尼斯军械库的多次考查为开端,进而讨论了一些几何尺寸相似的结构。伽利略断言,几何形状相似的结构会随尺寸增加而变得越来越弱。为此,他解释道:"小型方尖碑、柱或者其他实体形状,不管放平或直立,均无开裂之忧;但如果体积巨大,则会在轻微扰动下破碎,这纯粹是由自重造成的。"为证明此观点,伽利略首先利用简单拉伸法来研究材料强度问题(图 14),并由此得出以下结论:杆件强度正比于截面面积,而与长度无关。他称之为"绝对抗裂强度",并给出一些铜的极限强度数据。掌握杆件绝对抗裂强度后,伽利略又进一步提问:如果让这根杆件像悬臂梁那样在自由端承重,抵抗断裂的情况又将如何变化(图 15)? 对此,这位学者指出:"显然,当棱柱体破坏时,断裂面将出现在 B 点,即作为受力杠杆 BC 支点的榫眼边缘;实体 BA 的厚度是杠杆的另外一个力臂,抗力作用于其长度方向上,该力抵抗着杆件墙外 BD 部分与镶嵌在墙内部分的分离趋势。综上所述,施加在 C 点的荷载值与作用于棱柱体厚度上的,或者说是棱柱体 BA 底面与墙体接触面上的抗力值之比等于 1/2 的 BA 边长除以 BC 边长。"[①]如图 16b 所示,伽利略假定棱柱体破坏时,抗力均匀分布于横截面 BA 上;当然,现在我们知道,对于矩形截面构件而言,如果开裂前材料服从胡克定律,其应力是按图 16c 分布的,相应的抵抗弯矩仅为该学者假定弯矩值的 1/3,即伽利略理论计算值是 C 点实际开裂荷载的 3 倍。在破

图 14 伽利略的
拉伸试验示意图

图 15 伽利略的弯曲试验示意图

① 详见《关于两门新科学的对话》英文版,第 115 页。

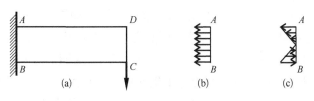

图 16 伽利略认为的受弯梁应力分布

坏前,材料并非完全遵循胡克定理,且开裂应力分布也有别于图 16c,这两个因素相叠加的结果淡化了其理论预测值与真实开裂荷载值的差异。

伽利略按照自家理论得出一些重要结果。对于矩形截面梁,他提出如下问题:"一根棍子或者宽度大于厚度的棱柱体杆件,当分别沿宽度和厚度施加相同外力时,前者的抗裂能力将更大,那两者的比例关系如何变化?"他利用图 16b 的假设得出正确答案:"任意给定宽度大于厚度的木尺或棱柱体,其侧立的抗裂强度高于平放位置,两者的比例大小等于宽度与厚度之比。"①

伽利略进而拓展至悬臂梁情况。他指出:当截面尺寸不变时,在自重作用下,梁弯矩值的增加正比于梁长的平方;当圆柱体的长度恒定而半径改变时,抵抗弯矩与半径的立方成正比,这个结论符合如下事实:"绝对抗裂强度"正比于圆柱截面面积,且抵抗弯矩的力臂等于圆柱半径。

针对自重作用下几何尺寸相似的悬臂梁,伽利略给出的答案是:固端弯矩的增加正比于长度的四次方,但抵抗弯矩却只与长度立方呈线性关系。这意味着几何相似的梁并非等强度,尺寸越大,梁的强度就越弱;最后,当梁个头非常大时,便会被自己的重量压垮。这位学者观察到:要想保持强度不变,截面尺寸的增加率就必须稍大于长度增加率。

胸有成竹之后,伽利略总结道:"显而易见,无论是工程领域还是在自然界中,无限制增加结构尺寸的想法不切实际,也就是说,我们无法建造体量过于庞大的船只、宫殿或庙宇。因为它们的桨叶、庭院、梁、铁栓等与所有其他构件无法完美结合在一起;自然界也不可能孕育出真

① 详见《关于两门新科学的对话》英文版,第 118 页。

的所谓'参天'大树,自重便能让枝干折断;同样,如果人、马或其他动物的体型超常,那么,骨骼结构就不可能富有成效地配合起来去实现正常机能,高度的增加将会令骨骼变硬、变强、变大,从而导致身体变形,以至于成了巨兽或怪物;然而当体形缩小时,其强度却不会按比例减小;相反,体形越小,相对强度反而越高。一只小狗能再驮上三只同样大小的狗,但如果换成马,恐怕再来一匹也不行。"[1]

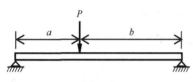

图 17　伽利略研究过的简支梁

伽利略还研究了两端支撑梁(图17)的情况,并发现,弯矩最大值位于集中力作用处,且正比于 ab 的乘积,故而,使梁开裂的最小荷载必然作用于跨中。他观察到:降低靠近支座的截面面积有助于节约材料。

针对矩形截面等强度悬臂梁,伽利略给出一个完整推导过程。如图 18a 所示棱柱体梁,他认为,能够从该等截面梁中节省一些材料而不致影响强度。伽利略指出:如果减少一半的材料而使梁变成楔形截面 ABC,那么,任意截面 EF 上的强度将会明显不足,这是因为截面 EF 与截面 AB 的弯矩比值为 $EC:AC$,但抵抗弯矩却与截面高度的平方成正比,即两截面处的抵抗弯矩比为 $EC^2:AC^2$,为使抵抗弯矩按荷载弯矩的比值变化,就必须采用如图 18b 的抛物线 BFC 形式,这样才能满足等强要求。因为对于抛物线,有 $(EF)^2/(AB)^2 = EC/AC$。

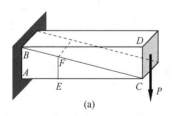
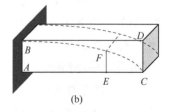

(a)　　　　　　　　　　(b)

图 18　伽利略研究过的悬臂梁

---

[1] 详见《关于两门新科学的对话》英文版,第130页。

最后,伽利略还讨论了空心梁的强度问题,并指出[1]:这类梁不仅在工程中广泛应用,而且在自然界中也更为普遍、不胜枚举,因为它能够大大提高强度而无须增加重量。例如,鸟类的骨骼以及多种芦苇秆结构,它们的共同特点是轻质高强,不但抗弯而且抗裂。一根麦秆所负担的麦穗比麦秆本身要重得多,当材料用量相同的麦秆采用实心形式,其抗弯和抗裂能力将大大降低。已被证实的经验告诉我们:空心长矛、木制或金属管比相同长度和重量的实心杆强度更高……伽利略还发现:横截面面积相同的空心与实心杆相比,两者的绝对强度相同;另外,由于抵抗弯矩等于绝对强度与外径的乘积,因此,空心管的弯曲强度比实心杆更大,且两者的强度差值正比于其直径之差。

3. 国立学术机构

17 世纪是数学、天文学和其他自然科学迅猛发展的时期,许多能人志士都对科学产生出浓厚兴趣,并特别关注实验研究。那个年代,多数大学都受控于教会,对科学进步极为不利,从而导致欧洲大量知识精英组织起来形成学会,旨在让那些兴趣相投的科学人士抱团取暖,方便他们进行实验工作。这项运动发源于 1560 年意大利那不勒斯的自然奥秘科学院。继而在 1603 年的罗马,又诞生出了著名的山猫学会[2],伽利略便是其成员之一。当这位科学巨匠离世后,在斐迪南·德·美第奇大公爵和其兄弟利奥波德帮助下,佛罗伦萨也组建成立西芒托学院[3]。伽利略的学生维维亚尼(Viviani)与托里拆利(Torricelli)就经常参加那里的学术活动。在该学会的刊物中,很多篇幅都用于温度计、气压计和摆的研究,并涉及真空问题的各种实验[4]。

---

① 详见《关于两门新科学的对话》英文版,第 150 页。
② 译者注:自然奥秘科学院(Accademia Secretorum Naturae)、山猫学会(Accademia dei Lincei)。
③ 译者注:斐迪南·德·美第奇(Ferdinand de' Medici)、利奥波德(Leopold)对西芒托学院(Accademia del Cimento)的建立功不可没。
④ 《自然实验评论》(*Saggi di Naturali Esperienze*)第 2 版,佛罗伦萨,1691 年。

此刻的英国,科学兴趣促使志同道合者奔走相告,只要机会合适,他们便会凑在一起各抒己见。数学家约翰·沃利斯(J. Wallis)将这种非正式聚会进行过如下描述:"大约是 1645 年,当时的我正住在伦敦,除与形形色色的杰出宗教学者讨论神学问题外,也有机会结交很多有识之士,他们或着迷于自然哲学,或钟情于人文领域,特别是所谓'新哲学'或'实验哲学'。我们达成协议:每周定时在伦敦相聚,并通过一定数额的会费和捐助来支付实验所需开支,另外,还制定了一些内部规则用以处理相关事宜……大家的工作是探讨并解答除神学与国家事务之外的各学科疑难杂症,如物理学、解剖学、几何学、天文学、航海学、统计学、磁学、化学、力学以及自然实验科学等,当然,还要时时掌握国内外研究现状。我们涉猎的领域包括血液循环、静脉瓣膜、哥白尼假说、彗星与新星的特性、木星的卫星、土星呈现出的椭圆形状、太阳黑子与太阳自转、月球的二均差及月面学、金星和水星的多相位、望远镜改进及相关镜片打磨工艺、空气重量、真空的可能与不可能性、大自然对真空的憎恶、托里拆利水银柱实验、重物下落及其加速程度等诸多论题。其中一些现象是当年的新发现,而另一些至今仍是个谜,这些相关课题均属于'新哲学'范畴。从佛罗伦萨的伽利略与英国弗朗西斯·培根爵士(维鲁拉姆勋爵)那个年代起,这些课题便一直在意大利、法国、德国和海外之地的英国受到重视。在英国,相关的学术沙龙持续不断……后来,便以'皇家学会'等名义组织起来,一直延续至今①。"

1662 年 7 月 15 日,第一个特许证的颁发意味着皇家学会的成立。在学会成员名单中,发现了以下人物:物理与化学家罗伯特·玻意耳(Robert Boyle)、建筑师和数学家克里斯托弗·雷恩(Christopher Wren)、数学家约翰·沃利斯。罗伯特·胡克被任命为学会总管,负责学会每日例会以及三四个重要实验工作。

---

① 亨利·莱昂斯爵士(Sir Henry Lyons),《1660—1940 年间的皇家学会》(*The Royal Society*),1944 年。

　　法国科学院也同样起源于大批科学家的非正式聚会[1]。梅森神父就曾发起组建过一系列研究会,并终身资助相关的学术活动,伽桑狄、笛卡尔和帕斯卡等人都曾参与其中。后来,这些科学家的私人沙龙在哈伯特·德·蒙莫尔家里继续进行。1666 年,路易十四的财政大臣科尔伯特"招安"了学会[2],并让各领域的专家学者承当会员角色。数学家罗贝瓦尔、天文学家卡西尼、测定光速的丹麦物理学家罗默尔以及法国物理学家马略特都出现在第一批科学院会员名单中[3]。

　　不久之后的 1770 年和 1725 年,德国及俄国科学院也分别在圣彼得堡与柏林相继组建完毕。

　　所有这些学术机构都出版自己的刊物,其对 18—19 世纪的科学发展具有深远影响。

4. 罗伯特·胡克(1635—1703)[4]

　　罗伯特·胡克(Robert Hooke;简称"胡克")生于 1635 年,是英国南部怀特岛上一个教区的牧师之子。儿时的胡克虽然体弱多病,却钟情于机械玩具制作与绘画。13 岁进入威斯敏斯特学校,寄宿于校长巴斯比(Busby)神父家中,他在这里埋头学习拉丁文、希腊文还略懂希伯来语,并由此熟悉了欧几里得的《几何原本》和其他许多数学题目。1653 年,胡克进入牛津大学基督教堂学院,成为唱诗班歌手,这也给了他继续学习的机会,于是在 1662 年获得文学硕士学位。在牛津,胡克接触过几位科学家,且以熟练技师身份帮助这些人进行研究工作。大

---

　　[1] 参加聚会者包括梅森神父(Father Mersenne, 1588—1648)、伽桑狄(Gassendi)、哈伯特·德·蒙莫尔(Habert de Montmor)。

　　[2] 被科尔伯特(Colbert)"招安"者包括罗贝瓦尔(Roberval)、卡西尼(Cassini)、罗默尔(Römer)。

　　[3] 约瑟夫·伯川德,《1666—1793 年间的科学院与院士》(L'Académie des Sciences et les Académiciens de 1666 a 1793),巴黎,1869 年。

　　[4] 详见冈瑟(R. T. Gunther)的《罗伯特·胡克的生活与成就》(The Life and Work of Robert Hooke),引自《牛津大学的早期科学研究》(Early Science in Oxford)第 6～8 卷。另见安德雷德(E. N. Da C. Andrade),《伦敦皇家学会论文集》(Proc. Roy. Soc., London)第 201 卷,第 439 页,1950 年。本节中的引用内容来源于上述信源。

约在 1658 年,胡克与玻意耳合作并完善了空气泵的设计工作,他写道:"沃德(Ward)博士的关心令本人有机会熟悉天文学知识,与此同时,我也正在改进用于天文观测的摆,并构思出一种让摆作持续运动的方法,在进行多次尝试后,终于实现了自己的愿望。这些成功激励我思考如何进一步改善它,以便可以发现新的天文经度。另外,在机械发明中使用的一些方法令余茅塞顿开,很快便让我利用弹簧而非重力使物体以任意姿态振动。"这标志着胡克弹簧实验的开端。

1662 年,经罗伯特·玻意耳推荐,胡克成为皇家学会实验室主任,其力学知识及创造性才华也的确与这个组织相得益彰。胡克总惦记着设计出某些仪器来证实自己曾经的想法,当然,也能用以澄清学会会员所讨论的热点问题。

在接下来的两年里,胡克将自己的兴趣转向显微技术,并于 1665 年出版了著作《显微图谱》[①]。书中不仅包括有关显微镜的论述,而且记录了自己很多重要的新发现。例如,胡克认为"光是一种垂直于直线传播方向上的微小振动";另外,他还向我们澄清了肥皂泡的干涉色以及牛顿环现象。

1664 年,胡克成为格雷沙姆学院几何学教授,并继续在皇家学会发表有关实验、发明创造和新型仪器方面的论文,同时也传授他的"巫术"课程[②]。

在 1666 年 5 月 3 日的皇家学会会议上,胡克发表演说道:"我将向大家展示一个与众不同的世界体系,它是建立在以下三个假说基础上的。"

"Ⅰ. 所有天体,不仅各部分受到其属性中心的吸引力,而且在各天体作用范围内,它们之间也会相互吸引;"

"Ⅱ. 所有做简单运动的物体,将继续保持直线运动状态,除非受到某些外力,使其持续偏离原有的直线轨迹,从而变为圆、椭圆或其他形状的轨迹;"

---

① 《显微图谱》(*Micrographia*),详见《牛津大学的早期科学研究》第 13 卷。
② 格雷沙姆学院(Gresham College)的"巫术"(Culterian),详见《牛津大学的早期科学研究》第 8 卷。

"Ⅲ. 物体之间的距离越近,吸引力越大;随着距离增加,吸引力逐渐消失。至于两者之间的比例关系,我承认:虽然自己曾进行过某些实验,但仍未找到确切答案,这有待于那些既有时间又有知识的学者去完成。"[①]

对万有引力而言,即便胡克已经向我们展现出一幅清晰画面,但似乎缺乏足够的数学工具去证明开普勒定律。

在 1666 年 9 月伦敦大火之后,胡克制定了一个重建方案及城规模型,并被地方执法官任命为勘测员。胡克非常热衷于城市重建工作,还亲自动手设计过几座建筑。

1678 年,胡克发表了一篇题为《恢复力》或称《论弹簧》的文章,其中涵盖他对于弹性体实验的大量成果,这是有史以来第一篇有关材料弹性性能的公开讨论。文中有关试验的内容如下:"取一根 20 ft、30 ft 或 40 ft[1 ft(英尺)=0.304 8 m]长的金属丝(图 19)[②],顶端用钉子固定,末端系一弹簧秤以便加载砝码。用一副圆规测量并记录上述秤盘盘底与地面之间的距离,然后给秤盘加入砝码,同时记录金属丝伸长量。通过比较该值就会发现,金属丝的伸长量与加载量始终保持同样比例关系。"胡克实验过的弹性材料包括螺线弹簧、手表用螺旋状弹簧,以及一端水平固定另一端悬挂重物且能来回弯曲的干燥木材。他不仅思考过这种木梁的挠度问题,还研究了纵向纤维的变形,并指出:当梁弯曲时,凸面上的纤维便被拉长,而凹面上的纤维则被压缩了。胡克通过大量实验得出结论:"显而易见,任何弹性体中的自然规律或法则如下,物体使自己恢复到自然位置所需的力或能耗始终与移动物体的距离或空间成正比,无论其各部分是处于相互分离的稀疏状态或相互靠近的紧密状态。这种现象不只存在于上述物体中,在其他带有弹性性质的物体,比如金属、木材、石块、干土、毛发、兽角、丝织品、骨骼、肌腱、玻璃等类似介质中均能够被观测到,所不同的只是特定形状物体受弯时的观测

---

① 详见约翰·罗比逊(John Robison)的《机械哲学概要》(*Elements of Mechanical Philosophy*)第 284 页,爱丁堡大学,1804 年。

② 《恢复力》(*De Potentiâ Restitutivâ / Of Spring*),图 19 来自胡克的论文。

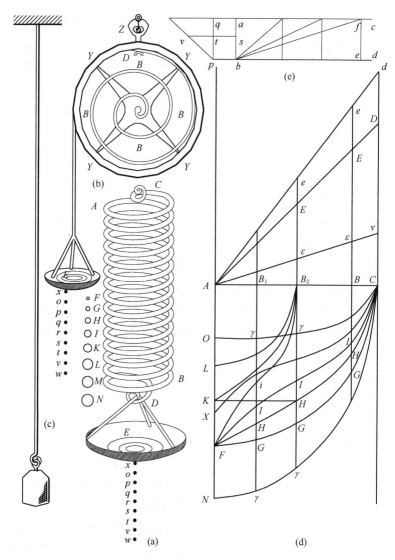

图 19　胡克的实验装置

便利性。因此,我们能够简单计算出弓以及古代弩车或弩炮的强度,也
很容易知道钟表弹簧的弹性强度。当然,还可以解释弹簧或拉簧等时
振动的原因,以及为什么令这些物体迅速振动以致发出音响时会如此

均匀。同时,这也说明钟表弹簧,无论其尺寸大小,都能使摆轮等周期振动。依此类推,我们可以制造出一件无需砝码的哲学秤来测定任何物体的重量。我所构思的秤是用来测量物体对地心引力的大小,换言之,距离地心越远的物体是否会丧失一些能量或相互吸引的作用趋势⋯⋯"

总之,罗伯特·胡克不仅论述过力的大小与其所产生变形之间的关系,还提出了几个相关实验,有助于利用此关系解决一系列重要问题。这种力与变形之间的线性关系又被称为胡克定理,是后来弹性力学进一步发展的基石。

5. 马略特(1620—1684)

在法国第戎,马略特(E. Mariotte)度过了人生的大部分时间,并成为博讷区圣马丁(St.-Martin-sous-Beaune)修道院院长。1666年,马略特当选法国科学院首批会员,始终致力于将实验方法引入法国科学界。他的空气实验为我们带来了著名的玻意耳-马略特定律,即:在温度不变的条件下,一定质量的气体,其压强与体积的乘积保持不变。

在固体力学方面,马略特创建了冲击定理,发明过冲击摆,并利用悬挂在线绳上的小球来证明动量是守恒的。

马略特对弹性力学的研究体现在一篇有关流体运动的文章中[①]。他曾受命设计凡尔赛宫给水管线,这项工作使其对梁的抗弯强度问题产生出浓厚兴趣。于是,在针对木杆和玻璃杆的多次实验之后,马略特发现,伽利略理论下的断裂荷载值过大,随即便提出自己的一套弯曲强度理论,其显著特点是考虑到材料的弹性性能。

马略特的研究从简单拉伸实验开始,图20a、b分别表示木材和纸张的拉伸实验装置[②]。他既对材料的绝对强度感兴趣,也很关心弹性性能。马略特发现:在所有材料实验中,材料伸长量与所施加的荷载成正比,当变形超过某个限值时,就会发生断裂破坏。在探讨图20c所示悬

---

① 马略特去世后,这篇论文在1686年经由德·拉·海尔(de la Hire)进行校订。另见马略特论文集的第2卷(第2版,海牙,1740年)。

② 图20来自马略特的论文集。

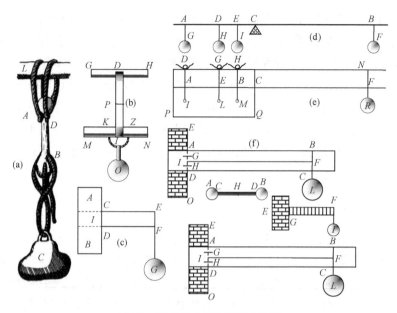

图 20　马略特的拉伸与弯曲实验

臂梁弯曲问题时,他从支撑于 C 点的杠杆 AB(图 20d)平衡状态出发。在杠杆左侧,三个 12 lb[1 lb(磅)=453.59 g]的等重体 G、H、I,其力臂长度分别为 AC=4 ft、DC=2 ft、EC=1 ft,为了平衡此重,在 BC=12 ft 处所施加的力 F 必须等于 7 lb,如果该荷载略有增长,则杠杆就会绕 C 点发生转动。虽然 A、D、E 点的位移与其到 C 的距离成正比,然而这些点上的力却能够继续保持 12 lb。现考查同样的杠杆,但假定 G、H、I 处的荷载由三根性质相同的金属丝 DI、GL、HM 代替(图 20e),它们的绝对强度仍为 12 lb。在计算使金属丝断裂所需的荷载 R 时,马略特观察到:当 DI 达到极限强度 12 lb 时,由于 GL、HM 上的力与伸长量成正比,分别为 6 lb 和 3 lb,故荷载 R 的极限值便仅达 5.25 lb 而非如前述 7 lb。

　　马略特利用相仿的思路来考查悬臂梁受弯问题(图 20f)。假设断裂时,梁的右侧部分绕 D 点转动,那么,梁纵向纤维的受力与其到 D 的距离仍然成正比,由此可知,矩形梁各纤维层的合力等于 $S/2$,即仅有一半梁的绝对强度参与受拉工作;并且它们对 D 点的弯矩值为 $0.5S \times 2S/3 = Sh/3$,其中 h 为梁的截面高度,令其等于荷载 L 的力矩值 Ll,则相应的极限荷载 L 为

$$L = \frac{Sh}{3l} \qquad \text{(a)}$$

由此可见,考虑纤维变形且采用伽利略的方式,借助相同的旋转点 D,马略特找到的极限受弯荷载 L 与绝对强度 S 之比等于 $h/3 : l$,该 L 值仅为伽利略计算结果的 $2/3$。

继而,马略特对矩形梁(图 20f)进行深入分析。他注意到,梁横截面的上、下部纤维段 IA 与 ID 分别处于拉、压状态。因此,在计算克服纤维抗拉作用所需荷载的过程中,为了得出 L 而利用式(a)时,原本的 h 就应改写为 $0.5h$,即有

$$L_1 = \frac{Sh}{6l} \qquad \text{(b)}$$

在考虑横截面下部 ID 段受压纤维时,马略特假定:拉、压状态下的内力分布规律相同,且拉、压的极限强度相等。这样一来,受压纤维的抗力强度 L_1 仍为式(b),而拉、压的总抗力强度则由上式(a)决定。虽然马略特的弹性梁应力分布理论是恰当的,其关于纤维层中力的分布假定亦正确,但在计算拉力关于 I 点所产生的弯矩时,不仅须以 $0.5h$ 代替式(a)中的 h,还应用 $0.5S$ 代替其中的 S。对于断裂前材料服从胡克定律的梁而言,该谬误令其无法找到正确的梁破坏荷载计算公式。

为验证自己的理论,马略特对直径 0.25 in[1 in(英寸)=0.025 4 m]的木制圆杆进行实验,拉力结果得到的绝对强度为 $S=330$ lb。在相同木杆的悬臂梁实验中[①],杆长 $l=4$ in,极限荷载 $L=6$ lb,相应地 $S:L=55$,式(a)的答案等于 48,而按伽利略的理论值则为 32 这个数[②]。另外,马

---

① 罗贝瓦尔、惠更斯(Huyghens)均目睹了马略特在论文中提到的试验。

② 应注意:虽然式(a)是由矩形截面梁推导出来的,但马略特也将其应用到了圆形截面中。

略特将实验结果有别于式(a)估算值的原因归咎于"时间效应"。他说：如果荷载作用时间足够长,那么在 300 lb 力作用下,试件开裂将会更加充分。当马略特再次用玻璃棒重复实验后,他断言：相对于伽利略理论,式(a)的估算结果更加精确。

这位法国物理学家还曾用两端支撑梁进行实验,并发现两端嵌固梁的跨中极限荷载是同样尺寸条件下简支梁的 2 倍。

此外,马略特还利用非常有趣的一系列试验,厘清了内部静水压

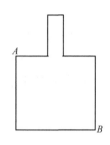

图 21　马略特胀裂试验中的圆柱桶

力作用下管子的抗爆裂强度。为此,他给圆柱桶 AB(图 21)连上一根竖直长管,然后将水注入,随着液面上升,最终,当管中水面到达某一高度时①,下部桶体便会胀裂。马略特由此判断：桶壁的安全厚度必将正比于桶内压强以及管的直径。

针对均布荷载作用下的方板受弯问题,这位学者正确指出：在厚度不变的条件下,板的总极限荷载值将保持不变,而与其尺寸无关。

综上所述,马略特的研究极大地加强了弹性体力学的知识储备：通过考虑弹性变形因素,使梁的弯曲理论得以提升,且以实验方式校核了自己的上述假定。另外,他还用同样手段纠正了伽利略有关"梁强度随跨度改变"的某些结论,探讨过两端嵌固效应对梁承载力的影响,得出了管爆裂强度计算公式。

---

① 在一些实验中,水头高度接近 100 ft。

第2章

弹 性 曲 线

6. 数学家伯努利[①]

虽然伯努利家族起先居住在安特卫普,但由于受到阿尔巴(Alba)公爵宗教的迫害,只好离开荷兰,并于 16 世纪末在巴塞尔定居下来。从 17 世纪末开始,在超过一百年的时间里,这个家族先后培养出几位著名数学家。1699 年,雅各布·伯努利(Jacob Bernoulli, 1654—1705;图 22)和约翰·伯努利(John Bernoulli, 1667—1748)兄弟二人同时当选法国科学院外籍院士,即使到了 1790 年,那个机构里始终都能看到伯努利家族的身影。

在 17 世纪最后 25 年和 18 世纪初这段时间里,微积分学蓬勃发展。虽然开创自欧洲大陆的莱布尼茨(Leibniz, 1646—1716)[②],但发展工作却主要是由雅各布·伯努利与约翰·伯努利两人完成的。为拓宽微积分应用范围,他们还研究了大量力学和物理学方面的相关问题。其中一个案例便是雅各布·伯努利提出的"弹性

图 22　雅各布·伯努利

[①] 其传记详见彼得·梅里安(Peter Merian)所著的《数学家伯努利》(*Die Mathematiker Bernoulli*),巴塞尔,1860 年。

[②] 虽然牛顿在英国独立发展出微积分原理,然而在欧洲大陆该数学分支的迅速发展过程中,由莱布尼茨提出的表示方法和数学符号已经被普遍接纳。

杆件的挠度曲线形状"问题[1],他也因此开创了弹性体力学的重要篇章。如果说伽利略与马略特的研究仅限于梁的强度,那么,雅各布则拓展到了更为复杂的梁的挠度计算。当然,仅就材料物理性能而言,他的知识贡献却寥寥无几。如图 23 所示,某矩形截面梁,一端嵌固、另一端施加荷载 P,雅各布·伯努利画出了相应的变形曲线。并且,他还根据马略特的中和轴位置假定,沿垂直于外力作用面凹下一侧的横截面边缘作出一条切线。令 $ABFD$ 表示梁的一个单元,单元轴线长度为 ds。当梁弯曲时,横截面 AB 相对于 FD 发生了转动,转轴为 A 点,此相邻截面之间纤维层的伸长量与其到 A 点距离成正比。假定胡克定律成立,且

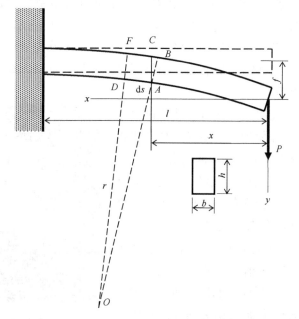

图 23   悬臂梁的变形曲线

---

① 经过初步讨论后,1694 年,该问题刊登在由莱布尼茨主办的《莱比锡人学报》(*Acta Eruditorum Lipsiae*)上;1705 年,莱布尼茨在《巴黎科学院史》(*Histoire de l'Académie des Sciences de Paris*)上提出了这个问题的最终版本。另见《雅各布·伯努利文集》(*Collected Works of J. Bernoulli*)第 2 卷,第 976 页,日内瓦,1744 年。

凸出边最外侧纤维层的伸长量用 $\Delta \mathrm{d}s$ 表示，则截面 AB 上所有纤维层的受拉合力为

$$\frac{1}{2} \frac{m \Delta \mathrm{d}s}{\mathrm{d}s} bh \qquad (a)$$

式中，bh 为截面面积；m 为依赖于材料弹性性能的常数。此受拉合力对 A 轴之弯矩必将等于外荷载对相同轴线所产生的力矩 Px，故有

$$\frac{1}{2} \frac{m \Delta \mathrm{d}s}{\mathrm{d}s} bh \cdot \frac{2}{3} h = Px \qquad (b)$$

观察到 $\Delta \mathrm{d}s / \mathrm{d}s = h/r$，于是式(b)可写作

$$\frac{C}{r} = Px \qquad (c)$$

式中，$C = mbh^2/3$。

鉴于雅各布·伯努利对于截面 AB 旋转轴的错误假定，因此得出不正确的常数 C。然而，式(c)的广义形式可以理解为：挠度曲线上任一点的曲率正比于该点弯矩值，这是正确的，也被后来以欧拉为首的其他数学家认可，用于弹性曲线的研究。

雅各布·伯努利的弟弟约翰·伯努利被公认为当时最伟大的数学家。在他的教诲下，洛必达侯爵(Marquis de l'Hôpital)于 1696 年完成了第一本有关微积分的著作，而约翰·伯努利自己的微分学讲义原稿则直到 1922 年才由巴塞尔自然科学协会出版，那一年，正值伯努利家族获得巴塞尔公民身份的 300 周年纪念。正是约翰·伯努利在给瓦里尼翁[①]的信中，提出了虚位移原理公式。虽然，约翰·伯努利也对材料的弹性性能颇感兴趣，但在该领域的成就并不显著[②]，很多材料力学的重要贡献应归功于其儿子丹尼尔·伯努利和他的学生欧拉。

---

① 详见瓦里尼翁(Varignon)的《新力学》(*Nouvelle Mécanique*)第 2 卷，第 174 页，巴黎，1725 年。

② 在《论运动的传递规律》(*Discours sur les loix de la communication du Mouvement*，巴黎，1727 年)一书前三章中，约翰·伯努利对弹性理论进行了详细讨论。

丹尼尔·伯努利(Daniel Bernoulli, 1700—1782)不仅因著名的《流体力学》一书而家喻户晓,同时也对弹性弯曲理论功不可没。丹尼尔·伯努利建议欧拉采用变分法去推导弹性曲线方程,在给后者的信中,他写道:"没有人比阁下更精通等周方法(变分法),你一定能够轻松地解决如下困难,即 $\int \mathrm{d}s/r^2$ 的最小值问题[1]。"众所周知,该积分代表不计常数因子的受弯构件应变能。欧拉的后续工作正是基于此建议完成的(参见第 8 节)。

丹尼尔·伯努利是推导棱柱体杆件侧向振动微分方程的第一人,并用该方程研究过这种运动的特定形式。虽然欧拉进一步完善了此方程的积分表达式(参见第 8 节),然而,丹尼尔·伯努利则进行了一系列实验验证工作。关于结果,在他给欧拉的信中写道:"这些都是自由振动,我研究过各种工况,并通过大量优美实验,确定出振动时的节点位置以及相关的音调高度信息,均非常吻合理论结果[2]。"由此可见,丹尼尔·伯努利不但是数学家,还喜欢动手实验,其许多实验项目为欧拉提供了数学问题的新素材。

7. 欧拉(1707—1783)

莱昂哈德·欧拉(Leonard Euler,简称"欧拉";图 24)出生于巴塞尔市郊[3],父亲是里兴(Riechen)村庄一带的牧师,1720 年,欧拉迈入巴塞尔大学。这里是当时非常重要的数学研究中心,因为约翰·伯努利的课堂永远都会吸引来自全欧洲的年轻数学家。入校不久,欧拉这位青年学生的数学造诣便开始显山露水,以至于除了课堂教学外,约翰·伯努利每周还为其上私课。16 岁的欧拉便取得硕士学位,20 岁前就参

---

① 详见富斯(P. H. Fuss)的《数学与物理通信》(*Corresponance Mathématique et Physique*)第 2 卷,第 26 篇书信,圣彼得堡,1843 年。

② 详见富斯的《数学与物理通信》第 2 卷,第 30 篇书信。

③ 详见奥托·施皮斯(Otto Spiess)的《莱昂哈德·欧拉》,莱比锡。另见孔多塞(Condorcet)的悼词,刊印于《欧拉致德国公主的书信》(*Lettres de L. Euler à une Princesse D'Allemagne*),巴黎,1842 年。

加过由法国科学院悬赏的国际竞赛,还发表了他的第一篇科学论文。

1725 年,俄国科学院在圣彼得堡成立了。约翰·伯努利的两个儿子——尼古拉斯·伯努利和丹尼尔·伯努利受邀成为新学会会员。两人定居在俄国后,便帮助欧拉在科学院找到一个助理职位。1727 年夏,欧拉搬到圣彼得堡,因为没有其他琐碎职务羁绊,他便可以全身心地投入数学研究工作。1730 年,欧拉成为俄国科学院物理学部会员;三年后,当丹尼尔·伯努

图 24　莱昂哈德·欧拉

利因哥哥去世(1726)离开圣彼得堡返回巴塞尔后,欧拉顺理成章地接替其职位,成为数学学部主任。

在圣彼得堡科学院工作期间,欧拉完成了他的力学名著[①]。与之前牛顿及其学生所述的几何方法不同,欧拉在书中引入解析途径。另外,他还说明怎样推导出一个质点的运动微分方程,以及如何将这些方程加以积分,从而求出物体的运动轨迹。如此方法将会大大简化问题的解决过程,对力学后续发展起到推波助澜的作用。拉格朗日在他的《分析力学》(1788)一书中写道:"在其专著中,欧拉首次将微积分用于解决运动物体。"

大约在著作出版的同时,欧拉也开始将兴趣转移到弹性曲线方面。另外,通过其与丹尼尔·伯努利的信件往来,我们能够发现,后者明显吸引了欧拉的注意力,令他更专注于弹性杆件的侧向振动及其相关微分方程。

腓特烈二世(腓特烈大帝)于 1740 年在普鲁士登基。这位新皇着迷于科学与哲学,希望普鲁士科学院能够拥有最杰出的科学家。而在

[①] 《力学或运动学的解析科学》(*Mechanica sive motus scientia analytice exposita*),两卷本,圣彼得堡,1736 年,德文版由沃尔夫斯(J. P. Wolfers)翻译完成,格赖斯瓦尔德(Greiswald),1848 年,1850 年。

当时,欧拉自然被公认为是最优秀的,于是,腓特烈大帝便聘用其为柏林科学院院士。因为当时的俄罗斯政局动荡,欧拉随即愉快地接受邀请,于 1741 年夏搬至柏林。当然,他也同时与俄罗斯科学院保持着密切联系,并在《圣彼得堡科学院评论》上发表过大量研究报告[①]。而在柏林,欧拉继续着自己的数学研究,论文源源不断地出现在普鲁士与俄国科学院年鉴上。

1744 年,欧拉的《曲线的变分法》与读者见面,成为该领域内第一本著作[②]。其中首次系统地论述了弹性曲线问题,对此,我们将在后面的章节中进一步介绍。

在柏林,欧拉还陆续出版过《无穷小分析引论》(1748)、两卷本的《微分学原理》(1755)和三卷本的《积分学》(1768—1770),其中最后一本诞生于圣彼得堡。这些书成为很多数学家形影不离的手册,毫不夸张地说,从 18 世纪末到 19 世纪初,不少才华出众的数学家都是欧拉的门生[③]。

1759 年,莫佩尔蒂去世,欧拉便开始掌管科学院,也因此必须承担大量行政工作。在普俄七年战争的困难时期,欧拉四处"化缘"以维系学院日常开销。1760 年,俄军攻占柏林,欧拉的住宅遭到抢劫,俄军司令托特莱本(Totleben)将军闻讯后,立即向其致歉并赔偿了所有损失,甚至俄皇伊丽莎白还额外给予这位大数学家一笔巨款。

1762 年,叶卡捷琳娜二世成为沙皇。她非常崇尚科学研究,梦想能把俄罗斯科学院发展壮大,为此,女皇劝说欧拉是否可以重新回到圣彼得堡。与之前的腓特烈二世相比,这位女性更善礼贤下士。于是,已在柏林工作 25 年之久的欧拉,便在 1766 年回到圣彼得堡。为迎接其归

---

① *Commentarii Academiae Petropolitanae*,又称《俄罗斯科学院学报》(*Memoirs of the Russian Academy*)。

② 译者注:欧拉这本书的原名为《寻找具有最大或最小属性弧线的方法,或最广义等周问题的解法》(*Methodus inveniendi lineas curvas maximi minimive proprietate gaudentes, sive solutio problematis isoperimetrici lattissimo sensu accepti*)。

③ 孔多塞在给欧拉的悼词中写道:"目前所有成名的数学家都是他的学生;其成就无法完全通过论文形式反映出来。"

队,除过皇宫内的喜宴外,叶卡捷琳娜二世更是慷慨赐给欧拉一处宅邸,如此一来,这位大数学家就能衣食无忧地全身心投入科学研究。然而,当时的欧拉已年近花甲,视力很差。准确地讲,从 1735 年开始,他的一只眼睛就已经失明了,并且另一只也逐渐发展成白内障,后来几近双目失明。然而,这一切并未妨碍欧拉的工作热情,以致晚年的他,年均论文数量比年轻时反而更多。在创作过程中,会有助手帮助欧拉完成论文工作,而他则将新问题的相关资料与所需方法解释给这些人。在得到欧拉指点后,他们就可以继续钻研,然后再与大师交换意见或展开讨论,最终,把讨论结果写成论文并呈欧拉定稿。正是如此,这位老人在晚年(1766—1783)又陆陆续续发表过 400 多篇论文,以至在其去世后的 40 多年里,俄罗斯科学院年鉴上还不断刊载出欧拉的文章。

8. 欧拉对材料力学的贡献

作为数学家,欧拉对弹性曲线的几何形状非常热衷。他义无反顾地认可雅各布·伯努利的理论:梁上任一点的曲率正比于该点弯矩值。据此,欧拉考查过各种荷载条件下细长弹性杆件的曲线形状,其主要结果详见上述《曲线的变分法》[1],他从变分法角度来研究曲线形状,并将相关论点写入此书。在介绍变分法时,欧拉观察到:"既然宇宙的组织结构是最完美的,是最睿智的造物主之杰作,那么,世间万物皆会以某种极大或极小值关系表现出来。所以毋庸置疑,利用极大或极小值的方法,宇宙间所有效应均可依据最终原因加以充分说明,正如从一些有效原因本身得出的一样。因此,有两种研究自然界中因果关系的途径:一是根据有效原因,即通常所谓直接法;另一种则是根据最终原因。我们应理解,这两种途径是相容的,其关联性不仅在于它们相互印证,更

---

① 本书附录涉及弹性曲线的研究内容,其英文版由奥尔德法瑟(W. A. Oldfather)、埃利斯(C. A. Ellis)与布朗(D. M. Brown)翻译完成,见《伊希斯科学史杂志》(*Isis*)第 20 卷,第 1 页,1933 年重印于比利时布鲁日(Bruges)。另见德文版的《奥斯特瓦尔德精确科学经典》(*Ostwald's Klassiker Der Exakten Wissenschaften*)第 175 期。

重要的是,我们能够从两者结果的一致性中得到最大满足。"为说明两种方法之间的关系,欧拉提出一个悬链线问题:如果在 A、B 两点间(图 25)悬挂一条链子,可以利用"直接法"得到其平衡曲线;接着,再考虑曲线上微元 mn 处的作用力,并写下这些力的平衡方程,由此便能计算出所求悬链线的微分方程。然而,为实现相同目标,也可以采取"最终原因法",从重力势能的角度来攻克该难题:在所有可能几何曲线中找到重力势能最小的,这便是所求曲线。换言之,平衡曲线当属链子重心位置最低者。于是,可使其简化成求积分 $\int_0^s wy\,ds$ 的极大值问题,式中,曲线长度 s 为给定的,w 为单位长度的重量。最后,再根据变分法规则,就可得到与上述相同的微分方程。

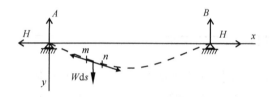

图 25 两点之间的悬链线

考虑一根弹性杆的情况,欧拉提道:雅各布·伯努利曾采用"直接法"来建立弹性曲线方程(参见第 6 节)。为利用"最终原因法",欧拉还需一个能够表示应变能的公式,这次,他消化了丹尼尔·伯努利给予的信息。欧拉道:"以如此崇高方式进行自然研究的丹尼尔·伯努利,是一位最卓越、最具洞察力的学者。他提醒我,可以把受弯弹性板条中的所有内力表示成单一公式形态,他称该公式为'有势力'。在弹性曲线中,这个有势力的表达式必取极小值。"另外,按照伯努利的解释:"如果这根板条等截面且完全弹性,并且其自然位置呈直线状态,那么,变形后的曲线将有如下特点:$\int_0^s ds/R^2$ 一定取极小值。"对于图 23 所示情况,欧拉利用变分法原理求得该弹性曲线的雅各布·伯努利微分方程为

$$C \frac{y''}{(1+y'^2)^{\frac{3}{2}}} = Px \qquad (a)$$

因为他并没把变形局限于小挠度,所以不能忽略分母中的 y'^2 项,这样一来,上式就变成一个复杂的微分方程。为此,欧拉利用级数进行积分,同时表明:如果挠度 f 非常小(参见图 23),则由式(a)可得

$$C = \frac{Pl^2(2l-3f)}{6f} \qquad (b)$$

当忽略分子中的 $3f$ 项时,便可得到悬臂梁自由端的挠度一般表达式,即

$$f = \frac{Pl^2}{3C} \qquad (c)$$

之所以能忽略该项,其原因是:变形使长度 l 总会比杆的原长略短一些。

欧拉并没有说明他称之为"绝对弹性"的常数 C 的物理意义,仅仅指出该常数与材料的弹性性能有关。对于矩形截面梁而言,C 值正比于梁宽及梁高 h 的平方。现在我们知道,欧拉的错误在于常数 C 应正比于 h^3 而非 h^2。另外,他还建议:当通过实验确定 C 值时,需要采用式(b)。该建议得到很多实验人员的支持[1]。

欧拉研究过如图 26 所示不同受弯情况[2],并根据荷载 P 作用方向与作用点切线之间的夹角大小,将弹性曲线进行了相关分类。当此夹角很小时,便能得出一种重要工况,即在轴压作用下柱的屈曲。欧拉指出:对于图 26 中的 AB 柱,我们容易得到其弹性曲线方程,且压屈荷载为

$$P = \frac{C\pi^2}{4l^2} \qquad (d)$$

他强调:"由此可见,除非承受的荷重大于 $C\pi^2/4l^2$,否则完全不必担心发生弯曲破坏;另一方面,如果荷重 P 过大,那么柱将无法抵抗弯曲变形。再者,假设柱的弹性性能与截面厚度均保持不变,则其安全荷重 P

---

① 其中的例证参见吉拉尔的《论固体抗力分析》,巴黎,1798 年。

② 此图引自欧拉的原著。

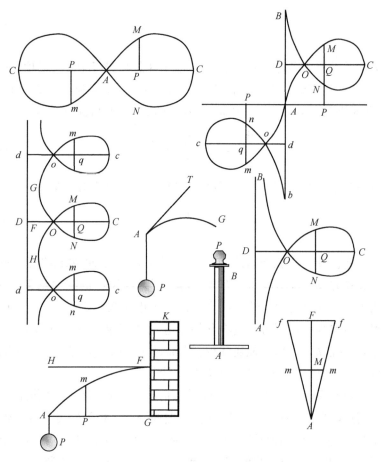

图 26 欧拉对挠度曲线的研究

一定反比于柱高的平方。换言之,柱高增加 1 倍,载重量将仅有原来的 1/4。"综上所述,欧拉在 200 多年前就已经建立起柱的屈曲公式,直到现在,该公式仍然广泛应用于工程结构的弹性稳定计算。

欧拉还研究过变截面杆件,例如,刚度与距离 x 成正比的悬臂梁挠度问题(图 26)。

他甚至还讨论了具有初曲率 $1/R_0$ 的曲杆受弯问题,且强调:在此条件下,式(a)应改写为

$$C\left(\frac{1}{R} - \frac{1}{R_0}\right) = Px \tag{e}$$

即对于初始弯曲的杆件,任意点的曲率变化正比于弯矩。欧拉指出:当初曲率 $1/R_0$ 沿杆长不变时,式(e)的处理方法与前述直杆相同。另外,他还探索过如下有趣问题:当荷载作用于悬臂梁自由端后,如果原来弯曲的杆能够变直,那么此悬臂梁的初始形状应是如何?

　　欧拉进而证明:若梁上作用有分布荷载,比如自重或者流体静压,则弹性曲线的微分方程将是四阶的。他成功给出静水压力条件下该方程的解,并得到代数形式的挠曲线。

　　在欧拉的书中,我们还发现了其对杆件横向振动问题的处理方法。在小挠度限制条件下,他取 $\mathrm{d}^2y/\mathrm{d}x^2$ 作为梁变形后的曲率,并写出与如今曲线微分方程形式相同的表达式。为消除重力影响,欧拉假定:振动时,AB 杆垂直嵌固于 A 端(图 27a)。接下来,考查具有重量 $w\mathrm{d}x$ 的微元 mn 运动。他注意到,这种运动与等时单摆(图 27b)完全类似,且将微元拉向 x 轴的力也和摆的情况一致。换言之,对于微小振动而言,该力大小等于 $wy\mathrm{d}x/l$。对此,欧拉解释道:"由此可见,当沿反方向(y 向)对板条微元 mn 施加相等的力 $wy\mathrm{d}x/l$,那么,处于 $AmnB$ 位置的板条将保持平衡状态。据此能够认为,在静止条件下,如对微元 mn 施加沿 y 向大小等于 $wy\mathrm{d}x/l$ 的力,则其曲率等同于板条振动时的情况。"此番言论与我们目前通过达朗贝尔(D'Alembert)原理所得结果不谋而合[①]。有了上述分布荷载后,欧拉对 $C\mathrm{d}^2y/\mathrm{d}x^2 = M$ 求导两次,从而得到所需的微分方程。接着再根据 M

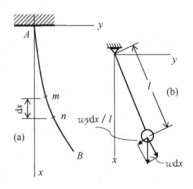

图 27　横向振动与摆

***

　　[①] 虽然,达朗贝尔的《论动力学》(*Traité de Dynamique*)出版于 1743 年,但当欧拉写出《曲线的变分法》附录中的"弹性曲线(De Curvis Elasticis)"时,却并不知晓达朗贝尔的上述工作。

的二阶导数等于横向荷载集度,于是便有

$$C\frac{\mathrm{d}^4 y}{\mathrm{d}x^4} = \frac{wy}{l}$$ (f)

这样一来,欧拉断言:"显然,通过上述方程即可表示出曲线 $AmnB$ 的特征;而且,当所给条件已知时,利用上式还能够确定等效摆长 l;如果摆长已知,则其振动形式也就一目了然了。"然后,欧拉对式(f)进行积分,且按照板条边界条件求得频率方程,进而找到一系列连续振型的相应频率值。

欧拉的研究不限于悬臂梁,同时,也讨论过如下杆件的横向振动问题:两端简支、两端固定以及两端自由的情况。对于以上所有工况,欧拉的频率表达式为

$$f = m\sqrt{\frac{\pi^4 Cg}{wl^4}}$$ (g)

式中,m 的取值依赖于杆件边界条件与振型。欧拉总结道:不仅可用式(g)检验其理论,该式还提供了确定板条"绝对弹性"系数 C 的实用途径。

1757 年,欧拉又一次发表了有关柱屈曲问题的论述[①]。这回,他利用经过简化的微分方程 $C\mathrm{d}^2 y/\mathrm{d}x^2 = -Py$ 推导出临界荷载的计算公式,并就物理量 C 作出令人满意的解释。欧拉断言,其量纲一定是力与长度平方的乘积。在后来的文章中,他把相关研究推广至变截面柱,并讨论过具有沿长度分布轴向力的压杆问题。然而,面临如此复杂的情况,欧拉并未得到正确答案。

雅克·伯努利曾提及欧拉一篇《关于作用在平板表面上某集中荷载下的压力问题》的论文[②],这让我们第一次发现了对静不定问题的处理过程,其解决方法是基于板顶保持平面的假定。

---

① 《关于柱的承载力》(*Sur la force des colonnes*),柏林科学院学报,第 13 卷,1759 年。

② 雅克·伯努利(Jacques Bernoulli, 1759—1789)是丹尼尔·伯努利的侄子,溺亡于涅瓦河(Neva)。论文原名 *von dem Drucke eines mit einem Gewichte beschwerten Tisches auf eine Flaeche*。

　　另外,欧拉还探讨过理想弹性膜的挠度与振动理论。在假定膜是
由两组互相正交的索构成基础上,其偏微分方程为[①]

$$\frac{\partial^2 z}{\partial t^2} = a^2 \frac{\partial^2 z}{\partial x^2} + b^2 \frac{\partial^2 z}{\partial y^2}$$

之后,雅克・伯努利采用这个概念来研究矩形板的弯曲和振动问题,他
假定,板是由两组梁系构成的格构体系,并得出如下形式的方程[②]：

$$k\left(\frac{\partial^4 z}{\partial x^4} + \frac{\partial^4 z}{\partial y^4}\right) = Z$$

利用此方程,雅克・伯努利解释了克拉德尼(E. F. F. Chladni)的板振
动试验结果(参见第 29 节)。

9. 拉格朗日(1736—1813)

　　拉格朗日(J. L. Lagrange；图 28)生
于意大利都灵[③]。父亲原本是位富商,却因
几次失败的投机生意变得穷困潦倒。年轻
的拉格朗日后来回忆道："或许真是应了
'塞翁失马,焉知非福'那句话,如果他很
有钱,也许就不可能从事数学研究。"拉格
朗日很早便显示出非凡的数学才能,19 岁
就成为都灵皇家炮兵学校的数学教授。

　　拉格朗日曾组织学生成立了一个学
会,这便是日后都灵科学院的前身。在该
机构 1759 年发行的第一卷刊物上,登载

图 28　拉格朗日

---

　　①《彼得堡皇家科学院评论》(*Novi Comm. Acad. Petrop.*)第 10 卷,第 243 页,1767 年。
在研究钟铃振动时,欧拉再次利用了这个概念(详见同一刊物,第 261 页)。

　　②《圣彼得堡帝国科学院新学报》(*Nova Acta*)第 5 卷,1789 年,圣彼得堡。

　　③ 详见德朗布尔(Delambre)的拉格朗日传记,《拉格朗日的成就》(*Oeuvres de Lagrange*)
第 1 卷,巴黎,1867 年。

过拉格朗日的几篇研究报告,从而奠定其在变分法方面的重要地位。因为对该领域的共同兴趣,他经常与欧拉通信,后者十分欣赏拉格朗日的功绩,于是便推荐他为柏林科学院外籍院士,并在 1759 年获得批准。1766 年,欧拉与达朗贝尔再次力主拉格朗日为科学院的欧拉接班人,为此,他移居到柏林。这里优越的工作环境,使得拉格朗日很快就发表了一系列重要文章。

与此同时,他正在废寝忘食地伏案于自己的名著《分析力学》。其中,利用达朗贝尔原理和虚位移原理,拉格朗日提出"广义坐标"和"广义力"两个概念;同时,他将力学理论归纳为某些普遍公式,从中能够推导出任何特定问题所需的方程。在序言中,拉格朗日写道:"这是一本不需要插图的书,因为其方法不必借助几何或力学图示,只要根据一些约定好的顺序进行代数运算即可。"在拉格朗日的笔下,力学变成一类他所谓"四维几何"分析法。然而,当时能够欣赏这种力学表示方法的人却凤毛麟角,很难找到出版商。当该书于 1788 年在法国巴黎与读者见面时,牛顿的巨著《自然哲学的数学原理》已经有 100 年的历史了。

普鲁士国王腓特烈大帝去世后,柏林的科研氛围突然恶化。拉格朗日感到自己不再像以前那样受到赏识,于是便在 1787 年迁居巴黎。来到这座法国首都,他再次成为聚光灯下的人物,住进卢浮宫,过起了往日无忧无虑的生活。鉴于其他工作之辛苦,拉格朗日已经无暇顾及数学研究,而那本已问世的《分析力学》也被束之高阁两年有余。在此期间,他的兴趣又开始转向其他学科,特别是化学,并参加了将公制计量法引入法国的委员会研讨活动。

当时正值法国大革命,政府开始净化学术委员会的成员。许多科学家,例如化学家拉瓦锡和天文学家巴伊(Bailly)都被处决了,拉格朗日也打算离开法国。然而恰逢此刻,一所名曰"巴黎综合理工学院"的新学院成立,他被要求前往讲授微积分。该职位重新点燃拉格朗日的数学兴趣,他的课堂很快引起学生、老师与教授们的广泛关注。作为该课程的参考文献,拉格朗日又完成了《解析函数》与《数值方程的解法》

两本著作①。在生命最后几年里,拉格朗日将精力主要放在力学著作的修编上,然而直到 1813 年临终时,相关任务也只完成了 2/3,修订版的第二卷直到他逝世后才与读者见面。

对于弹性曲线理论来说,拉格朗日最重要的贡献就是《关于柱子的形状》这篇研究报告②。其中讨论了一根两端铰接的棱柱杆,且假定:在轴向压力 P 作用下,杆件已经发生微小形变。这让拉格朗日记起曾与欧拉探讨过的如下方程(参见第 8 节):

$$C\frac{\mathrm{d}^2 y}{\mathrm{d}x^2} = -Py \tag{a}$$

拉格朗日指出,该方程的解为

$$y = f\sin\sqrt{\frac{P}{C}}x$$

并且仅当 $\sqrt{P/C}\,l = m\pi$(其中,m 为一整数)时,才能满足边界条件。故能使压杆产生微小弯曲的所需荷载为

$$P = \frac{m^2\pi^2 C}{l^2} \tag{b}$$

由此便知,可能的压屈曲线有无穷多条。为产生如图 29a 所示半波曲线,需要施加的荷载大小是欧拉就一端嵌固杆计算结果的 4 倍;而要得到图 29b 的结果,则必增至 16 倍,依此类推。拉格朗日不仅计算出荷载 P 的临界值,还进一步探讨了当荷载超过临界值所能出

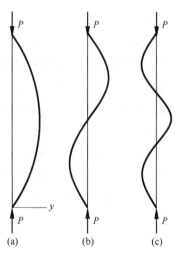

图 29　柱的压曲形状

---

① 译者注:两书原名分别为 *Fonctions analytiques*,*Traité de la Résolution des équations numériques*。

②《关于柱子的形状》(*Sur la figure des colonnes*),《拉格朗日的成就》第 2 卷,第 125 页。

现的挠曲形式。为此,他采用包含曲率精确表达式的方程来代替式(a)中的近似解,并通过对展成级数的表达式积分后可得

$$l = \frac{m\pi}{\sqrt{P/C}}\left[1 + \frac{Pf^2}{4(4C)} + \frac{9P^2f^4}{4 \cdot 16(16C^2)} + \frac{9.25P^3f^6}{4 \cdot 16 \cdot 36(64C^3)} + \cdots\right]$$

当 $f=0$ 时,上式即为式(b);当 f 非常小时,此级数迅速收敛。于是可以快速计算出相应于给定挠度的荷载值。

接下来,针对回转实体的变截面柱,拉格朗日探讨了如何确定一根曲线,使其围绕某轴回转时,能够得出具有最大效能的形状。他采用临界荷载 P 与柱体积 V 的平方之比作为衡量效能的指标。对于那些在柱两端具有相同曲率,同时两端切线平行于柱轴的曲线来说,他断言:具有最大效率的柱为圆柱形。对于其上有四点离轴等距的曲线,他也得出相同结论。综上所述,关乎最大效率的柱形状问题,拉格朗日并未成功得出一个令人满意的答案。此后,一样的问题又反反复复被许多学者继续研究着[1]。

在另一篇《关于弹簧弯曲的受力问题》的研究报告中[2],拉格朗日讨论了一端嵌固、另一端加载的均匀板条受弯问题。其仍旧采用常规假设:曲率正比于弯矩,并讨论过一些案例。虽然,上述例子或许对钟表里的扁簧具有研究价值,然而就实际应用来说,拉格朗日的解答形式还是过于繁杂。

提及拉格朗日对材料力学之贡献,即便理论价值大于工程意义,然而到了后来,其广义坐标和广义力的方法却在材料力学领域找到用武之地,对于解决重要实际问题具有非常巨大的价值。

---

① 详见克洛桑(Clausen)的论文,《圣彼得堡科学院数学物理通报》(*Bull. phys-math. acad. Sci.*)第 9 卷,1851 年;E.尼古拉(E. Nicolai)的论文,《圣彼得堡理工学院通报》(*Bull. Polytech. Inst. St. Petersburg*),第 8 卷,1907 年;布拉修斯(Blasius)的论文,《数学与物理杂志》(*Z. Math. u. Physik*)第 62 卷。

② 《关于弹簧弯曲的受力问题》(*Sur la force des ressorts pliés*),《拉格朗日的成就》第 3 卷,第 77 页。

第 3 章

18 世纪的材料力学

10. 材料力学的工程应用

在 17 世纪,科学研究的进展主要归功于学术机构。那个年代,投身于弹性体力学研究的人寥寥无几,即使伽利略、胡克和马略特等知名学者也曾思考过一些实用问题,并且这些问题均与弹性性能或结构强度有关,但这些人的研究兴趣依旧偏重科学角度。然而在 18 世纪,前面数百年的科学成果已经在实践中有了用武之地,科学方法逐渐渗透到不同工程领域内。其中,军事与结构工程的新发展不仅需要实践经验,更注重合理分析问题的能力。于是,便诞生出第一所工程技术学校,同时首批结构工程方面的图书也陆续出版。在这些领域,法国走在前列,18 世纪之弹性体力学进步也大多归因于该国的科学活动。

1720 年,为培养防御工事和火炮方面的专家,法国成立了几所新院校。1735 年,贝利多给这些学校编写过一本数学教材①。该书不仅讨论数学,还涉及数学在力学、大地测量和火炮方面的应用。虽然贝利多的教材内容仅限于初等层次,但他建议那些对数学有兴趣者应关注微积分,并介绍了一本由洛必达侯爵撰写的《无穷小分析》,这是当时已面世的首本积分学图书。为领会 18 世纪数学应用之发展迅速,我们只需回过头来注意以下事实:在 17 世纪末,仅有牛顿、莱布尼兹以及伯努利

---

① 贝利多(Bélidor,1697—1761),《炮兵与工程师用数学新教程》(*Nouveau Cours de Mathématique a l'Usage de L'Artillerie et du Génie*),巴黎,1735 年。

兄弟四位学者深入研究过微积分,也只有他们熟悉这门新的数学分支。

1729年,贝利多又出版了《工程师的科学》[1],该书在结构领域广泛流传并多次再版,1830年,纳维批注的最后一版终于付梓。其中有一章专门讨论材料力学,虽然所引用的理论并未超越伽利略和马略特之成就,但贝利多将这些理论运用到了木梁实验,并提出确定梁安全尺寸的原则。贝利多通过计算说明,以往选择梁截面尺寸的计算方法不恰当,同时也列举出求解该问题更为合理的办法。对此他引用伽利略的假说,即矩形梁的强度正比于宽度及截面高度的平方。在结语中,贝利多的观点如下:不仅简支梁,就算是更为复杂的杆系,如屋架或桥梁中的桁架结构,都必定存在相应的分析方法,从而能够确定出它们的安全尺寸。

1720年,法国政府设立了交通道路工程团。1747年,著名的国立路桥学校在巴黎鸣锣成立,用于培训公路、渠道及桥梁的建造工程师,对材料力学发展壮大举足轻重[2],首任校长让·鲁道夫·佩罗内便是一位杰出工程师,曾亲手设计并修建过几座大型拱桥、勃艮第水渠以及很多巴黎重要结构,他的研究报告[3]被结构工程师争相传阅,其中有关建筑材料试验的内容将在后面章节中详细阐述(见第13节)。

直到18世纪末的1798年,第一本材料力学专著才得以问世,作者是吉拉尔[4]。该书最大亮点是有关历史沿革的论述,涉及17—18世纪弹性体力学的主要研究内容。在讨论梁的弯曲问题时,作者特意点出伽利略和马略特之分析方法。并说明:在当时的条件下,两种理论貌似都被认可。但对诸如石材这种脆性材料,工程师更愿意接受伽利略的假说,即在断裂时,内力均匀分布于整个截面。而谈及木制梁,他们还是比较相信马略特的观点,认为应力大小是从凹面上的零值开始,逐渐

---

① 译者注:原书名 *La Science des ingénieurs*。

② 有关这所著名学校(*École des Ponts et Chaussées*)的历史,可以参见《国立路桥学校年鉴》(*Ann. ponts et chaussées*),1906年;另见达尔坦(de Dartein)的文章。另:让·鲁道夫·佩罗内(Jean Rodolphe Perronet, 1708—1794)。

③ 《桥梁建设项目介绍》(*Déscription des projets de la construction des ponts*),《佩罗内的成就》(*Oeuvres de Perronet*),巴黎,1788年。

④ 详见路桥工程师吉拉尔的《论固体抗力分析》,巴黎,1798年。

增至外侧凸面纤维上的最大拉应力。虽然吉拉尔断言,凹面受压而凸
面受拉,抵抗弯矩所对应的轴线应处在截面范围内,然而,其依旧坚信
马略特"中和轴位置无关紧要"的错误理念。所以,在梁的强度理论方
面,吉拉尔的论著并未在马略特基础上有所提升。对于梁的挠曲问题,
吉拉尔与欧拉的方法非常类似,且不仅限于对小挠度问题的推导,这使
他得出一些不满足实际情况的复杂公式。在欧拉的早期成果里,假定
梁的抗弯刚度正比于线性尺寸的三次方;后来,欧拉改正了以上观点,
认为应该是四次方,但吉拉尔却没有了解到如此改变,依旧引用欧拉原
来那个不正确的假定。

　　在该专著的第二部分,吉拉尔探讨了等强度梁。对于这类结构,他
提出梁的任意截面均应满足如下条件: $Mh/I = $ 常数。 其中, M 是弯
矩, I 为截面相对于中性轴的惯性矩, h 为梁高。吉拉尔表明:在已知
荷载条件下,通过改变截面尺寸便能找到许多等强度梁的不同形状。
在 18 世纪,等强度梁的问题非常流行,大量相关论文被发表。然而,这
些成果却对梁的承载力研究作用不大,实际上,该问题却更为重要。

　　专著的第三部分涉及木制柱的弯曲和压屈实验,也代表吉拉尔有关
梁弯曲理论的独创见解,这些内容将会在后面继续讨论(参见第 13 节)。

　　从以上简述可知,在解决梁强度等实际问题方面,18 世纪之工程师
显然依旧沿袭 17 世纪的理论。然而与此同时,更令人满意的梁弯曲理
论却也诞生在这个时期,对此,还会在下面章节里进一步阐述。

11. 帕朗(1666—1716)

　　从前一章了解到: 18 世纪的数学家是如何根据曲率正比于弯矩这
条假说来发展弹性曲线理论的。然而在上述过程中,却无人探究梁内
应力分布情况。伴随相关数学原理的进一步发展,弯曲问题的物理意
义也就自然浮出水面,从而导致对应力分布有了清晰认知。在这些研
究中,帕朗(Parent)的成果最值得一提。这位学者在巴黎出生[①],儿时

---

　　① 详见《巴黎科学院史》中的文章,巴黎,1716 年。

父母想让帕朗学习法律,而他偏偏爱上了数学和物理,甚至毕业后一直没有从事过法律工作,却用大把时间来研究数学,也只好依赖当数学私教维持生计。1699 年,德比耶特(Des Billettes)当选法国科学院院士,他将帕朗安排在自己身边当助手。科学院的美差让帕朗这位年轻人有机会同法国学者进行近距离交流,参加科学院的各种会议。学术活动赋予帕朗自我表现的契机,他在不同领域的丰富知识大放异彩,在科学院刊物上发表过几篇研究报告。然而,并非所有成果都会得到这些刊物认可,于是,帕朗在 1705 年开始创办自己的期刊,内容不仅涉及他的论述,也包括对其他数学家成果的评论。1713 年,这些论文分三卷修编,取名《数学与物理研究》。

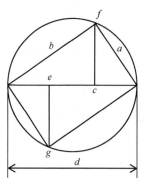

图 30   圆木截面示意图

在有关受弯梁的第一份研究报告里[1],帕朗采用马略特假说,将垂直于荷载作用面上凹侧边界的切线作为中和轴,并用该理论找到了等强度梁的各种不同形状。此外,他还讨论过一个有趣的话题,即如何将一根圆木截成具有最高强度的矩形梁。其表明:对于一个给定直径 d(图 30),乘积 ab^2 必须取最大值。如图 30 所示,欲实现上述目标,可将直径三等分,然后画出两条垂线 cf 和 eg,相应的圆内接矩形即为所求截面。

1713 年,帕朗再次推出关于梁弯曲理论的两份研究报告[2],标志着该问题的重大进展。他在第一篇中指出,由马略特(参见第 5 节)推导的方程

$$L = \frac{Sh}{3l} \tag{a}$$

① 详见《巴黎科学院史》,1704 年、1707 年、1708 年、1710 年,巴黎。
② 《数学与物理研究论文集》(*Essais et Recherches de Mathématiques et de Physique*),第2 卷,第 567 页;第 3 卷,第 187 页。

虽然适用于矩形梁,并且后来还
被用于其他截面形状上,却不适
用于圆管或实心圆形截面。帕朗
采用与马略特相同的假定,即横
截面围绕切线 nn 转动(图 31),并
且各纤维层内力正比于其到切线
的距离。于是,前者发现:当横截
面为实心圆时,这些力对 nn 轴的
极限弯矩为 $5Sd/16$,其中 S 为梁

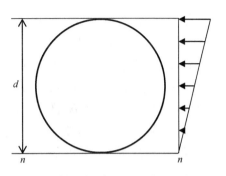

图 31 圆形截面上的应力分布

的"绝对强度"。这意味着,对于圆形截面梁,必须采用 $5d/16$ 代替上述
式(a)中的 $h/3$。

在第二篇研究报告里,帕朗着重讨论了以下问题:如何确定纤维
层抗力矩所对应的旋转轴位置。考虑某矩形梁嵌固于 AB 截面处
(图 32a),假设在荷载 L 作用下,梁会绕 B 点产生转动,则截面相应的
内力如图 32b 所示。令其合力为 F,则 F 的延长线与 L 作用线会相交
于 E 点。帕朗断定,为了满足平衡要求,此二力之合力 R 必将通过旋
转轴上的 B 点;然而作为此合力单独支座的 B 点,却无足够抗力,据此
可知,截面 AB 的大部分都将作为 R 的支座而承受压力。毫无疑问,上
述原因迫使马略特采用图 32c 所示两个相等三角形来代替图 32b 的
$\triangle abd$ 应力分布。现取第二种应力分布图,并注意到,当梁断裂时,最
外侧纤维的拉力必始终等于 σ_{ult}。 同时帕朗认为:两个三角形所表示
的抵抗弯矩仅为图 32b 单个三角形抗力的 1/2。这样一来,帕朗便纠正
了由马略特造成,其后又被雅各布·伯努利和伐里农[①]等人所承认的一
个错误。众所周知,只有当梁的材料服从胡克定律时,由两个三角形所
代表的应力分布(图 32c)才正确,因此,它不能用于计算梁弯曲荷载 L
的极限值。马略特的实验让帕朗领悟到:梁的极限抗力矩大小必定介
于图 32b 和图 32c 所示应力分布假定之间。为克服以上应力分布之不

① 详见伐里农在《巴黎科学院史》中的文章,巴黎,1702 年。

确定性,他假定当断裂时,旋转轴(中性轴)不必通过截面中心,而应力分布如图 33 所示。其中最大拉应力 ad 必定沿梁宽大小相等,且代表纤维层的最大抗拉强度。接下来,用合力替代作用在截面 ab 上的应力,并在图中引入拉力 F 及外力 L。按照平衡条件,帕朗得出如下结论:作用在 ab 截面上,bc 部分的合压力必须与同一截面上方之合拉力 F 相等;另外,除法向力外,还应该有一个大小等于 L 的剪力作用在 ab 截面上。由此可见:帕朗似乎已经对受弯梁的静力学问题了如指掌。他断言,分布于梁固端截面 ab 上的抗力必定组成一个与外力相互平衡的力系。帕朗在另一篇论文[①]中还写道:当荷载增加时,中和轴会移动;断裂时,会接近于凹边界面的切线。在已知图 33 的应力分布后,帕朗将其用于分析马略特实验结果,得出了当中和轴位置为 $ac : ab = 9 : 11$ 时,自己求出的极限抗力矩与实验结果完全吻合。

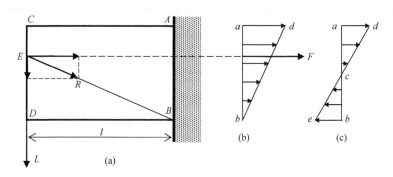

图 32 矩形梁受力简图

在按图 33 所示三角形应力分布进行计算时,帕朗假定:胡克定律仍然成立,但抗拉与抗压弹性模量不同。同时,他考虑了如果材料不服从胡克定律的情况,并正确注意到,当材料应变增长率小于应力增长率时,极限抵抗矩就会小于图 33 中两个三角形所代表的力矩值。因为缺乏材料力学性能实测信息,帕朗自然无法将自己对该问

---

① 详见其研究报告第 2 卷,第 588~589 页。

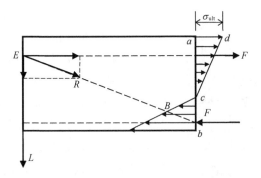

图 33　矩形截面梁的应力分布

题的基本正确观点发扬光大。综上所述,我们可以看出:仅就梁的应力分布而言,帕朗较前辈有着更为清晰的认知,但其论述并未受到广泛重视,从而导致 18 世纪的主流工程师无法推陈出新,依旧采用基于马略特理论的错误公式。当然,或许这是源于以下事实:帕朗的主要成果并未通过科学院渠道正式出版,仅发表于自家论文集里,并且编校质量很差,存在多处印刷错误。而且,帕朗也不是一位头脑清晰的作者,致使其公式推导过程很难被人理解;再者,他在自己文章中总爱批评他人成就,这无疑令其与同辈科学家心存芥蒂。帕朗的论著走过 60 年后,弹性力学才有了长足进步。在这段时光的最后,我们终于发现了库仑的非凡业绩。

12. 库仑(1736—1806)

库仑(C. A. Coulomb;图 34)出生于法国的昂古莱姆。于巴黎读完大学预科后,进入工程兵团工作,随后又被派往马提尼克岛[1],在那里一待就是九年。其间,库仑主要负责建筑施工,因此便有机会研究材料力学性能,并处理结构工程中遇到的不同问题。正是在这个小岛上的

---

[1] 参见德朗布尔的《库仑小传》(*Éloge historique de Coulomb*),《法国自然科学学会研究报告》(*Mém. inst. natl. France*)第 7 卷,第 210 页,1806 年;另见霍利斯特(S. C. Hollister)的《库仑的生活与成就》(*The Life and Work of C. A. Coulomb*),《机械工程》(*Mech. Eng.*),1936 年,第 615 页。另:昂古莱姆(Angoulême);马提尼克岛(Martinique)。

图 34 库仑

1773 年,库仑完成了向法国科学院提交的著名论文《极大值和极小值规则在建筑静力学问题中的应用》①。他在序中有言:"本文完成于几年前,起初只是为了工作需要。之所以现在敢向科学院提出,只因如果我这些微不足道的努力,哪怕只有一点儿有用,科学院也会欣然欢迎。再者,科学是献给公众利益的知识大厦,每位公民都要根据自己的才能为其做出贡献。伟人站在大厦屋顶指挥并建造上部结构,普通工匠则分散在底层或隐藏于晦暗的基础角落,他们的工作仅是追求那些智者创造出来的完美。"

回到法国后,库仑先后以工程师身份就职于拉罗谢尔(Rochelle)、艾克斯岛以及瑟堡。1779 年,他与范·斯文登(Van Swinden)分享了法国科学院有关罗盘仪制造方法的最优论文奖;1781 年,又因研究报告《简单机械理论》再获科学院大奖②。该文揭示出不同物体彼此相对滑移时,在干燥或涂有油脂的接触面上摩擦力作用的实验结果。1781 年,库仑定居巴黎,并当选法国科学院院士。从此,其科研工作走上康庄大道,转而投身于电学和磁学研究。为测量微弱的电力与磁力,库仑还发明过一种高灵敏度扭力天平,并结合该项目分析过金属丝的扭转抗力③。

1789 年,正值法国大革命爆发之际,库仑退休回到位于布卢瓦(Blois)

---

① *Sur une Application des Régles de maximis et minimis à quelques problèmes de statique relatifs à l'architecture*,发表于《法国科学院院外学者研究报告》(*Mém. acad. sci. savants étrangers*)第 7 卷,巴黎,1776 年。

② 详见《法国科学院院外学者研究报告》第 10 卷,第 161 页。这篇论文连同前面提及的结构理论与其他一些机械工程师感兴趣的主题,都被重新修订成《简单机械理论》(*Théorie des machines simples*)这本书,巴黎,1821 年。

③ 《金属丝扭转力与弹性的理论与实验研究》(*Recherches théoriques et experimentales sur la force de torsion et sur l'élasticité des fils de métal*),《法国科学院学报》,1784 年。

的小宅。1793 年,法国科学院被迫关闭,两年后,以"国家科学与技术研究所"[1]名义重新"开业"。库仑顺理成章当选新机构首批会员,他最后那些关于液体黏滞性和磁学的论文,均发表于该机构的《研究所学报》上(1801、1806)。1802 年,库仑被聘为研究总监,并积极投身公共教育改善事业。这些活动必须四处游说,而此时的他却老态龙钟,以致 1806 年终因过度劳累而与世长辞。库仑成就非凡,其摩擦理论、结构材料强度和扭转理论使用至今。

18 世纪,没有哪位科学家能够超过库仑对弹性体力学之贡献,其主要创新均体现在 1773 年发表的论文里。

在该论文开篇,库仑首先讨论了为确定几种砂石强度所进行的实验研究。他采用的拉伸试件尺寸为厚度 1 in、边长 1 ft 的方板,形状如图 35a 所示[2],由此得到的极限抗拉强度等于 215 lb/in²。为完成相同材料的抗剪实验,库仑使用 1 in×2 in 大小的矩形杆件,剪力 P 施加于固定端 ge 截面(图 35b)。他发现:在该条件下,极限抗剪强度等于抗拉强度。最后,库仑还进行了如图 35c 所示弯曲实验,试件的长、宽、高为 9 in×2 in×1 in,实测极限荷载 P 等于 20 lb。

接下来,库仑针对梁受弯问题进行深入理论研究(图 35d)。取一矩形悬臂梁,并考查截面 AD,他判断:截面上部 AC 的纤维层受拉而下部纤维受压。把纤维内力分解成水平与垂直分量,且以矢量 PQ 及 $P'Q$ 表示,再利用三个静力方程。库仑相信:沿 AD 截面以曲线 BCc 表示的水平分布力之合力必将为零,垂直分量的合力一定等于所施加的荷载 ϕ,而纤维层中所有力对 C 轴的力矩,必定与 ϕ 对同一轴线的力矩相同。他注意到:上述方程跟控制纤维力和伸长量之间的关系定律无关。取一种在断裂前服从胡克定律的完全弹性材料,并考查嵌固端处的微元体 $ofhn$,库仑认为,鉴于外荷载 ϕ 导致的弯曲效果,平面 fh 将变位至 gm 处,且△fge、△emh 即代表纤维变形与应力。现令 σ 为

---

[1] 译者注:国家科学与技术研究所(L'Institut National des Sciences et des Arts)。
[2] 该图源于库仑的著作。

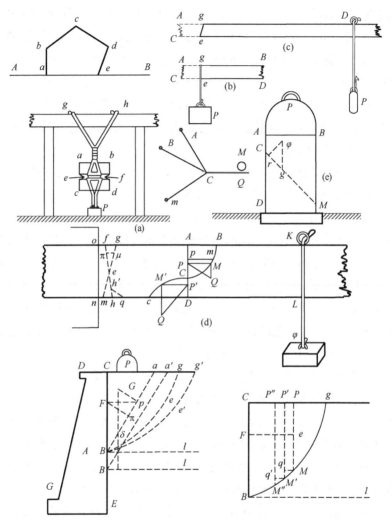

图 35 库仑的几个试验

f 点处的最大拉力,则内力矩为 $\sigma(\overline{fh})^2/6$。以 S 代表杆件的极限抗拉强度[①],$l$、$h$ 分别等于荷载 ϕ 之力臂和梁高,那么,极限荷载的计算方

————————————

① 梁宽取 1。

程便为

$$\frac{Sh}{6} = \phi l \qquad \text{(a)}$$

库仑注意到：当梁截面高度远小于梁长，则影响梁强度的剪力效应便可忽略不计。

现考虑绝对刚性材料，且假设杆件围绕 h 点转动，以致整个截面应力呈均匀分布，库仑据此得出的极限荷载计算公式就会变为

$$\frac{Sh}{2} = \phi l \qquad \text{(b)}$$

将该式用于上面提到的实验，他得到一个比实验结果大的极限荷载计算值。于是，库仑便认定：旋转点位置不可能在 h，而应位于某点 h' 处（图 35d），这样一来，横截面的 hh' 部分必将处于受压状态。

由此可见，在其弯曲理论中，库仑能够正确运用静力学方程进行内力分析，对梁截面内力分布也有清晰的概念。然而，或许他并不了解帕朗的论述，因为在分析问题时，库仑只提到了博叙[①]。而在后者《最具优势的堤坝结构》一书中曾建议：应视木梁为弹性体，却将石梁当成绝对刚性的。

作为下一个目标，库仑思考了轴力 P 作用下的棱柱体受压问题（图 35e）。他认为：断裂源于沿某平面 CM 的滑移，当 P 沿该平面的分量大于同一平面的抗剪内聚力时，就会发生断裂。根据之前的实验结果，库仑假设极限抗剪强度 τ_{ult} 等于抗拉强度 σ_{ult}。设 A 为棱柱截面面积，α 为柱轴线与平面 CM 法线之间的夹角，库仑获得一个计算极限荷载的方程，即

$$P \sin \alpha = \frac{\sigma_{ult} A}{\cos \alpha} \qquad \text{(c)}$$

[①] 博叙（C. Bossut, 1780—1814）是梅济耶尔（Mézières）军事工程学校的数学教授，法国科学院院士。曾出版过三卷本的数学教程（1765），两卷本的流体动力学（1771）以及两卷本的数学史（1810），这些著作均有着极高的价值。《最具优势的堤坝结构》（*La Construction la plus avantageuse des digues*）。

由此可得

$$P = \frac{\sigma_{\text{ult}} A}{\sin \alpha \cos \alpha} \tag{d}$$

从上式可知：当 α 等于 $45°$ 时，P 值最小，是柱极限抗拉强度的 2 倍。为了让理论更加符合实验结果，库仑建议：不仅应考虑 CM 面上的内聚力，还须计入摩擦力作用。这样一来，他取如下公式代替式(c)：

$$P \sin \alpha = \frac{\sigma_{\text{ult}} A}{\cos \alpha} + \frac{P \cos \alpha}{n} \tag{e}$$

式中，$1/n$ 为摩擦系数。于是有

$$P = \frac{\sigma_{\text{ult}} A}{\cos \alpha \left[\sin \alpha - (\cos \alpha / n) \right]} \tag{f}$$

欲使 P 为最小，则有

$$\tan \alpha = \frac{1}{\sqrt{(1 + 1/n^2)} - 1/n} \tag{g}$$

假定砖的摩擦系数取 0.75，便有 $\tan \alpha = 2$。如此一来，从式(f)可得 $P = 4\sigma_{\text{ult}} A$，该值非常吻合实验结果。

在 1773 年发表的同一文章第二部分中，库仑还考虑了挡土墙和拱的稳定性问题，这些内容留待以后介绍。

1784 年，库仑完成了有关扭转问题的研究报告。接下来，将介绍其中一个案例。如图 36a 所示，对于悬挂于金属丝上的金属圆筒，库仑仔细观察了该扭转摆的转动情况，并借此装置来测定金属丝的抗扭刚度[①]。他假定抗扭能力正比于扭转角 ϕ，于是，便有微分方程 $n\phi = -I\ddot{\phi}$。利用积分，可得振动周期的计算公式，即

$$T = 2\pi \sqrt{\frac{I}{n}} \tag{h}$$

---

① 该图取自库仑的研究报告。

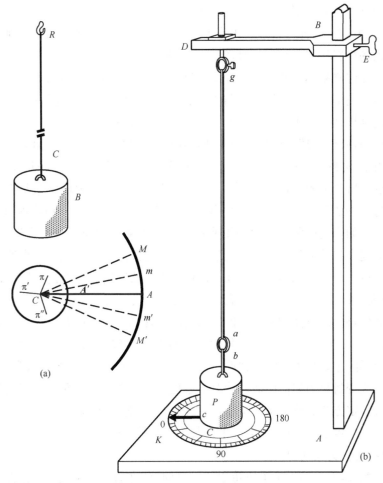

图 36 库仑的扭转振动试验装置

通过实验,库仑发现当转角不大时,这个周期与扭转角无关;同时认为,假定扭矩正比于扭转角是恰当的。他接着继续自己的实验,这次的金属丝材料不变,而长度与直径均不相同。在此基础上,库仑建立了如下扭矩 M 计算公式:

$$M = \frac{\mu d^4}{l}\phi \qquad\qquad (\mathrm{i})$$

式中，l 为金属丝长度，d 是直径，μ 为材料常数。库仑比较过钢丝与黄铜丝，发现这两种材料常数比等于 $10/3：1$。并由此判断：当需要刚度较大的材料例如枢轴材料时，钢材更可取。

在建立基本方程(i)之后，库仑进一步扩展了金属丝材料力学性能的研究范围，得出每种金属丝的弹性抗扭极限值，当超过此值后，金属丝便会出现一些永久变形。另外他还指出，如果金属丝一开始受扭就超过弹性极限，那么材料就会变硬且弹性极限也随之提高，然而方程式(i)中的材料常数 μ 仍将保持不变。接下来，通过退火，又可以消除因塑性变形所产生的硬化现象。库仑根据这些实验断言：要确定某材料力学特点，就需要掌握两个指标：代表弹性性能的材料常数 μ 和依赖内聚力大小的弹性极限。虽然利用冷加工或淬火能够增加材料的内聚力，从而提高弹性极限，但无法改变由常数 μ 定义的弹性性能。为说明该结论也适用于其他情况的变形，他又找来一批仅热处理工艺有所不同的钢杆进行弯曲实验。结果表明：在较小荷载作用下，无论材料温度历程如何，杆件的挠度都相等，但退火后的杆件弹性极限值要远低于淬火的杆件。因此，当荷载很大时，退火钢杆会产生较大永久变形，而经过热处理的金属却依旧完全弹性。也就是说，热处理改变了弹性极限，却无法改变材料的弹性性能。针对上述现象，库仑猜想：每种弹性材料都具有一定方式的分子排列特征，不会因较低的弹性变形而受到扰动；但超过弹性极限后，分子便会产生某些永久滑移，导致即便弹性性能不受影响，内聚力反而提高了。

此外，库仑还讨论了扭转摆的阻尼问题，并通过实验说明：这种阻力并非主要来源于空气，而是他采用的这些金属丝材料自身缺陷。库仑发现，当摆动幅度很小时，在一个周期内的振幅减小程度几乎正比于幅值；当摆动量较大或弹性极限已经冷加工而提高时，阻尼效应要比振幅增加得更快，实验结果也就杂乱无章了。

13. 18 世纪的结构材料力学性能实验研究

前面已经讲述了胡克、马略特和库仑等科学家的实验工作，其主要是为证明材料力学的某些理论。除此之外,鉴于 18 世纪结构工程中材料力学的信息需求,人们也因此展开了大量更具工程背景的实验活动。

列缪尔利用机械实验来研究钢铁制造中的各种技术工艺[①],并通过金属丝拉伸实验评测不同热处理途径的效果。另外,他还开发出一种测量硬度的方法,其原理如下:通过研究两个垂直三角棱柱的尖角挤压在一起所形成的压痕去评判硬度大小。

先后任教于乌得勒支(Utrecht)大学和莱顿大学的物理学教授帕图斯·范·米森布洛克也进行过广泛的材料力学性能实验。在其《物理实验与几何》一书中[②],这位学者描述了自己的实验方法以及为此设计的实验仪器。图 37 是米森布洛克的拉伸实验机,图 38 为试件样式

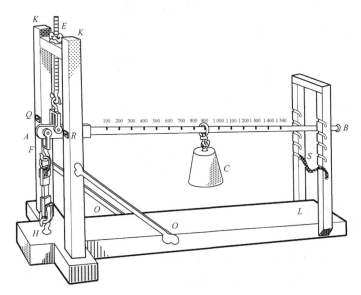

图 37　米森布洛克的拉力实验机

---

① 1720—1722 年,列缪尔(Réaumur, 1683—1757)向法国科学院提交了几份研究报告。另见他的《锻铁炼钢术》(*L'art de convertir le fer forgé en acier*),1722 年,巴黎。

② 译者注:帕图斯·范·米森布洛克(Petrus van Musschenbroek, 1692—1761);《物理实验与几何》(*Physicae experimentales et geometricae*, 1729)。

和两端夹紧方法。可以看出,即使这些实验装置的杠杆系统能够将力放大数倍,但也只能将横截面很小的木材或钢材拉断。虽不尽如人意,上述实验结果还是被米森布洛克录入那本有关物理学的著作,并获得工程师广泛青睐[1]。图 39 是米森布洛克的弯曲测试装置,借助此设备,这位物理学家用矩形木梁证明了伽利略的理论,即梁的抗弯强度正比于截面的 bh^2。另外,他还根据小试件实验结果,推算出建筑结构中大尺寸梁的极限荷载值。

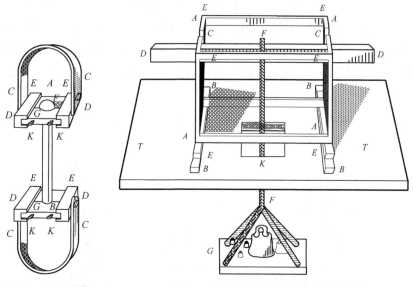

图 38 拉伸试件端部的夹紧方法

图 39 米森布洛克的弯曲实验装置

图 40 为米森布洛克的压杆实验装置。利用该物件,材料力学史上首次完成了侧向压屈现象的工程研究。米森布洛克对实验结果进行了重要补充:压屈荷载与试件长度的平方成反比。当然,众所周知,利用弹性曲线的数学分析方法,欧拉已经得出过相同结论。

————————

① 参见法语翻译版的《物理实验》(*Essai de Physique*),莱顿,1751 年。从该书的序言可知,当时许多物理学问题引起不同群体的广泛兴趣,荷兰很多城市因此建立起了科学组织。

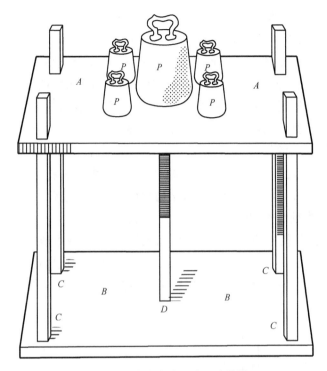

图 40　米森布洛克的压缩实验装置 G

然而,米森布洛克这些实验却遭到布丰(Buffon,1707—1788)的批评。后者以自然科学见长,是一位博学多才之士,即便身为巴黎植物园园长与自然科学博物馆组建人,却能将牛顿的《流数法与无穷级数》译成法文,并对木材的力学性能进行过广泛研究①。布丰调查表明,取自同一树干的木材试件,强度会随部位差异而显著不同,除了与到树干轴线距离有关外,也跟沿树干轴线的取材位置有关。这样一来,米森布洛克的那些小尺寸试件,其实验结果就无法给予结构工程师足够信息,以致必须进行足尺梁试验。于是,布丰对截面尺寸 4 in×4 in~8 in×8 in、跨长 28 ft 的方梁进行大量测试,梁两端简支、跨中加载。试验结果证

① 参见布丰的《自然史》(*Historie Naturelle*)第 2 卷,第 111 页,巴黎,1775 年。译者注:《流数法与无穷级数》(*The Methods of Fluxions and Infinite Series*)。

实了伽利略的判断,即梁的强度同截面宽度及高度的平方成正比。另外,布丰还表明:梁的强度很可能正比于材料密度。

在建造巴黎圣热纳维耶芙(Sainte Geneviève)教堂时,曾经面临如何确定柱子合理截面的问题。当时,法国主流建筑师与工程师意见不合,所以亟须掌握各种砌块的抗压强度实测值。最终,相关实验工作落到法国工程师戈泰的肩上。为了顺利完成实验项目,这个出版过名著《论桥梁建筑》的作者[①]设计制造出一台专用机器(图41)。其采用杠杆原理,貌似米森布洛克的拉伸实验机(图37),试块通常采用边长为 5 cm 的立方体。在把实验结果与既有结构的承压石材比较后,戈泰发现:当假定压力沿轴线作用时,样品的安全系数总体上不小于10。对此,他解释道:实际结构中荷载之所以取值如此低,源于荷载可能出现偏心,并且作用力可能不完全垂直于作用面。另外,戈泰还提出:在一些实验里,细长试件的抗压强度会远小于相同条件下的立方体试件。

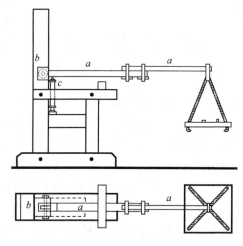

图41　戈泰的实验装置

---

① 戈泰(Gauthey,1732—1807),《论桥梁建筑》(*Traité de la Construction des Ponts*,1809—1813)。在戈泰去世后,此论文经他的侄子纳维编辑发表,对此,将在下文随纳维的成就一并讨论(参见第17节)。

　　让·龙德莱改良了戈泰的实验装置,他用一个刀口取代 b 轴(图 41),从而降低了实验装置的摩擦力。在 1802 年龙德莱出版于巴黎的《建筑艺术理论与实践》一书中①,我们发现了有关上述实验设备的内容。

　　为修建塞纳河畔的纳伊(Neuilly-sur-Seine)拱桥,佩罗内承担了大量石材强度的实验工作。在法国国立路桥学校,这位学者设计安装过一台有着与戈泰类似创意的实验设备,并加入可以进行拉伸作用的装置。借助在学院担任教授及结构工程师之便,佩罗内利用自己的这套设备完成了大量试验项目。

　　18 世纪尾声,木支撑的研究非常流行,相关工作发端于拉姆布拉尔迪(J. E. Lamblardie, 1747—1797),接下来便是吉拉尔。拉姆布拉尔迪是法国国立路桥学校校长,而其上一任正是佩罗内,另外,拉姆布拉尔迪还协助创办了著名的巴黎综合理工学院。吉拉尔则为史上第一本有关材料力学著作的作者(参见第 10 节)。吉拉尔的实验装置如图 42 所示,利用绕 V 轴转动的杠杆 XY 与 y 处的荷载,压力便可传至垂直压杆。试件上端的圆盘可以在立柱 AB 与 EF 之间滑动,还能防止端部出现侧向运动,试件下端支撑在 R 处。当支柱下端 R' 在水平搁置的梁中央产生压力时,相同的设备又便于进行横向弯曲实验。为将压杆实验结果与欧拉长柱公式估算值进行对比,压杆所需抗侧刚度应按欧拉的建议(参见第 8 节)通过实验确定。吉拉尔指出:木支撑绝非完全弹性,在侧向弯曲时,挠度也不正比于荷载;此外,给定荷载下的挠度不是一个常数,会随力的作用时间增加。然而令人遗憾的是,吉拉尔的上述杆端夹紧模式与加载方法遭到公开质疑,以致实验结果与欧拉的理论值并未完全吻合。

　　在圣彼得堡,比尔芬格完成了大量实验,用以验证伽利略和马略特的弯曲理论②。他发现,后者的理论与实验数据符合得更好。比尔芬格

---

　　① 译者注:原作者与书名分别为 Jean Rondelet (1734—1829)、*Traité théorique et pratique de l'art de batir*。

　　② 比尔芬格(G. B. Bülffinger),《彼得堡科学院评论》(*Comm. Acad. Petrop.*)第 4 卷,第 164 页,1735 年。

图 42　吉拉尔的木桁架实验

认为,胡克定律并非完全得到实验佐证。于是他建议:应力应变关系也可表示成抛物线形式 $\varepsilon = a\sigma^m$,其中 m 是一个常数,必须通过实验确定。以上讨论内容大多由法国工程师完成,他们也因此积累了巨量实验数据,拥有重要的工程价值。例如,在上面提到的戈泰之桥梁论述中,我们发现了大量表格,涉及各种铁、木材和石料的强度信息。

14. 18 世纪的挡土墙理论

采用挡土墙来阻止土体滑移是一种十分古老的方法,然而在早期,如何确定这类构筑物的尺寸就只能单凭经验粗略估算。在 18 世纪,为找出可用于设计的合理论据,工程师便提出不同假说,用以计算作用于挡墙上的土压力,同时也开展了一些实验研究①。

　　对于解决挡土墙这类问题而言,贝利多相当具有发言权。在其1729 年的《工程师的科学》一书中,就涉及挡土墙的章节(参见第 10 节)。他解释道:在斜面 AB 上,为使重量为 P 的小球保持平衡,所需的水平力 Q 等于 $P\tan\alpha$。按照这样的原理来考虑挡土墙 $ABDE$(图 43)背后的土,且假设在无挡土墙阻止情况下,未被挡住的土将会产生一个 45°的倾斜面 BC。贝利多认为,这个三角形土柱 ABC 必有沿 BC 面下滑之趋势。因此,如果该下滑像小球一样,那么在没有摩擦的条件下,保持土体平衡所需的挡土墙水平推力必然要等于棱柱体的土重;然而因存在摩擦,实际反力一定会小很多。他建议:墙背反力可偏于安全地取土体重量的一半。设 h、γ 分别表示墙高和单位体积的土壤重量,则单位长度上,墙背受到的土体水平压力为 $\gamma h^2/4$。同理,对于图中虚线所示,平行于 BC 的任意平面,贝利多的结论是:平面 AB 上的土压力遵从三角形规律,因此,压力的合力 Q 作用点到墙底 BD 之距离等于 $h/3$,而此压力对 D 边的倾覆力矩则为 $\gamma h^3/12$。在选择挡土墙厚度时,必须考虑该力矩。贝利多根据此力矩值计算挡墙厚度,所得挡土墙比例尺寸完美契合当时被大众认可的惯例。

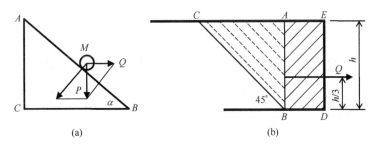

(a)　　　　　　　　　　　　　(b)

图 43　挡土墙受力示意图

---

　　① 关于 18 世纪挡土墙理论和实验的完整资料,可参见迈尼耶尔(K. Mayniel)的《土推力与衬砌墙实验分析与应用》(*Traité expérimental, analytique et pratique de la Poussée des Terres et de Murs de Revêtements*),巴黎,1808 年。

库仑提出了更为先进的挡土墙理论。在 1773 年发表的研究报告里（参见第 12 节），其考查了墙背垂直边 CE 上 BC 部分的土压力（图 35），且假定土体具有沿某平面 aB 下滑的趋势。库仑认为：如果不计 CB 边的摩擦力，则墙的反力 H 呈水平方向。棱柱体 Cba 的重量 W 等于 $0.5\gamma h^2 \tan\alpha$，其中 h 为 B 点埋深、α 为 Cba 的角度。沿着滑移面，反力的合力 R 将与 Ba 面法线之间形成摩擦角 ψ，换言之，R 的水平夹角为 $\alpha + \psi$。这样一来，图 44 的三角形便代表着图 35 中楔形土体的平衡条件，由此可得

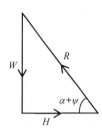

图 44　楔形土体的平衡条件

$$H = W\cot(\alpha + \psi) = \frac{\gamma h^2}{2}\tan\alpha\cot(\alpha + \psi) = \frac{\gamma h^2}{2}\frac{1 - \mu\tan\alpha}{1 + \mu\cot\alpha} \quad \text{(a)}$$

式中，摩擦系数 $\mu = \tan\psi$。

接下来的问题是如何选取 α，使得反力 H 最大。为此，只需将上式对 α 求导，并令微分方程等于零，则有

$$\frac{1 - \mu\tan\alpha}{1 + \mu\cot\alpha} = \tan^2\alpha \quad \text{(b)}$$

由此可得

$$\tan\alpha = -\mu + \sqrt{1 + \mu^2} \quad \text{(c)}$$

将这个值代入式（a），便能算出挡土墙所需的最大压力。在以上推导过程中，库仑还考虑到作用在 Ba 面上的内聚力，并认为：即便如此，方程（c）仍然适用。除此之外，附加荷载 P 作用的情况（图 35）也在其考虑之列。

库仑进而设想到另外一个问题：挡土墙会反作用在棱柱体 CBa 上一个水平推力 Q'，使后者向上移动。他计算出令 Q' 值最小的 α 角度。最终，库仑考查土体沿图 35 中曲面 Beg 滑移的情况，并简要描绘出挡墙产生最大压力时该曲线的形状。

此后,法国人普罗尼(Prony,1755—1839)将库仑的上述方法进行了简化,以便能够更好应用于实际工程。

普罗尼出生于里昂附近的沙梅莱(Chamelet),1776 年进入法国国立路桥学校;1780 年毕业后,就职于佩罗内领导的纳伊(Neuilly)桥施工项目;1785 年,普罗尼帮助后者重建敦刻尔克海港,并陪同其游历英国。法国大革命时期,普罗尼任法国公制委员会委员,负责十进制割圆术及编制新三角函数表工作。普罗尼不仅是著名的巴黎综合理工学院创始人之一(1794),还当选了该校首位力学教授。1798 年,又被任命为国立路桥学校校长。这位学者著作颇丰,包括两卷本《水工建筑》[①]和《力学分析教程》(1810),它们均被法国工科院校广泛使用。

再回头来看库仑的分析。注意到 $\mu = \tan\psi$,普罗尼便将方程(b)改写成更为简化的如下形式 $\cot(\alpha + \psi) = \tan\alpha$,由此可得 $\alpha = (90° - \psi)/2$。这意味着,相应于图 35 中最大土压力的 Ba 面平分了墙背垂直边 BC 与自然坡度线之间的夹角。以如此方式,普罗尼便发展出一种选定挡土墙恰当尺寸的实用方法[②]。

15. 18 世纪的拱理论

拱的建造技术源远流长,在修建桥梁和高架渠时,罗马人已经广泛使用了半圆拱。事实上,在这些项目中,他们的结构技术如此高超,以致很多构筑物一直完整保存到现在[③],从而使我们能够研究古人的结构方法与比例尺度。显而易见,那个年代并无拱的安全尺寸设计理论,因此,罗马建筑师只好通过经验法则去设计施工。转入中世纪,道路桥梁的工程项目寥寥无几,罗马的这些建造技艺便慢慢淡出人们的视线。

文艺复兴与欧洲经济生活的重启接踵而至,令建筑师必须再次学习拱的营造技术。最初,这些结构的尺寸依旧根据经验判断,直到

---

① 译者注:《水工建筑》(*Architecture hydrolique*,1790—1796)。

② R. 普罗尼,《确定护墙尺寸的操作规程》(*Instruction-Pratique pour déterminer les dimensions des murs de revêtement*),1802 年,巴黎。

③ 关于罗马桥梁的图纸,可以参见如前所述戈泰的《论桥梁建筑》第 1 卷,1809 年。

17—18世纪交替之年,法国工程师才试图建立拱的设计理论。当时的法兰西,在公路网络建设方面走在各国前列,于是,拱桥便被广泛用于道路连接功能中。

　　首位利用静力学解决拱问题的人是法国科学院院士拉伊尔[①]。在数学方面,他师从德萨格(Desargues),并借助这位大数学家的影响力在几何学方面颇有造诣。在拉伊尔的名著《论力学》中,首次看到拱分析中的"索多边形"理论。对于图 45 所示半圆拱,拉伊尔假定各楔形块之间完全光滑,以致其间只存在法向压力。如果以此为前提,接下来的问题便是:为确保结构稳定,各楔形块重量 P_1、P_2、P_3、…应为多少?为此,拉伊尔利用了几何方法。在拱的外表面上作一条水平切线 MN,接着延长各半径,使其将拱分割成不同大小的楔形块,并与切线相交于 M、K、L、N 各点。他发现,如果楔块重量 P_1、P_2、…与 MK、KL、LN 的长度成相同比例,结构便能保持稳定状态;同时,CK、CL、CN 等的长度就代表相应楔形块之间的压力。按照当今术语,我们可以说:图形 $ABCDE$ 是垂直力系 P_1、P_2、P_3 等构成的索多边形,而图形 $MKLNC$ 则代表绕极点 C 旋转 $90°$ 之后的力多边形。

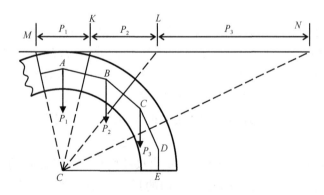

图 45　半圆拱的稳定受力

---

　　① 拉伊尔(Lahire, 1640—1718)。在彭赛利一篇重要研究报告中,我们发现了有关拱理论发展史的描述,参见《法国科学院通报》(*Compt. Rend.*)第 35 卷,第 493 页,1852 年。《论力学》(*Traité de Méchanique*, 1695)。

依此类推,鉴于半径 CE 平行于切线 MN,故水平面 CE 所支撑的最后楔块重量必定等于无穷大。受此启发,拉伊尔判断:如果假定楔块表面完全光滑,则半圆拱无法实现稳定平衡。他就此补充道:在实际结构中,楔块间的黏合剂能够防止滑移,有助于保证拱体稳定。因此,无须严格要求重量 P_1、P_2、P_3、…服从上述已知比例关系。

后来,拉伊尔再次回到拱的问题上[1],试图利用自己的理论来确定半圆拱(图 46)的恰当支墩尺寸。为此,拉伊尔假定,破坏发生在拱的最不利位置,例如,截面 MN 及 $M_1 N_1$ 上。然后在不计摩擦力条件下,计算出拱上段对下段的压力 F,进而求出能够抵抗此力并避免支墩绕 A、B 点转动所必需的自身重量。

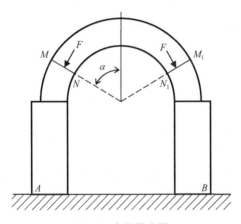

图 46 半圆拱支墩

贝利多首先将这种分析方法应用于工程实践。他在《工程师的科学》一书中介绍了拉伊尔的构思,并建议图 46 中的 α 应等于 45°。后来,佩罗内和谢齐(Chezy)又把拉伊尔的方法制成表格,以方便拱厚度的计算[2]。

① 参见他在《巴黎科学院史》上发表的研究报告,巴黎,1712 年。
② 莱萨格(M. Lesage),《国立路桥学校图书馆研究报告摘要汇编》(*Recueil des Mémoires extraits de la bibliothèque des Ponts et Chaussées*),巴黎,1810 年。

库仑进一步提升了拱理论。在他那个年代,人们已经从模型实验中澄清了拱的典型破坏模式(图 47)[①],由该图可知:对于稳定性而言,只考虑楔形块相对滑移是绝对不够的,还必须验算相对转动的可能性。在 1773 年的研究报告里,库仑就已经考虑到上述两类破坏形式。如图 48 所示,假设 ABDE 为承受对称荷载的对称拱半结构,H 是截面 AB 上的水平推力,Q 为拱上 Abmn 部分之重量。库仑求得,在作用面 mn 上,合力的法向与切向分量分别如下:

$$H\cos\alpha + Q\sin\alpha, \quad Q\cos\alpha - H\sin\alpha$$

式中,α 为垂线 AC 与 mn 之间的夹角。而防止拱上 Abmn 部分沿截面 mn 下滑所需的最小推力 H 可通过下式计算:

$$Q\cos\alpha - H\sin\alpha = \mu(H\cos\alpha + Q\sin\alpha) + \tau A \tag{a}$$

式中,μ 为摩擦系数,τA 为沿平面 mn 的总抗剪力。从式(a)可得

$$H = \frac{Q\cos\alpha - \mu Q\sin\alpha - \tau A}{\sin\alpha + \mu\cos\alpha} \tag{b}$$

库仑明白,从所有可能的 α 值中,必须找到一个角度,从而令式(b)取最大值。假设 H 是相应的推力值,则该力显然便为防止拱上部沿平面 mn 下滑的最小力。采用类似方式,库仑还发现,能够令拱 Abmn 部分开始上滑所需的推力

$$H' = \frac{Q\cos\alpha + \mu Q\sin\alpha + \tau A}{\sin\alpha - \mu\cos\alpha} \tag{c}$$

这次,他选择一个令式(c)为最小值的 α。显而易见,为消除可能出现的滑移,实际推力大小必须介于 H 和 H' 之间。

如图 47 所示,在讨论相对于 m 点可能发生的转动时,库仑根据

[①] 1732 年,达尼齐(Danizy)在蒙彼利埃学院(Academy of Montpellier)进行过这种实验;另外,在弗雷齐耶(Frézier)的《论石材的切割》(*Traité de la Coupe des Pierres*)一书第 3 卷中对此有描述,斯特拉斯堡(Strasbourg),1739 年;再者,布瓦塔尔(Boistard)亦进行过大规模实验,参见莱萨格的《国立路桥学校图书馆研究报告摘要汇编》第 2 卷,第 171 页,巴黎,1808 年。

图 48 的受力简图,计算出推力的极值

$$H_1 = \frac{Qa}{h} \qquad\qquad (\text{d})$$

同理,关于围绕 n 点的转动,有

$$H_1' = \frac{Qa_1}{h_1} \qquad\qquad (\text{e})$$

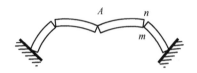

图 47　拱的典型破坏

　　库仑上述方法的主要成就在于:给出避免拱体转动的实际推力界限,即由式(d)所代表的最大值和式(e)所代表的最小值。在研究一些实际工程后,他指出,设计人员通常只需考虑以上两式的限值条件,便可做出正确选择。另外,他还建议:为使式(d)中的 H_1 值尽量小,推力作用点应靠近 A 点(图 48)。

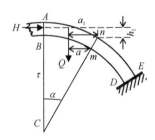

图 48　半拱的受力

　　由此可见,库仑并没有给出设计拱的明确规范,仅得出满足稳定条件的推力限值,故其论述没有引起工程师广泛响应[①]。到了 19 世纪,人

---

　　① 当时的工程技术人员更喜欢利用佩罗内基于拉伊尔的经验公式来确定拱的必要厚度。

们发现,通过图解法也可以得到与式(d)、式(e)相同的极值,库仑的这些概念才得到建拱者认可及应用。

在 18 世纪末,戈泰[1]、布瓦塔尔[2]和龙德莱[3]完成了大量实验,所有相关结果均佐证图 47 所示破坏模式,从而为库仑的理论假说提供了依据。

[1] 戈泰,《论法国万神庙的破损》(*Dissertation sur les dégradations du Panthéon Français*),巴黎,1800 年。

[2] 布瓦塔尔,《经验与观察的汇编》(*Recueil d'experiences et observations*),巴黎,1800 年。

[3] 龙德莱,《建筑技术理论与实践》(*Traité théorique et pratique de l'art de bâtir*)第 3 卷,第 236 页。

第4章

1800—1833 年的材料力学

16. 巴黎综合理工学院[①]

如前所述(参见第 10 节),法国在 18 世纪就组建过几所工程技术院校。然而到了大革命时期,由于一些教授和他们的学生受到革命政府怀疑,以致这些院校的正常教学活动无法继续。与此同时,当时的法国却恰与欧洲联军酣战,迫切需要技术人员从事堡垒、道路和桥梁修筑工作,并扩充炮兵部队。这样一来,在大数学家加斯帕尔·蒙日(Gaspard Monge,1749—1818;图 49)带领下,一群科学家和工程师便向新政府建议,成立新型工程学校,以取代那些旧政体遗留下来的全部规章。1794 年,该建议获得官方批准;到了年底,各种教学活动便在这所新学校里陆续展开。1795 年,该校获得了它如今的名字——巴黎综合理工学院。

综合理工学院的组织架构与被关停的旧校大相径庭,所有陈腐特权均被废除,使得贫寒子弟也能入学深造。为使最优秀的学生能够脱颖而出,他们采取竞争

图 49　加斯帕尔·蒙日

① 关于巴黎综合理工学院的详细历史,可参见校友于 1895 年出版的《巴黎综合理工学院诞辰百年纪念册 1794—1894》(*École Polytechnique*, *Livre du Centenaire*);另见皮内(Pinet)的《巴黎综合理工学院的历史》(*l'Historie de l'École Polytechnique*),1886 年。

性入学考试机制①。在学校的创办初期,很多巴黎闲散科学家与教授争相来校任教。于是,其中一些优秀人物也就自然成为学校骨干。拉格朗日、蒙日、普罗尼等名人踊跃参与数学或力学教学活动;不久之后,傅里叶(Fourier)与泊松(S.D. Poisson)也相继入列。

蒙日推出的新学校教学体系与以往惯例有着本质区别。在旧式教学体系中,没有统一入学标准,亦缺乏面向多数学生的联合讲座,仅凭工程实践者向个别学生或少数班级口头传达,告诉他们如何设计和建造那些五花八门的结构形式,具有很强的师徒风气。只有学生遇到不明白的数学或力学理论,校方才会聘请工程学教授或数学知识较好的学生来做些额外讲解。另外,在旧式学校里,数学、力学或物理学等基础学科从来都不进行联合授课。

新学校的教育理念也同旧体制大相径庭。他们认为,各工程分支都需要扎实的数学、力学、物理和化学这些基础知识,如果学生接受过良好的基础学科教育,就不难掌握各类专业技能。根据上述原则,学校头两年的教学计划中只有基础课,而工程方面的课程均被压缩至第三年。这样一来,学校便不再继续进行各种专业训练,巴黎综合理工学院也因此成为一所仅提供基础必修课的预科学校。毕业后,学生会相继分流到其他各类专业工程院校,如法国国立路桥学校、矿业学院、军事学院等。

巴黎综合理工学院的成就应归功于主要创始人蒙日的热情与教学才干。蒙日出生于法国博讷(Beaune)一个经济条件非常有限的家庭,并在那里接受了大部分教育。他成绩优异,不满16岁便当上物理老师,并热衷于几何与绘图。当年,有位军事工程师恰巧留意到这个男孩的天赋,便推荐他到当时欧洲最有声望的梅济耶尔军事学校深造。在那里,蒙日拜会了加缪(Camus)和博叙教授,两位伯乐很快就发现其数学天分,在他们帮助下,蒙日发展神速,最终于1768年获得数学教授头

---

① 这种选拔方式一直保留到现在。通过每年的入学考试,巴黎综合理工学院将法国高中最优秀的学生吸引到这里来,通常只有一小部分学生能够被录取。

衔。梅济耶尔军事学校让蒙日的教师天分插上了翅膀,他的课堂极富
吸引力,学生众多,其中便包括拉扎尔·卡诺(Lazare Carnot)和普里厄
(Prieur)。后来,这两位都成为法国大革命时期最具影响力的人物,并
在创建巴黎综合理工学院时立下了汗马功劳。

　　在梅济耶尔,蒙日演化出一个全新数学分支,即所谓"画法几何"。
从其诞生伊始,便成为工程教育中举足轻重的课程。1780 年,蒙日当选
为法国科学院院士。三年后,他离开梅济耶尔前往巴黎,成为海军学
院[①]教授。为满足该校教学需求,他撰写了静力学方面的专著[②],并以
教材形式在法国几所工程院校中使用多年。

　　蒙日是一位思想家,要求进步、热衷革命。他为政府工作过一段时
间,担任海军秘书。然而不久,便厌倦了这类管理工作,于是又回到科
学界,承担综合理工学院组建工作。蒙日不仅是著名科学家,也是优秀
教师与演说家。他笃定:在教学组织方面,必须让学生接触到一些知名
科学家,因为这些推动科学创造与发展的一线人士,将会有助于稳固学
生的课程基础。综合理工学院的教学体系非常成功,那个年代很多最
优秀的数学家都在此任教,并卓有成效地将自己感兴趣的知识点传授
给学生们。师生氛围良好、成果斐然,第一届毕业班[③]里就涌现出很多
科学家与工程师,其中包括普安索、比奥、马吕斯、泊松、盖-吕萨克、阿
拉戈、柯西和纳维。

　　综合理工学院的大班授课往往穿插有习题课,以及定期的制图、物
理或化学实验等作业[④]。为此,学校又将大班分解成 20 人一组的小队,
每组配备专职教员负责指导,而这些年轻教员中最优秀的,届时将会被
提升为教授。所以,这里不仅培育未来的工程师,也包括教师和科学
家。在 19 世纪前半叶,弹性理论的发展成就则主要归功于法国巴黎综

---

　　① 海军学院(l'École de Marine)。
　　②《静力学原理》(Traité élémentaire de Statique)第 1 版,1786 年。
　　③ 毕业生中的名人包括普安索(Poinsot)、比奥(M. A. Biot)、马吕斯(Malus)、泊松、盖-
吕萨克(Gay-Lussac)。
　　④ 将实验环节引入教学大纲,这大概是第一次。

合理工学院的师生。

在学院早期,他们发行以数学为引领的《巴黎综合理工学院学报》,不仅刊登教师的原创稿件,也发表已开的课程讲义。在法国,综合理工学院是最早为大批学生开设微积分、力学和物理课程的学校,这一成功创举催生出教材与讲义的编写工作,也就诞生出一系列重要论著。例如,蒙日的《画法几何》与《应用几何分析教程》、普罗尼的《力学分析教程》、泊松的《论力学》、拉克鲁瓦(S. F. Lacroix)的《微积分》以及德·哈伊(d'Haüy)的《物理学》。这些图书受到法国与其他各国读者的青睐,对基础学科发展起到了支撑作用。

于是,其他国家的工程教育模式也纷纷以理工学院的成功经验为榜样。例如,维也纳工业学院创办人就选取了它的教学大纲;巴黎综合理工学院前校友杜福尔(Dufour)将军则在瑞士苏黎世创建了另一所类似工业学校;俄罗斯也开始利用法国工程教育制度;而在建立西点军校时,美国也或多或少受到这种潮流的影响。

给予工程师基础科学全面训练的第一个国家便是法国。凭借资深的科学知识教育背景,法国学生进入社会后往往事业有成,能对工程学科发展做出杰出贡献。当时,法国工程师声名鹊起,经常接受国外聘请,帮助这些国家解决工程方面遇见的各种疑难杂症。

17. 纳维(1785—1836)

1773 年,库仑发表了一份著名研究报告,其中涉及许多材料力学重要问题的正确答案。然而直到 40 多年后,才有工程师了解到它们的价值,并将其应用于实际工程中[1]。材料力学的再发展应归功于纳维(Navier;图 50)的努力[2]。即便后者的工作开始于库仑去世后,然而,其早期论述中却并未掺杂前人成果。纳维出生于法国第戎,父亲是位有钱的律师。14 岁时,父亲不幸过世,他便移居到叔父家,而这位长辈正

---

[1] 如前所述,在对拱理论进行历史回顾时,彭赛利指出:"库仑研究报告以如此少字数涉及如此多东西,然而在这 40 年里却未曾得到工程师和科学家们的重视。"

[2] 有关纳维生平及其论著,可参考由圣维南修订的《材料力学》第 3 版,巴黎,1864 年。

是当时法国知名工程师戈泰。他对侄子的
教育问题下了大力气,终于功夫不负有心
人,1802 年,纳维通过严格选拔考取巴黎综
合理工学院。1804 年毕业后,进入叔父曾
就读并任教数学的法国国立路桥学校。在
此期间,戈泰利用一切机会将桥梁和隧道
等结构实用知识灌输给纳维。所以,当他
于 1808 年毕业时,对解决实际问题的理论
方法早已胸有成竹。

图 50　纳维

　　机会总是留给那些有准备的人,一部
重要著作赋予纳维运用知识才干的机会。
1807 年,叔父戈泰离世,在临终前几年,他正编写一部关于桥梁与渠道
的专著,于是,这项未尽事宜自然落到纳维肩上,他果然不辱使命,先后
出版了三卷。第一卷于 1809 年问世,内容包括桥梁建造史以及一些重
要新桥的设计背景;1813 年又出版过第二卷;而 1816 年与读者见面的
第三卷则涉及渠道结构。在整个成书环节里,为使内容更加切合时宜,
纳维在很多地方增补了自己的注释。这部三卷本著作,史料价值巨大,展
现了 19 世纪初期的弹性力学整个脉络。如果将上述纳维增补的注释与
其后来论著加以比对,便会发现,当时的材料力学成就应主要归功于纳维
一己之力。在此特别值得一提的是,该书第二卷第 18 页上的注释非常重
要,因为它包含棱柱体杆件弯曲的所有已知理论。并且由此我们也能够
看出,纳维未曾知晓帕朗的重要研究报告(参见第 11 节)以及库仑的成
果。与马略特或雅各布·伯努利观点相似,纳维亦认为,中性轴的位置
无关紧要,并视截面凹侧切线为中性轴;另外,他还断言,仅就计算梁强
度而言,马略特公式(参见第 5 节)已经足够精确,甚至还能分析梁的挠
度。依赖某些不恰当假定,纳维推导出一个包含两项的抗弯刚度表达
式,还建议,应采用杆件弯曲及压缩试验来确定式中出现的两个常数。

　　当然,纳维不是固执己见之人,因此,上述错误结论并未长期滞留。
1819 年,当回到法国国立路桥学校开始讲授材料力学时,其理论中的某

些谬误便被删除了①。只可惜，求解中和轴位置的方法仍是顽疾。纳维假定，中性轴将截面划分成两个部分，其中拉应力对此轴的弯矩一定等于压应力对此轴的弯矩。该错误直到 1826 年其第一版讲稿开印时才得以更正。为此，纳维写道：当材料服从胡克定律时，其中和轴必将通过截面形心。

1813 年，纳维完成新版贝利多的《工程师的科学》一书；1819 年，又修编了贝利多的《水工建筑》第一卷。为使内容能够充分满足读者需求，纳维在以上两本书中加入大量有价值的注释。

1820 年，纳维向法国科学院提交过一篇薄板弯曲的研究报告；来年，又出现了他另一篇关于弹性体数学理论基本方程的高引文章。

在理论研究和修编论著的同时，纳维也经常参与桥梁工程实践。在 18—19 世纪交替之年，桥梁工程正在经历巨大变革：从前以石料为结构主材，如今则普遍使用铸铁。当时的英国，在工业领域最为领先，因此，工业中铸铁的广泛使用也源于此。约翰·斯米顿②是第一位在各领域内推广使用铸铁的杰出工程师，他将其用于风车、水轮以及水泵结构。在 1776—1779 年的塞文河（River Severn）上，亚伯拉罕·达比（Abraham Darby）建成了第一座铸铁大桥。来到世纪交替之年，其他各国紧随英国，展开一场铸铁革命，铸铁大桥相继出现在德国和法国。由于这些桥梁一般采用拱体结构形式，以致材料主要承受压力。当然，新建铸铁结构并非坚不可摧，许多建构筑物以失效告终。

那个年代，工程师普遍认为，当跨度过大时，铸铁桥不安全，并开始转向历史更为悠久的悬索结构。虽然这类古桥在中国与南美有着非常珍贵的历史③，但第一座能够经受严格考验的现代化悬索桥却首

---

① 有关圣维南对材料力学和弹性理论发展史的评论，可参见由其修订的纳维原著《国立路桥学校应用力学课程总结》中"固体强度与弹性的研究简史"一文第 104 页，巴黎，1864 年。
② 斯米顿（1724—1792）的生平详见《皇家学会会员约翰·斯米顿的报告》（*Reports of the Late John Smeaton，F. R. S.*）第 1 卷，伦敦，1812 年。
③ 关于古代铸铁桥有价值的历史信息，可参考梅尔滕斯（G. C. Mehrtens）的《铸铁桥梁讲义》第 1 卷，莱比锡，1908 年。另见亚库拉（A. A. Jakkula）的《书目中的悬索桥历史》（*A History of Suspension Bridges in Bibliographical Form*），得克萨斯农业机械学院，1941 年。

先出现于 18 世纪末的北美洲。1796 年于美国宾夕法尼亚,詹姆斯·芬利(James Finley)建成他的第一座悬索桥。到 19 世纪初,宾夕法尼亚便涌现出大量此类桥梁,其中最具代表性的一座位于费城附近,跨越斯古吉尔河(Schuylkill)。在 19 世纪的前 25 年里,效仿美国人的方法,英国工程师也在本国修建了大量悬索桥。其中最重要的梅奈(Menai)桥,建造于 1822—1826 年,设计人特尔福德①使其中央跨度达到 550 ft。

对于这个新的发展方向,法国政府非常感兴趣,随即委派纳维前往英国,研究悬索桥建造技术。经过 1821 及隔年的两次考查,纳维于 1823 年提交过一份《悬索桥研究报告》。其中,不仅包括相关史料以及现役重要桥梁的综述,还列举了一些结构设计的理论方法②。作为悬索桥设计指南的重要参考文献之一,这份报告的效力长达 50 年,甚至在当下,仍然价值不菲。

1824 年,纳维当选法国科学院院士;1830 年,成为巴黎综合理工学院微积分与力学专业教授。在其讲义《国立路桥学校应用力学课程总结》出版后,引起法国工程界巨大反响,经久不息。

18. 纳维的材料力学著作

1826 年,纳维的第一版有关材料力学的著作和读者见面③,作者在该领域的主要成果均蕴涵其中。如果将其与 18 世纪的同类图书进行比较,便不难发现,在 19 世纪前四分之一时间里,材料力学已经有了长足发展。18 世纪的工程师利用实验与理论建立起极限荷载计算公式,

---

① 参见吉布(A. Gibb)的《特尔福德的故事》(*The Story of Telford*),伦敦,1935 年。另见斯迈尔斯(Smiles)的《工程师传》(*Lives of the Engineers*)第 2 卷。特尔福德(1757—1834)组建了伦敦土木工程师协会(1821),并成为该组织的终身主席。

② 《悬索桥的研究报告》(*Rapport et Mémoire sur les ponts Suspendus*)。当时的英国工程师不重视理论,因此布儒斯特(D. Brewster)才这样评价特尔福德:"他异乎寻常地厌恶数学研究,甚至连初等几何都不熟悉,这种怪癖真是非同寻常。当有一次我们向他推荐一位年轻人作为帮手时,在得知其在数学方面的成就后,特尔福德毫不迟疑地说:他认为这样的学识更应当被取消资格而不是获得工作岗位。"

③ 从 1819 年开始,纳维讲义的抄本就散落于学生之间。作为纳维的学生,圣维南在讨论纳维早期著作中一些错误时曾参考过这部分资料。

纳维在其书中开篇就强调：知晓结构保持完全弹性而不产生永久变形的极限条件至关重要。在弹性范围内，可假设变形正比于力，从而建立起相对简单的计算公式；但超过弹性极限后，力与变形之间的关系就变得异常复杂，无法推导出估算极限荷载的简单公式。纳维认为，弹性状态的计算公式应适用于非常坚固的现役结构，从而确定出不同材料的安全应力，该应力值继而又可作为新建结构截面尺寸的选择依据。

在书中前两节里，纳维讨论了棱柱杆的简单受拉与受压问题，并指出，要表征材料特性，仅得出极限强度尚不够，还必须说明它的弹性模量 E。纳维将弹性模量定义为：单位横截面面积上的荷载与所产生的单位伸长量之比[①]。由于确定 E 值时，需要测定弹性范围内一个极小伸长量，而以往实验中又找不到资料，所以纳维只好自力更生，实验所用铸铁是其建造荣军大桥的施工材料[②]。纳维最终成功测定出了这种材料的弹性模量。

纳维在第三节讨论了棱柱杆件弯曲问题。由于一开始就假定弯曲发生在力的作用平面内，以致他的分析只符合具有对称平面的梁，且荷载也必须作用于该平面内。假设横截面弯曲后仍保持为平面，并根据三个静力方程，纳维得出了中性轴通过截面形心的结论，而其曲率则由下式给定：

$$\frac{EI}{\rho} = M \tag{a}$$

式中，I 为截面相对于中和轴之惯性矩。假设挠度非常小，且取 x 轴为梁轴方向，于是他发现了如下关系式：

$$EI\,\frac{\mathrm{d}^2 y}{\mathrm{d}x^2} = M \tag{b}$$

自欧拉那个年代开始，上述方程就一直用于计算悬臂梁与对称荷

---

① 虽然弹性模量是由托马斯·杨首先引入弹性力学的（参见第 22 节），但其定义却与此不同。如今，圣维南的定义更为人所普遍接受。

② 荣军大桥（Pont des Invalides），参见《悬索桥的研究报告》第 2 版，第 293 页。

载作用下的简支梁挠度。如今，纳
维将其用于任意横向荷载作用下
的简支梁，对此，相应的挠度曲线
可以由梁各部位的不同方程来表
示。现在让我们通过图 51 来解释
纳维的分析方法：设荷载作用于梁
上任一点 C，并令该点切线与水平

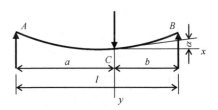

图 51　纳维分析过的梁

轴的交角为 α，则 A、B 两点对 x 轴的挠度分别为

$$f_{\mathrm{a}} = \frac{Pb}{l}\frac{a^3}{3EI} - a\tan\alpha, \quad f_{\mathrm{b}} = \frac{Pa}{l}\frac{b^3}{3EI} + b\tan\alpha$$

再根据以上两点挠度相等，可知

$$\tan\alpha = \frac{Pab(a-b)}{3EIl}$$

从上式算得 α，并利用已知的悬臂梁挠曲线，就可以写出梁 AB 的两部
分挠曲方程。

　　采用类似方式，纳维继续处理图 51 所示梁上部分作用有均布荷载
的情况。但这次，他的答案并不正确，因为在计算最大应力时，其错误
地假定最大弯矩出现在荷载重心位置处。

　　纳维是首次逐步推演出材料力学超静定问题一般性分析方法之
人。他强调：仅当构件绝对刚性时，才会出现真正意义上的超静定；否
则，如果视其为弹性体，就可以在静力平衡方程之外，再加入大量表示
变形条件的补充方程，这样便能得到足够多的
关系式，用以估算出全部未知量。如图 52 所
示，一个平面内的几根杆件共同承担集中荷载
P，纳维判断：如果这些杆件都是绝对刚性的，
那么这个问题就是不确定的，除两根杆件之外，
其他杆件的内力大小可以任意给定，而剩下那
两根杆的内力亦可通过静力平衡方程求解。他

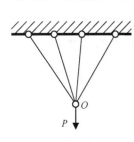

图 52　超静定杆件

继续补充道：但如果视其为弹性体系，则该问题便是确定性的。可以令 O 点位移之水平与垂直分量分别为 u、v，然后再将杆件伸长量及其内力表示成以上两分量之函数，最后，通过两个静力方程求出 u、v，从而算出所有杆件的内力。

在考查静不定弯曲问题时，纳维的第一个例子是一端固定另一端简支的梁（图 53）。以 Q 代表 B 端的超静定反力，他得到如下方程：

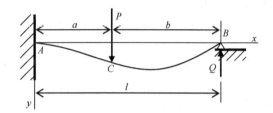

图 53　纳维的一个超静定梁

对于 AC 段，有

$$EI\frac{\mathrm{d}^2 y}{\mathrm{d}x^2} = P(a-x) - Q(l-x)$$

$$EI\frac{\mathrm{d}y}{\mathrm{d}x} = P\left(ax - \frac{x^2}{2}\right) - Q\left(lx - \frac{x^2}{2}\right)$$

$$EIy = P\left(\frac{ax^2}{2} - \frac{x^3}{6}\right) - Q\left(\frac{lx^2}{2} - \frac{x^3}{6}\right)$$

对 BC 段，有

$$EI\frac{\mathrm{d}^2 y}{\mathrm{d}x^2} = -Q(l-x)$$

把上述方程两端积分，并注意到 C 点左右两段在该点拥有公切线及相同位移，于是便有

$$EI\frac{\mathrm{d}y}{\mathrm{d}x} = \frac{Pa^2}{2} - Q\left(lx - \frac{x^2}{2}\right)$$

$$EIy = P\left(\frac{a^2 x}{2} - \frac{a^3}{6}\right) - Q\left(\frac{lx^2}{2} - \frac{x^3}{6}\right)$$

另外,鉴于当 $x = l$ 时,挠度为零,故从上面第二式中可知

$$Q = \frac{P(3a^2 l - a^3)}{2l^3}$$

计算完反力后,就很容易列出两段梁的弹性曲线方程。

他还利用同样方法分析过两端固定梁和三点支撑梁,由此可见:纳维完整发展出利用积分获得挠度曲线的方法,并说明应当如何计算超静定结构的未知量。可惜在计算过程中,他并未涉及弯矩图与剪力图,而这些恰恰是如今广泛使用的。当然,这大概也就解释了其为何有时会把最大弯矩放在不正确的位置上。

纳维还研究过轴向与侧向力共同作用下的棱柱杆弯曲问题。在探讨轴心压力作用下的柱屈曲现象后,他进一步澄清了偏压与偏拉的情形,还解释过柱端作用斜向力的特殊工况。显然,在如此困难的情况下,由纳维提出的最大弯矩及最大挠度计算公式,远复杂于仅有侧向力作用的情形,并且在当时也鲜有用武之地。然而到了后来,随着实际结构中长细杆件的大量使用,上述计算公式显得难能可贵。为此,纳维制作出各式表格,以便简化设计工作量。

纳维著作的另一个贡献是对受弯曲杆的理论分析。对此,欧拉的基本假定为:当一根具有初曲率的杆件受弯时,其弯矩正比于曲率改变量,即

$$EI \left(\frac{1}{\rho} - \frac{1}{\rho_0} \right) = M$$

纳维利用这个公式来研究曲杆 AB 的弯曲问题,其中 A 点为嵌固端(图 54a)。从上式可知,考虑截面 C 处的微元 $\mathrm{d}s$,由于弯矩 M 的作用,会引起该处两个相邻截面间夹角的改变,设其大小等于 $M\mathrm{d}s/EI$,故而,截面 C 在弯曲时的转角为

$$\delta\phi = \int_0^s \frac{M\mathrm{d}s}{EI}$$

鉴于如此转动,微元 $\mathrm{d}s$ 原来的投影长度 $\mathrm{d}x$、$\mathrm{d}y$ 将变成 $\mathrm{d}x_1$、$\mathrm{d}y_1$(图 54b),且有

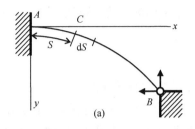
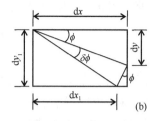

图 54　纳维研究过的曲杆受弯问题

$$\mathrm{d}x_1 - \mathrm{d}x = -\mathrm{d}s \cdot \delta\phi \cdot \sin\phi = -\mathrm{d}y\int_0^s \frac{M\mathrm{d}s}{EI}$$

$$\mathrm{d}y_1 - \mathrm{d}y = \mathrm{d}s \cdot \delta\phi \cdot \cos\phi = \mathrm{d}x\int_0^s \frac{M\mathrm{d}s}{EI}$$

纳维对上述公式进行积分,得到任意点 C 在弯矩作用下的位移分量表达式

$$x_1 - x = -\int_0^s \mathrm{d}y\int_0^s \frac{M\mathrm{d}s}{EI}, \quad y_1 - y = \int_0^s \mathrm{d}x\int_0^s \frac{M\mathrm{d}s}{EI}$$

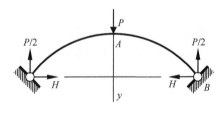

图 55　对称两铰拱

利用这些方程,就能够求解曲杆受弯的超静定问题。例如,对于图 55 所示对称两铰拱,当拱顶作用有集中力时,可以根据铰 B 处水平位移为零这个条件,得到超静定推力 H 的大小,即

$$\int_0^s \mathrm{d}y\int_0^s \frac{M\mathrm{d}s}{EI} = 0$$

利用上式,纳维算得抛物线及圆弧拱的水平推力 H;同样,也对沿跨度方向作用有均布荷载的情况给出了答案。如图 54b 所示,其分析是建立在微元长度保持不变的前提条件下。最后,纳维还解释了如何将轴向力所产生的压缩变形考虑在内。

纳维在最后一章探讨了薄壳问题,并且有许多原创性成就。他从

一根完全柔性而不可伸长的索谈起。假设该
索 AB 在曲平面内受法向压力而达到平衡状
态(图 56),则根据微元 mn 的平衡条件可知:
S 为常数,且 $S/\rho=\rho$。式中,S 为索的拉力,ρ
是曲率半径。这样一来,任意点的曲率必然
正比于该点压力。现考虑某无限长槽形结构
(图 57a),其内充满液体,并由均布力 S 承担。

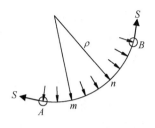

图 56　索的微元受力

那么请问:在什么条件下,此壳体结构才不会产生弯曲变形? 对此,纳
维认为:只有当其上任意点 m 的曲率正比于深度 y 时,才有可能出现
上面的情况。此判断能够通过如图 57b 的相似工况加以解释:对原先
的细长直板条 AB 施加力 F,使之弯曲,这样形成的曲线形状便可满足
以上要求。显而易见,原因在于:其上任意点 m 的弯矩和曲率均与 y
成正比。

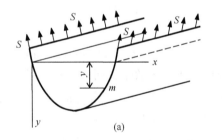
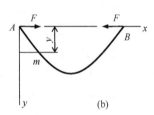

图 57　无限长槽的受力

考虑一承受均匀拉力 S 及法向压力 P 的薄壳,纳维依据平衡条件
写出以下方程:

$$S\left(\frac{1}{\rho}+\frac{1}{\rho_1}\right)=p$$

据此,他找到厚度为 h 的球壳拉应力表达式,即

$$\sigma=\frac{S}{h}=\frac{P\rho}{2h}$$

接下来,用直径 1 ft、厚度 0.1 in 的铁制球形薄壳进行实验[1],使其受到足以导致开裂的内压力,纳维发现,材料的极限强度与简单拉伸实验结果非常相似。

在其著作中,纳维还用若干篇幅来讨论挡土墙、拱、板及桁架问题,相关细节将在后面说到。该书涉及众多结构问题,虽然不少答案令人满意,但站在如今视角,为使其完备,还有必要补充如下内容:受弯梁的剪应力,以及作用力与弯曲变形不共面的梁受弯问题。且将会看到,直到纳维去世后,这两个难题才得以解决。

19. 1800—1833 年法国实验成果

在 18 世纪,工程师的材料实验兴趣主要集中在极限强度方面。即便他们已经积累了可观的材料破坏数据,却不太关注试件弹性性能。然而到了 19 世纪初,那些毕业于巴黎综合理工学院的工程师们,往往会在实验工作中体现出更多的实用性与科学价值,这源自他们在数学、力学与物理学方面接受过的全面训练。

1803 年毕业于巴黎综合理工学院的迪潘[2],无疑是那个新时代的佼佼者。还在学校念书时,他就已经表现出数学方面的天赋,并发表了自己的第一篇几何学论文。1805 年,迪潘以海军工程师的身份被派遣到爱奥尼亚(Ionian),负责科孚(Corfu)兵工厂的运营。正是在这里,迪潘完成了重要的木梁弯曲研究[3]。通过简支梁试验,他发现:在一定程度范围内,梁的挠度正比于荷载;之后,挠度增长较快,此时两者的关系可以用抛物线方程来表示。根据不同种类的木材实验,迪潘意识到:木材的抗弯能力与其材料比重呈线性关系;并且,对于大小相等的跨中集中力与均布荷载两种工况,前后挠度之比为 19/30,该实验结果十分接

---

[1]《化学与物理学年鉴》(*Ann. chim. et phys.*),第 33 卷,第 225 页,巴黎,1826 年。
[2] 有关迪潘(F. P. C. Dupin, 1784—1873)的生平介绍,大家可以参阅伯川德所著的《学术界的颂词》第 221 页,1890 年。
[3] "木材的柔性、强度和弹性实验"(Expériences sur la flexibilité, la force et l'élasticité des bois),《巴黎综合理工学院学报》(*J. école polytech*)第 10 卷,1815 年。

近 5/8 的理论值。

通过矩形截面梁实验，迪潘发现，梁的挠度与截面宽度及厚度的立方成反比，并正比于跨度的立方。对于同一材料且几何尺寸相似的梁而言，自重作用下的跨中曲率为常数，而挠度同几何尺寸的平方呈线性关系。在考查跨中作用有集中荷载的挠曲形状时，他注意到，抛物线最能精确地代表这种变形情况。通过这些实验，迪潘提取出有关木船船壳强度与变形的结论，这些成果都先于纳维材料力学专著的出版时间。

巴黎综合理工学院的另一位毕业生迪洛[①]广泛地进行过一系列铸铁材料及其结构的实验研究。在其论文第一部分里，迪洛推导出棱柱杆弯曲和压屈、拱的弯曲以及杆件受扭的必要公式。在假定受弯构件中和轴位置时，他错误地认为，对该轴的拉力矩等于压力矩。然而，鉴于迪洛处理的问题主要集中在矩形和圆形截面梁，所以这个错误并未影响其结论的有效性。从一开始，迪洛就确定了拉伸与压缩的弹性模量，并假定梁在弯曲时仍然保持为平截面，然后再推导出挠曲微分方程，并将其应用到悬臂梁和简支梁。为得到两端固定梁的挠度公式，迪洛假想出一根受力方式如图 58a 所示无限长杆，由此导致的挠曲线必为波浪形式（图 58b），现取长度为 l 的一段，迪洛的结论是：当两端固定后，其跨中挠度能够降低至相同跨度简支梁的 1/4。

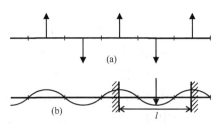

图 58　迪洛假想的无限长杆

对于矩形截面梁而言，迪洛的弯曲实验结果完美服从理论值。然而当梁的截面为等边三角形时，实测刚度比理论估算值小，两者的差异正是源于他对中和轴位置的错误概念。

迪洛的下一个实验对象是轴心受压棱柱铁杆，由于其采用的杆件

① 迪洛（A. Duleau），"铸铁强度理论与试验"（Essai théorique et expérimental sur la résistance du fer forgé），巴黎，1820 年。

非常柔,并且千方百计地使压力始终沿着纵轴方向,所以,实验结果与欧拉的理论值十分接近。

迪洛还多次开展如图 59 所示这类组合梁实验。在计算弯曲刚度时,他将截面惯性矩取值为 $b(h^3 - h_1^3)/12$。实验表明:为得出满足理论结果的答案,应防止梁上下部之间相对滑移,为此,可用螺栓将两者固定起来。这类组合结构梁的挠度试验值通常略大于理论计算值,两者之间的差异将随上下段间距 h_1 的增加而变大,原因可以从计算过程中找到。这是由于,他在计算时没有考虑剪应力对挠度的影响。并且当 h_1 增大时,该影响因素会尤其明显,总挠度必将因此而减小。也就是说,剪切变形对挠度的比重越来越大。

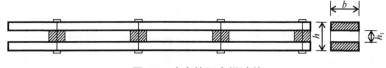

图 59　迪洛的组合梁试件

在从实验中了解到梁的强度和刚度将随 h_1 增大后,迪洛发现,采用两块翼板夹腹板的形式会对梁有利。他据此推荐已在铸铁拱桥中使用过的箱形截面作为梁的优化形式[①]。

另外,迪洛还进行了一系列铁制两铰薄拱实验。他发觉,当荷载作用于跨中时,在跨度方向的三分点处,变形曲线的曲率毫无变化。于是迪洛假设,可以将这些点视为铰,并在此基础上提出该问题的近似解,这种解法完全符合其在实验中所用到的拱比例尺寸。众所周知,纳维后来也提出过一个可以令人接受的拱弯曲理论(参见第 18 节)。

迪洛承担的最后一个实验是为了解决铸铁杆件的扭转问题。他先从圆轴杆开始,并假定,扭转后所有截面仍保持为平面,且这些截面半径也都继续保持直线。在此基础上,迪洛推导出一个扭转角公式,其与库仑所得结果极为类似。在计算圆管扭转角时,他采用同样假定,并再

---

① 迪洛提及戈泰曾在 1805 年推荐过这类箱梁桥。

次提到箱形截面的优势。另外,迪洛也意识到:那些适用于圆杆的假定并不能应用于矩形杆件的扭转问题。当时,人们普遍认为,扭转应力正比于其到杆件轴线的距离,然而,迪洛用实验证明并非完全如此[1]。后面将会介绍,柯西改进过该理论,最终,这个问题的严格解被圣维南攻克。

迪洛的实验总是在弹性极限范围内进行,所使用的材料均服从胡克定律。迪洛喜欢通过实验来证明自己的理论公式,并认为,只有这类实验才能为工程师提供有价值信息。迪洛时常批评类似于布丰(参见第 13 节)的实验方式,因为其目标完全就是为了掌握极限荷载。

最后还应指出:在这段岁月中,很多重要且有价值的成果都要归功于塞坎(Séquin)、拉梅和维卡(Vicat)。在上述知名工程师中,第一位发表了他的金属丝实验结果,并成功利用这些数据建造出法国首座悬索桥[2];第二位对俄罗斯铸铁进行过材料力学性能研究[3];而最后一人则主张通过长期实验来消除蠕变现象,并且,该现象也正是由他最先发现[4]。另外,维卡还研究过不同材料的抗剪性能[5],用直接实验证明,剪力对短梁强度至关重要。在维卡短梁研究中,实验对象是不服从胡克定律的砖石这类材料,当然,简单的弯曲理论也不再适用。可见,除使人们意识到梁内剪力的重要性,维卡成果的理论价值并不大。

20. 1800—1833 年的拱与悬索桥理论

1800—1833 年间,拱的设计者们通常都会采用库仑理论,假定破坏模式必为图 47 那样断裂成四节。如图 60 所示,该分析方法的主要难点在于,应如何确定断裂面 BC 所在位置。当时的理论假定:截面 AD

---

① 圣维南在回顾历史(参见第 41 节)时指出,迪洛的矩形杆扭转实验结果令纳维大吃一惊。

② 参见其所著的《铁索桥》(*Des ponts en fil de fer*)一书,1823 年;第 2 版,1826 年。关于这位知名工程师的生平可参考埃米尔·皮卡德(Emile Picard)的《颂词与学术讲演》(*Éloges et Discours Académiques*),巴黎,1931 年。

③ 其实验结果能够从纳维的书中找到,第 2 版,第 34 页。

④ 详见《国立路桥学校年鉴》,1834 年,《不同拉力作用下铁索伸长问题的注释》(*Note sur l'allongement progressif du fil de fer soumis à diverses tensions*)。

⑤ 《国立路桥学校年鉴》,1833 年,第 200 页。

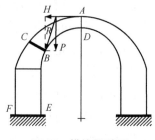

图 60　拱的断裂面

上顶点 A 的水平推力 H、拱段 $ADBC$ 的重量 P 以及该段上的外荷载,此三者的合力 R 必须通过 B 点;并且,截面 BC 所在之处应使 H 达到最大值。按照上述判断,求解断裂面位置的问题就只能利用试错法:首先假定几个截面位置,并求出重量 P 及其作用点;接着,再根据静力平衡方程计算出 H,欲精确得到该最大值,必须如此反复多次。

当时,因为该过程要通过解析方法完成,故费时费力。为简化计算,有些学者便将某些特定形状的拱,根据其上任意截面 BC 的位置,给出拱段 $BCAD$ 的重量与重心位置,并制成表格以供参考[①]。在确定完断裂面与相应的 H_{max} 大小后,就要计算结构下部 $FECB$ 段的 EF 尺寸,从而使半拱 $ADEF$ 的重量对 F 轴之力矩能够承受住 A 点的最大推力 H_{max},并留出安全余量。

后来,拉梅与克拉佩龙[②]把上述理论进行了一些有益拓展。当时,两人正在给俄罗斯政府效力,并均为圣彼得堡国立交通大学[③]教授,又同时受聘于兴建中的圣以撒(Saint Isaac)大教堂项目,从事圆筒拱和穹顶稳定性研究。他们分析并找到了等截面圆拱的断裂面位置,提出一个 H_{max} 的计算公式。且认定:对于任何形状的对称拱而言,当采用垂直截面代替径向截面来计算断裂面位置,设计工作量便会减少很多。经拉梅与克拉佩龙证明:如果上述方式可行,则 B 点所作的拱腹(内弧面)切线必将通过 P、H 二力交点,以此为契机,便可找出所求截面。从该事实出发,很容易利用图解法来确定截面 BC 的位置。

---

① 在《穹隆平衡问题主要理论及解法的评述与回顾》(*Examen critique et historique des principales théories ou solutions concernant l'equilibre des voutes*,《法国科学院通报》,第 35 卷,第 494 页、531 页及 577 页,1852 年)中,彭赛利提到了梅兹军事学院曾以奥杜尼(Audoy)的公式为基础所制成的表格。

②《高等矿业学校年鉴》(*Ann. mines*)第 8 卷,1823 年。

③ Institute of Engineers of Ways of Communication。

在增补戈泰的桥梁著作时(参见第 13 节),纳维加入的注释内容依旧沿袭了库仑的理论。然而,在 1826 年的《国立路桥学校应用力学课程总结》中,他又补充了有关拱应力的重要讨论。库仑曾提道:如图 60 所示,力 H、R 必将作用在距 A、B 两点较远处,从而能使应力分布的面积足够大。纳维假设,沿横截面 AD、BC 的法向应力呈线性分布,而 C、D 点处应力为零,这样一来,根据库仑理论,当发生破坏时,该处就会首先开裂。由此可知:在横截面 AD 和 CB 上,A、B 两点的应力将是假定应力均匀分布所得值的 2 倍;同时,合力 H、R 的作用点位置到以上两点的距离一定等于截面高度的 1/3。根据这些新的合力作用线,纳维发现的 H_{max} 稍大于当时的公认值。随后,他根据这些新数据重新进行应力计算,并得到结构中 EF 的具体尺寸(图 60)。纳维提出的 H 及 R 新位置结论得到普遍认可,并在以后的拱分析中广泛采用。值得注意的是:虽然,托马斯·杨(参见第 22 节)提出了偏心受压问题的解法,并且已经体现在其《自然哲学讲义》(1807)中,但此时的纳维却完全不知晓,因此,其得出的三分点结论是完全原创的。

虽然,解决若干曲杆变形问题的第一人是纳维,但将这些解法首先用于求解石拱推力 H 的却不是他。如前所述,在拱的理论发展过程中,有一种观点是把拱当成弹性曲杆,这个概念恐怕是彭赛利最先提出的。而真正用于工程实践,则又是一个相当漫长的过程。

美国和英国是悬索桥的发源地,并且这是一种真正意义上的悬索桥,因为它们能够承受严苛要求以及非常大的使用荷载,但设计中所运用的理论知识却寥寥无几。虽然巴洛曾为特尔福德做过一些计算和实验[1],并采用悬链线方程来确定悬索中的拉力[2],然而当时的工程师却认为,利用实验攻克强度问题更靠谱。特尔福德意识到:在测定索强度

---

① 详见巴洛(Barlow)所著的《材料强度论》(*Treatise on the Strength of Materials*)第 6 版,第 209 页,1867 年。

② 为了简化计算,戴维斯·吉尔伯特(Davies Gilbert)制作了表格。详见他的论文"各种工况下悬索桥的应变、应力计算表格"(*Tables for Computing All the Circumstances of Strain, Stress, ··· of Suspension Bridges*),《英国皇家学会哲学学报》(*Phil. Trans.*),1826 年。

时,最好尽量将其布置成与实际悬索桥相似的应变程度。图 61 代表特尔福德之实验方案,跨度长达 900 ft。实验发现:当拉力略微超过极限强度一半时,索便开始迅速伸长。故特尔福德断言,悬索必须设计成在最不利情况下,其拉力不得超过极限强度的 1/3。

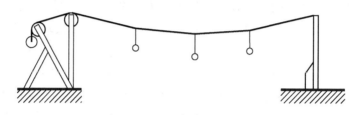

图 61　特尔福德之实验方案

　　纳维在研究报告里对悬索桥理论进行过深入探讨(参见第 17 节)。他对英国桥梁印象深刻,非常赞赏它们的结构形式。在其报告第一章中,纳维回顾悬索桥历史,并列举了一些英国新近出现的桥梁;第二章则专门讨论悬索桥应力和不同变形问题的各种计算方法。除探讨沿索长或跨长均布荷载作用下的挠度问题外,纳维还进一步考查集中力下的变形。他指出:当结构更大更重时,荷载集中效应将越来越小。在研究悬索桥因集中力而产生的冲击振动时,纳维也得到同样答案。根据上述分析,他断言:“毫无疑义,尺度愈大、外表越硬,安全就越有保障。”悬索桥构造的后续研究再次证明以上观点是正确的,长而重的悬索桥不再有过柔的劣根性。但在早期短跨结构中,此劣势却非常明显,令其无法轻易承受汽车荷重,更甭提巨大的铁路列车。在报告第三部分,纳维收录了自己设计的巴黎塞纳河荣军悬索桥和一条高架渠的所有数据。

　　在其研究报告第二版及另一篇调查报告中,纳维详尽地讨论了他所设计的这座荣军悬索桥在完工之前就被拆除了的原因[1]。

---

　　[1] 事实证明,系在索上的块体重量是不够的,并且在施工过程中发现了滑移现象,普罗尼描述过纳维的这个设计瑕疵,详见《国立路桥学校年鉴》第 1 页,1837 年。

有趣的是,由法国工程师建造的第一座悬索桥并未首先出现在法国境内,而是诞生在俄国圣彼得堡的丰坦卡河上(Fontanka,1824—1826)。

21. 让·维克托·彭赛利(1788—1867)

让·维克托·彭赛利(Jean-Victor Poncelet;图 62)出生于法国梅兹(Metz)一个穷苦家庭[①]。因为在文法学校里成绩优异,便有机会拿到一笔助学金,从而能够进入老家的大学预科班。1807 年,彭赛利成功通过选拔考试,走进巴黎综合理工学院,成为蒙日的学生。毕业后的 1810 年,他又进入梅兹军事工程学院[②],学成后于 1812 年加入拿破仑军队。同年 12 月,在从莫斯科撤退时被俘,于伏尔加河的萨拉托夫(Saratov)度过了两年囚徒生涯。在那些失去自由的岁月里,彭赛利没有机会接触任何科技图书或西欧文化,却有大量时间进行科学冥想,从而形成并发展出他的新型射影几何学。

图 62 让·维克托·彭赛利

俄法战争结束后,彭赛利回到法国,并在梅兹兵工厂找到工作。在那里,他有充分时间继续进行自己的科学研究。功夫不负有心人,1822 年,彭赛利的名著《图形投影特性论》在巴黎出版。当时,法国数学家最热衷利用数学分析方法解决物理问题,但彭赛利的著作却属于那种纯粹的几何学,故而未赢得大家青睐,这挫伤了这位科学家的积极性,也因此放弃数学研究转而投入工程力学专业。兵工厂的很多力学疑难杂症都是其研究对象,令他出尽风头,并于不久之后的 1825 年成为梅兹军事学院的工程力学教授。彭赛利相继出版了《机械应用力学教程》

[①] 有关彭赛利的生平,可参见伯川德的《科学院研究报告集》(*Mémoires de l'Académie des Sciences*)第 41 卷,1879 年。

[②] 梅济耶尔学校于 1794 年迁回梅兹。

(1826)和《工程力学导论》(1829)[①],其成就很快获得认可,并在 1834 年当选法国科学院院士。随后,彭赛利来到巴黎,在一段时间里为索邦(Sorbonne)大学讲授力学。

1848—1850 年,彭赛利担任巴黎综合理工学院院长,1852 年退休,他希望将余生投入修订和再版自己在几何与应用力学方面的大量成果。

即便这位院长成名于几何学与动力学,但在材料力学领域仍有一席之地,集中体现在其所著的《工程力学导论》中。该书有关材料力学的部分主要涉及结构材料的力学性能,这大概是当年最完整的材料性能百科全书。彭赛利不仅提出力学实验结果,还详细探讨了它们的实际意义,这些恰恰也是设计人员所关切的。为了更加直观地显示不同材料的拉伸实验结果,彭赛利在书中引入许多相关图表,非常有助于比较各种钢铁材料的力学性能。利用上述图表,说明了应当如何选择材料工作应力。在选材方面,彭赛利相当保守,很少推荐大于材料弹性极限一半的数值,而建议的强度取值往往会考虑动载对结构材料性能的影响。

首先指出荷载动力效应较为重要(参见下节)的人是托马斯·杨。受到他那个年代的悬索桥设计实践影响,彭赛利进一步开展了更为详尽的动力作用研究。他根据实验图表指出:当不超过弹性极限时,铁杆只能吸收少量动能,因而,在冲击条件下很容易产生永久变形。对承受冲击荷载的构件而言,彭赛利建议使用具有如下特性的锻铁材料:在拉伸时,可以产生较大伸长量,并能够吸收动能而不会断裂。对此,他的理论解释为:与同样大小的缓慢加载相比,突加荷载产生的应力是前者的 2 倍。彭赛利还调查过杆件的纵向冲击效应,以及在此冲击荷载下的纵向振动问题;并指出,当受力杆件遭遇脉冲作用时,如果达到共振条件,就会产生强迫振动的振幅。彭赛利补充道:这就是为何一队士兵用整齐

---

① 译者注：以上三本书分别为 *Traité des propriétés projectives des figures*，*Cours de mécanique appliqué aux machines*，*Introduction a la mécanique industrielle*。

步伐通过悬索桥是很危险的。另外,他还仔细探讨了萨伐尔(Savart)的杆件纵向振动实验,并分析了以下事实:沿表面作用的微小摩擦力能够产生出巨大振幅与应力。

在彭赛利的《工程力学导论》中存在一个佐证资料,足以说明应力循环会导致金属疲劳现象。他强调:在拉压交变作用下,最优质的弹簧也有可能发生疲劳破坏[1]。

于索邦大学讲课期间,彭赛利结合教学活动对材料力学进行过深入研究。这些讲义未曾出版,仅以手稿形式存世。其中一些内容被莫兰(A. Morin)编入自己的《材料抗力》第 213~219 段中(巴黎,1853)。在纳维的《国立路桥学校应用力学课程总结》第三版第 374、381 及 512 页上,圣维南也参考了彭赛利未曾发表过的讲义内容。在后者的《机械应用力学教程》德文译本里,编校者施努斯(Schnuse)博士增加了第 220~270 小节,其中同样包括他的这些未公开资料。从以上信源中我们发现:将剪力影响引入梁的挠度计算公式,无疑应归功于彭赛利的辛苦。对于一根长、宽、高分别为 l、b、h 的矩形截面悬臂梁,当其承受集度为 q 的均布荷载时,彭赛利的最大挠度计算公式为

$$f = \frac{3}{2}\frac{ql^4}{Ebh^3}\Big(1 + \frac{9}{8}\frac{h^2}{l^2}\Big)$$

注意式中括号内的第二项,其代表剪力的影响,且仅对相当短的梁才具有实际意义。

在如何选择安全应力这个问题上,彭赛利更喜欢采用最大应变理论,并断言最大应变达到某限值时便会发生破坏。故而受压时,石料或铸铁这种脆性材料将出现断裂现象,其原因就在于材料的横向膨胀。后来,最大应变理论始终被圣维南采用,并在欧洲大陆流传广泛,而那些英国同行们却依旧沿用最大应力理论作为设计依据。

彭赛利的研究还涉及其他结构理论。当讨论挡土墙稳定性时,他

---

[1]　详见《工业机械概论》(*Introduction a la Mécanique Industrielle*)第 3 版,第 317 页,巴黎,1870 年。

提出一种图解法①,可用于计算墙上最大土压力。对于拱的应力,彭赛利最先指出,只有将拱假想成为一根弹性曲杆,才可能进行合理的应力分析(参见第 67 节)。

22. 托马斯·杨(1773—1829)

托马斯·杨②(Thomas Young;图 63)出生于英国萨默塞特(Somerset)

图 63　托马斯·杨

郡米尔弗顿(Milverton)的一个贵格教派(Quaker)家庭。幼年时便表现出非凡的学习才能,特别擅长语言和数学。还未满 14 岁的杨,就已经谙悉法语、德语,并懂拉丁语、希腊语、阿拉伯语、波斯语和希伯来语。1787—1792 年,托马斯为谋生计来到有钱人家当家庭教师,也令其有足够闲暇时间继续从事科研工作,并在诸多哲学与数学领域废寝忘食。1792 年,杨开始学医,先后在伦敦与爱丁堡,随即又到德国哥廷根大学深造。1796 年,托马斯在哥廷根大学获得博士学位。

1797 年,杨回到英国,被剑桥大学录取,成为伊曼纽尔(Emmanual)学院的研究员同桌生(fellow commoner),在那里,他享受了一段美好学习经历。当时,有位熟人用如下语言描述托马斯·杨③:"当校长向导师介绍杨时,这位校长打趣地说:'我给你带来一位有资格给老师读讲义的学生。'话虽如此,托马斯并没有那么无理,他与导师彼此宽容。杨

---

① 详见彭赛利的著名论文《挡土墙与基础的稳定性研究》(*Mémoire sur la stabilité des revêtements et de leurs fondations*),发表于《高级工程师学报》(*Mém. officier génie*),1840 年,第 13 期。

② 有关托马斯·杨的一篇重要生平介绍是由乔治·皮科克(George Peacock, 1791—1858)撰写的,1855 年,伦敦。

③ 详见皮科克的书。

并不要求在学院承担任何公职。当时，这些数学家的观点、目标、品行和所获得的知识都与现在大相径庭，手头宽裕的杨总能洞察到这些人身上的不足。可以肯定，他瞧不起数学，不愿同哲学家为伍。在与人交流时，托马斯·杨从不鲁莽表现自己的各种学识；但如果遇到感兴趣的，哪怕是最困难的话题，他也能够回复迅速、简洁且肯定，显得游刃有余。这种谈话方式与我见过的聪明人截然不同。回答问题时，杨不费吹灰之力，更不居功自傲。他从不维护自己的优越感，似乎也不认为具备优越感。在交谈时，也许托马斯·杨认为我们大家都和他一样，理所当然地了解所讨论的话题。杨总是言语得当，语速飞快，用词虽无矫揉造作，但也绝非大白话。其思维模式鲜与他人相同，以致在知识交流方面，杨算得上是周围人中最差的一个。要问其怎样安排自己的工作，我还真不知应该如何回答。虽然他接触图书馆的机会颇多，平常用于读书的时间却很少，图书馆亦少见其身影。另外，杨的地板上没有堆积如山的图书，桌子上找不到散落的资料，他的房间完全属于一个闲人的样子。他很少发表意见，也不主动发言。托马斯·杨崇尚哲学真理、复杂计算、精巧仪器或新鲜发明，却从不高谈阔论道德、玄学或宗教。"

　　杨很早便开始从事创造性的科学研究。曾于 1793 年，他就向皇家学会提交过一篇关于光学理论的文章。在 1798 年剑桥大学期间，杨对声学产生兴趣，为此，他写道："我一直在研究的不是风，而是空气理论，我对谐波进行过测试，相信这是一门新学科。我认为，自己首先发现了一些英国数学家不曾知道的东西，而它们却早被国外数学家发现并加以解释。事实上，英国在许多数学分支上都落后于邻邦。如果我能深入运用数学，就会成为法国或德国学派的门生；然而对我来说，数学领域太宽泛、太贫瘠。"于是，杨就另辟蹊径。在 1799 年夏季的剑桥，托马斯·杨完成了《声光概论与实验》[①]这篇开创性论文；次年元月，又在皇家学会宣读了该佳作。1801 年，杨发现了著名的"光的干涉"现象。

　　托马斯·杨在物理学方面的丰富知识为学术界所公认。1802 年，

---

① 译者注：*Outlines and Experiments Respecting Sound and Light*。

他当选皇家学会会员；同年，又被聘为大不列颠皇家研究院(The Royal Institution of Great Britain)自然哲学教授。这家研究院成立于 1799 年，旨在"通过定期的哲学讲座和实验等教学活动，实现传播知识、普惠大众并迅速引进或改良新型实用机械发明的目标，将科学新发现用于技术与制造业改进工作，从而促进人民生活水平的提高"。作为皇家研究院教学工作者的杨，毫无建树，因为其讲课方式过于单调，几乎从来都体会不到何为课程难点。1803 年，托马斯·杨辞去教授职务，但仍热衷自然哲学，并准备出版自己的课程讲义，其对材料力学的主要贡献就体现在该讲义中[①]。

在这本书第一卷第 136 页有关被动强度与摩擦一章中，杨讨论了棱柱体杆件变形的主要类型。当提及拉伸和压缩时，他首次引入"弹性模量"的概念。当时的弹性模量与现在不同，其定义为：任何物质的弹性模量都类似于一根同材质的柱子，在其柱底所产生的压力与可使柱底产生某种程度压缩量的重量之比，等于柱子原长与其缩短量之比。在此，杨提出"模重"(weight of the modulus)与"模高"(height of the modulus)两个概念，并指出：给定材料的模高与其横截面面积无关；而模重则相当于现在所说的杨氏模量与杆件横截面面积的乘积[②]。

在描述杆件拉压实验过程中，杨提醒他的读者应注意如下事实：纵向变形总会伴随一些横向尺寸的变化。当引入胡克定律时，他注意到，该定律仅在某个限值内有效，一旦超过，部分变形就是非弹性的，必将造成永久变形。

对于剪力，托马斯·杨评论道："目前，还没有直接实验能够建立剪力与其所产生变形之间的联系。然而，这也许能够通过受扭物质的性质加以推断，剪力仅与质点到自然位置的距离呈简单比例变化，也只与

---

① 参见杨的两卷本《自然哲学与机械技术讲义》(*A Course of Lectures on Natural Philosophy and the Mechanical Arts*)，伦敦，1807 年。关于梁变形这部分最有价值的材料没有出现在凯兰(Kelland)主编的新版中。

② 根据一只音叉的振动频率，杨测定出钢材的模重为 29×10^6 lb/in^2，参见《自然哲学与机械技术讲义》第 2 卷，第 86 页。

该力的作用表面积大小有关。"另外,他还指出,当圆轴受扭时,所施加的扭矩主要被平截面上的剪应力平衡掉了,剪应力的大小正比于其至轴线的距离及扭转角。除此之外,在螺旋状弯曲的杆轴纤维层内,纵向应力会对扭转产生附加抗力,该力正比于扭转角的三次方。基于以上原因,外层纤维将处于拉伸状态,内层纤维将经历压缩状态。如果假定杆件长度不变,那么在扭矩作用下,杆轴长度将缩短,其值等于外层纤维伸长量的 1/4。[①]

当讨论悬臂梁与两端支撑梁时,杨给出一些挠度和强度方面的主要结论,但并未进行相关公式推导。另外,他对受压柱的侧向屈曲问题也有重要见解:"在承受纵向荷载的柱或橡子的全部受弯实验里,我们能够观察到明显的无规律性。毋庸置疑,其中一些是加载困难引起的,因为实验过程中很难使力精确地施加在轴线末端,另一个原因在于偶发材料的不均匀性,其纤维方向原本就呈弯曲而非直条状。"

在考虑非弹性变形时,他提出了一个重要观点:"对材料实际用途来说,形状的永久改变将会大大限制强度发挥,我们几乎只能以断裂强度作为使用限值。这是因为,通常能够产生永久变形的力,只要稍稍超过一点儿,就足以使材料发生断裂破坏。"如前所述,纳维也得出同样结论,并建议,工作应力需保持在比材料弹性极限低得多的水平。

最后,托马斯·杨还对弹性体的冲击破坏作出精辟分析。他认为,在该情况下,不仅需要计入冲击体重量,而且动能大小也应加以考虑。假设冲击为水平向,则其效应不会因为重量关系而增加。他判断:"当 100 lb 静载伸入物体 1 in 后使其破坏,那么,从 0.5 in 高度坠落的相同重量,所产生的速度也会使物体受到冲击破坏。类似地,从 50 in 高度下落的 1 lb 重物仍可达到如此效果。"另外,他还指出:"当棱柱杆受纵向冲击时,杆件的弹力正比于长度,这是因为,在同样拉伸作用下,较长纤维会产生较大的伸长量。"杨进而发现:"然而这里有个限制条件,当某物冲击另一物体时,无论冲击物的体积有多小,在未克服被冲击体回

[①] 缩短量的正确值为杨所得值的 2 倍(详见《材料力学》第 2 卷,第 300 页)。

弹力并将其破坏时,前者速度不可能继续增加。而且,该速度限值与被
冲击部分的惯性有关,当冲击速度非常大时,上述惯性作用万万不可忽
略。"他认为:如以 V 表示通过杆件的压缩波速,v 代表冲击体的运动
速度,那么在冲击瞬间,杆端产生的单位压力将为 v/V,令该比值等于
被击杆件在静力试验中发生断裂时的单位压力,便能得到速度 v 的
极限值。

在考虑矩形梁冲击效应时,杨认为:当已知冲击最大弯曲应力时,
梁内聚集的能量正比于体积。这是由于,冲击体在梁上的最大作用力
P 及冲击点处的挠度 δ 分别为

$$P = k\,\frac{bh^2}{l}, \quad \delta = k_1\,\frac{Pl^3}{bh^3}$$

式中,l、b、h 分别为梁的长、宽、高;k、k_1 为与材料模量及所假定的最
大应力值有关的常数。将上式代入应变能 U 的表达式,可得

$$U = \frac{P\delta}{2} = \frac{k^2 k_1}{2}bhl$$

这就说明上述理论是正确的。

由此可见:托马斯·杨对材料力学的贡献主要体现在引入了拉
伸与压缩模量概念。他不仅成为冲击应力分析的先驱,而且,对于那
些断裂前遵循胡克定律的完全弹性材料而言,还给出了计算冲击应力
的方法。

在托马斯·杨《自然哲学与机械技术讲义》第二卷关于弹性体的平
衡与强度一章中,作者讨论了一些杆件受弯的复杂问题。托德亨特和
皮尔森合著的《弹性理论与材料力学史》对该章节进行过如下评述:"此
处有一系列定理,在某些情况下,既有的错误中性面位置依然影响着这
些定理。就同该杰出作者的多数文章一样,对我而言,整个章节都晦涩
难懂。不幸的是,在其对科学和语言的广博造诣中,没有包括用数学家
通俗易懂的方式清楚表达自己见解的环节。在当时,这一节的许多公式
几乎都是新的,但由于表达方式毫无吸引力,以致得不到广泛关注。"

虽然大家普遍认为,上述章节存在阅读障碍,却也包含重要问题的正确解法,这是当时崭新的一笔。例如,托马斯·杨首次提出了矩形截面杆件偏心拉压问题的解法。他假定,可用图 64c 的两个三角形表示这种情况下的应力分布。从该应力之合力必通过外力作用点 O 出发(图 64b),杨确定出中和轴位置,即 $a = h^2/12e$。式中 e 为力的偏心距。当 $e = h/6$ 时,$a = h/2$,应力呈三角形分布,最大应力是轴心荷载作用下的 2 倍。另外,通过分析,托马斯·杨还正确推导出,在小挠度弯曲条件下图 64a 杆件轴线的曲率半径大小。

杨还研究过具有微小初曲率的棱柱杆件压弯问题。他假定,可以用正弦曲线 $\delta_0 \sin(\pi x/L)$ 的半波来表示初始曲率,则施加压力 P 后,跨中挠度为

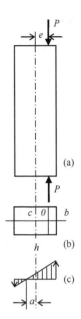

$$\delta = \frac{\delta_0}{1 - (Pl^2/EI\pi^2)}$$

图 64   偏压杆件

他根据该结果判断:"无论 δ_0 取值如何,只要 $P = EI\pi^2/l^2$,挠度都会变成无限大;并且,该力将使梁超载,或至少使梁过于弯曲而扰乱施力作用效果。"这是首次得出非直杆公式的推导结果。在利用欧拉公式求解柱子断面尺寸时,杨指出:它的适用范围仅限于长细杆,且限定柱长与截面高度之比,如果该比值较小,那么,柱子的破坏结果会以材料压碎而非压曲形式出现。

杨认为:如图 65 所示,当长细柱一端固定,另一端自由时,在偏心轴力 P 作用下,其挠度 y 等于

$$y = \frac{e(1 - \cos px)}{\cos pl}$$

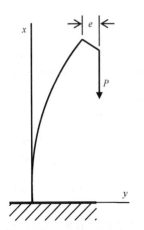

图 65   偏心受压的长细杆   式中,e 为偏心距,$p = \sqrt{P/EI}$,x 为至固定端

的距离。由此可见,赶在纳维之前,托马斯·杨便已经得出了上述结果①。

对于变截面柱的侧向压屈问题,杨提出:一根截面厚度恒定的柱子,当沿杆长的宽度(图 66b)按照圆弧拱纵距 y 变化时,此枣核柱将会被弯成一个圆曲线(图 66a)。

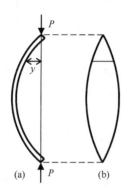
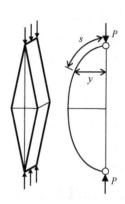

图 66 枣核柱的压屈　　　　图 67 楔形柱的压屈

换成由两个三角形组成的楔形柱压屈问题(图 67),杨认为,如果假定在挠曲变形时,中点处的曲率半径等于总长的 1/2,那么,变形曲线将呈一条摆线,并满足

$$\frac{Py}{EI} = \frac{1}{\rho} \tag{a}$$

任意截面的惯性矩 I 及摆线纵距 y 分别正比于 s^3 和 s^2,其中,s 的物理意义如图 67 所示。由于等式(a)左端的量纲为某数与 s 的比值,并且对摆线而言,$\rho = s$,所以,总能找出满足式(a)的 P 值。

杨发现:在从已知圆柱中截取一根矩形梁时,"刚度最大的梁,其截面的高宽比为 $\sqrt{3} : 1$,而强度最大的则为 $\sqrt{2} : 1$,但最具恢复力的却是截面高度与宽度相等的梁。"上述观点基于如下事实:对于给定长度的梁,刚度和截面惯性矩大小有关,强度取决于截面模量,而弹性却依赖

---

① 这种解法在由纳维于 1819 年向科学院提交的研究报告中出现过。详见圣维南的《固体抗力与弹性的研究简史》第 118 页。

横截面面积。依此类推,杨又解决了薄壁圆管问题,他强调:"假如对一根渐变壁厚的圆管扩大直径,而管长保持不变,材料用量亦相同,则强度会按照直径的比例增加,刚度将正比于直径的平方,但弹性仍将保持不变。"

从以上论述中可以看出:在《自然哲学与机械技术讲义》第二卷的材料力学一章中,托马斯·杨对材料强度若干重要问题都得出了有效解,是那个时代的完全创新。只因他的表达方式总是过于简略或语焉不详,所以这本著作才未引起工程师关注。即便我们不去理会此书主题,有关它的某些评论也值得在此一提,这些评论均出自瑞利勋爵的传记作者之笔[1]。1892 年,瑞利委任皇家研究院教授,其许多讲座内容"沿袭着大约 100 年前托马斯·杨在同一地点的讲义提纲,而在当时,这家研究所才刚刚诞生不久。那些讲稿内容都在杨 1807 年版《自然哲学与机械技术讲义》中得到充分阐述,很多在这部著作中描绘的,一直珍藏在研究所博物馆里的相同演示装置又被拿出来加以利用,瑞利研究过杨的讲稿,并发现它们是无价之宝。在讲稿副本里,瑞利的铅笔标注充分证明他是多么仔细地阅读了这本书。而且,他会留意这本讲义和杨在其他文章中那些容易被人遗忘的优质信息。其中最值得一提的是,杨估计出的分子直径大小为 1/20～1/100 亿 in,这是对现代科学知识的一次极佳预测,比开尔文类似的分子尺度估算值早出了半个世纪。在瑞利关注该细节前,无人问津。即便我们猜测曾有人知晓,但亦无从考证"。

托马斯·杨的非凡才能不仅表现在纯粹科学问题上,也同样付诸攻克"疑难杂症"方面。例如,他曾向海军委员会递交过一份报告,其中不仅涉及船舶结构中的斜撑(oblique riders)技术,也包括一些相关替代方案[2]。托马斯视船壳为一根大梁,假设特定的重量分布和水波形状,并计算出某些截面上的剪力或弯矩值。另外,他还提出船体变形的

① 《瑞利勋爵的生平》(*Life of Lord Rayleigh*),作者是他的儿子瑞利男爵(Baron Rayleigh)四世,第 234 页,1924 年。
② 《英国皇家学会哲学学报》,1814 年,第 303 页。

计算方法,且认为,在很大程度上,船体抗弯刚度与其各部分连接方式有关。杨解释道:"由 10 块大小相同铁板所构成的马车车架弹簧,如将其结合成一个整体,强度增大 10 倍,同时刚度陡增 100 倍,受力时仅会弯曲 1/100 in,而通常状态下同等重量的散簧片却会变形整整 1 in。尽管散片结合在一起并不能获得任何抵抗快速运动的好处,在某些场合下,我敢斗胆断言,这种好处或能力就叫回弹力。现在看来,为完全防止其在任何程度上的相互滑移,我们可以把一批平行排列的木板用垂直横条紧固在一起,虽然上述过程极其困难,但效果却不佳。然而,如果使用足够强度的斜撑,却有可能事半功倍。即便无法使木板承受更大的应变而不屈服,然而在许多情况下,鉴于可以降低整个结构在断裂前的弯曲程度,所以这种固定方法将会更为有利。"据此,杨倾向于木船建造过程中采用对角斜撑结构。仅就将理论分析用于船舶结构设计而言,这篇报告大概是首次尝试。

　　当概述完托马斯·杨对材料强度理论的如此贡献后,大概就更能体会出瑞利对他的评价[1]:"鉴于种种原因,杨未得到同辈人的广泛重视,而其在诸多领域的曾经声望,又令继任者花费很多周折才重新企及。"

23. 1800—1833 年的英国材料力学

　　1800—1833 年,英国并无一所高等学府能像巴黎综合理工学院或国立路桥学校那样著名,大多数工程师未曾接受过全面科学教育,材料力学教科书也比法国浅显很多。在提及这类教材时,研究弹性力学史的英国学者托德亨特曾经说道:"本世纪初叶,表现最过夸张的,莫过于肤浅的英国力学知识"[2]。从罗比逊所著的《力学体系》[3]一书中,托德亨特引用了一段后者关于欧拉的评论,并以此来说明当时英国作者的水平。他道:"在 1778 年圣彼得堡刊印的旧学报里,欧拉对此曾发表过一篇文章,却仅限于柱子应变问题,其中涉及柱的弯曲。在随后一卷论

---

[1] 《论文集》第 1 卷,第 190 页。
[2] 详见圣维南的《固体抗力与弹性的研究简史》第 1 卷,第 88 页。
[3] 《力学体系》(*A System of Mechanical Philosophy*)。

文中,富斯(Fuss)讨论了与木作有关的类似主题。然而说得好听点儿,在这些文章中,除了根据一些不必要假设所进行的枯燥数学描述外,几乎看不到什么有价值内容。正如我们如今知道的那样,最重要的压缩效果全被忽略掉了。内聚力机制的说明亦不完善,无法让我们有把握地运用……",托德亨特继续道:"由于其柱强度原理是这类荒谬论文集最有力证据之一,也因为他那些圣彼得堡科学院追随者,比如富斯、莱克塞尔(Lexell)等人都接纳其结论,且成为他的传话筒,所以我们才如此义正词严。"正如托德亨特评论的那样,对一位作家而言,上述批判非常无聊。在随后几页里,作者还将受弯梁的中性轴位置放在梁凹面上。换言之,那些库仑纠正过的错误概念,又被罗比逊以英文教科书形式重新散播开来。

即便英国的材料力学理论著作如此低劣,他们的工程师却解决过很多重要实际问题。在工业发展方面,英国领先于其他各国,并将铸铁和锻铁材料引入建筑与机械工程领域,也因此呈现出大量新问题,从而促进了新型材料的力学性能研究。英国人完成大量实验工作并将成果汇编成册,这些数据不仅在当地也在法国得到广泛使用。

彼得·巴洛写过一本名曰《论木材强度与应力》的书,第一版于1817 年问世,该书在英国非常流行,多次修编[①]。在开篇,巴洛利用吉拉尔的著作资料(参见第 1 节)呈现出材料力学的发展历程。虽然,后者在书中用相当大篇幅谈及欧拉在弹性曲线方面的研究成果,但巴洛却认为:"欧拉的分析工具太过支离破碎,无法成功用于他们的材料上。因此,尽管在如此偏执论点驱使下,他们展示了大量分析资料及欧拉的超凡才能,但不幸的是,所能提供的有用信息却非常少。"在讨论弯曲理论时,巴洛步迪洛后尘,犯了同样错误(参见第 19 节),武断地在书中假

[①] 本书(*An Essay on the Strength and Stress of Timber*)第 6 版由巴洛的两个儿子修编后于 1867 年付印,对于我们所关注的材料力学史而言,这一版的书很有价值,因为它包括了彼得·巴洛(Peter Barlow, 1776—1862)的生平介绍。并且,在附录中还提到了威利斯(Willis)的论文《关于弹性杆的荷重通过效应》(*Essay on the Effects Produced by Causing Weights to Travel Over Elastic Bars*)。

定：中和轴将梁截面分成两个部分,所有拉应力与压应力对此轴的力矩相等。直到 1837 年再版时,这个错误才得以纠正。巴洛将正确判断中和轴位置的功劳算在霍奇金森头上,始终忽视 50 年前库仑就此做出更正的事实。

托德亨特对巴洛的印象是:"作为理论家,他缺乏清晰思维、科学精确性,也没有掌握国外既有科学成果,是一个突出的另类。对于理论史学家而言,读完本世纪前半叶的英国工程力学教科书后,纵然不会感到希望渺茫,也必然极其扫兴。"托德亨特上述批评论调过于苛刻,尤其是在确定中和轴位置问题上,即便当时像迪洛和纳维这样的天才工程师,也都犯过类似错误。

巴洛的《论木材强度与应力》未对材料力学理论增加新内容,但其中描述了 19 世纪前半程大量重要的实验,具有很高的历史价值。巴洛曾为特尔福德撰写过一份铁丝实验报告,而当时后者正在计划修建朗科恩(Runcorn)悬索桥。另外,巴洛还针对不同截面形状的铁轨进行过实验研究,这项成就意义重大。通过实验,他率先测定出轨道在高速动载作用下的挠度,并与静载结果进行了比较。在这本书 1867 年的最后一版里,提及费尔贝恩对板梁所进行的重要疲劳试验,也涉及威利斯有关梁上运动荷载动力效应的研究报告,这些内容会留到以后细说。

在 19 世纪前半叶,英国工程师托马斯·特雷德戈尔德的书十分畅销。在他的《木作基本原理》中,就有一章是关于材料力学的[1],但其中鲜有新成果,所有理论均可在托马斯·杨的《自然哲学与机械技术讲义》中找到答案(参见第 22 节)。在另一本《实用铸铁强度论》中,托马斯罗列出自己的实验结果以及铸铁结构设计者的很多实用规则。也许,特雷德戈尔德是第一位提出柱子安全应力计算公式之人(参见第 46节)。1800—1833 年,结构铸铁用量飞速增长,以致特雷德戈尔德之著作被工程实践人员广泛使用,随后又被翻译成法语、意大利语和德语。

---

① 译者注:托马斯·特雷德戈尔德(Thomas Tredgold,1788—1829),《木作基本原理》(*The Elementary Principles of Carpentry*,1820);《实用铸铁强度论》(*A Practical Essay on the Strength of Cast Iron*,1822)。

24. 其他欧洲学者对材料力学的杰出贡献

直到 19 世纪初,德国才开始出现材料力学方面的著作,首要的功臣是弗兰茨·约瑟夫·格斯特纳[1]。1777 年,格斯特纳毕业于布拉格大学,通过数载工程锻炼后,他返回母校,担任天文观测台的助理观测员。1789 年成为数学教授,履职期间,他对科学技术在工程实践中的应用问题非常重视,并计划在布拉格组建一所工程院校。1806 年,这座城市终于见证了波希米亚(das Bömische)技术学院的成立,格斯特纳是这所新学校的活跃分子,直到 1832 年被聘为力学教授及校长。格斯特纳的主要力学贡献都体现于 1831 年在布拉格出版的三卷本《力学手册》中,该书第一卷第三章的内容便是材料强度理论。在讨论拉压问题时,格斯特纳列举出自己的钢琴丝拉力实验研究成果,他发现:拉力 P 与伸长量 δ 之间具有以下关系:

$$P = a\delta - b\delta^2 \tag{a}$$

式中,a、b 为两个常数。当伸长量很小时,式(a)右端第二项可以忽略不计,这样一来,便能得出胡克定律。

格斯特纳还研究过永久变形对拉伸试件性能的影响。他指出:如果一根金属丝被拉伸,使其产生一定的永久变形,然后卸载,它将仍遵循胡克定律,直到第二次加载到能够产生原先永久变形的荷载值,而只有高出该值时,才会发生偏离弹性直线规律的情况。鉴于这一事实,他建议,悬索桥中的金属丝在使用前应当事先拉伸到某一限值。

在工程力学其他分支领域,格斯特纳也同样成绩斐然。其中,最出彩的是波浪余摆线理论[2]。

在 19 世纪早期,另一位对工程力学做出贡献的德国工程师叫约

---

① 译者注:弗兰茨·约瑟夫·格斯特纳(Franz Joseph Gerstner, 1756—1832),《力学手册》(*Handbuch der Mechanik*)。

② 波浪余摆线(trochoidal waves),详见他的《波浪理论》(*Theorie der Wellen*),布拉格,1804 年。

翰·阿尔伯特·艾特魏因(J. A. Eytelwein,1764—1848)。这位学者在 15 岁时就成为柏林炮兵团的一名投弹手,并经常利用业余时间钻研数学与工程科学。功夫不负有心人,1790 年,他通过了建筑工程师学位考试,并很快获得美誉,大家都认可他是一位具备丰富理论知识的工程师。1793 年,艾特魏因出版了《应用数学的主要任务》[①]一书,其中涉及很多结构与机械工程方面的重要实际问题。1799 年,他与几位工程师组建了柏林建筑学院,而本人则成为院长兼工程力学教授。

格斯特纳的两本教材《固体力学手册》与《固体静力学手册》[②]分别出版于 1800 年和 1808 年。后一本书讨论了材料力学与结构理论方面的问题。对于前部分内容,托德亨特在其《弹性理论与材料力学史》里评论道:"虽然这里无原创观点,但本书作者却比班克斯与詹姆斯·格雷果里更具优势[③],因为其数学知识并没有和时代脱节。"在结构理论方面,格斯特纳补充了一些关于拱和挡土墙方面的新理论,并发展出一种确定桩上容许荷载的实用方法。

拿破仑战争后,为全方位复兴工业,德国开展了密集的生产建设运动,这就需要广泛的改良工程教育体系,以致许多工程院校应运而生。1815 年开办了维也纳工业学院,约翰·约瑟夫·普雷希特尔(John Joseph Prechtl,1778—1854)担任校长;1821 年,柏林组建了职业学校。随后,又在卡尔斯鲁厄(1825)、慕尼黑(1827)、德累斯顿(1828)、汉诺威(1831)以及斯图加特(1840)等地建立了一些工业学校,这些新的工科院所对德国工业与整个工程学科发展举足轻重。没有任何国家像德国那样,在工业与工程教育之间存在着如此密切的联系。毋庸置疑,这种联系对本国工业发展价值巨大,也对其在 19 世纪末树立工程学科的强大地位至关重要。

伴随英、法、德在材料力学领域的进步,瑞典亦不甘落后。在这里,

---

① 译者注:*Aufgaben grosstentheils aus der angewandten Mathematik*。

② 译者注:*Handbuch der Mechanik fester Körper*,*Handbuch der Statik fester Körper*。

③ 班克斯(Banks)、詹姆斯·格雷果里(James Gregory),从事工程力学论著写作的英国作者。

钢铁工业举足轻重,成为实验研究的优先目标。在相关学术活动先行者中,我们发现了瑞典物理学家拉格尔杰姆的身影[1]。他熟读托马斯·杨、迪洛和艾特魏因等人的理论著作,对他来说,这些成果不仅在实际工作,而且在理论研究过程中指导意义重大。由拉格尔杰姆设计、布罗林(Brolling)制造的拉伸实验机非常实用。事实证明:拉梅后来在圣彼得堡制造的类似实验机(参见第 19 节)亦不过如此。利用自己的设备,拉格尔杰姆证明:各类铁的拉伸弹性模量差不多相同,而与轧制、锻造或各种热处理工艺过程无关,但与此同时,这些工艺却可以从根本上改变弹性极限和极限强度。另外,拉格尔杰姆还发现:铁的极限强度通常正比于弹性极限,并且断点处的材料密度会有略微减小。他曾比较过弹性模量的两种获得方式:一种是通过静力实验测得,另一种是通过观察杆件横向振动时的频率,进而推算出该值。他发现,两者结果非常接近。拉格尔杰姆还证明:如果两只音叉发出相同的音符,那么,其中一只进行材料硬化处理后,它们会继续发出相同的音符。

---

① 拉格尔杰姆(P. Lagerhjelm)的论文发表于《瑞典钢铁协会年鉴》(*Jern-Kontorets Ann.*),1826 年。他的研究成果概要可参见《波根物理与化学年鉴》(*Pogg. Ann Physik u. Chem.*)第 13 卷,第 404 页,1828 年。后来瑞典许多实验人员都参考了拉格尔杰姆的成果。例如,斯蒂费(K. Styffe)就曾经在《瑞典钢铁协会年鉴》中详细描述过拉格尔杰姆的拉伸实验机,1866 年。

第 5 章

....

数学弹性理论的开端[①]

25. 弹性理论中的平衡方程

前面章节已经追溯了材料强度理论的部分历史。根据该理论,梁的挠度与应力的解法大多建立在如下假定之上:横截面在变形过程中保持平面,并且材料遵循胡克定律。到了 19 世纪初,人们期望找出弹性体力学的本质依据。从牛顿时代开始就存在这样的概念[②]:物体的弹性特征可以理解为基本粒子之间的某种吸引力和排斥力。这个概念曾被博斯科维克仔细推敲过[③],他假定:任意两个基本粒子之间的连线上必定作用有某种力,该力在某一距离上是吸引力,在另一距离上却为排斥力,并且存在一个平衡距离,此处这些力消失为零。

利用上述概念,加上分子力随着分子间距离增加而迅速减小的要求,拉普拉斯得以发展出毛细现象理论[④]。

应用博斯科维克理论分析弹性体变形是从泊松开始的,后者利用

————————————

① 有关弹性理论发展史的更详细讨论,可参阅圣维南对纳维著作《国立路桥学校应用力学课程总结》第 3 版的注解,1864 年;圣维南翻译克莱布什的《固体弹性理论》中的注释,1883 年;圣维南在穆瓦尼奥(Moigno)的《力学分析教程 静力学》(*Lecons de Mécanique Analytique*, *Statique*)中所写的两章内容,1868 年。另外,还可参考穆勒和廷佩(A. Timpe)在《数学知识百科全书》中的文章,第 4 卷,第 1 页,1906 年;以及由布克哈特(H. Burkhardt)所出版的《振动函数的发展》(*Entwicklungen nach oscillirenden Functionen*)第 526～671 页,莱比锡,1908 年。

② 参见圣维南的《固体抗力与弹性的研究简史》。

③ 博斯科维克(Boscovich),《自然哲学》(*Philosophiae naturalis*)第 1 版,威尼斯,1763 年。另见新拉丁英语版本的博斯科维克生平简介,芝加哥与伦敦,1922 年。

④ 拉普拉斯(P. S. Laplace, 1749—1827),《化学与物理学年鉴》第 12 卷,1819 年。

该理论研究了平板弯曲问题[①],他将平板假定为一个分布在板中央平面内的质点系。然而,泊松假定的不足在于,虽然这样的质点系能够抵抗拉伸,却无法抵抗弯曲。可见,实际上质点系只是一张理想的柔性膜,而不是一块平板。

弹性体分子理论的进一步发展源自纳维[②]。他假设,弹性实体的各质点上作用有两个力系,即 $\sum F$ 与 $\sum F_1$。前者相互平衡,代表着没有外力时的分子作用力;后者则平衡外力,比如重力。假设这些力的大小正比于质点间距 r_1-r 之改变量,且作用方向沿质点间的连线。设 u、v、w 为一个质点 $P(x, y, z)$ 的位移分量,而 $u+\Delta u$、$v+\Delta v$、$w+\Delta w$ 是相邻质点 $P_1(x+\Delta x, y+\Delta y, z+\Delta z)$ 的相应位移,那么,这些质点间的距离改变量为

$$r_1-r=\alpha\Delta u+\beta\Delta v+\gamma\Delta w \tag{a}$$

式中,α、β、γ 分别表示方向 r 与坐标轴 x、y、z 的夹角余弦,于是,相应的 F_1 为

$$F_1=f(r)(\alpha\Delta u+\beta\Delta v+\gamma\Delta w) \tag{b}$$

式中,$f(r)$ 为某因子,会随着距离 r 的增加而迅速减小。

纳维将 Δu、Δv、Δw 展开成如下级数形式:

$$\Delta u=\frac{\partial u}{\partial x}\Delta x+\frac{\partial u}{\partial y}\Delta y+\frac{\partial u}{\partial z}\Delta z+\frac{1}{2}\frac{\partial^2 u}{\partial x^2}\Delta x^2+\frac{\partial^2 u}{\partial x\partial y}\Delta x\Delta y+\cdots$$

并仅取到二次项,然后再代入式(b),并令

$$\Delta x=r\alpha, \quad \Delta y=r\beta, \quad \Delta z=r\gamma$$

于是,他得出了 F_1 之 x 分量为

---

① 泊松,《法国科学院学报》,1812 年,第 167 页。

② 纳维的《关于平衡定律与弹性固体运动的报告》(*Mémoire sur les lois de l'equilibre et du mouvement des corps solides élastiques*)于 1821 年 5 月 14 日提交给了法国科学院。1824 年,该论文刊登在《法国自然科学学会研究报告》上,论文的摘要内容发表于《巴黎数学爱好者学会通报》(*Bull. soc. philomath. Paris*),1823 年,第 177 页。

$$\alpha F_1 = r f(r) \left[\alpha^3 \frac{\partial u}{\partial x} + \alpha^2 \beta \left(\frac{\partial u}{\partial y} + \frac{\partial u}{\partial x} \right) + \cdots \right]$$
$$+ r^2 f(r) \left[\frac{\alpha^4}{2} \frac{\partial^2 u}{\partial x^2} + \alpha^3 \beta \frac{\partial^2 u}{\partial x \partial y} + \cdots + \frac{\alpha \gamma^3}{2} \frac{\partial^2 w}{\partial z^2} \right] \tag{c}$$

为了求解变位后的质点 $P(x, y, z)$ 在 x 方向上的合力,就应计算出质点 P 作用范围内所有各质点上类似于表达式(c)的力总和。为此,可假设分子力与 r 的方向无关,换言之,研究对象各向同性。纳维注意到,包含奇数次方的余弦项全部可以消去,因此,式(c)第一行的所有积分均为零,对那些第二行非零积分的估算,则可简化为一个积分运算,即

$$C = \frac{2\pi}{15} \int_0^\infty r^4 f(r) \, \mathrm{d}r \tag{d}$$

假定该积分值是已知的,则质点 P 之合力在 x 轴上的分量为

$$\sum \alpha F_1 = C \left[3 \frac{\partial^2 u}{\partial x^2} + \frac{\partial^2 u}{\partial y^2} + \frac{\partial^2 u}{\partial z^2} + 2 \frac{\partial^2 v}{\partial x \partial y} + 2 \frac{\partial^2 w}{\partial x \partial z} \right] \tag{e}$$

同理,也可以写出其他两个方向上的分量计算公式。

引入如下记号:

$$\left. \begin{aligned} \theta &= \frac{\partial u}{\partial x} + \frac{\partial v}{\partial y} + \frac{\partial w}{\partial z} \\ \nabla &= \frac{\partial^2}{\partial x^2} + \frac{\partial^2}{\partial y^2} + \frac{\partial^2}{\partial z^2} \end{aligned} \right\} \tag{f}$$

显然,质点 P 的平衡方程能够表达成以下形式:

$$\left. \begin{aligned} C \left(\nabla u + 2 \frac{\partial \theta}{\partial x} \right) + X &= 0 \\ C \left(\nabla v + 2 \frac{\partial \theta}{\partial y} \right) + Y &= 0 \\ C \left(\nabla w + 2 \frac{\partial \theta}{\partial z} \right) + Z &= 0 \end{aligned} \right\} \tag{g}$$

式中,X、Y、Z 为外力在质点 $P(x, y, z)$ 上的三个分量。以上公式就

是纳维关于各向同性弹性体的微分平衡方程,可见,根据其假设,在确定物体弹性性能时,仅需一个常数 C 即可[①]。

纳维将质点的惯性力加到外力 X、Y、Z 上,又得到了弹性体运动的一般方程。

除物体内部每个质点应满足式(g)的三个方程外,还须建立物体表面的平衡条件,即表面分子力必须与边界上分布的外力相互平衡。对于在边界上具有外法线 n 的一点而言,其单位面积上的三个力分量分别为 $\bar{X}_n$、$\bar{Y}_n$、$\bar{Z}_n$。纳维利用虚位移原理,得到所需边界条件的如下形式:

$$\bar{X}_n = C \left\{ \left(3\frac{\partial u}{\partial x} + \frac{\partial v}{\partial y} + \frac{\partial w}{\partial z} \right) \cos\alpha + \left(\frac{\partial u}{\partial y} + \frac{\partial v}{\partial x} \right) \cos\beta + \left(\frac{\partial u}{\partial z} + \frac{\partial w}{\partial x} \right) \cos\gamma \right\}$$

$$\text{(h)}$$

后来,柯西阐述过上式括号内容的重要性。还提出,表面力分量 $\bar{X}_n$、$\bar{Y}_n$、$\bar{Z}_n$ 为以下六个应变分量的线性函数:

$$\frac{\partial u}{\partial x}, \frac{\partial v}{\partial y}, \frac{\partial w}{\partial z}, \left(\frac{\partial u}{\partial y} + \frac{\partial v}{\partial x} \right), \left(\frac{\partial u}{\partial z} + \frac{\partial w}{\partial x} \right), \left(\frac{\partial u}{\partial z} + \frac{\partial w}{\partial y} \right)$$

弹性理论的第二个重要进展应主要归功于柯西的伟大成就,因为他引入应力、应变这两个概念来代替每个粒子间的分子作用力,从而大大简化了基本方程的推导过程。

26. 奥古斯丁·柯西(1789—1857)

1789 年,奥古斯丁·柯西(Augustin Cauchy;图 68)出生于巴黎[②]。父亲是一位给政府当差的成功律师,法国大革命时被迫离开巴黎,到附

---

① 后来,柯西总结了纳维的推导过程,并考虑到各向异性体的情况。他指出,对于最一般的情况,应当通过 15 个弹性常数来定义该体系的弹性性质。详见《数学练习》(*Exercises de mathématique*)第 3 版,第 200 页。

② 有关数学家柯西的生平,可参见瓦尔森(C. A. Valson)的《柯西男爵的生活与成就》(*La vie et les travaux du Baron Cauchy*),巴黎,1868 年。另见《数学与物理科学史》第 12 卷,第 144 页,巴黎,1888 年。

图 68 奥古斯丁·柯西

近的阿尔克伊(Arcueil)小镇避难,而此时,著名科学家拉普拉斯和贝托莱(Berthollet)也居住在这里。在拿破仑时代,拉普拉斯居所成为巴黎最著名的科学家沙龙,使得年轻的柯西在此结识了很多大人物。在这些人里,拉格朗日很快发觉这个孩子非凡的数学才能。柯西在先贤祠中央学校(École Centrale du Panthéon)接受过中学教育,在那里,他的古典语言和人文学科均成绩优异。

1805 年,柯西成功通过巴黎综合理工学院的入学考试,在校期间表现出极佳的数学竞争力。1807 年结课后,又经选拔进入国立路桥学校,继续深造工程专业,1810 年毕业。在入学及毕业考试中,他均名列第一,教授们对其表现大加赞赏。21 岁的柯西便在瑟堡港口从事重要工程项目,然而,其对数学的兴趣较工程学更胜一筹,便将业余时间全部用来研究数学。1811—1812 年,柯西向科学院提交过几篇重要研究报告。1813 年,他离开瑟堡回到巴黎,并将所有精力投入数学事业。1816 年,柯西成为法国科学院院士。

回到巴黎后,柯西进入巴黎综合理工学院和索邦大学执教。在讲授微积分时,他的表述方式比前人更加严密,这种原创性的数学语言不仅令学生着迷,也引来国外教授和专家旁听。1821 年,柯西刊印了他的专著《巴黎综合理工学院分析教程》[1],该书对后来的数学发展方向影响深远。

大致与此同时,纳维向科学院提交了第一篇有关弹性理论的文章,看到此佳作后,引起了柯西的兴趣,并开始着手研究相关理论。在该力学分支的早期阶段,柯西成绩斐然[2]。

---

[1] 译者注:*Cours d'Analyse de l'École Polytechnique*。
[2] 有关柯西在弹性理论方面的成就,我们看到的最好评价体现在《力学分析教程 静力学》中,此书作者是穆瓦尼奥,上述评价内容出现于圣维南为该书所写的有关弹性的两章中,1868 年。

如前所述,在推导基本方程时,纳维认为,弹性力出现在变形后的弹性体分子之间。但柯西却不以为然[①],他利用自己熟悉的水力学理论中的平面压力概念,并假定,在弹性体内,该力不再是其作用平面的法向压力。这样一来,柯西就将"应力"这个概念引入了弹性理论。从变形后的弹性体内取出任意无限小平面单元,则单元上的总应力可以定义为:平面单元上一侧分子对另一侧分子所有作用力的合力,作用力方向同所考虑的平面单元相交[②],应力大小为总应力除以单元面积。

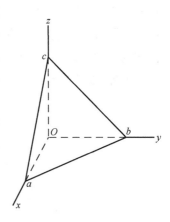

图 69 四面体单元

如图 69 所示四面体单元,柯西认为,斜面 abc 上的三个应力分量 X_n、Y_n、Z_n 可由如下三个平衡方程得到:

$$
\left.
\begin{aligned}
X_n &= \sigma_x l + \tau_{yx} m + \tau_{zx} n \\
Y_n &= \tau_{xy} l + \sigma_y m + \tau_{zy} n \\
Z_n &= \tau_{xz} l + \tau_{yz} m + \sigma_z n
\end{aligned}
\right\}
\tag{a}
$$

式中,l、m、n 为平面 abc 外法线与坐标轴[③]的夹角余弦,σ_x、τ_{yx}、$\cdots$ 为应力的法向与切向分量,其作用点位于坐标平面 yz、xz、yx 的交点 O 处。柯西还证明

$$
\tau_{yx} = \tau_{xy}, \quad \tau_{zx} = \tau_{xz}, \quad \tau_{zy} = \tau_{yz}
$$

上式说明:作用在任一平面例如 abc 上的应力,能够使用六个应力分量

① 在研读过纳维的论文(第 25 节)后,柯西写出了自己的研究报告,并于 1822 年 9 月 30 日提交给法国科学院,而这篇文章的摘要则发表在《巴黎数学爱好者学会通报》上,1823 年,第 9 页。

② 应力的这种最终定义形式是圣维南提出的,详见《法国科学院通报》第 20 卷,第 1765 页;第 21 卷,第 125 页。在柯西早期发表的文章中,应力的定义与上述略有不同,但后来他也认可圣维南的定义。

③ 在早期弹性理论中,关于不同作者所使用的各种符号,可参阅穆瓦尼奥《力学分析教程 静力学》第 626 页。另见托德亨特与皮尔森合著的《弹性理论与材料力学史》第 1 卷,第 322 页。

σ_x、σ_y、σ_z、τ_{xy}、τ_{xz}、τ_{yz} 表示。将式(a)的各分量 X_n、Y_n、Z_n 分解到垂直于 abc 平面的方向上,就可以得出作用于该平面的法向应力 σ_n。柯西指出:如果在从原点 O(图 69)出发的每个方向 n 上,画出长度为 $r = \sqrt{1/|\sigma_n|}$ 的方向向量 r,那么,这些向量的端点将位于一个二次曲面内。他称该面的主轴方向为"主方向",相关应力称作"主应力"。

另外,他还推导过长方体单元的平衡微分方程,即

$$\left.\begin{array}{l} \dfrac{\partial \sigma_x}{\partial x} + \dfrac{\partial \tau_{yx}}{\partial y} + \dfrac{\partial \tau_{zx}}{\partial z} + X = 0 \\[3mm] \dfrac{\partial \tau_{xy}}{\partial x} + \dfrac{\partial \sigma_y}{\partial y} + \dfrac{\partial \tau_{zy}}{\partial z} + Y = 0 \\[3mm] \dfrac{\partial \tau_{xz}}{\partial x} + \dfrac{\partial \tau_{yz}}{\partial y} + \dfrac{\partial \sigma_z}{\partial z} + Z = 0 \end{array}\right\} \tag{b}$$

式中,X、Y、Z 代表 O 点处单位体积的体力分量。振动时,这些体力须计入惯性力。

这位法国数学家还研究了弹性体绕 O 点(图 69)可能发生的变形。并证明,当此变形非常小时,在任意方向上的单位伸长量及初始相互垂直的两方向直角改变量,均能以如下 6 个应变分量表示:

$$\varepsilon_x = \frac{\partial u}{\partial x}, \quad \varepsilon_y = \frac{\partial v}{\partial y}, \quad \varepsilon_z = \frac{\partial w}{\partial z},$$

$$\gamma_{xy} = \frac{\partial u}{\partial y} + \frac{\partial v}{\partial x}, \quad \gamma_{yz} = \frac{\partial v}{\partial z} + \frac{\partial w}{\partial y}, \quad \gamma_{xz} = \frac{\partial w}{\partial x} + \frac{\partial u}{\partial z} \tag{c}$$

上述关系式能够确定沿坐标轴方向上的三个变形以及坐标轴之间的扭转角。如果从原点 O 的任意方向出发,画出长度为 $r = \sqrt{1/|\varepsilon_r|}$ 的方向向量 r,其中 ε_r 为沿 r 方向的应变,则各向量端点同样位于一个二次曲面上。该曲面的主轴称为变形主方向,相应的变形叫做"主应变"。

柯西还给出各向同性体六个应力与应变分量间的关系式。他假设,变形主方向与主应力方向一致,且应力分量是应变分量的线性函数,即

$$\sigma_x = k\varepsilon_x + K\theta, \quad \sigma_y = k\varepsilon_y + K\theta, \quad \sigma_z = k\varepsilon_z + K\theta$$

式中，k、K 为两个弹性常数，且 $\theta = \varepsilon_x + \varepsilon_y + \varepsilon_z$。换言之，$\theta$ 为单位体积的改变量。于是，对任意坐标轴方向，有

$$\sigma_x = k\varepsilon_x + K\theta, \quad \sigma_y = k\varepsilon_y + K\theta, \quad \sigma_z = k\varepsilon_z + K\theta$$

$$\tau_{xy} = \frac{k}{2}\gamma_{xy}, \quad \tau_{xz} = \frac{k}{2}\gamma_{xz}, \quad \tau_{yz} = \frac{k}{2}\gamma_{xz} \tag{d}$$

可以将(a)～(d)的关系式合成为一个完整方程组，用于求解各向同性体的弹性问题。柯西本人曾用其研究过矩形截面杆件的变形，并对矩形杆件受扭问题特别感兴趣，还成功发现狭窄矩形截面杆件的一种满意解法。他指出：扭转后的杆件截面通常不再保持平面状态，将在扭转过程中产生翘曲。上述结论被后来的圣维南引用，并推导出一套更加完备的棱柱体杆件扭转理论(参见第 51 节)。

27. 泊松(1781—1840)

泊松(S. D. Poisson; 图 70)出生于巴黎市郊皮蒂维耶(Pithiviers)小镇一个贫寒家庭。15 岁之前，除过读书写字，他没有机会学习更多的知识。1796 年，泊松被送至枫丹白露的伯父家中，正是在这里，他第一次踏进数学课堂，并且表现出色。1798 年，泊松以优异成绩通过综合理工学院入学考试。在这所著名学府，泊松的数学才能很快得到当时的函数论课程讲师拉格朗日以及拉普拉斯的赏识。1800 年毕业后，泊松留校任数学讲师，1806 年开始负责微积分课程。许多数学原创成果使其名声大噪，以致在 1812 年就当上法国科学院院士。那个年代，恰逢理论物理突飞猛进，数学家拼命用本专业理论解决物理问题。于是，基于分子结构的弹性理论引

图 70　泊松

起泊松的兴趣,他为奠定该学科基础做过很多努力。

泊松的主要成就集中体现在 1829 年和 1831 年的两份研究报告中[1],还有一些包含于其力学讲义中[2]。泊松的工作从考虑质点系间的分子作用力问题开始,对此,他提出了三个平衡方程以及三个边界条件,当然,这些内容均类似于之前纳维或柯西所得。泊松证明,上述平衡方程是物体任意部分平衡的充分必要条件。他成功地对运动方程进行了积分运算,并指出:如果物体的微元产生内部扰动,便会形成两种波[3];一种移动较快,其上每个质点的运动方向均与波阵面垂直,且伴随体积改变或膨胀;另一种是波的质点运动方向与波阵面相切,在运动过程中仅存在畸变而无体积变化。

图 71　奥斯特罗格拉茨基

在这份研究报告里,泊松参考了奥斯特罗格拉茨基(图 71)的成果(参见第 33节),把后者的一般方程运用于各向同性体上[4]。泊松发现:对于一根单向受拉的棱柱体杆件而言,轴向伸长 ε 必将伴随横向收缩,大小等于 $\mu\varepsilon$,其中 $\mu=0.25$。因此,体积变化量就是 $\varepsilon(1-2\mu)=0.5\varepsilon$。作为三维问题的一个简单例子,他讨论了承受均匀内压或外压的空心球应力和应变问题,也研究过球的简单径向振动。

作为二维问题的解,泊松得到平板在

　① "论弹性体的平衡与运动"(Mémoire sur l'équilibre et le mouvement des corps élastiques),《法国科学院学报》第 8 卷,1829 年;"论弹性体与流体的平衡及运动的一般方程"(Mémoire sur les équations générales de l'équilibre et le mouvement des corps élastiques et des fluides),《巴黎综合理工学院学报》第 20 集,1831 年。托德亨特与皮尔森的《弹性理论与材料力学史》一书包含了对以上两篇论文的综述。
　② 两卷本的《力学教程》(Traité de Mécanique)第 2 版,1833 年。
　③ "论弹性介质中的运动传播"(Mémoire sur la propagation du mouvement dans les milieux élastiques),《法国科学院学报》第 10 卷,第 549—605 页,1830 年。
　④ 在如前所述 1829 年的研究报告中,奥斯特罗格拉茨基(M. V. Ostrogradsky, 1801—1861)讨论过该应用。

荷载作用下的横向挠度方程：

$$D\left(\frac{\partial^4 w}{\partial x^4} + 2\frac{\partial^4 w}{\partial x^2 y^2} + \frac{\partial^4 w}{\partial y^4}\right) = q \tag{a}$$

式中,抗弯刚度 D 取 $\mu=0.25$ 时的值,q 为荷载集度。接下来,泊松开始讨论边界条件：对于简支板和嵌固板的情况,他给出的边界条件与目前公认的完全相符;当某边分布有已知力时,他要求必须满足三个条件(现已改为两个),即剪力、扭矩和弯矩(计算自边缘任意单元长度上的分子力)应当与该边缘力产生的相对作用效应平衡。后来,基尔霍夫进一步将边界条件的数目由三个改为两个,并经开尔文勋爵进行了物理解释(参见第 57 节)。为说明理论如何应用,泊松还讨论过当荷载集度仅与径向距离有关的圆板弯曲问题。为此,他将式(a)改成极坐标形式,从而得到上述问题的全解;后来,泊松又将该解运用到均布荷载情况,进一步求出简支板和固定板的挠曲方程。另外,泊松把目标锁定在板的横向振动上,完成了当挠曲形状对称于中心时圆板的振动问题。

针对杆件的纵向、扭曲及侧向振动,泊松发展出一系列相关方程,计算出各种振型下的频率。

泊松的《力学教程》并未采用弹性力学一般方程,而是推导出另一些杆件挠度和振动的计算公式,其中的前提假定是：杆件变形时的截面仍然保持为平面。对于棱柱杆弯曲问题,泊松不仅使用表示弹性曲线曲率正比于弯矩的二阶微分方程,也涉及如下方程：

$$B\frac{\mathrm{d}^4 y}{\mathrm{d}x^4} = q \tag{b}$$

式中,B 为抗弯刚度,q 为横向荷载集度。在讨论式(b)不同应用场景时,泊松注意到：如果假设 q 是 x 的函数,且在杆端 $x=0$ 和 $x=l$ 处均为零,那么,它就可以表示成正弦级数的形式,即

$$B\frac{\mathrm{d}^4 y}{\mathrm{d}x^4} = \sum a_m \sin\frac{m\pi x}{l}$$

将上式两端积分,并假定两端挠度为零,则泊松的解为

$$By = \frac{l^4}{\pi^4} \sum \frac{a_m}{m^4} \sin \frac{m\pi x}{l} + x(l-x)\left[Cx + C_1(l-x)\right]$$

式中,C、C_1均为常数,可由端部条件确定。当两端简支时,$C = C_1 = 0$,故有

$$y = \frac{l^4}{B\pi^4} \sum \frac{a_m}{m^4} \sin \frac{m\pi x}{l}$$

这大概是我们第一次见到用三角级数表示的杆件挠曲方程。虽然在泊松那个年代,这种方法并没有引起工程师的关注,但如今却大行其道。

综上所述:泊松没有像纳维或柯西一样对弹性体的基础理论做出贡献,却解决了很多实际重要问题,故而,在此仍然要为其大书一笔。

28. 加布里埃尔·拉梅与克拉佩龙

加布里埃尔·拉梅(Gabriel Lamé, 1795—1870;图 72)与克拉佩龙(B. P. E. Clapeyron, 1799—1864)都是杰出的法国工程师,这两位始终的校友先后同年毕业于巴黎综合理工学院(1818)及矿业学院(1820)。之后,他们又被作为青年工程师人才梯队介绍给俄国政府,在新建不久的圣彼得堡国立交通大学履职,对俄国后来的工程学科发展而言,这所新学校起到了至关重要的作用。该校始建于 1809 年,由卓越的法国工程师奥古斯丁·德·贝当古(Augustin de Bétancourt;图 73)、巴赞(Bazain)和波捷(Potier)等人创立,首任校长便是贝当古。学校采用与巴黎综合理工学院及法国国立路桥学校相似的教学大纲和授课方法。拉梅与克拉佩龙在此讲授数学与物理学,同时也帮助俄国政府设计过一些极为重要的建构筑物,例如,几座位于圣彼得堡的悬索桥便是由他们参与设计或建造的[1]。

---

① 这些悬索桥(1824—1826)是欧洲大陆的第一批,详见威伯金(Wiebeking)的《土木建筑》(*Architecture civile*)第 7 卷,慕尼黑,1831 年。另见梅尔滕斯的《铁桥建筑》(*Eisenbrückenbau*)第 1 卷,莱比锡,1908 年。拉梅与克拉佩龙帮助设计了横跨涅瓦河的大型悬索桥(单跨长 1 020 ft),详见《高等矿业学校年鉴》第 11 卷,第 265 页,1825 年。

图 72　加布里埃尔·拉梅　　　**图 73　奥古斯丁·德·贝当古**

如图 74 所示,为便于研究这些桥梁中所使用的俄制铁材力学性能,拉梅于 1824 年设计制作了一套专用试验装置,结构与拉格尔杰姆在斯德哥尔摩的那台类似[1],同属水平式试验机具,依靠水锤泵产生荷载并吸收应变,通过砝码测定荷载大小。试验过程中,拉梅发现:在大约 2/3 极限强度荷载作用下,生铁材料便开始迅速伸长,并伴有氧化皮剥落;另外,他还观察到屈服时的颈缩现象。上述试验成果[2]均体现在俄国铁制结构设计方法里,一些材料力学书中也提及他的这些试验[3]。

在重建圣彼得堡圣以撒大教堂过程中,拉梅与克拉佩龙考查过一些拱的稳定问题,并撰写出前述那份研究报告(参见第 20 节)。

在圣彼得堡工作期间,这两位工程师合作完成了一份重要研究报告《关于均质实体的内部平衡问题》[4],并于 1828 年提交给法国科学院,

---

① 著名的伍尔维奇(Woolwich)试验机制造于 1832 年,采用了相同的原理;另外,位于伦敦萨瑟克街格罗夫(Grove, Southwark Street)的柯卡尔迪(Kirkaldy)试验机也曾利用过上述原理。详见吉本斯(C. H. Gibbons)的《材料试验机》(*Materials Testing Machines*),匹兹堡,1935 年。

② 这些实验结果均被写入拉梅致巴耶(Baillet)的信中,并且发表于《高等矿业学校年鉴》第 10 卷,巴黎,1825 年。

③ 比如纳维的《国立路桥学校应用力学课程总结》第 2 版,第 27 页,1833 年。

④ 译者注:*Sur l'équilibre interieur des corps solides homogènes*。

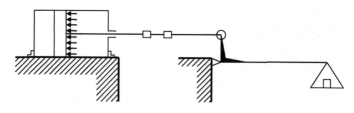

图 74 拉梅的拉伸实验机

再经普安索和纳维评阅后,发表在 1833 年的《法国科学院院外学者研究报告》第四卷上。该文重要性体现在:其不仅涵盖当年可从纳维与柯西成果中找到的平衡方程的推导过程,也涉及采用此方程求解某些实际问题的信息。在报告第一节中,二人采用纳维的分子作用力概念(参见第 25 节)推导出平衡方程,同时表明,利用柯西的应力概念也能够得到同样结果。第二节是有关弹性体内质点应力状态的内容。报告认为:对于通过该点的每个平面,如果相应的应力能够由从该点作出的矢量表示,那么,所有这些矢量的末端将位于一个椭球表面,这就是所谓"拉梅应力椭球"。另外,结合应力椭球及应力二次式,还能计算出通过该点任意平面上的应力大小及方向。

在完成一般性讨论后,二人将其方程应用于特殊工况,且指出,通过拉伸或者与均匀压缩有关的试验,便可确定上述方程中的单一弹性常数。接着,他们又提出空心圆筒的受力问题,并推导出均匀内外压力作用下的应力计算公式,如果已知压力大小,那么,用这些公式就能够确定筒的安全壁厚。在分析过程中,两人选取最大应力理论,但仍小心翼翼地指出:圆柱体上每个微元都处在二维应力状态,简单拉伸实验得到的弹性极限可能不适用于该复杂情况。本节讨论的其他热点还包括:圆轴纯扭、受向心引力作用的球体,以及受均匀内部或外部压力作用的球壳问题。对于如此棘手的情况,其答案仍然正确,所得公式均得到广泛采用。

在报告最后一节,拉梅与克拉佩龙讨论了更为复杂的情况。其中一例如下:具有平面边界的无限体,在该平面上作用有大小已知的垂直均布荷载,那么该无限体的内力与变形如何? 对此,他们利用傅里叶积分表示均布荷载,并得出四重积分形式的位移分量公式。接下来,又以相同方式分析由两个无限平行面围成的实体。最后,在针对无限长圆柱体问题时,拉梅与克拉佩龙巧妙利用了柱面坐标概念,为材料力学史上的首次尝试。另外,他们还以例题形式研究过如下情况:在表面分布且垂直于轴线的切向力作用下,圆柱体是如何扭转的? 此处假定,以上力的集度仅为其沿圆柱体轴线距离之函数。

此研究报告的重要性还体现在:不仅得到一些有价值的结论,也涵盖各向同性体材料弹性变形理论的所有已知成果,且表达清楚,简明扼要。后来,拉梅又编写了《固体弹性的数学理论教程》[1],这是第一本关于弹性理论的著作,其中便引用了两人上述研究报告。

法国大革命后,法、俄间的良好政治氛围荡然无存,于是,拉梅与克拉佩龙在 1831 年回到法国。当时的巴黎,因受英国铁路建设蓬勃发展的影响,也做出自己的铁路兴修计划。这样一来,法国人的工作重点便发生转变,拉梅与克拉佩龙参与了巴黎—圣日耳曼铁路规划与建造工作。然而不久之后,前者就放弃这项工作,转投巴黎综合理工学院,担任物理学教授直至 1844 年,并在此期间出版过《物理教程》(1837)和几篇光学理论方面的重要文章。

1852 年,前述拉梅弹性理论专著问世,他与克拉佩龙合作的研究报告也被纳入其中,但方程形式略有改变。因为拉梅意识到:确定各向同性材料的弹性性能仅需两个弹性常数。当然,这曾经也是柯西的结论(参见第 26 节)。在书中,拉梅介绍了一些振动问题,并讨论过金属丝、薄膜和杆件的运动情况,涉及弹性介质中波的传播途径。另外,针对曲线坐标的应用及球壳变形问题,作者更是不吝笔墨,留出大量篇幅,较之前的研究报告详细得多。在结尾部分,拉梅提到弹性理论在光学中的应用,其中涉及光的双折射现象且假定介质各向异性。为此,拉梅改写了相关弹性方程,并找到应力分量与应变分量之

---

① 译者注: *Leçons sur la théorie mathématique de l'élasticité des corps solides*。

间的关系。

在《弹性理论与结构力学史》中,托德亨特是如此评论拉梅著作的:"给拉梅著作多高的评价都不为过,这是个典范,少有的典范。最有名望的哲学家屈尊俯就,依靠自己的能力,对其辛勤耕耘的学科做出深入浅出的论述。其数学研究清晰且令人信服,在作品开篇与结尾,那些极为流利的综述更因语言优美、思想深邃而引人入胜。"

该书问世后,拉梅继续对弹性理论投入极大热情。1854 年,他的《球壳弹性平衡研究报告》发表在《刘维尔数学杂志》第十九卷中[①]。其中,针对任意面力作用下的球壳变形问题,作者给出了全解。

1859 年,拉梅出版了《曲线坐标及其应用》[②]。该书主要内容包括:曲线坐标的一般理论及其在力学、热学和弹性理论上的应用,并以球壳变形为例,给出弹性方程的曲线坐标变换方式。在最后几章中,拉梅探讨了弹性理论基本方程所依据的原则。对此,他不再倾向于采用纳维有关分子作用力的方程推导思路,而沿袭柯西仅涉及刚体静力学的方法。于是,拉梅便采用柯西假设:应力分量是应变分量之线性函数。对各向同性材料来说,该假定仅需两个弹性常数,并且能够从简单拉伸与简单扭转实验中得到。如此一来,我们无须利用分子结构或分子作用力的任何假说,便可列出所有必要的方程式。

1843 年,拉梅当选法国科学院院士。1850 年成为索邦大学教授,为学生讲解理论物理的各个分支。虽然拉梅并非一位优秀讲师,然而其著作却有大量拥趸,影响过一代又一代的数学物理学家。1863 年,拉梅因身体原因放弃教学工作,于 1870 年离世。

1831 年,克拉佩龙回到法国,时常活跃于法国铁路建设等实际工程领域,主要工作是将热力学应用于机车设计中。从 1844 年开始,他在法国国立路桥学校主讲蒸汽机课程。克拉佩龙是一位出色的老师,能够把自己的深厚理论与丰富实践经验相结合,特别吸引学生的关注。

---

① 译者注:两本出版物原名分别为 *Mémoire sur l'équilibre d'élasticité des enveloppes sphériques*, *J. math. Liouville*。

② 译者注:*Leçons sur les coordonnées curvilignes et leurs diverses applications*。

1848 年,在从事多跨桥设计过程中,克拉佩龙发展出一种连续梁应力分析的新方法,此内容详见第 34 节。

在拉梅那本关于弹性力学的书中,人们发现克拉佩龙这位老朋友的另一个贡献,并称之为"克拉佩龙原理"。该原理说明:作用于物体上的各种外力,与这些力在作用点处沿力作用方向上位移分量乘积之和,等于物体相关应变能的 2 倍。由于克拉佩龙清楚阐明这个原理的时间似乎比拉梅的著作问世更早,因此可以认为,它是最早的各向同性体应变能一般表达式。1858 年,克拉佩龙当选法国科学院院士,继续在科学院与法国国立路桥学校工作,直至 1864 年去世。

29. 板的理论

第一位向弹性面挠度难题发起攻击的人是欧拉。在描述理想弹性薄膜振动时,他将其视为两组相互垂直的拉索(图 75),并得到如下微分方程[1]:

$$\frac{\partial^2 w}{\partial t^2} = A\frac{\partial^2 w}{\partial x^2} + B\frac{\partial^2 w}{\partial y^2} \quad \text{(a)}$$

式中,w 为挠度,A、B 为两个常数。欧拉还利用这个概念研究过钟铃振动。

伯努利家族的另一位明星成员雅克·伯努利用相同的概念对板进行分析[2],并由此得到以下微分方程[3]:

$$D\left(\frac{\partial^4 w}{\partial x^4} + \frac{\partial^4 w}{\partial y^4}\right) = q \quad \text{(b)}$$

式中,D 为板的抗弯刚度,q 为横向

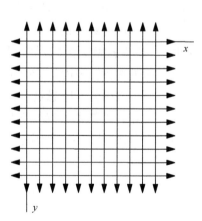

图 75　板的拉索模型

---

① 详见《彼得堡皇家科学院评论》第 10 卷,第 243 页,1767 年。

② 雅克·伯努利(Jacques Bernoulli, 1759—1789)是丹尼尔·伯努利的侄子,1786—1789 年,雅克·伯努利是俄罗斯科学院院士。

③《圣彼得堡帝国科学院新学报》第 5 卷,1789 年,圣彼得堡。

荷载的集度。伯努利明确指出：该方程仅为近似解，并且，如果所取的两组梁系并非相互正交，那么计算结果将会出现一些偏差。雅克的这项成果仅是薄板弯曲理论的初步尝试。

在平板理论中，最好玩的东西来自克拉德尼之声学研究[①]，特别是有关薄板振动的实验。在板上布满细沙，然后拉动弓弦使之与板边发生摩擦而共振，这样一来，克拉德尼便会让细沙最终停留在各种振动模态的节线上，并据此进一步求得相应的不同频率。1809 年，法国科学院邀请克拉德尼公开演示自己的实验，这一盛况给与会的拿破仑留下深刻印象。在这位帝王提议下，法国科学院开始悬赏征集薄板振动数学理论，希望大家提交有关理论解与实验结果相比较的论文。1811 年 10 月是比赛的截止时间，而应征者却只有苏菲·姬曼（Sophie Germain，1776—1831）一人。

苏菲·姬曼[②]自小酷爱数学，为研读牛顿的《自然哲学的数学原理》，还特意学习过拉丁文。即便是在法国大革命困难时期，她也从未间断过研究工作，并与当时一些大数学家，例如拉格朗日、高斯、勒让德（Legendre）保持着书信往来。耶拿（Jena）战役后，当法国军队进驻哥廷根时，苏菲·姬曼给予高斯最热忱的帮助。为疏通关系，她主动写信给占领军的指挥官佩内蒂（Pernetty）将军，并为高斯筹措后者开出的罚金。在听说法国科学院悬赏征文的消息后，姬曼决心开始进行薄板理论研究工作。她熟悉欧拉关于弹性曲线的成果（参见第 8 节），知道后者利用变分法，从表示弯曲应变能的积分公式中导出了挠度微分方程。于是，苏菲决定采用类似方式继续研究，且假设薄板应变能可用下式积分表示：

$$A \iint \left(\frac{1}{\rho_1} + \frac{1}{\rho_2} \right)^2 \mathrm{d}s \qquad (c)$$

① 1802 年，克拉德尼的《声学》（*Die Akustik*）第 1 版在莱比锡出版，1809 年法语版问世，书中包含了克拉德尼的生平简介。

② 在苏菲·姬曼去世后的 1833 年，她的著作《关于科学与文学的一般性思考》（*Considérations Générales sur l'état des Sciences et des Lettres*）终于在巴黎出版，其中包含了有关姬曼的生平介绍。

式中，ρ_1、ρ_2 为挠曲面的两个主曲率半径。由于苏菲·姬曼在计算积分式 (c) 的变分时出现了错误，所以没有找到正确的方程式，未能如愿以偿地获奖。当年的评审委员拉格朗日[①]注意到她的错误并进行更正，于是，拉格朗日得到所求方程的合理形式：

$$k\left(\frac{\partial^4 w}{\partial x^4} + 2\frac{\partial^4 w}{\partial x^2 \partial y^2} + \frac{\partial^4 w}{\partial y^4}\right) + \frac{\partial^2 w}{\partial t^2} = 0 \qquad (\text{d})$$

此后，法国科学院再次公开征集该命题的答案，并规定，新的截止日期为 1813 年 10 月。当然，苏菲也继续参与这次活动。虽然这回得出了正确的式 (d)，然而评审委员要求苏菲对基本假设 (c) 用物理方法做出证明，结果她再次功败垂成。于是，科学院决定再延期一次。到了第三次，即便评委对其答案仍然不能非常满意，但姬曼还是在 1816 年获奖了[②]。虽然，她提交的论文没有包括对基本式 (c) 的完整解释，我们却还是应当同意托德亨特的说法："评委们的判断一定十分严苛，因为他们终于颁发了这个奖项……"[③]。

进一步尝试完善弹性薄板理论的人是泊松[④]。为解释式 (d) 的物理意义，他假定：板由许多质点构成，其间的分子作用力正比于分子间的距离改变量。以此假定为前提，泊松成功通过质点系平衡条件得出式 (d)。然而鉴于其假定所有质点均分布于板中面内，所以式 (d) 中的常数 K 正比于板厚的平方，而非实际应当的立方关系。在同一份研究报告里，泊松证明，式 (d) 不仅可以由积分式 (c) 得出，也能通过下式得到：

$$A\iint\left[\left(\frac{1}{\rho_1} + \frac{1}{\rho_2}\right)^2 + m\left(\frac{1}{\rho_1^2} + \frac{1}{\rho_2^2}\right)\right]\mathrm{d}s$$

式中，如恰当选取常数 A、m 的值，即可得出弹性薄板弯曲应变能的正

[①] 详见《化学年鉴》(*Ann. chim.*) 第 39 卷，第 149 页、207 页，1828 年。

[②] 苏菲·姬曼的论文"弹性面的理论研究"(*Recherches sur la théorie des surfaces élastiques*) 于 1821 年在巴黎发表。

[③] 详见他的《弹性理论与材料力学史》第 1 卷，第 148 页。

[④] 详见他于 1814 年发表在《法国科学院学报》上的论文。

确表达式。这也从侧面说明苏菲的式(c)未能给出板的弯曲应变能,却仍然可以解出正确的薄板微分方程式(d)。

第一个令人满意的薄板理论由纳维作出。在 1820 年 8 月 14 日向科学院提交并于 1823 年发表的论文中[①],纳维采用与泊松同样的假定,即平板由许多分子构成。但纳维假定:分子沿整个板厚分布,弯曲时位移平行于板的中面,其大小正比于其至中面的距离。因此,他成功得出任意横向荷载作用下的平板挠曲方程:

$$D\left(\frac{\partial^4 w}{\partial x^4} + 2\frac{\partial^4 w}{\partial x^2 \partial y^2} + \frac{\partial^4 w}{\partial y^4}\right) = q \qquad (e)$$

式中,q 为荷载集度,D 是抗弯刚度。鉴于纳维曾作出如前第 25 节所述的假定,所以,他的计算结果仅依赖于一个弹性常数,并且只要令泊松比等于 0.25,那么 D 值便与目前普遍认可的值相符。随后,纳维将式(e)应用于矩形简支平板问题,不但正确写出边界条件,还进一步得到二重三角级数形式的完美解答,适用于均布荷载和板中央作用有集中力的情况。这些便是历史上弹性薄板弯曲问题的第一个满意解法。

此外,纳维还研究过均布边界压力 T 作用下的平板侧向压屈问题,并正确导出屈曲面的微分方程

$$D\left(\frac{\partial^4 w}{\partial x^4} + 2\frac{\partial^4 w}{\partial x^2 \partial y^2} + \frac{\partial^4 w}{\partial y^4}\right) + T\left(\frac{\partial^2 w}{\partial x^2} + \frac{\partial^2 w}{\partial y^2}\right) = 0 \qquad (f)$$

纳维将该方程用于四角支撑矩形板的复杂工况,然而这次却未能得到一个可以令人接受的答案。

---

① 详见《巴黎数学爱好者学会通报》,1823 年,第 92 页。

第6章

1833—1867 年的材料力学

30. 威廉·费尔贝恩与伊顿·霍奇金森(1789—1861)

在 19 世纪前半叶,法国工程师依靠雄厚的数学背景,致力于研究弹性体的数学理论;而同一时期,英国工程师则正在通过实验方法进行着材料力学的探索。当时,英国是工业革命的先驱,得益于詹姆斯·瓦特(James Watt)的成功,机械工业很快就发展壮大起来,可靠的动力机车制造技术推动着铁路建设。1827 年,英国钢铁产能为 690 500 t,1857 年便增长到 3 659 000 t。在这个工业扩张如此迅速的年代里,英国工程教育却投入寥寥,许多工程实际问题必须依靠自学成材者去解决。这些人士并无丰富科学知识,自然更愿意通过试验攻关。即便实验方法对于材料力学的理论贡献不会太大,却有助于从事项目实践的工程师解决他们遇到的棘手问题。不仅英国,也包括整个欧洲大陆,这些实验成果均得到广泛应用,同时还被写入法国与德国的工程文献中[1]。这些英国工程师中的佼佼者非威廉·费尔贝恩(William Fairbairn, 1789—1874;图 76)和伊顿·霍奇金森(Eaton Hodgkinson)莫属。

费尔贝恩[2]出生于苏格兰的凯尔索(Kelso),是一位穷苦农民之子。

---

① 例如,莫兰的《材料的抗力》(*Résistance des Matériaux*)第 3 版,巴黎,1862 年;勒夫(G. H. Love)的《铸铁、铁和钢的强度与性能及其在建筑中的应用》(*Des diverses Résistances et outres Propriétés de la fonte, du Fer et de l'Acier …*),巴黎,1859 年;魏斯巴赫的三卷本《工程力学与机械学教程》(*Lehrbuch der ingenieur- und maschinen-Mechanik*, 1845—1862)。最后一本书还被译成英语、瑞典语、俄语及波兰语。

② 有关费尔贝恩的生平,可以参考威廉·波尔(William Pole)的《准男爵威廉·费尔贝恩传》(*The Life of Sir William Fairbairn, Bart*),伦敦,1877 年。

图 76　威廉·费尔贝恩

上小学后便在家帮父务农。15 岁时,费尔贝恩开始在北希尔兹(North Shields)附近的佩尔西煤矿总厂当机械工学徒。费尔贝恩非常勤奋,白天在电厂干活,晚上埋头钻研数学和英国文学。就这样年复一年,在七载学徒生活里,他的知识水平大增。1811 年,费尔贝恩学徒期满,搬至伦敦。当时的伦敦,正在兴建滑铁卢桥,虽然慕名于大桥设计师约翰·伦尼的声望①,但费尔贝恩还是未能找到一份修桥工作,于是,只好继续着他的机修手艺,并一如既往地坚持下班后到图书馆自学,以期弥补未能入校学习的不足。在伦敦工作两年后,费尔贝恩又到英国南部和都柏林呆了一阵子。1814 年,他迁徙到曼彻斯特,希望在那里找到机修手艺用武之地。起初,辗转于几家工厂和作坊之间,直到 1817 年,终于同机械修理工詹姆斯·利利(James Lillie)合伙开办了自己的公司。

　　起初,两人的业务始终围绕棉纺厂机械设备安装工程。虽然对费尔贝恩而言,这项业务是新鲜的,但很快他就敏锐地发现,这些棉纺设备存在通病:所有机械均通过一个大方轴驱动着长直径木制鼓轮,并且方轴运行速度很低,每分钟仅 40 转。于是,费尔贝恩通过提高转速,减小鼓轮直径,同时又改进离合器,从而大大提升了纺织机械的可靠性和经济性。这次成功为其带来棉纺行业大量订单,使他变成机械安装领域的知名专家。1824 年,费尔贝恩被聘请到苏格兰的卡特里内(Catrine)棉纺厂,任务是革新工厂的水力设施。他再次大获成功,提出了高效水轮机组的设计建议,并以此为契机,设计建造出许多水力设施。如此功劳让费尔贝恩名扬四海,不久之后,便开始承揽瑞士苏黎世

----

　　① 有关伦尼(John Rennie,1761—1821)的生平,可以参考斯迈尔斯的《工程师传》第 2 卷。

埃舍尔(G. Escher)水轮机组工程项目,还被法国阿尔萨斯(Alsace)地区的制造商协会聘为技术顾问。

差不多同一时期,可锻铸铁的生产工艺已经相当成熟,费尔贝恩对这种新材料的机械性能和在不同工程结构领域内的应用充满浓厚兴趣。恰巧此时,他遇到大名鼎鼎的材料力学专家伊顿·霍奇金森,于是便建议后者应当进行一些实验研究。以此为契机,费尔贝恩设计制造了一台材料实验机即费尔贝恩杠杆(图 77),而两人的大部分协作研究成果也都得益于这台机器。随后,他们接受英国科学促进会(British Association for the Advancement of Science)委托,开始进行铸铁力学性能的研究。霍奇金森从事材料拉伸与压缩实验,费尔贝恩则负责弯曲测试工作。费尔贝恩非常关注材料的时间与温度效应且发现:加载后,杆件挠度会随时间的增加而增长,他希望找到这样一个极限荷载,当低于此值时,杆件的挠度不会因时间而变大。另外,费尔贝恩有关温度效应的研究表明:温度增加时,铸铁杆件的断裂荷载将显著降低。

图 77　费尔贝恩的杠杆装置

到 1830 年,费尔贝恩将热情转到铁制舰船制造方面。他对锻铁板及铆接方法进行大量试验研究[1],发现铁板在各个方向上的强度几乎相同,证实了各种板材的机械铆接质量优于手工方法。而在铁板的实际应用方面,费尔贝恩最感兴趣的是桥梁建设,有关这部分的设计与试验工作,将在后面的章节(参见第 37 节)中进一步介绍。

费尔贝恩涉猎广泛,在进行锅炉设计时,他对承受外部压力的管道抗挤强度产生了非常大的兴趣[2]。为此,费尔贝恩就两端固定的各种形状管道进行实验,结果表明:外部临界压力值精确地符合公式 $p_{cr} = Ch^2/ld$。其中 h、l、d 分别为管壁厚度、管长和管径,C 为一个与材料弹性性能有关的常数。为获得各类完美形状的管道和球壳,他随后采用玻璃代替以往的常规材料,并首先对几种玻璃的弹性性质做出测试,然后根据所得极限强度,对这些玻璃制成的管子和球壳进行实验,从而掌握其外界压力的临界值[3]。

通过一系列讲座和研讨,费尔贝恩将自己的大量实验成果公之于众,随后又将其写成书,这些论著深受工程技术人员欢迎[4]。为了表彰他的科学成就,以及对康威(Conway)和不列颠尼亚(Britannia)两座箱式桥梁的设计贡献,费尔贝恩被选为英国皇家学会会员,并于 1860 年获得学会奖章。

1855 年,费尔贝恩当选巴黎世博会评审委员。闭会后,他完成了一份包含如下重要评论的报告:"在我看来,法、德已经走在我们前面,因为他们在工业技术的尖端领域拥有更深厚的理论原理。我想,这主要源于那些国家的学术机构对化学和机械学教育给予了相当大的投入……

---

[1] 1838—1839 年的研究成果被随后发表于《英国皇家学会哲学学报》第 2 部分,第 677～725 页,1850 年。

[2] 参见《英国皇家学会哲学学报》第 389～413 页,1858 年。关于这项工作的详细讨论可见之前提到的(第 30 节)莫兰的著作。

[3] 详见《英国皇家学会哲学学报》第 213～247 页,1859 年。

[4] 详见他的《实用工程师资料》(*Useful Information for Engineers*),伦敦,1856 年,以及同名的第二系列,伦敦,1860 年。除此之外,还可另见《建筑用铸铁与锻铁》(*On the Application of Cast and Wrought Iron to Building Purposes*),伦敦,1856 年,第 2 版,1858 年。

在自我膨胀的心理暗示下,我们坚定不移地在数量方面超越别人,而对手却因条件差和供给不足,便潜心研究怎样才能更加高效地利用材料,所以在很多情况下,他们的质量远远超过我们"。如此经历令费尔贝恩对教育寄予厚望,他与当时一些负责调查文盲人口状况的官员联系,向后者强调,英国必须改善现有教育制度。

伊顿·霍奇金森出生于英国柴郡诺斯维奇附近的安德顿(Northwich, Anderton),是一个农民的儿子,只接受过小学教育。为帮助守寡的母亲,他很小就开始务农。1811 年,他们一家搬到曼彻斯特。正是在那里,霍奇金森遇见了知名科学家约翰·道耳顿(John Dalton, 1766—1844),后者发现霍奇金森非常聪慧,便开始传授他数学知识,从而使其有机会研修伯努利、欧拉以及拉格朗日的经典论著。

1822 年,霍奇金森苦心钻研材料力学,两年后发表了一篇《论材料横向应变及其强度》的文章[1]。他观察到:当棱柱体杆件受弯时,每个横截面上总的拉应力与压应力必定相等。霍奇金森得出结论:如果假定横截面保持平面状态,那么一侧外层纤维的伸长量与另一侧纤维层的缩短量必然相同,故而以上两侧到中性轴的距离必将相等。虽然其上述结论并不新鲜,在帕朗和库仑的那个时代,该观点就已人尽皆知。然而,正如托德亨特所言,这篇文章的优点在于,它引导英国工程实践者将中性轴放到了真实位置。在分析过程中,霍奇金森并未采用胡克定律,却假定拉力正比于伸长量的某次方。甚至还更一般地猜想:仅就缩短量与压力之间的关系,该方次有着不同数值。在其文章第二部分,结合自己的木梁实验结果,霍奇金森指出,在弹性极限范围内,胡克定律依旧适用。

在第二篇论文中[2],霍奇金森详细介绍了自己的铸铁梁弯曲试验,

---

　①　*On the Transverse Strain and Strength of Materials* 发表于《曼彻斯特文学与哲学学会研究报告与会议论文集》(*Mem. Proc. Manchester Lit. & Phil. Soc.*)第 4 卷,1824 年。

　②　《铁梁强度和最优形式的理论与实验研究》(*Theoretical and Experimental Researches to Ascertain the Strengh and Best Forms of Iron Beams*),曼彻斯特文学与哲学学会,1830 年,第 407～544 页。

并表明：随梁上荷载的增加，中性轴位置将发生变化；另外构件受拉和受压时，铸铁的弹性模量、弹性极限和极限强度取值不同。霍奇金森把这些研究信息引入另一项目中，试图发现材料用量不变条件下那些具有最大承载力的铸铁梁截面形状。其实验表明：上下翼缘尺寸相同的工字梁并非最节约的形状。要想节约成本，受拉翼缘横截面面积就须比受压翼缘大很多倍。

霍奇金森的下一个实用研究内容为梁的水平冲击问题，实验结果亦十分吻合基本理论佔算值。而这个理论的两个前提条件如下：① 梁的冲击弯曲挠曲线和静载作用下的相同；② 冲击后，冲击体将与梁成为一个整体而继续振动，在计算受冲击后两者共同初速度时，只计入 50％ 的横梁质量[①]。

霍奇金森发表了在费尔贝恩工厂里完成的试验结果[②]。图 78 展现出铸铁试件压碎后的不同破坏形态，霍奇金森认为，这些形态具有以下共同特点：在每种工况下，断裂面均呈锥形或楔形，且破裂面的相对滑移角度几乎相同。另外，霍奇金森的论文还给出不等宽翼缘的铸铁梁弯曲试验结果。并指出，当底部与顶部翼缘截面面积比为 6（或 6.5）∶1 时，梁的承载力最大，而该比例非常接近铸铁抗压和抗拉强度比。

1840 年，霍奇金森向英国皇家学会提交了柱的压屈研究报告[③]，旨在证实欧拉的理论计算公式。相关实验方案如图 77 所示，试件类型包括实心或空心圆柱体，杆端分为圆头及平头两种。细长实心压杆的实验数据非常吻合欧拉公式计算结果。换言之，极限荷载正比于 d^4/l^2，其中 d 为杆件直径，l 为杆件长度。另外，霍奇金森还发现：两端平头的压杆与两端圆头但长度仅为前者一半的短压杆，前后强度完全相等。

[①] 霍奇金森对冲击问题的研究发表在 1833—1835 年的《英国科学促进会报告》中。

[②] 该成果发表在 1837—1838 年的《英国科学促进会报告》中。很多研究资料收入他的《铸铁强度与其他性质的实验研究》(*Experimental Researches on the Strengh and Other Properties of Cast Iron*)一书中，伦敦，1846 年。这本书还被译成法语。另见《国立路桥学校年鉴》第 9 卷，第 2～127 页，1855 年。

[③] 详见《英国皇家学会哲学学报》第 2 部分，第 385～456 页，1840 年。

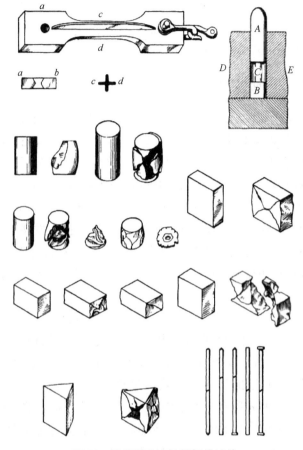

图 78　抗压试验中被压坏的试件

　　霍奇金森意识到：短压杆的实测结果与理论公式偏差很大。对圆头实心圆柱压杆而言，当杆长为 15～121 倍直径时，从实验结果估算出的极限荷载正比于 $d^{3.6}/l^{1.7}$。

　　联系到不列颠尼亚和康威两座箱形桥的设计，霍奇金森与费尔贝恩共同完成了薄壁管件大量重要试验，内容主要涉及弯曲和压屈两种受力状态，该部分将在后面章节中进一步讨论（参见第 37 节）。

　　1841 年，因其在柱强度方面的研究成就，霍奇金森获得皇家学会奖章;同年,再次当选皇家学会院士。1847 年,霍奇金森被聘为伦敦大学学院工程机械原理专业的教授,在职期间,他以皇家委员会成员身份,参与了铁道结构的钢铁材料应用咨询工作。

31. 德国工程院校的发展

拿破仑战争后,德国需要重建经济体系。为振兴工业,他们成立了大量工程院校以满足生产需求。这些学校的创办模式,完全仿照当时的巴黎综合理工学院。德国人相信:工程教育的核心必须围绕数学、物理和化学这些基本学科,工程师应接受相当于其他专业方向所必修的、与大学程度同等的通识教育。新成立的工程学校具备大学学历,目标是培养工程师,让学生不仅能够解决技术问题,还拥有发展工程学科的能力。事实上,德国的上述基本观念均取材于巴黎综合理工学院,当然,这里也有一些显著区别。在法国,工程类院校仅为年轻人提供预科教育,学生随后还须进入某一专业学院,例如法国国立路桥学校、矿业学院或者军事学院继续学习工程专业。而德国学校却必须涵盖完整的学业课程。在前两年的教育过程中,学生只接受科学培训,后两年则必须全身心投入工程分支领域,继续完成该方向再教育。显然,这种新学制更容易控制理论知识传授的广度和深度。

除此之外,两者还有一处重要差别。法国学校培养的工程师主要服务政府,而德国院校始终与私营企业联系紧密,并注重工业生产实践活动。另外,两国在行政措施方面也有天壤之别。巴黎综合理工学院采取军事化管理,德国新型工程院校更具备大学地位。德国院校按照学术原则,拥有自治权,由教授委员会选举产生校长和系主任,允许学生掌握的自由度相当大,可以规划自己的受教育内容并支配相应学习时间。

实践证明:德国的新式工程教育经验非常可取,创立不久便成为推动工业和工程科学发展进步的重要因素。这里教授的社会地位相当高,使得这类工程学校可以吸引许多优秀工程师承担教学及科研活动。

就工程力学而言,德国的学科建设发端于纳维、泊松、彭赛利等法国巨匠之成就。然而不久之后,这些人便开始自己动手,因为他们觉得,巴黎综合理工学院曾经流行的抽象力学概念已经无法满足当下需求。1833—1867 年,开始大量出现更为实用的工程力学图书,下面将会介绍相关论著是如何促进材料力学发展的。

首先把目光焦点放在那些德国知名力学教授的学术活动上。朱利叶斯·魏斯巴赫(Julius Weisbach,1806—1871;图 79)有关机械力学与工程力学方面的多本论著不仅在欧洲,在美国也大受欢迎,且有英文译本①。

图 79　朱利叶斯·魏斯巴赫

1826 年,魏斯巴赫从位于弗赖堡(Freiberg)的著名矿业学校毕业。为巩固基本理论知识,又先后深造于哥廷根大学(两年)和维也纳工业学院(一年)。毕业后,魏斯巴赫放弃了采矿工程师的就业机会,宁愿留在弗赖堡靠担任数学家庭教师维持生计。1833 年,他应邀进入弗赖堡矿业学院,讲授应用数学。从 1836 年开始,直到生命的最后一刻,魏斯巴赫始终在该校担任力学和机械设计专业教授。其主要成就表现在水力学方面,他继承彭赛利的研究方法,并将实验结果与基础理论分析相结合,成功取得了重要且实质性进步。

在力学著作中,魏斯巴赫巧妙论述了材料强度问题。而其在该领域的原创成就是围绕复合应力作用下的机械零件设计展开的②。他以最大应变理论作为机械零件的安全尺寸判断依据,该分析方法由彭赛利首先提出(参见第 21 节),随后又被圣维南所推崇。

魏斯巴赫对工程力学的授课方式很感兴趣。为此,他组建了一个实验室,让学生通过试验来证明静力学、动力学和材料力学的各种原理③。

①　编者是约翰逊(W. R. Johnson),费城,1848 年。
②　《工程杂志》(Zeitschrift für das Ingenieurwesen)第 1 卷,第 252～265 页,1848 年。
③　魏斯巴赫将这些问题发表在《土木工程师杂志》(Der Civilingenieur)第 14 卷,第 339～370 页,1868 年。

他们能够独立完成的实验涉及实心或组合梁的受弯性能、桁架模型、杆轴扭转以及弯扭共同作用下的承载力。这些试件均为木制,尺寸效应明显,便于以较小作用力产生出相当大变形,十分便于测量。学生通过实验方法来学习材料力学,这似乎是历史首创。

在那个年代的德国,费迪南德·雷腾巴赫尔(F. Redtenbacher, 1809—1863;图 80)也是一位大牌教授,主张把科学分析方法引入机械设计。1829 年,雷腾巴赫尔毕业于维也纳工业学院,由于成绩优异,被学院聘为工程力学教员;1833 年,又成为苏黎世工业学校的数学老师①。除教学活动外,雷腾巴赫尔还兼任埃舍尔-怀斯(Escher and Wyss)制造公司设计师,这也让其获得许多机械设计领域的宝贵实践经验。1841 年,卡尔斯鲁厄理工学院②提供给他应用力学和机械设计专业的教授职位(后任校长),此头衔伴随其至生命的最后一刻。雷腾

巴赫尔将自己丰富的力学知识与实践经验相结合,彻底重新组织了机械设计教学内容,并把理论分析融入设计问题解决方案中。雷腾巴赫尔是德国工程教育发展壮大的旗手,很多机械工程师都采用他的讲义及论著③,其设计方法也在业界广为流传。雷腾巴赫尔强调利用材料强度决定机械零件的安全尺寸,其《力学与机械工程原理》《机械工程》两本书④中就有吊钩、板簧、螺簧、椭圆链环的应力分析方法介绍。而在那个年代里,鲜有人知晓这些

图 80 费迪南德·雷腾巴赫尔

① 1855 年,杜福尔将军把这所学校改组成苏黎世联邦理工学院,杜福尔也曾是巴黎综合理工学院的学生。

② 卡尔斯鲁厄理工学院 (Karlsruhe Polytechnical Institute)。

③ 他的《机械工程资料》(*Resultate für den Machinenbau*, 1848)被译成了法语。

④ 译者注:原书分别为 *Prinzipien der Mechanik und des Maschinenbaus*, 1852; *Der Maschinenbau*, 1862—1865。

机械零件的受力分析途径,雷腾巴赫尔应当称作这方面的先驱[1]。

在这位大师离世后,弗朗茨·格拉斯霍夫(F. Grashof,1826—1893;图 81)当选卡尔斯鲁厄理工学院应用力学讲席教授。在柏林工业学院接受工程教育并毕业后,格拉斯霍夫当过两年半的水手,随帆船远游印度、澳大利亚和非洲[2]。1851 年回国后,便开始从事教育工作。1854 年,在位于柏林的商学院(Gewerbeinstitut)讲解应用数学。1856 年,格拉斯霍夫协助创办了德国工程师协会(Verein deutacher Ingenieure),担任该协会期刊编辑,并在这份刊物上发表过很多应用力学论述,令其名声大振,于是被卡尔斯鲁厄理工学院聘用,接替雷腾巴赫尔的岗位,继续负责工程力学不同专业方向的教学活动。

图 81　弗朗茨·格拉斯霍夫

格拉斯霍夫对材料力学非常着迷,1866 年出版了《弹性和强度理论》[3]。该书对材料力学基本知识没有浅尝辄止,而是引入弹性理论基本方程,并将其用到分析棱柱杆件的弯曲和扭转理论以及板的受力问题上。在讨论杆件弯曲时,格拉斯霍夫发现一些圣维南未曾研究过的截面形状的理论解法,而后者正是棱柱杆严格弯曲理论的鼻祖(参见第 51 节)。在给出机械零件设计公式的过程中,格拉斯霍夫采用最大应变理论作为强度计算准则,并将魏斯巴赫的研究成果拓展到组合应力上[4]。偶尔,在遇到特殊问题时,他还脑洞大开,提出自己独到的见

① 雷腾巴赫尔先生的解决方法被引用于孔塔曼(V. Contamin)的《应用力学教程》(*Cours de Résistance Appliquée*)一书中,巴黎,1878 年。

② 详见温特斯基(Wentzcke)的《弗朗茨·格拉斯霍夫,一位杰出的德国工程师》(*Franz Grashof, ein Führer der deutschen Ingenieure*)。另见普兰克(R. Plank)的文章,《德国工程杂志》(*Z. Ver. deut. Ing.*)第 70 卷,第 933 页,1926 年。

③ 译者注:原书名 *Theorie der Elasticität und Festigkeit*。

④ 详见《德国工程杂志》第 3 卷,第 183~195 页,1859 年。

解,从而发现一些新结果。例如,当处理铰接杆件受弯问题时,他留意到:如果杆件两端同为不动铰,那么就会产生纵向拉力,格拉斯霍夫还提出了该拉应力的计算方法,结果表明:长细杆弯曲时,这个纵向拉力变得非常重要,对挠度和应力的影响不可忽略。

研究受内压的圆柱壳问题时,格拉斯霍夫不仅采用拉梅的公式,还讨论过壳体边缘与端板刚性连接时所产生的局部弯曲应力。在分析过程中,他用两个径向截面从壳体上切下纵向条带,再用微分方程推导该条带的挠度①,得到若干条件下承受对称荷载的圆板全解。另外,格拉斯霍夫还考虑过均布荷载作用下的矩形板,提出了几种工况的近似解。

在表现研究成果时,格拉斯霍夫倾向于解析方法,很少采用图解形式。他通常从某个问题的最一般情况入手,得出通解后,再将简化形式引入其他特殊情况。由于这种表达方式令人阅读困难,所以他的著作无法受到工程实践者青睐,甚至对于大多数工程学院的学生而言,也有些晦涩难懂。当然,一些出类拔萃的学生能够从中汲取营养,学习到非常完整的材料力学理论知识。时至今日,格拉斯霍夫的著作也未曾褪色,因为这是用弹性理论展现材料力学工程应用的第一次尝试。

费尔贝恩曾经对承受均匀外部压力的圆管进行抗挤实验(参见第30节),格拉斯霍夫对此也颇感兴趣,并就超长薄壁圆管压屈问题进行了非常有价值的理论研究②。他首先假定:压曲时,起初为圆形的管截面将会变成椭圆形。在此基础之上,格拉斯霍夫计算出的压强临界值公式为 $p_{cr} = 2Eh^3/d^3$,其中 h 为管壁厚,d 为管径。上述分析过程中,格拉斯霍夫只考虑了构成圆管的一个环单元受力,而没有涉及两个相邻环单元之间的相互作用力,也就解释了以上公式里出现的是弹性模量 E 而非 $E/(1-\mu^2)$ 的原因。

----

① 圆筒端部及加强环的局部弯曲问题大概是由赫尔曼·舍夫勒(Hermann Scheffler)首先研究的,详见《铁路技术进展》(*Organ für die Fortschritte des Eisenbahnwesens*),1859年。另见文克尔的文章,《土木工程》(*Civiling*)第6卷,1860年。

② 详见格拉斯霍夫的论文,《德国工程杂志》第3卷,第234页,1859年。

　　19 世纪中叶的 30 多年里,德国在结构材料力学性能实验研究方面有着长足的进步。维也纳工业学院的冯·布尔格进行了钢板强度测试[1];在汉诺威理工学院(现称汉诺威大学),卡马什研究过不同直径的金属线材力学特性[2]。另外,吕德斯(W. Lüders)通过实验发现:受弯低碳钢表面会出现正交曲线网纹,而当材料在其他情况下遭受大应变时,也会发生类似现象。他指出,如以稀硝酸溶液蚀刻这些试件,其表面的曲线网纹将会更明显[3]。

　　在 1852 年的纽伦堡,路德维希·韦尔德(Ludwig Werder,1808—1885)建造了一台 100 000 kg 量程的试验机,用以校核保利(W. Pauli)设计的桥梁拉杆。该设备十分精确,适用于大型结构构件检测工作。从那时起,欧洲各国的许多实验室都陆续仿制出同样的试验机。毫不夸张地说,19 世纪后半叶,材料力学的大部分研究成就都是通过韦尔德试验机实现的。

32. 圣维南对梁弯曲理论的贡献

　　圣维南的主要成就体现在弹性体的数学理论方面,这要留待将来讨论。实际上,其对初等材料力学,特别是杆件弯曲理论也有重要建树[4],是首位验证弯曲问题基本假定精确性之人。这里所谓的基本假定是指:① 变形时,梁的横截面仍保持为平面状态;② 梁的纵向纤维不会在弯曲时相互挤压,而仅处于简单拉伸或者简单压缩状态。圣维南指出,只有当梁端承受两个大小相等且方向相反的力偶作用而产生均匀弯曲时,上述两条假定才能严格成立。如图 82a 所示,考虑一根矩形截

---

　　① 冯·布尔格(A.K.von Burg),详见《瑞士维也纳科学院数学与自然科学学报》(*Sitz. Akad. Wiss. Wien. Math-Naturer. Klasse*)第 35 卷,第 452～474 页,1859 年。
　　② 卡马什(K. Karmarsch),《理工学报》(*Polytech. Zentr.*),1859 年,莱比锡。
　　③《丁格尔理工学报》(*Dinglers Polytech. J.*),斯图加特,1860 年。
　　④ 圣维南有关材料力学初等理论的很多成果,都被收入由他注释、纳维原著《国立路桥学校应用力学课程总结》一书的第 3 版,巴黎,1864 年。另见圣维南的油印版教程《圣维南先生之应用力学临时基础讲义》(*Leçons de mécanique appliquée faites par intérim par M. de St.-Venant*),1837—1838 年。

面纯弯梁,圣维南表明:梁的纤维长度改变及相应横向变形不仅满足以上假设,还满足变形连续条件。他提到,初始矩形截面之所以能够变成

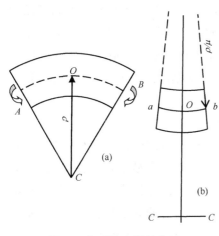

图 82   矩形纯弯梁的变形

图 82b 所示形状,正是源于凸侧纤维横向伸长与凹侧纤维横向收缩,原本呈直线的 ab 出现略微弯曲变形,相应曲率半径可表示为 ρ/μ,其中 μ 是泊松比,ρ 为杆件弯曲后的轴线曲率半径。因为该横向变形,中性层纤维 a、b 到杆件上下表面之距离将发生细微变化,上下表面被弯折成互反曲面。这是历史上有人首次提及杆件弯曲时横截面形状将发生畸变[1]。

以自由端加载的悬臂梁为例(图 83),圣维南表明:剪应力将会分别作用于相邻的横截面 ab、a_1b_1 上。鉴于出现如此应力,该截面受弯后不再保持为原本的平面形状,会出现如图 83 所示翘曲现象。然而,对任意两个横截面而言,这种翘曲变形都是相同的,杆件纤维长度不会因此产生改变,所以,根据受弯构件横截面保持平面状态这个基本假定,弯曲应力计算结果不受影响。

虽然,纳维在书中始终假定中性轴垂直于弯曲力所作用的平面,而佩西[2]则首先指出:如图 84 所示,仅当弯曲力作用平面 xy 与沿惯性主轴之一的梁横截面相交时,上述假定才合理。也只有这样,对 y 轴大小等于 $E/\rho \int_{\Omega} zy\mathrm{d}\omega$ 的内力矩才将为零,而该力相对于 z 轴的力矩方向平衡外力矩。另外,圣维南还说明:当弯曲力作用平面不通过截面主轴时,

① 科尔尼(Cornu)提出了一种泊松比的光学测定方法,其利用互反曲面的两个主曲率之比,详见《法国科学院通报》第 64 卷,第 333 页,1869 年。

② 佩西(Persy)。纳维的《国立路桥学校应用力学课程总结》第 3 版,第 53 页。

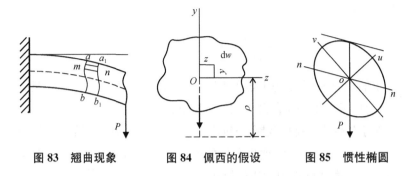

图 83　翘曲现象　　　图 84　佩西的假设　　　图 85　惯性椭圆

如何确定中和轴的方向。对于如图 85 所示梁横截面惯性椭圆,设其主轴分别为 ou 和 ov,而 oP 表示外力所在平面,圣维南认为,中性轴 nn 平行于椭圆和 oP 面交点的切线。

　　圣维南还提出过一种计算悬臂梁挠度的简化方法[1],其无须对合适的微分方程进行积分运算,现被称为"弯矩面积法"(area-moment method)。如图 86 所示,与挠度曲线上微元 mm_1 曲率对应的挠度 nn_1 可写成

$$\frac{\overline{mm_1}}{\rho}\,\overline{mn} \approx \frac{\mathrm{d}x}{\rho}(l-x)$$

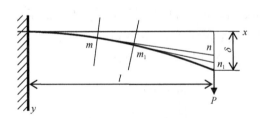

图 86　圣维南计算挠度的方法

注意到任意横截面上的曲率均有

$$\frac{M}{EI} = \frac{P(l-x)}{EI}$$

---

① 纳维的《国立路桥学校应用力学课程总结》第 3 版,第 72 页。

圣维南便得出如下挠度表达式：

$$\delta = \frac{P}{EI} \int_0^l (l-x)^2 \, \mathrm{d}x = \frac{Pl^3}{EI}$$

上式中的积分项可以利用表示弯矩图的三角形静矩来计算。按照类似方法，他还求出了均布荷载作用下的挠度。

对于悬臂梁大挠度问题，圣维南认为，不能继续使用近似值 $\mathrm{d}^2y/\mathrm{d}x^2$ 来代替曲率 $1/\rho$。为此，他将方程的解表达成级数展开式，从而能够计算出具有任意精度期望的挠度值 δ[①]。

鉴于上述结果均在胡克定律仍然有效的条件下得出，于是圣维南便列举出一种材料性质不服从胡克定理的梁来进行研究[②]。他假定，此梁在弯曲时截面仍保持为平面，但应力与应变不再呈线性关系，取而代之的是如下方程：

$$\left. \begin{array}{l} \text{受拉时}, \sigma = A\left[1 - \left(1 - \dfrac{y}{a}\right)^m\right] \\ \text{受压时}, \sigma_1 = B\left[1 - \left(1 - \dfrac{y}{a_1}\right)^{m_1}\right] \end{array} \right\} \tag{a}$$

式中，A、B、a、a_1、m、m_1 均为常数，而 y 为截面某点至中性轴距离的绝对值。对于截面尺寸为 $b \times h$ 的矩形梁来说，令中性轴到截面上下最外层纤维的距离分别为 y_1、y_2，则有

$$\left. \begin{array}{l} y_1 + y_2 = h \\ \displaystyle\int_0^{y_1} \sigma \, \mathrm{d}y = \int_0^{y_2} \sigma_1 \, \mathrm{d}y \end{array} \right\} \tag{b}$$

利用以上两式可知中性轴位置，然后，便能够根据式（a）计算内力矩。

圣维南研究 $y_1 = a$，即 $A = \sigma_{\max}$ 这种特定情况，进而假设：由式（a）代表的两条曲线在 $y = 0$ 处有一条公切线，所以，当应力较小时，材料的

① 纳维的《国立路桥学校应用力学课程总结》第 3 版，第 73 页。
② 纳维的《国立路桥学校应用力学课程总结》第 3 版，第 175 页。

抗拉模量等于抗压模量。

除此之外,圣维南还意识到:当式(a)所定义的两根曲线完全相同,也就是说 $m = m_1$、$a = a_1$、$A = B$,内力矩便能够根据公式 $M = abh^2\sigma_{max}/6$ 计算。其中,系数 α 应根据 m 的大小确定,α、m 之间的关系见下表:

m	1	2	3	4	5	6	7	8
α	1	5/4	27/20	7/5	10/7	81/56	35/24	22/15=1.467

从表中可知,当增大 m 时,α 也将随之增加;同时,如果拉、压应力均匀分布,该值接近于 1.5。

当 $m_1 = 1$ 时,材料将服从受压条件下的胡克定律。对于不同的 m 值,相应的应力分布如图 87 所示。而下表给出确定中性轴位置的参数 y_1/y_2、最大压应力与最大拉应力的比值,以及公式 $M = \alpha\sigma_{max}bh^2/6$ 中的系数 α 值:

m	1	2	3	4	5	6	7	∞
$\lvert\sigma_{min}\rvert/\sigma_{max}$	1	1.633	2.121	2.530	2.887	3.207	3.500	∞
$y_1 : y_2$	1	1.225	1.414	1.581	1.732	1.871	2.000	∞
α	1	1.418	1.654	1.810	1.922	2.007	2.074	3

当 $m = 6$ 时,则大约有 $M = \sigma_{max}bh^2/3$,这与马里沃特的理论一致(参见第 5 节),并与霍奇金森从矩形铸铁梁实验中得出的极限弯矩 M_{ult} 值吻合。当 $m = \infty$ 时,上述结论便与伽利略的理论相同。换言之,拉应力均匀分布在整个截面上,压应力却变成一个与梁凹面相切的合力。如此不遵循胡克定律的矩形梁弯曲分析方法,可以用来求解非矩形截面梁的极限弯矩。例如,当矩形铸铁梁实验表明,通过取 $m = 6$、$m_1 = 1$ 能够估计到极限弯矩 M_{ult} 的精确值,那么,便可以利用这些值计

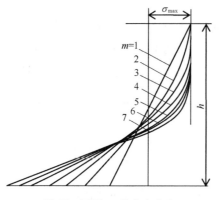

图 87　不同 m 的应力分布　　　图 88　橡胶杆的局部变形

算其他截面形状之极限弯矩,过程与矩形梁的方式类似。

　　在纯弯梁基本理论中(参见图 82),圣维南形成如今冠以其名字的原理。他指出:仅当作用于端部的外力在该处与跨中截面分布方式相同时,上述应力分布(图 87)才能精确符合理论解。然而又进一步强调[1]:如果作用力的合力及合力偶始终保持不变,那么对于任何端部力的其他分布形式,其所得到的解仍然具备足够精度。圣维南提到了一些他亲自参与过的橡胶杆件实验,并说明这些反映出的事实:当一组自平衡力系分布在棱柱体表面某一小部分,只有这些力的局部区域会产生明显变形。图 88 便是圣维南的实验简图之一,在橡胶杆上施加两个大小相等方向相反的力,将只会在端部出现局部变形,其余则不受影响。圣维南原理是工程师进行结构应力分析的法宝,后面在提到其有关棱柱杆件扭转和弯曲问题时(参见第 51 节),将会进一步就相关概念展开讨论。

　　圣维南这位法国弹性力学专家涉猎广泛,研究过曲杆的弯曲现象,对纳维式(参见第 18 节)进行过另两项补充,分别考虑了杆件轴向拉伸变形和剪切变形。例如,悬挂于铅垂面上的圆环在重力作用下的变形

---

　　[1]　纳维的《国立路桥学校应用力学课程总结》第 3 版,第 40 页。

问题,以及垂直于水平面上的圆环顶端加载情况。

　　在描述具有双曲率的杆件变形问题时,圣维南认为:只确定杆件中心线形状是不够的,因为当中线位置保持不变时,杆件仍然能够产生变形和应力。为此,他设想:有一根带有双曲率的圆形弹性金属丝,放置在一个形状相同的槽内,且其横截面与金属丝一致,于是,这条金属丝便能够在槽内转动。鉴于转动之故,较长的纤维会缩短、较短的纤维会伸长,尽管其中线形状依旧保持不变。由此可见,金属丝弯曲应力和扭转应力不能完全根据中线的变形控制,应考虑横截面相对于金属丝中线的转角。圣维南并没有将自己的注意力完全集中在对该问题的泛泛讨论上,而是将理论用到一些特定问题中。如图 89 所示,一个具有圆形中轴线的构件,当其承受垂直于该轴线所在平面的集中力时,构件将发生变形并产生内力,圣维南按照上述理论给出了这个问题的答案。另外,对于一根螺旋弹簧,当给弹簧两端施加沿螺线方向的作用力时,弹簧将会伸长,圣维南也推导出相应的理论方程[①]。

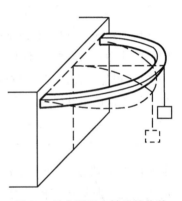

图89　具有圆形中轴线的构件

　　在必须确定结构构件容许应力时,圣维南始终假定:分子间的距离会因受力变形而增加,当超过特定值时,材料就将达到弹性极限状态。因此,在计算结构构件安全尺寸时,他会按照最大应变准则来推导相关公式。例如,对于一根弯扭复合受力条件下的杆轴,圣维南建立了一个求解最大应变的公式,刚一出现,便成为工程师的热门使用工具。

　　圣维南首次证明了纯剪状态是由一对大小相等、方向垂直的拉力和压力共同作用产生的。他断言:当泊松比取 0.25 时,剪切工作应力

---

　　① 这些成果写入圣维南的早期研究报告中,并被整理重印成《固体抗力之研究报告以及双曲率构件受弯的两点说明》(*Mémoires sur la Résistance des Solides suivis de deux notes sur la flexion des pièces à double courbure*),巴黎,1844 年。

必等于 0.8 倍的单向拉伸工作应力。

33. 儒拉夫斯基(1821—1891)的梁截面剪应力分析

库仑认为应注意悬臂梁内存在剪应力,并暗示这些应力只在短梁条件下才重要。在《自然哲学讲义》中,托马斯·杨指出[1],抗剪能力是刚体和液体的区别。维卡(参见第 19 节)也在许多案例中提及抗剪能力异常重要,梁弯曲理论中没有考虑该应力是一个重大瑕疵,必须给予批评。诚然,在其著作第一版(1826)里,纳维亦未能涉及此方面内容,但第二版(1833)却专门有一节提及短梁受弯问题。其中,对于分布在悬臂梁固定端上的剪应力,他给出了平均值,并提到一种将剪应力与纵向弯曲应力综合求解的不正确方法。在圣维南的大作《论棱柱的弯曲》一文里,虽然已经提到过梁截面剪应力问题的精确解[2],然而却仅包含少数简单截面形状。对于更为复杂的情况,直至今日,工程师依旧要使用儒拉夫斯基(D. J. Jourawski)[3]提出的近似基本解。

1842 年,儒拉夫斯基毕业于俄罗斯圣彼得堡国立交通大学。虽然前面已经提到过,该校是由法国工程师组织兴建的(参见第 28 节),然而当儒拉夫斯基在该校学习时(1838—1842),这里已经没有法国教授的身影,教学活动完全由俄国人掌握。讲数学的奥斯特罗格拉茨基既是有名望的数学家[4],又是优秀的教授,在课堂上常常超越教学大纲,海

---

[1] 详见《自然哲学讲义》(*Lectures of Natural Philosophy*)第 1 卷,第 135 页。

[2] 详见《刘维尔数学杂志》,1856 年。译者注:论文标题为 *Mémoire sur la flexion des prismes*。

[3] 在设计圣彼得堡-莫斯科铁路木桥过程中,儒拉夫斯基发展出了矩形梁剪应力理论(1844—1850)。该理论连同有关豪式(Howe's system)桥梁设计的其他研究成果,于 1854 年一并提交至俄罗斯科学院(参见第 42 节),由于这项成果,他获得了俄罗斯科学院的德米多夫奖(Demidoff prize)。

[4] M. V. 奥斯特罗格拉茨基出生于波尔塔瓦(Poltawa)附近的乡村,毕业于哈尔科夫(Charkov)大学,后到巴黎深造,成为柯西、泊松和傅里叶的高徒。他在变分学方面成绩斐然,在托德亨特的《变分学历史》(*History of the Calculus of Variations*)中,有一整章专门谈到奥斯特罗格拉茨基的成就。另外,他也致力于弹性理论研究,在托德亨特和皮尔森合著的《弹性理论与材料力学史》第 1 卷里,也提及他对弹性波动问题的研究成果。

阔天空地漫谈,这无疑令儒拉夫斯基有机会获得良好的数学训练。另外,他还在库普费尔(参见第 47 节)指导下学习了一些材料的力学性能相关知识。

毕业之后,儒拉夫斯基的职业生涯与俄国铁道建设密切联系在一起。这个国家的第一条铁路建成于 1838 年,由两条短途线路构成:圣彼得堡至普希金市,以及圣彼得堡到彼得霍夫。1842 年,俄罗斯人开始兴建从圣彼得堡到莫斯科的铁路,初出茅庐的儒拉夫斯基便被分配到这个重大工程项目上,而他的才干也很快得到认可。1844 年,他负责设计并建造了该线路上最为关键的构筑物——横跨维尔比亚(Werebia)河的大桥,这座 180 ft 长的 9 跨桥距水面高度为 170 ft。在施工过程中,儒拉夫斯基经常需要采用截面高度很大的木梁以及木制组合梁。他正确意识到:由于这种材料顺纹抗剪强度异常低,因此,梁内剪应力尤其重要,绝对不能小觑。然而在当时的文献资料里,却找不到任何关于梁内剪应力计算的蛛丝马迹,于是,儒拉夫斯基就只好自力更生来解决这块烫手山芋。

为此,儒拉夫斯基首先研究矩形截面悬臂梁自由端加载的简单情况。如图 90 所示,取中性面为 OO,则分布于嵌固端 mn 截面上的法向应力将有可能在 OO 面上产生剪力,此剪力 T 的大小为

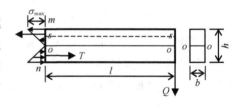

图 90　截面上的剪应力

$$T = \frac{\sigma_{\max} bh}{4} = \frac{3Ql}{2h}$$

并且,均匀分布在中性面 OO 上的相应剪应力 $\tau = T/(lb) = 3Q/(2bh)$。同理可得作用在与 OO 面平行的任意面 SS 上的剪应力。另外,儒拉夫斯基表明:当悬臂梁上作用有均布荷载时,截面内的剪应力便不再沿中性面均匀分布,将会随着到自由端距离的增加而变大。

儒拉夫斯基继续利用上述实体梁的剪力计算方法求解如图 91 所示组合木梁,并找到计算组合梁连接销键受力问题的途径。进而强调,

如果已知销键和组合梁的材料力学性能,就可以得到销键所必需的尺寸。接下来,这位俄国工程师又采用该法分析过铁制组合梁,提出了根据铆钉容许剪应力来确定合理间距的办法。儒拉夫斯基还研究过如图 92 所示箱形截面梁,并基于此讨论了康威及不列颠尼亚箱形桥中的铆钉分布情况(参见第 37 节)。他认为,当物体从桥两端向跨中移动时,作用在箱形截面上的横向力会慢慢减小,所以,加大跨中铆钉间距并不会损害箱形截面强度,如果承认该事实,就可以大大减少以上两桥的铆钉数量。

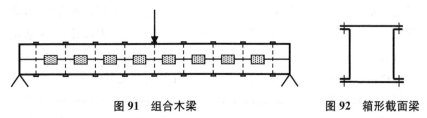

图 91　组合木梁　　　　　　　　　　　图 92　箱形截面梁

　　儒拉夫斯基关于梁内剪应力分析的论述已经被译成法文[1]。圣维南高度推崇其剪力近似计算方法,在纳维著作第三版第 390 页的注释里,圣维南将此法用于高度远大于宽度的矩形梁。另外,此方法还被纳入很多材料力学教科书[2],以至于工程师广泛采用这种方法。事实证明,它对研究薄壁构件特别有用,而该结构的特点恰恰就是剪应力突出且严格解无人知晓。

34. 连续梁

　　历史上首次试图攻克超静定连续梁问题的人是纳维[3]。在《国立路

　　① 详见《国立路桥学校年鉴》第 12 卷,第 328 页,1856 年。
　　② 例如,贝朗热(Belanger)的《固体的强度与平面弯曲理论》(*Théorie de la Résistance et de la Flexion plane des solides*),巴黎,1858 年;第 2 版,1862 年。布雷斯的《应用力学教程》(*Cours de Mécanique Appliquée*)第 2 版,第 1 部分,第 209 页,巴黎,1866 年;科利尼翁(E. Collignon)的《应用结构力学教程》(*Cours de Mécanique Appliquée aux Constructions*)第 2 版,第 198 页,巴黎,1877 年。
　　③ 详见《巴黎数学爱好者学会通报》,巴黎,1825 年。

桥学校应用力学课程总结》一书中,他研究过一根具有三个支座的梁,并取其中一个支座反力作为静不定未知量。然而,当支座数量大于三个时,作为未知量的反力选择就不方便了。这是由于此时将会得到与中间支座数目同样多的方程式,且每个方程式均包含所有未知量。可以想象,这样的方程组求解起来异常困难。当然,如果连续梁的每跨跨长相同,且整个长度上只有均布荷载,或每跨跨中都承载大小相等的集中力,那么这类特殊问题是能够被简化处理的。而且由于三个相邻反力间存在线性关系,因此利用此条件,便能毫无困难地计算任意跨数的连续梁反力[①]。

克拉佩龙对连续梁分析方法的进步做出贡献。他写出一个表达式,用于计算支座处挠曲线的切线与变形前梁水平轴线之间的夹角。对于跨度为 l 且承受均布荷载的简支梁,当两端分别作用有力矩 M、M' 时,这些角度为

$$\left.\begin{aligned}
\alpha &= \frac{ql^3}{24EI} + \frac{1}{6EI}(2M + M') \\
\alpha' &= -\frac{ql^3}{24EI} - \frac{1}{6EI}(M + 2M')
\end{aligned}\right\} \tag{a}$$

对于 n 跨连续梁而言,克拉佩龙写出了 $2n$ 个此类方程,在这些方程中,将包含 $4n$ 个未知量 (α, α', M, M')。现注意到,每个中间支座的相邻两跨均有一条公切线和同样的弯矩值,于是,他又能够得到 $2n-2$ 个补充方程。克拉佩龙发现:如假设梁两端的弯矩等于零,那么方程个数就恰好等于未知量个数,则所有未知量迎刃而解。上述分析方法是在 1849 年重建巴黎附近阿涅尔(d'Asnières)大桥时提出的,当克拉佩龙写成论文并于 1857 年提交给科学院时[②],这种方法已经使用过许多年,一

---

① 这种方法是雷布汉(G. Rebhann)提出的。详见雷布汉的《钢木结构理论》(*Theorie der Holz und Eisen-Constructionen*),维也纳,1856 年。在这本书中,人们第一次发现了弯矩图,并且将其用于简支梁和连续梁计算中。

② 参见《法国科学院通报》第 45 卷,第 1076 页。

些早期结构理论图书亦曾提及[1]。

虽然,贝尔托(Bertot)首先发表了如今普遍形式的"三弯矩方程"[2],但显而易见,这位工程师仅是将克拉佩龙的式(a)变成三弯矩方程那种相对简单的形式。因此,正如布雷斯教授所言:"在我看来,克拉佩龙才是此发现的第一人,因为这正是他的主要创意。"[3]由此可知,就算三弯矩方程最早出现在贝尔托的论文里,但通常人们仍将其称为克拉佩龙方程。或许这就是可谓的实至名归,在该成果中,前者参照后者的概念,却并未推导出相应理论,只是给出此类方程组的解法。对于跨数为 $n-1$ 的两端简支连续梁,有 $M_0 = M_n = 0$,故当集度为 w 的均布荷载作用在每一跨时,贝尔托得到的方程组为

$$
\left.
\begin{aligned}
2(l_1 + l_2)M_1 + l_2 M_2 &= \frac{1}{4}(w_1 l_1^3 + w_2 l_2^3) \\
l_2 M_1 + 2(l_2 + l_3)M_2 + l_3 M_3 &= \frac{1}{4}(w_2 l_2^3 + w_3 l_3^3) \\
& \cdots\cdots
\end{aligned}
\right\}
\quad \text{(b)}
$$

计算流程如下:先取 M_1 等于某值 a_1,由式(b)第一式算出 M_2 值,再将其代入第二式,得出 M_3,依此类推,从最后一个方程式求出最后一个弯矩 M_n 的某个值 b_1。如果 a_1 是 M_1 的正确答案,则 M_n 必等于零;否则,再取 M_1 等于其他值如 a_2,重新进行以上过程,并得出 M_n 的另一个值 b_2。鉴于 a、b 间存在线性关系,并且我们已经找到相应于 a_1、a_2 的 b_1、b_2,故而便可给出 $b=0$ 时所对应的 a,该值即为 M_1 的正解。然后,就能够很容易求出剩下的弯矩大小。上述便是贝尔托的三弯矩方程组

---

① 例如,这些方程式出现于莫利诺斯(L. Molinos)和普罗尼耶(C. Pronnier)的《钢结构桥梁理论与实践》(*Traité théorique et pratique de la construction des ponts métalliques*)一书中,巴黎,1857 年。另见莱斯利(F. Laisle)和舒布勒尔(A. Schübler)的《桥梁结构》(*Der Bau der Brückentrager*),斯图加特,1857 年。

② 三弯矩方程(three moments equation),参见《法国土木工程师协会学报》(*Mém. Soc. Ing. civils. France*)第 8 卷,第 278 页,1855 年。

③ 参见《国立路桥学校年鉴》第 20 卷,第 405 页,1860 年。

求解方法。

　　如前所述,克拉佩龙在其论文中亦给出与贝尔托同样形式的三弯矩方程,却并未参考过后者之成果。克拉佩龙曾经在文章中描述了自己的方程组解法,并在结尾提到一些不列颠尼亚箱形桥的相关信息,价值斐然,让我们了解到该桥的结构形式正是具有五个支座的连续梁。另外,这位学者还列举出由莫利诺斯、普罗尼耶计算的以下最大应力(单位:lb/in^2)数据:① 第一跨跨中 4 270;② 第一墩台 12 800;③ 第二跨跨中 7 820;④ 桥中央墩台 12 200。据此,克拉佩龙的结论如下:"这项宏伟工程在钢板厚度分布上有所欠缺,因为其支座处显得相对薄弱"[1]。可以在以后章节(参见第 37 节)中看到,当选择不列颠尼亚大桥横截面尺寸时,设计人员依据简支模型实验数据;而在抵抗与跨中弯矩相平衡的支座弯矩时,工程师则采用了其他特殊构造方法。

　　克拉佩龙与贝尔托所研究的连续梁,其共同特点是支座处于同一标高。如果不满足此条件,就会在支座处产生附加弯矩,相关成果由三位德国工程师克普克[2]、舍夫勒[3]及格拉斯霍夫[4]共同研究获得。奥托·莫尔首先在论文中讨论过一种带补充项的三弯矩方程[5],其正是为了考虑支座垂直位置的影响。而有关连续梁的后续理论研究内容要归功于布雷斯和文克尔,将在接下来的两节里展开讨论。

35. 雅克·安托万·夏尔·布雷斯(1822—1883)

　　雅克·安托万·夏尔·布雷斯(Jacques Antoine Charles Bresse),

　　① 原文为 Cemagnifique ouvrage laisse done quelque chose à désirer en ce qui concerne la distribution des épaisseurs de la tôle, qui paraissent relativement trop faibles sur les points d'appui。

　　② 克普克(Köpcke),《汉诺威建筑师与工程师杂志》(Z. Architek. u. Ing. Ver. Hannover),1856 年。

　　③ 舍夫勒,《穹隆、护墙与铁桥理论》(Theorie der Gewolbe, Futtermauern und eisernen Brücken),不伦瑞克(Brunswick),德国,1857 年。

　　④ 《德国工程杂志》,1859 年。

　　⑤ 奥托·莫尔(Otto Mohr, 1835—1918)。《汉诺威建筑师与工程师杂志》,1860 年。

出生于法国伊泽尔(Isère)省的维也纳。1843 年,毕业于巴黎综合理工学院,之后便迈入法国国立路桥学校接受工程专业再教育。当再次返回路桥学校时,已经成为应用力学专业的教员(1848)。另外,他还长期担任贝朗热教授的助理,并于 1853 年继任后者的教授职位。此后,便一直在法国国立路桥学校讲授应用力学。布雷斯在材料力学和结构理论方面享有良好的声誉。1854 年出版过《曲杆弯曲与抗力的解析研究》[①],其中涉及这类杆件受力及其结构理论应用问题的讨论;1859 年,他的材料力学和水力学教程头两卷与读者见面;1865 年出版的第三卷是对连续梁的全面研究成果。1874 年,法国科学院为其颁发彭赛利奖,以表彰这位学者在应用力学方面的卓越成果。1880 年,布雷斯当选法国科学院院士。

就工程科学而言,布雷斯的主要成就体现在曲杆理论及其在拱设计中的应用。在其著作的第一章中,他讨论了棱柱杆件偏心受压问题。而在此之前,托马斯·杨已经研究过对称平面内的矩形杆件受力这种特殊情况(参见第 22 节)。如今,布雷斯则将面对这类问题的一般形式。为此,他引入杆件截面"惯性中心椭圆"的概念(central ellipse of inertia,图 93),这样一来,便能迅速确定任意荷载位置作用下的杆件中性轴方向。如图 93 所示,当力的作用点 O 沿 Cm 移动时,中性轴就会始终与 n 点处的椭圆切线 pq 保持平行,其中,n 为椭圆与直线 Cm 的交点。如果 O 点离开形心,中性轴就将靠近形心 C,而当 OC 距离无穷大,即杆件处于纯弯状态,则中性轴通过 C 点。假设(a,b)为 O 点坐标,则中性轴方程为

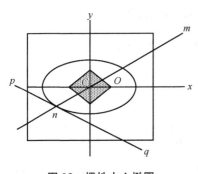

图 93　惯性中心椭圆

---

① 译者注:《曲杆弯曲与抗力的解析研究》(*Recherches analytiques sur la flexion et la résistance des pièces courbés*)。

$$\frac{ax}{r_y^2} + \frac{by}{r_x^2} + 1 = 0 \qquad (a)$$

式中，r_x、r_y 分别代表截面对主轴 x、y 的回转半径。利用该方程，便能确定截面上的一块特殊区域：当中性轴不与杆件横截面相交时，为保证全截面应力同号，即全截面受拉或受压，外力作用点 O 就必须置留于这块特殊区域内。以此方式，布雷斯提出了"截面核心"概念[①]。

当研究曲杆在曲率平面内变形时，布雷斯不仅考虑到以前曾由纳维研究过的曲率变化（参见第 18 节），还计入杆件轴线的伸长。为厘清其计算曲杆变形的方法，这里假设 a 点为嵌固端（图 94），并用 M、N 分别表示杆件任意截面的弯矩和轴向拉力，于是，长度 $\mathrm{d}s$ 的微元 mn 伸长量等于 $N\mathrm{d}s/EI$，而截面 n 相对于 m 的转角为 $M\mathrm{d}s/EI$。鉴于该角度，杆件轴线上任意点 C 变形后的微小弧长 $\overline{cc_1}$ 便是 $\overline{nc} \cdot M\mathrm{d}s/EI$。如果注意到微三角形 cc_1d 与 cen 相似，就会发现：由于杆件轴线上微元 mn 曲线形状变化，导致 c 点的水平位移

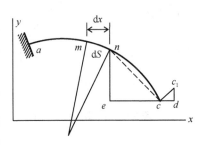

图 94　考虑轴向变形的曲杆

$$\overline{cd} = \overline{cc_1} \frac{\overline{cd}}{\overline{cc_1}} = \overline{cc_1} \frac{\overline{ne}}{\overline{nc}} = \frac{M\mathrm{d}s \cdot \overline{ne}}{EI} = \frac{M\mathrm{d}s}{EI}(y_n - y_c) \qquad (b)$$

同理，当微元 mn 伸长时，c 点亦将出现水平位移，其大小等于 $N\mathrm{d}x/EA$。为了找到该点总水平位移 u，仅需从 a 点开始，到 c 点结束，将杆件轴线上各微元的变形结果相加在一起，于是便有

$$u = \int_a^c \frac{N\mathrm{d}x}{EA} + \int_a^c \frac{M\mathrm{d}s}{EI}(y - y_c) \qquad (c)$$

---

① 截面核心（core of the cross section）。在《弹性理论与材料力学史》一书中，托德亨特提到他藏有国立路桥学校（1842—1843）的油印讲义，其中包括偏心受压问题的讨论稿，与布雷斯的非常相似。托德亨特认为，这些内容出自布雷斯的手笔。然而，当时的布雷斯还只是巴黎综合理工学院的学生，因此不可能是这些讲义的作者。

类似地,还能写出沿 y 轴方向上的位移 v 为

$$v = \int_a^c \frac{N \mathrm{d}y}{EA} + \int_a^c \frac{M \mathrm{d}s}{EI}(x - x_c) \tag{d}$$

对于截面 c 的转角 α,则有

$$\alpha = \int_a^c \frac{M \mathrm{d}s}{EI} \tag{e}$$

当作用在杆件上的外力为已知条件,那么,杆件任意截面 c 的位移分量 u, v 和转角 α 均可用式(c)～式(e)求出。

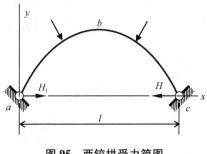

图 95　两铰拱受力简图

　　以上方程可以用来解决超静定问题。例如,对于如图 95 所示两铰拱 abc,取水平反力 H 为静不定未知量,然后再根据 c 点的水平位移必然为零这个约束条件,利用式(c)[1]即可求出 H 的大小。为此,首先注意到

$$N = N_1 - H \frac{\mathrm{d}x}{\mathrm{d}s}, \quad M = M_1 - Hy$$

于是,根据式(c)可得

$$\int_a^c \frac{N_1 \mathrm{d}x}{EA} - H \int_a^c \frac{\mathrm{d}x^2}{EA\mathrm{d}s} + \int_a^c \frac{M_1 \mathrm{d}s}{EI} y - H \int_a^c \frac{y^2 \mathrm{d}s}{EI} = 0$$

故有

$$H = \frac{\displaystyle\int_a^c \frac{N_1 \mathrm{d}x}{EA} + \int_a^c \frac{M_1 y \mathrm{d}s}{EI}}{\displaystyle\int_a^c \frac{\mathrm{d}x^2}{EA\mathrm{d}s} + \int_a^c \frac{y^2 \mathrm{d}s}{EI}} \tag{f}$$

　　[1] 虽然截面会略有转动,但该公式依旧适用,这一点与如下事实相符,即拱体相对于铰 a 的任意转动仅仅会在 c 点产生竖向位移。

虽然当拱两个支座均为嵌固端时,超静定次数变成了三个,然而我们知道,对于固定端 c 来说,两个位移分量 u、v 和一个转角分量 α 均为零,因此,仍然能够通过方程式(c)～式(e)算出这三个未知量。布雷斯进而表明,很容易考虑温度变化所引起的结构内力。比如对于图 95 这个例子,只需在式(f)分子中加入一项 $\varepsilon t l$ 即可。其中 ε、t、l 分别代表温度膨胀系数、温度增加值和拱跨。布雷斯不仅给出拱问题的一般解,并且详细讨论过各种特殊荷载工况。在此,他诠释了"叠加原理":对于服从胡克定律的微小变形而言,位移是外荷载的线性函数,可以将各荷载所产生的位移叠加而得到总位移。以竖向荷载为例,仅需研究每个竖向荷载效应,然后再用叠加原理得出所有垂直荷载产生的总应力和总挠度。就对称拱来说,荷载 P 从 a 点(图 96a)移动到对称位置 a_1 时,拱支座的横向推力不变,有时利用这一点便可大大简化计算过程。换言之,当计算静不定未知量 H 时,可以用对称工况(图 96b)来代替图 96a 的不对称实际工况,然后,再将对称情况所得的水平推力除以 2,即能写出 H 的正确答案。当然,采用同样的简化方式对付拱上作用有斜向力时,依然有效。

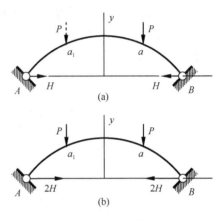

图 96   对称拱

另外,布雷斯还将上述理论引入等截面对称圆弧两铰拱这种特殊问题。他把不同几何比例的此类拱制成数值表格,利用该表就能方便查找许多条件下的支座推力,其中包括某单独的集中力或者沿拱轴线的均布荷载、沿轴线水平投影的均布荷载。他的表格不只有上述这些,还有用于计算因温度升高而引起推力的。直到如今,布雷斯精心打造的这些表格仍然具有较高实用价值。

以上所讨论的曲杆问题均来自布雷斯的论著,由此可见:布雷斯并不陶醉于某些理论成果,更希望其能够方便工程技术人员使用,所以他才义无反顾地编制出如此之长的计算表格。

布雷斯的应用力学教程包括三卷[1]，仅首卷和第三卷涉及材料力学
问题。他并未试图将任何弹性体数学概念引入材料力学基本理论。对
于杆件的不同变形情况，布雷斯均假定变形后截面仍保持平面状态，且
在该假定条件下，采用前述惯性中心椭圆（参见第 35 节）讨论了偏心拉
压问题，以及当材料模量沿横截面面积变化时的处理方法。在扭转理
论中，布雷斯依旧采用平截面假设，并就扭转问题的平截面假定进行如
下解释：在实际应用中，轴杆截面通常为圆形或正多边形，这时的截面
翘曲可以忽略不计。在弯曲理论中，他利用儒拉夫斯基的剪应力分析
法；而在涉及曲杆和拱的章节中，则采用如前所述的自己书中内容。

进行圆柱形锅炉容器的应力分析时，布雷斯讨论了一个有趣的话
题：对于初始椭圆度较小的环，当其承受着均匀内压时，环的弯曲应力
如何？ 如令 ε_0 为椭圆初始偏心率，那么，布雷斯教授给出施加内压 p
后的偏心率为

$$\varepsilon^2 = \frac{\varepsilon_0^2}{1+(pd^3/2Eh^3)}$$

式中，h 为壁厚，d 为锅炉直径。当压力从外部施加时，同理可得

$$\varepsilon^2 = \frac{\varepsilon_0^2}{1-(pd^3/2Eh^3)}$$

式中，p 的临界值可由下列条件得到：$1-pd^3/2Eh^3=0$，即 $p_{cr}=2Eh^3/d^3$。正如我们所见（参见第31节），格拉斯霍夫首先得到了上述答案。

在讲义中，布雷斯研究了棱柱杆件的纵向和横向振动问题。当处理前
一种振动时，他首次考虑到了杆件的转动惯量。另外，布雷斯还探讨过移
动荷载作用下的简支梁动挠度，对此，将在以后展开讨论（参见第 40 节）。

如前所述，布雷斯教程第三卷涉及对连续梁的完整研究[2]。其中，

---

① 布雷斯的《应用力学教程》共有三个版本：第 1 版，1859 年；第 2 版，1866 年；第 3 版，
1880 年。在讨论中，我们所指的是第 2 版。
②《应用力学教程》第 3 部分，巴黎，1865 年。

第一章描述了连续梁的一般性问题；克拉佩龙和贝尔托对此也曾有所研究，但他们的计算前提是各跨相等且荷载必须沿梁全长均匀分布。如今，布雷斯打破以上限制条件，且允许连续梁支座不在同一水平标高，并基于此写出更一般形式的三弯矩方程。布雷斯把作用力分为两种情况：① 均布静载，如梁的自重；② 移动荷载及活载，其可仅出现在梁的某一部分。虽然恒力产生的支座弯矩能够根据三弯矩方程直接求出，但在处理移动问题时，就必须考虑其对梁各截面内力的最不利布置。当攻克该难点时[1]，布雷斯首先考查了单个集中荷载的工况，并找出连续梁每个未加载跨上的两个固定点，这便是活载向左或向右移动时的反弯点。已知该点，便能画出此单个集中力在任意位置处的弯矩图，从而求出动荷载的最不利位置。显然，布雷斯的分析过程非常类似"影响线"[2]，然而令人遗憾的是，其未能引出如此概念，也不曾以图解法选择最不利荷载布置。为了简化设计人员的工作量，布雷斯更喜欢利用解析方法，并制备出不同跨数梁的大量计算表格。

36. 埃米尔·文克尔(1835—1888)

1835 年，埃米尔·文克尔(Emil. Winkler)出生于德国萨克森(Saxony)州的托尔高(Torgau)市郊，曾就读于托尔高的大学预科班。父亲离世迫使其中途休学去当泥瓦匠学徒。虽然生活窘迫，但他还是克服了许多困难并最终读完高中。随后，文克尔进入德累斯顿工业大学学习结构工程。在这所技术学院里，他对工程问题的分析水平崭露头角，毕业后不久，便发表过一篇有关曲杆理论的重要文章[3]。1860 年，文克尔开始在德累斯顿工业大学担任材料力学教员，1863 年，晋升为桥梁工程专

---

① 文克尔是研究此问题的第一人，详见他的论文：《土木工程》第 8 卷，第 135～182 页，1862 年。

② 影响线的方法是由文克尔和莫尔两人分别独立提出的，他们的论文分别详见：《波希米亚建筑师与工程师协会公告》(*Mitt. Architek. u. Ing. Ver. Böhmen*)，1868 年，第 6 页；《汉诺威建筑师与工程师杂志》，1868 年，第 19 页。

③《曲面体，特别是环的变形与强度》(*Formänderung und Festigkeit gekrümmter Körper，insbesondere der Ringe*)，《土木工程》第 4 卷，第 232～246 页，1858 年。

业讲师；1860 年，凭借挡土墙理论，文克尔取得莱比锡大学博士学位；1862 年，其有关连续梁的重要论述发表（参见 35 节）。文克尔不仅是杰出的工程师，也是一名出色的老师。1865 年，其受聘成为布拉格工业学院桥梁与铁道工程专业讲席教授，在这里，他一如既往地从事科研工作，并于 1867 年出版了材料力学专著[1]，其中囊括对很多重大工程问题的见解。1868 年，文克尔开始担任维也纳工业学院教授职务。在这里，他全身心投入多部铁道与桥梁工程图书的撰写工作，这些论著在后来的工程科学相关领域扮演着重要角色，不仅在德国和奥地利广为人知，在海外也好评如潮。

　　1877 年，柏林开始改组建筑学院，旨在提升至其他德国工业院所的层次。文克尔受聘协助这项工作，并重点主持结构理论和桥梁工程两个学科建设，正是在该校，其对实验应力分析产生浓厚兴趣。文克尔以橡胶模型研究铆钉连接的应力问题，调查挡土墙上的砂压以及各种类型格构式桁架的风压分布，也进行拱的应力分析工作，并为此在学校地下室里建造过一座试验拱。

　　在材料力学方面，文克尔的主要贡献是曲杆受弯理论。曾几何时，纳维和布雷斯在讨论此类杆件时，总是基于棱柱杆公式来计算挠度和应力。当杆件截面尺寸远小于轴线的曲率半径时，该分析方法则可靠无疑。但就钩、环、链或连杆等构件而言，却无法满足上述条件，这是由于先前公式系从等截面直杆推导出来的。为寻找更合适的理论，文克尔在保留弯曲后各截面仍为平面的假定前提下，又允许如下事实：考虑到初始曲率，两个相邻截面的纵向纤维，其长度并不相同，故截面各点应力无法正比于到中和轴的距离，况且受力后的中和轴也不再通过截面形心。

　　曲杆在初始曲率平面内受弯时，可用 ds 表示轴线微元长度，并以 $d\phi$ 代表两个截面之间的初始夹角。当发生弯曲时，令 Δds 为伸长量，$\varepsilon_0 = \Delta ds / ds$ 是轴线纵向应变，$\Delta d\phi$ 表示两相邻横截面间的角度改变

---

　　[1] 文克尔，《弹性与强度理论》（*Die Lehre von der Elasticität und Festigkeit*），布拉格，1867 年。

量。于是在与截面形心轴相距 v 处的纤维伸长量

$$\Delta ds_0 = \Delta ds + v\Delta d\phi$$

且纵向应变

$$\varepsilon_0 = \frac{\Delta ds + v\Delta d\phi}{ds + v d\phi} = \left(\varepsilon_0 + \frac{v\Delta d\phi}{ds}\right)\frac{r}{r+v}$$

式中，r 为杆件轴线的曲率半径。假设弯曲时各纵向纤维间并无挤压作用，那么，相应的应力值为

$$\sigma = E\varepsilon_0 = E\left(\varepsilon_0 + \frac{v\Delta d\phi}{ds}\right)\frac{r}{r+v} \tag{a}$$

于是轴力 N 及弯矩 M 表达式分别为

$$N = \int_A \sigma dA = Er\varepsilon_0 \int_A \frac{dA}{r+v} + Er\frac{\Delta d\phi}{ds}\int_A \frac{v dA}{r+v} \tag{b}$$

$$M = \int_A \sigma v dA = Er\varepsilon_0 \int_A \frac{v dA}{r+v} + Er\frac{\Delta d\phi}{ds}\int_A \frac{v^2 dA}{r+v} \tag{c}$$

引入记号

$$r\int_A \frac{v^2 dA}{r+v} = \theta \tag{d}$$

则有

$$r\int_A \frac{dA}{r+v} = \int_A dA - \frac{1}{r}\int_A v dA + \frac{1}{r}\int_A \frac{v^2 dA}{r+v} = A + \frac{1}{r^2}\theta$$

$$r\int_A \frac{v dA}{r+v} = \int_A v dA - \int_A \frac{v^2 dA}{r+v} = -\frac{1}{r}\theta$$

利用以上关系式以及式(a)～式(c)，文克尔得到如下等式：

$$\varepsilon_0 = \frac{N}{EA} + \frac{M}{EAr} \tag{e}$$

$$\frac{\Delta d\phi}{ds} = \frac{M}{E\theta} + \frac{M}{AEr^2} + \frac{N}{EAr} \tag{f}$$

$$\sigma = \frac{N}{A} + \frac{M}{Ar} + \frac{Mrv}{\theta(r+v)} \tag{g}$$

对于静定问题,能够很方便地求出任意指定截面处的 N、M 值。当给定截面形状时,由式(d)可得 θ 值,由式(g)可得应力值。在静不定条件下,可根据式(e)、式(f)计算相应的超静定物理量。

文克尔用这个一般性理论对吊钩、不同截面的环以及链结进行应力分析。并指出:当曲杆横截面尺寸并非远小于曲率半径 r 时,直梁初等弯曲公式必将失去用武之地,一定需要采用全新理论。

在介绍轴对称变形的另一篇重要论文里[①],文克尔讨论了承受均匀内、外压力的圆柱管问题,且推导出拉梅公式。当确定管壁恰当厚度时,他根据最大应变理论得出一个新方程,其与拉梅的原式略有区别。另外,文克尔还考虑到圆管的不同端部条件,详细研究过圆头与平头的情况,写出了上述两种条件下的应力表达式,并指出,圆柱管端部将要承受一些局部弯曲。在研究该局部变形时,他引入之前由舍夫勒(参见第 31 节)提出的理论,同时也对其进行了某些修正。最后,文克尔推导出确定转盘应力的关系式,并以此对飞轮进行过应力分析。

1862 年,文克尔发表了连续梁的研究成果[②]。而当时的他正着迷于桥梁工程,也正因为如此,其论文中的大部分内容是关于活荷载最不利布置的,这中间就包括四跨连续梁的计算表格[③]。

在 1867 年与读者见面的材料力学论著里,文克尔不仅介绍了该学科的基础知识,还给出弹性理论普遍方程及其在梁弯曲理论中的应用。在比较常规近似解和弹性理论结果后,文克尔表明:对于工程实际应用,这些初等方程足够精确。当推导结构安全尺寸公式时,他沿袭圣维南的思想,始终采用最大应变理论作为指导原则。在有关梁的弯曲章节里,我们发现了连续梁受力问题的全部重点。就轴向受压杆件的侧

---

① 详见《土木工程》第 6 卷,第 325～362 页以及第 427～462 页,1860 年。
② 详见《土木工程》第 8 卷,第 135～182 页,1862 年。
③ 有关连续梁理论的进一步发展,参见文克尔的《桥梁理论》(*Theorie der Brücken*),维也纳,1872 年。

向压屈现象,这位作者给出变截面杆件的几个计算结果。文克尔详细讨论了以轴力和侧向力组合作用为特点的"梁式柱",提供了计算最大挠度和最大弯矩的有用公式。另外,他还首次阐述了弹性地基梁的弯曲问题,并意识到该理论对铁路轨条应力分析的重要性与可用性。而在曲杆的章节里,既有如前所述的普遍理论,又有其在拱内力分析中的应用前景。关于两铰拱,文克尔旨在回顾布雷斯曾经的处理手法;但对于无铰拱,他却发表了大量新见解。另外,仅就不同荷载工况下的等截面圆拱和抛物线拱,为简化应力分析过程,这位学者还绘制出了计算表格。

　　虽然文克尔的写作风格比较简短生硬,不易读懂,却可能是德语版材料力学中最完备的,直到如今,仍有许多工程师爱不释手。在后续图书中,大家更倾向于将材料力学逐渐从弹性体数学理论中剥离出来,并用一种比文克尔写作风格更通俗的形式呈现出来。

第7章

铁路工程中的材料力学

37. 箱梁桥

人类历史上首条铁路的施工建设对材料力学的发展影响巨大，带来了很多必须解决的新问题，特别是在桥梁工程方面。那时，桥梁结构所用主材为石料和铸铁。众所周知，后者很适合承受压力，例如在拱桥中。但铸铁大梁却并非可靠，这源于在巨大动荷载作用下，此类金属会因交变应力而导致疲劳破坏。虽然人们试图采用铁制拉杆来加强铸铁大梁，但是没有获得成功，因此更为合理的材料就迫在眉睫。1840年以后，锻铁桥梁很快受到了大家的青睐。当时，短跨桥上已经相当广泛地使用工字形截面铁板大梁，但对那些必须承受列车荷载的大型结构而言，就要求找到新的结构形式。虽然很早就诞生出长跨悬索桥，但是在巨量动载下，其柔度很大，并不适合列车行驶。

如何才能设计出刚度更大的结构成为迫切需要解决的问题。作为一种可能的解决途径，在建造伦敦—切斯特—霍利黑德（London-Chester-Holyhead）铁路时，英国曾尝试过箱梁桥（tubular bridges）方案。其间，工程师们面临一个大麻烦，那便是如何才能让大桥顺利跨越康威河（图97）与梅奈海峡。而问题的焦点在于，新建大桥不得妨碍航运，因此最初的拱桥方案就被推翻了。显而易见，它不能容纳船舶通过。于是，总工程师罗伯特·斯蒂芬森[①]建议：将桥梁建成巨大尺寸的箱形截面，

[①] 罗伯特·斯蒂芬森（Robert Stephenson）为"铁路之父"乔治·斯蒂芬森（George Stephenson）的儿子，是著名铁道工程师，曾任机械工程师协会第二任会长，并于1849年当选皇家学会会员。1856—1857年间兼职土木工程师协会主席。

图 97　康威桥

从而既满足船运要求，又可使火车通行其间。时间来到 1845 年，当时的费尔贝恩(参见第 30 节)正在忙于造船，也因此对锻铁板结构很有经验。于是，斯蒂芬森特意找到此人，希望共同研究这个新颖的箱形结构概念，并以此为基础建造那些最长跨径达 460 ft 的非常规大桥。斯蒂芬森原本的结构理念不尽完善，因为他所谓的箱形结构是要用锁链承载的，直到费尔贝恩进行初步试验后，才决定弃用锁链，而将该结构设计得具有足够的刚度，以满足列车行驶需要。费尔贝恩首先对各种截面的箱形铁梁进行测试[①]，结果表明，这种新型结构体系的破坏有别于一般铸铁梁：破坏面不在梁受拉侧，而是位于材料的受压边。这意味着，此破坏是由于较薄管壁带来的不稳定压屈现象。费尔贝恩说："实验中出现了一些稀奇古怪的状况，许多都和我们先入为主的材料力学观念背道而驰。总体说来，我们的实验与以往研究的任何事物完全不同。我们观察到，或许每次实验中箱形结构都呈现出顶部抗力差的证

---

① 关于这些实验和最终设计的全面叙述，详见费尔贝恩的《不列颠尼亚和康威箱梁桥的施工报告》(*An Account of the Construction of the Britannia and Conway Tubular Bridges*)，伦敦，1849 年。另见克拉克(E. Clark)的两卷本《不列颠尼亚和康威箱梁桥》，伦敦，1850 年，其中就包含霍奇金森的实验成果(也刊登在《铁道结构中生铁应用的委员会调查报告》上)以及威廉·波尔(W. Pole)的连续梁研究成果。

据,从而无法避免结构压溃的趋势。"费尔贝恩的上述实验是材料力学发展史上第一次薄壁结构的失稳破坏。

费尔贝恩恳求他的老朋友,那位具备丰富理论知识的霍奇金森(参见第 30 节)来检查这些试验结果。后者认为,仅利用常规的弯曲应力公式计算箱形截面梁的承载力是不够的,无法完全体现材料极限强度。霍奇金森说:"在我看来,很明显,那些任何通过现有原理推导出来的薄壁构件强度计算结果都是近似值,因为此类新型结构体系在受拉边达到极限强度之前,常常会出现顶部或受压侧卷边。换言之,受拉部分继续变形的同时,受压侧却过早失去战斗力了。为确定现存理论中没有考虑到的缺陷,会在多大程度上影响箱形截面构件强度计算的真实性……",霍奇金森指出:应该进行更多的基础性实验。为此,他身体力行,进行过大量实测工作,相关内容将会在后面章节中继续讨论。然而鉴于时间仓促,费尔贝恩无法采纳老朋友的建议,只好用不同形状的箱形梁进行弯曲试验,并根据测试结果勉强决定出该桥所必需的截面尺寸。考虑到实用性,他选择了矩形截面,而且为保证拉压等强,还在梁上部使用了更多的材料。

最终,他们决心进行一次大型实验,其模型跨度高达 75 ft,截面试样如图 98 所示。为加强箱形截面上翼缘,费尔贝恩特意采用了蜂窝式结构,并将顶部与底部的截面面积比定为 5∶3。另外,如果实验表明有必要这样做的话,他们还可以随后再次增加受拉侧的强度。实验结果表明,蜂窝结构有助于提高梁的稳定性,并使最初的破坏出现在底边一侧。接下来,费尔贝恩又逐级加强底边结构,他发现,每增

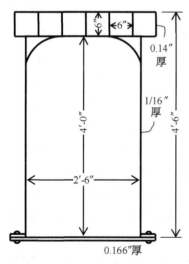

图 98　费尔贝恩模型试验的横截面①

---

① 译者注:"'",表示英尺;"″",表示英寸。全书余同。

加一层铁板,试件的抗力便会提高一个等级。当受压与受拉边面积之比为 12∶10 时,拉压达到等强。由此可见,蜂窝结构会大大降低材料拉压强度之间的差异。另外,实验还显示出箱形截面两个侧边不够稳定,欲消除两侧板内所形成的波形畸变,必须附着垂直加劲杆件。

实验结束后,箱形截面的最终尺寸便能依据如下假定落实:箱形结构的承载力与截面尺寸的平方成正比,而其自重与尺寸的立方成正比。图 99 为不列颠尼亚桥的最终横截面与纵剖面形式。当另一座康威箱形大桥设计完成后,甲方要求霍奇金森验算其最大荷载量和相应的最大挠度。纵然这是个简单问题,仅依靠将该桥等效成均布荷载作用下的等截面简支梁,并计算出最大应力及变形,答案就会跃然纸上,

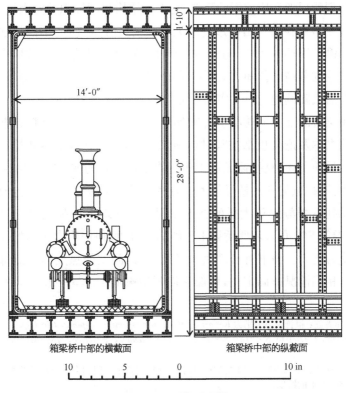

箱梁桥中部的横截面　　　　　箱梁桥中部的纵截面

图 99　不列颠尼亚桥

然而,其具体分析过程却已经超出了费尔贝恩和驻地工程师克拉克(E. Clark)的智力水平,因此就需要"数学家"霍奇金森出手相助。的确,这项分析工作是如此重要,因此工程师克拉克将其详细情况写入书中,还刊登在《铁道结构中生铁应用的委员会调查报告》里,甚至被约翰·威尔(J. Weale)的《桥梁理论、实践与构造》进行了二次加工[①]。霍奇金森发现:考虑到设计尺寸和最大允许压应力等于 8 t/in²,相应的跨中集中力和挠度分别为 $W=1\ 130.09$ t(1 t$=1\ 000$ kg)、$\delta=10.33$ in;对于均布荷载来说,W 应加倍,挠度须乘以 1.25。而以上计算中,弹性模量取值等于 24×10^6 lb/in²。大桥竣工后,跨中加载所产生的挠度实测值为 0.011 04 in/t,比之前估算值高出约 20%。

不列颠尼亚和康威桥的建造,是工程结构强度知识的一大进步,不仅通过模型实验确定出箱形桥的大体强度,还广泛研究了铁板强度以及各种铆钉连接方式[②]。另外,横向风压和非均匀日照受热效应也进入科学讨论的范畴。伴随着大桥的竣工,费尔贝恩获得箱梁桥的专利权,并在以后又陆续建造过几座同样类型的桥梁[③]。

箱梁桥的如此成功吸引着国外工程师的兴趣,许多材料力学或结构理论书本及论文里都描写过这项伟大工程。当然,也不都是赞扬的声音。如前所述,克拉佩龙就发表过自己的负面意见(参见第 34 节),他认为,不列颠尼亚的桥墩最大应力将会远大于跨中。然而,他似乎并未意识到不列颠尼亚大桥的施工流程。在驻地工程师克拉克的书中(第 2 卷第 766 页),那些桥梁工程师胸有成竹,他们明白应当如何让连续梁受力均匀。该书有言:"大家必须当心,问题的焦点不是把每段箱形梁以相同情况准确定位,就像它们开始被加工成同一长度并安放在

---

① 译者注:报告及书分别为 *Report of the Commissioners Appointed in Inquire into the Application of Iron to Railway Structures*;*The Theory, Practice, and Architecture of Bridges*。

② 这些实验结果表明:对于抵抗剪力而言,铆接节点板之间的摩擦力是足够的,而挠度仅仅是弹性变形的结果。

③ 他还将箱形截面用于起重机结构,实践证明,这是非常成功的。

塔架上那样,由于这样一整根截面均匀的连续梁,在塔架处的应变将比跨中大,但截面尺寸却基本相同。显然,我们的追求是让应变均衡"。在安装过程中,为了达到应变相等,就必须采取如下特殊步骤:首先,应将大尺寸箱梁 CB(图 100)安装就位;如图 100 所示,在进行节点 B 的连接时,相邻箱梁 AB 应略微倾斜一个角度,然后再进行铆接。这样一来,当 AB 位置水平时,在支座 B 处将会产生弯矩,该值与 AB 梁的倾斜程度有关。接着,采用同样的施工过程来安装 C、D 的节点连接。在选择可靠倾角时,威廉·波尔给出了自己的建议,而他在当时的主要工作正是利用纳维的方法去研究连续梁受弯问题。

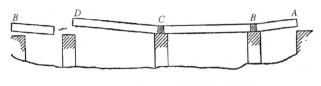

图 100　不列颠尼亚大桥的施工顺序

　　提及不列颠尼亚大桥的设计利弊,儒拉夫斯基也进行过全面综述[1]。他首先讨论了格构式桁架,并正确断言,箱形桥的侧边压屈是压应力作用于侧边的结果,而该应力的方向与水平成 45°角。他期望把加劲构件沿最大压应力方向布置,为证明这一点,儒拉夫斯基做了一些十分有趣的模型实验,这些模型的材料是厚纸,并经硬纸板加固,他的这种模拟非常具有实用价值。当讨论材料选择时,儒拉夫斯基补充了一些对英国实验比较中肯的综述内容。他强调,仅通过区别极限荷载大小来判别结构体系的强度并不能令人满意,因为当荷载接近极限值时,结构构件的应力工况或许与正常使用条件下大相径庭。他建议采用满足结构体系服役条件的荷载来进行模型实验,同时,还应采用弹性模量较小的材料制作试件,如此这般,在弹性极限内的变形就会足够大且便于测量。儒拉夫斯基用自制纸模型测定出靠近中性轴的腹板平面变形,同

[1]　其论文的法语翻译版刊登在《国立路桥学校年鉴》第 20 卷,第 113 页,1860 年。

时表明,最大压应变相对于垂直方向呈 45°角。另外,他还研究过侧边
压屈时的波浪形畸变方向,比较了各种加劲杆件的效果,发现斜向加劲
杆比垂直的承载力高出 70%,而截面面积却只需后者的一半。

如前所述(参见第 33 节),儒拉夫斯基一针见血地洞察出上述箱形
桥梁存在铆钉间距瑕疵,并认为:利用他本人的梁剪应力理论,便能毫
不费劲地为任何特定情况选择出更加合适的铆钉间距。

在大桥设计建造过程中,霍奇金森对薄壁管受压屈曲问题做出重
要研究[1]。他强调,当矩形管的壁厚与边长宽度之比变小时,其强度也
会降低,圆柱形(圆形)管是其中的有利截面形式。上述研究是有关受
压薄板和薄壁管压屈的首次实验性探索。

针对短跨桥,可以采用薄腹板大梁。经过测试,布鲁内尔式板梁性
能优越,成为短跨桥的流行结构形式[2]。在比利时,乌博特还进行过一
些组合工字梁实验[3]。通过对腹部无加劲肋的试件施加跨中集中力,这
位工程师发现:无论在任何情况下,梁腹局部压屈所导致的破坏始终会
发生在靠近荷载作用点处。

38. 早期的金属疲劳研究

多年以来,不少富有经验的工程师都发现这样的事实:即便一根金
属杆承受着比静力极限值小得多的荷载,也会在多次应力循环作用下
发生破坏。在对法国梅兹工人的讲座上,彭赛利谈到金属在拉压反复
荷载作用下的"疲劳"现象[4]。莫兰在书中提及一份有趣的报告:两位

---

① 这项研究成果发表在《铁道结构中生铁应用的委员会调查报告》附录 AA,伦敦,1849
年。另见克拉克的《不列颠尼亚和康威箱梁桥》,伦敦,1850 年。
② 有关这些桥梁的描述详见费尔贝恩的《建筑用铸铁与锻铁》第 2 版,第 255 页,伦敦,
1857—1858 年。另见克拉克的书,其中介绍了布鲁内尔(Brunel)的实验。
③ 乌博特(Houbotte),《比利时公共项目年鉴》(*Ann. Travaux Publique de Belgique*),
1856—1857 年。
④ 参见其《工程力学》(*Mécanique industielle*)第 3 版,第 317 页,1870 年。由于这一版是
第 2 版(1839 年)的重印,因此,大概彭赛利是首位讨论材料抵抗交变循环应力性质的人,同
时,也是第一个采用"疲劳"这个术语之人。

负责管理邮件马车的工程师[①]细致入微地观察到,法国公路上的车辆,在行驶到 70 000 km 以后就会出现许多纤细裂纹,这些裂纹最容易堆积在车轴那些截面尺寸剧烈改变的地方,特别是在尖角处。于是,这两位工程师做了一件很有意义的事情:用图形呈现出这些裂纹逐渐开展的过程,还讨论到裂缝的脆性性质。然而,他们不认可当时众所周知的理论事实:应力循环会促使钢铁内部结构发生再结晶。当然,这也不能完全怪他们,因为很多轴杆静力试验均表明,在正常使用荷载作用下,这些金属的内部结构并没有发生明显变化。

伴随铁路建设的兴旺发达,机车轮轴的疲劳破坏问题日渐突显。运转数年后,外观完好的车轴会突然断裂,对此的解释源于以下假定:锻铁的纤维组织将逐渐变成晶体结构。在该领域内,大概是麦夸恩·朗肯发表了第一篇英文论述[②]。朗肯认为,这种缓慢的变质过程并不会破坏金属的纤维组织结构。他说:"断口似乎已经开始出现,由一处光滑的、形状规则的细微裂缝逐渐扩大到整个轴颈周围,平均深度为 0.5 in。这些裂纹大体上从表面慢慢向中心渗透,当破坏时,轴颈的断裂面外凸,轴身凹陷,直到中心截面的剩余完好材料厚度不足以承受冲击荷载时,轴承断裂的事故就会不期而至。在轴身范围内的部分纤维组织,其弹性比轴颈中的要小,而且在轴肩处,纤维很可能由于其弹性变形在该点突然消失而屈服。因此建议:制造车轴时,当进入车床工序之前,要在轴肩上打磨出一条大曲率轴颈,以便使金属的材料纤维能够连续贯通。"

在 1849—1850 年的多次机械工程师协会会议上,金属疲劳现象成为讨论的热点话题。詹姆斯·麦康奈尔(James McConnell)提交过一篇题为《论铁路车轴》的论文[③],其中写道:"似乎经验表明,即使制造过程小心翼翼,然而由于振动以及高速运转时的冲击作用,轴承仍然会因自身特殊形状而迅速破损。鉴于上述因素,曲柄转角处的断裂均表现出相同

[①] 莫兰,《材料的抗力》(*Résistance des Matériaux*)第 1 版,1853 年。

[②] 详见《伦敦土木工程师协会论文集》(*Proc. Inst. Civil Engs*, London)第 2 卷,第 105 页,1843 年。

[③] 详见《伦敦土木工程师协会论文集》,1847—1849 年(1849 年 10 月 24 日的会议)。

特征,并且具有一定规律性,甚至在转轴断裂现象出现之前,我们就能够估算出几种型号发动机所行驶的里程数。对于整个铁路部门而言,固然轴承损坏的原因众多,但此处列举的这个原因更值得推敲⋯⋯应坚信,金属纤维状态变成结晶体的现象与环境有关,根据搜集到少量有关车轴在不同点处断裂的样本,我所强调的观点便能够清楚地成立。"

麦康奈尔继续写道:"本论文不可能事无巨细,将相关事实全部展现给大家。然而,搞清楚轮轴突然断裂的原因是如此重要,以致我正在把每一根出厂的轮轴进行登记,再去检查它们经过不同时间后的外形尺寸和材料性能,从而判断应当对这些轮轴进行如何处治。鉴于目前全英国铁路上所使用的车轴大约有 20 万根,我断定,这些重要的机车部件,其可靠性一定要得到普遍认可,因此全部轮轴必须比例尺寸恰当、质量最高、热处理方式最优。"为此,麦康奈尔提出一条重要建议:"经验告诉我,最理想的轮轴颈部工作方式应尽可能避免出现尖角,并且,千万不要使其直径或截面强度产生突变。"

在对麦康奈尔论文的随后研讨中,大家不约而同地将关注焦点集中于:在拉压交变荷载作用下,铁分子结构是否会发生改变。有关这一点,会议始终没有得出普遍意见,最终,大会主席罗伯特·斯蒂芬森总结发言道:"交变荷载会导致金属内部分子的改变,对此,虽然目前还没有铁证,但我希望与会委员们在工作岗位上不要心存侥幸,因为这是一个极端重要的问题,偶尔的车轴断裂事故也会令工程师和分管局长身负罪名,与过失杀人无异,所以必须特别认真地进行研究。现阶段,还没有充分证据来说明车轴的初始纤维性材料在断裂时突然变成了晶体状结构。我希望本协会从事钢铁冶炼的专家,在你们得出确定性结论之前,一定要摁下暂停键仔细考虑片刻,是否振动的确容易使钢铁这种材料结晶,或容易使其分子的排列发生变化。"

1850 年的几次会议内容还是围绕着上述话题。其间,霍奇(P. R. Hodge)提供了一条重要线索,他说[1]:"要想得知金属铁内部结构的任何正确结

---

[1]《伦敦机械工程师协会论文集》(*Proc. Inst. Mech. Engrs., London*),1850 年 1 月 23 日。

论,我们就必须使用显微镜来检查它的纤维和晶体结构"。斯蒂芬森附议了这个观点,并补充道[1]:"上次会议结束之后,借助一架高倍显微镜,我检查了一块所谓'结晶状'铁和另一块所谓'纤维质'铁,但并未发现两者之间的显著差异。"此言一出,与会人员顿感震惊。

在伦敦机械工程师协会讨论金属疲劳问题的同时,1848 年又成立了一个铁道结构钢铁材料应用技术委员会,旨在调查以上情况,并最终得出了许多有价值的研究成果。该委员会的部分工作是由亨利·詹姆斯(Henry James)上尉和高尔顿(D. Galton)中校负责。在朴次茅斯,他们进行了循环荷载作用下铁制杆件的强度问题实验研究[2]。如图 101所示,两人用一台旋转偏心机使杆件变形,然后再将其突然放松,变形到放松的频率为每分钟 4～7 次。在这些试件中,有 3 根承受住了 1 万次的低压应力交变荷载,此应力水平相当于静载破断力的 1/3;之后,再对它们进行静压测试,其强度并未出现明显降低。还有一个试件,在经历 51 538 次交变荷载后发生了破坏,而另一根则在遭受 10 万次"洗礼"后,静压强度仍然没有任何显著变化。除此之外,他们还对其余 3 个杆件在同一凸轮上进行挠曲变形,凸轮所产生的荷载相当于静载破断力的 1/2,这 3 根试件分别在第 490 次、617 次及第 900 次交变荷载作用下发生了破坏。根据上述实验结果可以断定:在承受 1/3 静态破断力的反复荷载作用下,铁制构件几乎都将出现不同程度的损伤。

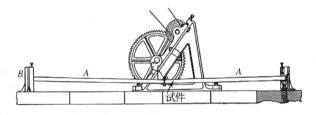

图 101　詹姆斯和高尔顿的疲劳试验机

① 《伦敦机械工程师协会论文集》,1850 年 4 月。
② 这项研究成果发表在《铁道结构中生铁应用的委员会调查报告》附录 B5,第 259 页。另见费尔贝恩的论文,《英国皇家学会哲学学报》第 154 卷,1864 年。

费尔贝恩非常重视列车动载所带来的交变作用对箱梁桥的强度影响,并希望知道材料在无限次反复荷载作用下不出现致命损伤的最大应力,该值一旦落实,他便可以计算出安全工作应力。费尔贝恩指出[①],大型箱梁桥设计中,必须依照如下原则来确定截面尺寸:在扣除一半的桥梁自重后,其极限荷载必须能够达到最大通过载重的 6 倍。虽然,这可以看作强度的适当富余量,但如果将其上升到新的结构设计原则,就必须考虑一些可能还未经测试过的新材料应用因素,即极限强度应当再保守一些,因此,最终的规定是 8 倍而非 6 倍。此后,费尔贝恩又进一步讨论了英国贸易部的一项规定:在未来,所有行驶火车的桥梁,其构件截面上的应变不能超过 5 t/in²。另外,他还正确地指出,对箱梁桥而言,受压铁板可能在较低的应力水平下屈曲,因此必须采用蜂窝式结构。

为掌握桥梁工作应力的安全值,费尔贝恩决定再做一个试验,其中,试件应变要尽可能模拟出重载机车通过桥梁的实际值。费尔贝恩的实验方案如下:如图 102 所示,一根工字梁 A,长 22 ft、高 16 ft,由铆接角铁的铁板组成。在杠杆 BC 的 C 端施加荷载 D,从而让工字梁产生初始挠度。CE 杆连接在匀速旋转的偏心轮上,这样一来,C 点的垂直往复运动便会使梁处于 7~8 次/min 的应力循环中。结果表明,当锻铁梁加载到拉应力 7 t/in²时,如果此应力长时间处于突加与突卸的交变状态,且由此会带来一定程度振动时,该应力下的梁就是不安全的。在此必须注意的是:虽然 30~40 万次的交变作用就足以使梁断裂,然而,如果梁截面的拉应力只有 5 t/in² 左右,则交变作用次数则能够达到 300 万次以上。费尔贝恩的

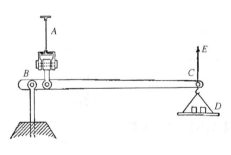

图 102　费尔贝恩的疲劳试验机

① 《英国皇家学会哲学学报》第 154 卷,1864 年。

实验说明：英国贸易部的 5 t/in^2 规定是足够安全的强度标准，并且在实验过程中，板梁的底部拉应力实测结果也确实达到了这个数值。

由此可见，19 世纪中叶的工程师已经意识到交变应力对金属强度的负面效果，他们的少量实验结果印证了反复动力荷载的安全阀值等于静力极限荷载的三分之一。随后还将看到，沃勒给出了这种"疲劳"现象更为完整的新视角。

39. 奥古斯特·沃勒(1819—1914)的成就

奥古斯特·沃勒(August Wöhler；图 103)出生于德国汉诺威省，父亲是当地学校的教师。沃勒在汉诺威理工学院接受了工程学教育。鉴于成绩优异，毕业后获得一笔奖学金，从而让他有机会在柏林的波尔西克(Borsig)机车厂以及柏林-安哈尔特(Anhalter)、柏林-汉诺威铁路建设项目中实习。1843 年，沃勒被派至比利时学习机车制造，回国后，主管汉诺威铁路机械厂工作。1847 年，又走马上任下西里西亚-马尔基施(Niederschlesisch-Märkische)铁路机车及车辆厂厂长，为此，接下来的 23 年里，他一直待在奥得(Oder)河畔的法兰克福。于此，他必须解决许多材料力学性能方面的实际需求，并开始潜心研究金属疲劳强度问题。鉴于工作性质的便利条件，他的很多实验成果都能够转化为工程实践。

图 103　奥古斯特·沃勒

在结构施工中，材料性能的一致性至关重要，为使材料具有更高的均质性，他制定出铁路建设材料的详细标准，并帮助德国相关部门成立了一系列材料实验室，推动着金属材料机械性能试验的统一化。在德国，沃勒的影响力广泛，其所设计建造的实验机是当时最优秀的，以致如今仍然被珍藏在慕尼黑德意志博物馆里，足见这些机器设备之历史价值。

对于金属疲劳问题来说，沃勒的主要业绩表现在下西里西亚-马尔基施的铁路建设项目上①,因为他提供了防止机车车轴断裂的完美解决方案。为找到运行期间车轴所能承受的最大作用力,沃勒使用了如图 104 所示装置:mnb 部分和 pq 轴固定连接,而指针 bc 与轮辋通过铰接杆 ab 相连。当车轴发生如图 104 中虚线所示的弯曲形变时,铰 a 的移动将使 bc 指针的 c 端在锌板 mn 上划出一道刻痕。在机车运转过程中,这条刻痕的尺寸变化非常大,特别是当铁路轨条不规则时,猛烈的冲击力就会导致其出现剧烈变化。如果能测定出这些刻痕曲线的峰值,便能得到车轴的最大形变。另外,欲掌握此变形所对应的作用力,沃勒还进行过静载弯曲试验。其间,他把给定大小的水

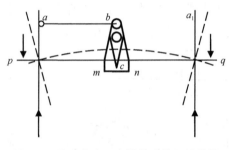

平力施加于车轴 a、a_1 两点处,进而测出间距 aa_1 的相应改变量,通过这些信息,就可以快速计算出使用期间的车轴最大弯曲应力。依此类推,根据所记录到的最大扭转角,在役期间最大扭转应力也能够迎刃而解。

图 104　使用状态下车轴挠度的记录装置

已知最大作用力幅值后,沃勒便着手研究轮轴在均匀交变应力作用下的强度问题。为此,他制作出一台专用机器(图 105):在轴承 c 与轴承 d 内,圆柱 ab 以大约 15 r/min 的速度运行,两个车轴 ef 和 kl 固定在转子内,借助弹簧的弹力产生弯曲,并通过轴承环 e、l 来传递该力。每次旋转,金属材料的内部纤维应力就将经历一个循环,这些应力数值可以通过适当调整弹簧得到。利用这台机器,沃勒对各种材料及不同直径的车轴进行了大量试验,得出相对强度的确切结果。但是,对钢铁材料疲劳强度的基础性研究来说,仍然需要更多的实验数据,于是

①《建筑工程杂志》(Z. Bauwesen)第 8 卷,第 641～652 页,1858 年;第 10 卷,第 583～616 页,1860 年;第 16 卷,第 67～84 页,1866 年;第 20 卷,第 73～106 页,1870 年。另:下西里西亚-马尔基施(Niederschlesisch-Märkische)。

沃勒决定,不必使用通常直径为 3.75~5 in 的真实车轴来作为试验对象,可以采取更小尺寸的试件(直径 1.5 in 的车制圆杆)。小试件的优势在于:实验机转数可达每天 4 万转左右,从而能解决试件数百万次的应力循环要求。沃勒对同样尺寸的试件两端施加不同大小的力,然后再把产生断裂的循环次数加以比较,最终得出相关材料的疲劳强度结果。当时,他在分析过程中,并没有采用如今所谓的"沃勒曲线(Wöhler curve)"这个名词,而是将其定义为"界限应力(bruchgrenze)"。

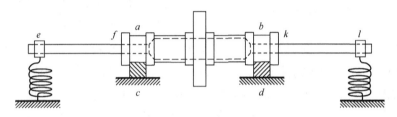

图 105　沃勒的疲劳试验机

沃勒意识到:欲消除尖角影响(图 106a),就必须采用圆角 a。他发现:对于如图 106b 及 106c 所示两根构件,直径不变的,疲劳强度更高;而图 106b 的那种试件却总是会在直径急剧变化的 mn 截面处发生断裂。因此,倘若增加轴杆材料(相当于增加 mn 截面的直径),必将适得其反,轴杆就会变得比之前更弱。沃勒用 mn 截面处应力分布不规则来解释以上反常现象。并说明,考虑尖角处这种负面影响是非常重要的,不仅适用于车轴,而且包括其他各种机械零件的设计。沃勒的进一步实验表明,这种负面效果与材料种类有关,也会令尖角处的材料强度降低 25%~33%。另外,如图 107a、b 所示,即使截面的急剧改变只发

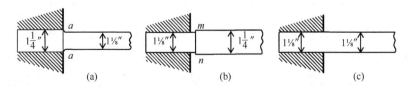

图 106　影响疲劳强度的杆件细节

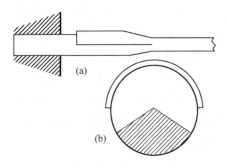

图 107　变截面轴的疲劳破坏

生在圆周的某一部分,疲劳裂缝也始终从尖角处开始出现。图 107b 所示截面阴影部分代表开裂后的粗糙破断面。

利用图 105 所示实验机进行疲劳测试,其加荷过程是一种完全的反复交变作用。为了得到其他种类的应力循环模式,沃勒又设计制造出另一类疲劳试验机。这种设备适用于两端简支的矩形截面构件,一个偏心轮会在跨中产生变化的挠度,从而令构件最外层受拉纤维应力游离于最大值和零值之间,或徘徊在最大值与某个较小拉应力范围内。在将此实验机与之前完全交变作用下的测试数据进行比较后,沃勒发现:断裂面将依旧从受拉侧开始;并且,材料所能抵抗的极大应力值与最大和最小应力差(应力幅)关系密切。他故而指出:对于一种特殊类型的轮轴钢,当其处于非常多次循环荷载作用下时,最大与最小应力的极限值应当控制见表 7‑1。

表 7‑1　最大与最小应力的极限值

参　　数	极限值/(lb/in^2)				
最大应力	30 000	50 000	70 000	80 000	90 000
最小应力	−30 000	0	25 000	40 000	60 000
应力幅	60 000	50 000	45 000	40 000	30 000

全部实验数据均能表明,仅就一个给定的最大应力,产生疲劳破断所需的循环次数随着应力幅的增大而降低。沃勒依据实验断言,对于在大跨桥梁以及机车车厢弹簧,由于最大应力几乎均来源于恒载,因此可以采用比轮轴或活塞连杆更高的允许应力,因为后者始终处于交变

荷载的工作状态。

　　上述结论都是参照弯曲试验强度得出的,是一种间接的疲劳强度。对此,沃勒并不满足,他希望通过直接应力来验证自己的疲劳强度理论,于是,便又设计了一台特制的拉力实验机。在这部新装备上,试件将会承受循环往复的拉应力作用。沃勒据此得到的结果与之前在弯曲试验机上所得数据十分相似,这促使他提议:对于应力循环而言,无论该循环是以何种方式产生,都可以采用同样大小幅度的工作应力。

　　金属疲劳强度研究的下个阶段是复合应力循环下的疲劳问题。对此,沃勒假定,疲劳强度与服从最大应变理论的最大应变循环有关,并在计算应变时采用 0.25 的泊松比。进而,沃勒综合考虑了扭转疲劳问题,且从理论上假设:在完全交变应力作用下,扭转的疲劳极限等于拉伸或压缩疲劳极限的 0.80 倍。为证实该论点,他再次组装出一台专用实验设备,这台机器可使圆杆构件处于扭转应力循环状态。沃勒对实心圆杆进行实验,其结果与理论基本吻合,因此他建议,可以取拉伸或压缩工作应力的 0.80 倍作为剪切工作应力。另外,他还意识到:在扭转试验过程中,裂缝走向大体上与圆柱轴线成 45°,并且最大拉应力是产生裂缝的首要原因。

　　鉴于疲劳实验费时、费力、费钱,沃勒自然而然地试图在材料疲劳强度和其他力学性能之间找到某种相关性,而这些力学性能则可以通过静态试验来确定。他似乎对疲劳实验中的材料弹性极限十分感兴趣。沃勒明白,如果想依靠拉伸实验来确定该极限值,就一定要精确测量非常微小的伸长量。然而,当时的仪器却无法满足如此苛刻的要求,所以,沃勒决定利用弯曲试验来间接测定弹性极限。同时他也知道,此种方法还不很准确,因为极限应力首先仅会触及杆件最外层纤维,并且仅当大部分材料超出弹性极限相当程度之后,人们才能够捕捉到初始屈服点。在尽可能准确测量的动因驱使下,沃勒在他那台专用实验机上采用了如图 108 所示加载方案。试件 mn 的 ab 部分处于纯弯状态,精细测定挠度后,便可知弹性模量 E 以及永久变形开始时的荷载大小。

　　伴随着上述静力测试工作,沃勒的兴趣又转移到对塑性变形和残余应力的研究上,这种塑性变形源于杆件一开始就承受了超过弹性极限的荷载,而残余应力则恰恰又源于以上的塑性变形。实验时,沃勒先给试件施加一个超过弹性极限的荷载,然后再卸载(图 108),他讨论了经历上述过程之后,这些矩形截面杆件中的应力分布情况。沃勒假定,卸载过程中,材料服从胡克定律,而残余应力的分布为图 109a 中阴影部分。他认为,阴影的形状是两个图形叠加的结果,其一是卸载过程中的应力线性分布图(图 109b);其二是由 abocd 所表示的初始应力分布曲线(图 109a)。按照这个思路,沃勒判断,疲劳试验中的相关应力幅将不受初始塑性变形影响。这也许是材料力学史上首次有关塑性弯曲导致残余应力的话题。

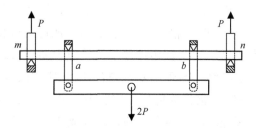

图 108　沃勒的静力弯曲仪器

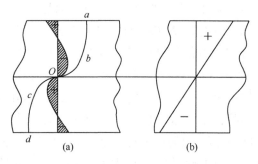

图 109　残余应力分布图

对于塑性弯曲时的矩形杆件截面畸变问题,沃勒的研究很有意义。在塑性变形时,如果假定材料密度保持恒定,他就可以得出以下结论:当构件纤维的单位伸长量为 ε 时,其横向单位缩短量就将等于 $\varepsilon/(2+\varepsilon)$;

相应地,对于单位收缩量 ε_1,也会产生单位横向伸长量 $\varepsilon_1/(2-\varepsilon_1)$。作为这种横向变形的结果,在出现塑性弯曲时,矩形杆件的截面畸变就会如图 110 所示,该结论与实验结果完全吻合。

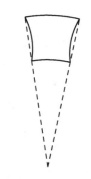

图 110　矩形杆件的截面畸变

沃勒的成就最终定格在对工作应力的有益探讨上。他建议,恒定轴向拉应力作用下,杆件的安全系数取 2,所以工作应力是材料极限强度的一半。在应力循环条件下,他依旧认为安全系数是 2,这意味着,工作应力等于疲劳极限的 1/2。以上两种情况均考虑到了最不利荷载工况。而对于结构的连接部位,工作应力应该取值更小,从而能够弥补应力分布的不规则。沃勒提醒相关人员要对这种现象进行仔细甄别。

显而易见,仅就材料疲劳问题来说,沃勒才是名副其实的科学研究第一人。他的实验具有基础性、开创性,并为每种试验设计建造出相应的实验机和测量仪器。在构思设计这些试验设备时,沃勒对力和变形的测量精度要求严苛,因而,这些机器设备标志着结构材料实验技术的重要进展。

40. 移动荷载

人们在研究桥梁强度的过程中发现,移动荷载作用下梁的应力、变形是一个值得推敲的新问题,本节将就此展开讨论并介绍其发展历程。其实,在之前《铁道结构中生铁应用的委员会调查报告》附录 B 中(参见第 37 节),威利斯教授、亨利·詹姆斯上尉和高尔顿中校已经做出了一些研究成果[1]。然而在 19 世纪中叶,对于梁上移动荷载的作用效应而言,工程技术人员还没有统一口径。有些人仅把高速运动中的荷载当成突加荷载,知道它会产生比静力作用更大一些的挠度;另一些人则会

---

① 有关威利斯的试验报告,详见巴洛的《论木材、铸铁、锻铁和其他材料的强度》(*A Treatise on the Strength of Timber, Cast Iron, Malleable Iron and Other Materials*)附录部分,伦敦,1851 年。

争辩道：在非常高的速度之下,这类荷载并没有富裕的作用时间,因此,结构的动挠度应该没有想象的那么大。

相左的观点只能依靠尽量真实的试验来评判。如图 111 所示,在英国朴次茅斯造船厂里,一段实验用铁路轨道被铺设在特制的脚手架上。一辆两轮车作为移动荷载,轨道顶部距水平底面大约 40 ft 高,由此下滑的车速最终可达 30 mi/h(1 mi＝1.609 km)。矩形截面的铸铁试件 C 长 9 ft,截面尺寸分为三种：1×2,1×3 和 4×1.5(in)。在静力试验中,采用分级加载的手段来测定车重作用下的构件挠度,同时,再计算出其相应的静力极限强度。在动力试验中,具有最小荷载的车辆被拖拽至斜坡轨道的某点,然后突然放松,使其获得规定速度。试验过程中,逐渐加大车载重量并重复多次,分别测量杆件的动载挠度,最后,再测定指定速度下的极限荷载。该实验表明,一定荷载下的动力挠度大于同样条件下的静挠度,但杆件破坏时的动荷载却小于静力极限值;当负载速度更快时,动力效应的负面影响也会增加,并且速度非常高时,动挠度甚至可达静挠度值的 2～3 倍。

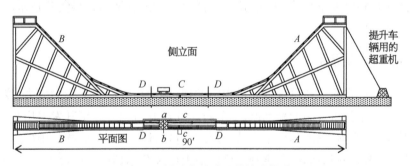

图 111　梁动力试验用的铁路轨道

然而人们在桥梁的现场测试中,却并没有看到上述那么明显的速度效应。为一探究竟,威利斯又在剑桥进行了一些简单实验,还发展出整套分析理论。如图 112 所示,在其实验装置里,试件 BC 承受滚轮 A 的作用,而后者又与轨道上运行的车厢铰接在一起。在支撑车厢的两根轨道与试件 BC 之间,威利斯安放了第三根轨道,BC 正是中间这根轨道的一部分。通过记录机架 AD 相对于沿固定轨道 mn 滚动的小车运动情况,他便获得了滚轮 A 的行进轨迹。

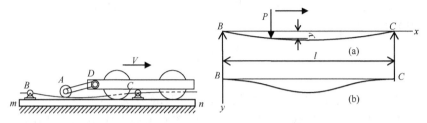

图 112 威利斯的梁动力试验装置   图 113 滚轮下梁的挠度曲线

因为与滚轮 A 的质量相比,试件 BC 可以忽略不计,所以在展开理论分析时,威利斯并未考虑后者的质量。如图 113 所示,他用如下公式来表示力 P 作用下的静力挠度值 y:

$$y = \frac{Px^2(l-x)^2}{3lEI} \tag{a}$$

式中,l 为杆长,EI 为杆件的弯曲刚度。利用该表达式,就能够绘制出当荷载 P 沿杆长移动时,力作用点处的挠度曲线,如图 113b 所示,该曲线两端的切线必为水平线。威利斯把式(a)用于滚轮 A 的工况(图 112),假设滚轮作用于杆上的压力等同于力 P,这样一来,该压力将会包含两部分:滚轮自重 W 和相应于垂直运动的滚轮惯性力 $-W\ddot{y}/g$。于是有

$$y = \frac{W}{3lEI}x^2(l-x)^2\left(1-\frac{\ddot{y}}{g}\right) \tag{b}$$

注意到 $\dfrac{\mathrm{d}y}{\mathrm{d}t} = \dfrac{\mathrm{d}y}{\mathrm{d}x} \cdot \dfrac{\mathrm{d}x}{\mathrm{d}t} = v\,\dfrac{\mathrm{d}y}{\mathrm{d}x}, \qquad \dfrac{\mathrm{d}^2 y}{\mathrm{d}t^2} = v^2\,\dfrac{\mathrm{d}^2 y}{\mathrm{d}x^2}$

因此,威利斯得到的方程为

$$y = \frac{W}{3lEI}x^2(l-x)^2\left(1-\frac{v^2}{g}\frac{\mathrm{d}^2 y}{\mathrm{d}x^2}\right) \tag{c}$$

由于 $-\mathrm{d}^2 y/\mathrm{d}x^2$ 代表了滚轮 A 接触点移动轨迹线的曲率,因此很容易从上式可知,如果能够将滚轮自重 W 里加入离心力 $-(Wv^2/g)(\mathrm{d}^2 y/\mathrm{d}x^2)$,

那么,滚轮 A 的动力作用也就自然囊括其中。为计算离心力,就必须对式(c)积分并找到滚轮运行路径的方程式。然而鉴于上式的复杂性,威利斯建议,当动力效应非常弱时,式(c)右端就可以近似简写成式(d),且其误差并不会过大:

$$y = \frac{Wx^2(l-x)^2}{3lEI} \tag{d}$$

显然,式(d)的滚轮轨迹线是基于式(a)的静力挠度,并且其具有如图 113b 所示对称形状。在靠近支座处,离心力向上作用,所以杆件上的滚轮压力略小于自重 W。而在跨中,离心力垂直向下与重力叠加,这样一来,构件上的最大压力为

$$W - \frac{W}{g}v^2\left(\frac{\mathrm{d}^2y}{\mathrm{d}x^2}\right)_{x=\frac{l}{2}} = W\left(1 + \frac{16\delta_{\mathrm{st}}v^2}{gl^2}\right) \tag{e}$$

式中,$\delta_{\mathrm{st}} = Wl^3/(48EI)$。

现举例如下,设 $v = 32.2$ ft/s、$l = 32.2$ ft、$g = 32.2$ ft/s^2,而 $\delta_{\mathrm{st}} = 0.001l$,则从式(e)得到的最大压力仅仅超过重力 1.6%。在朴次茅斯的实验里,跨长 l 约为当下的 1/4,另外,通常 δ_{st}/l 也比此处大 10 倍以上。在如此工况下,当速度等于 32.2 ft/s 时,动力效应会高达重力值的 64%,且速度增加时更为显著。按照上述思路,威利斯对朴次茅斯造船厂实验结果的解释为:动力效应大的主要原因是由于实验中杆件具有很大的柔度。

如图 113 所示,威利斯的实验同时表明,滚轮路径并非对称曲线。当滚轮由 C 向 C 移动时(图 113),最大挠度位置与支座 C 的距离要比图 113 所示的更近。并且,随着参数 $1/\beta = 16\delta_{\mathrm{st}}v^2/gl^2$ 的增大,滚轮路径就会越来越不偏离对称曲线。如果 $1/\beta$ 不够小,近似式(e)就无法掩盖这种偏差,因此,就必须利用全解方程(c)计算。最终,斯托克斯得到了以上问题的解[1],对于较大的 β 值,该结果与威利斯的近似答案相符。

---

[1] 《剑桥大学哲学协会学报》(*Trans. Cambridge Phil. Soc.*)第 8 卷,第 707 页,1849 年。

当 β 值很小时,滚轮运动轨迹线是非对称的,最大应力所在截面将从跨中向支座 C 偏移(图 113),这个结论与实验情况十分吻合,因为实验过程中常常会发生杆件断裂的情况,而破断面恰恰位于跨中与支座 C 之间的某处。最后还需指出:如果在推导方程时没有计入梁的质量,那么理论上得出的轨迹线仍然无法还原实验真实曲线。

为考查试件质量对滚轮运行轨迹线的影响,威利斯使用了一台自称"惯性天平"的精巧仪器:如图 114 所示,带有两个砝码的杠杆 mn 与试件 BC 的中心铰接,当砝码处于平衡状态时,没有静力会波及试件的 D 处;而当滚轮沿着 BC 运动时,D 点便会产生惯性力,惯性天平也将被带动起来,这种作用相当于 D 点附着有一个质量块。研究表明,如果将杆件的挠度形变视为半波正弦,则 D 点附加质量的动力效果则类似于沿杆长分布有以上质量的 2 倍。这样一来,利用这台仪器,威利斯就能够评价出在不同大小的滚轮速度条件下,试件质量对挠度曲线的影响。

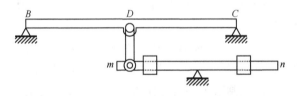

图 114　威利斯的惯性天平

同样的仪器还可以将滚轮与试件质量比作为实验参数,并且这个参数以及上述 β 值能够完全与实际桥梁一致,如此就可以由实验模型的挠度曲线来反映实际桥梁的动力挠度值大小[①]。

在英国剑桥,与威利斯携手合作的斯托克斯还成功计算出了另一种极特殊工况下的近似解。该工况仅考虑桥梁质量而不计移动荷载质量,且假设沿梁移动的力大小不变。斯托克斯在计算时只考虑了基本振型,并指出:梁的基本振动周期与移动荷载在梁上的通过时间之比,

————————————

① 这是由斯托克斯证明过的。

对动力挠度值影响很大。

然而，威利斯和斯托克斯的研究成果却受到霍默沙姆·考克斯（Homersham Cox）的非议[1]。后者从能量角度出发，判断动挠度不可能大于静挠度的 2 倍。令人遗憾的是，考克斯的分析忽略了一个事实：不仅必须考虑相应于重力的能量，还应当计入滚轮运动时的动能。可知，垂直于变形曲线的梁反力可以分解成两个部分：第一部分沿着轨迹线并与运动方向同向；第二部分则与荷载移动方向相反。鉴于轨迹曲线不对称，所以反力的综合效果是降低了滚轮速度，相应的动能损耗则转化成弯曲变形的位能，以致弯曲时的动挠度可以达到梁静挠度的 2 倍以上。

虽然，威利斯与斯托克斯已经完全清楚解释出：朴次茅斯实验的动力效应如此剧烈，而实际桥梁结构中的上述影响却绝对没有这么大的原因。如今，委员会面临的实际问题即便没有完整的数学解，但毕竟还是云开雾散了。从那时起，大量工程师都打算通过解决动载作用下的梁变形问题来提升材料力学知识储备[2]，然而在 19 世纪，有关该问题的解却鲜有精进。

正当英国人关注移动荷载作用下的桥梁动力效应时，德国人也不甘落伍。在巴登铁路线上，他们测量了铸铁桥梁在机车不同行驶速度下的挠度值，还因此制造了一台专用设备：在一个水银容器里，柱塞能够迫使液体沿着毛细管流动，这样便可以将挠度测量值放大很多倍。实验表明，高速行驶的机车会略微增加挠度值，然而在速度到达 60 ft 之后，这种效应反而不明显了[3]。

---

① 霍默沙姆·考克斯的《土木工程师与建筑师》（*Civil Engrs，Archits. J.*）第 11 卷，第 258～264 页，伦敦，1848 年。

② 详见菲利普斯（Phillips）的论文，《高等矿业学校年鉴》第 7 卷，第 457～506 页，1855 年；另见勒诺多（Renaudot）的论文，《国立路桥学校年鉴》第 4 系列，第 1 卷，第 145～204 页，1861 年。

③ 相关论述详见马克斯·贝克尔（Max Becker）的论文"巴登铁路的铸铁桥"（*Die gusseisernen Brücken der badischen Eisenbahn*），《工程师》（*Ingenieur*）第 1 卷，1848 年，弗赖堡。

41. 冲击问题

　　1848 年成立了一家专门委员会，用来调查铁路结构中的铁材应用问题。与此同时，他们也注意到梁的冲击效应，在其报告中发现了如前所述的许多相关实验结果（参见第 30 节）。该问题的进展及解决应归功于霍默沙姆·考克斯[1]，他研究了等截面简支梁承受中心水平冲击力的问题。在这项工作里，考克斯解释了霍奇金森的假设，即在冲击瞬间，冲击球失去的速度与该球冲击另一自由球所失去的速度相等，而此自由球的质量恰为梁质量的一半。

　　考克斯认为，冲击时的挠度曲线与梁跨中静载压力作用下的弹性曲线差别不大，可以采用以下挠度方程：

$$y = \frac{f(3l^2x - 4x^3)}{l^3} \tag{a}$$

式中，l 为跨长，f 为梁跨中的挠度值，x 为计算截面至梁端距离。如果令 v 表示冲击瞬间梁跨中所得速度，则其他任意截面的速度为

$$\dot{y} = \frac{v(3l^2x - 4x^3)}{l^3} \tag{b}$$

这样一来，梁的动能便为

$$T = \int_0^l \frac{q}{2g} \, (\dot{y})^2 \, \mathrm{d}x = \frac{17}{35} ql \, \frac{v^2}{2g}$$

式中，ql 为梁重。显而易见，当梁跨中有一集中质量，其大小等于梁质量的 17/35，那么，集中质量的动能则与该梁所获得的动能相等。利用以上这个"折算"质量，且令重量等于 W 的冲击球速度为 v_0，再按照动量守恒定律，考克斯便得到冲击球落附于梁上之后的两者共同速度 v：

---

[1]《剑桥大学哲学协会学报》第 9 卷，第 73～78 页（该论文发表于 1849 年 12 月 10 日）。

$$v = v_0 \frac{W}{W + \frac{17}{35}ql} \tag{c}$$

为了确定梁的最大挠度值 f,他进一步设想:当获得共同速度 v 后,球与梁将会共同位移,直至两者的动能均转化为弯曲势能,因此有

$$\frac{24EIf^2}{l^3} = \left(W + \frac{17}{35}ql\right)\frac{v^2}{2g} = \frac{Wv_0^2}{2g}\frac{1}{1 + \frac{17}{35}(ql/W)} \tag{d}$$

可以看出,最大挠度 f 正比于冲击球的速度 v_0,该论点非常吻合之前的霍奇金森实验结果。此处假定:在计算式(d)中的应变能时,胡克定律依然有效。为了让自己的理论与霍奇金森实验结果具有更好的达成度,考克斯判断,就试验中所用到的铸铁而言,应力、应变关系可用以下方程表示:

$$\sigma_x = \frac{\alpha \varepsilon_x}{1 + \beta \varepsilon_x}$$

式中,α、β 均为常数。通过适当选定这些常数,霍默沙姆·考克斯便得出了他所期望的满意答案。

圣维南进一步发展了冲击理论[①]。对于具有中心附加质量 W/g 的棱柱杆体系,圣维南假定冲击瞬间附加质量所产生的速度等于 v_0 而其余部分保持静止,进而再研究可能发生的各种振动模态,并计算出跨中最大挠度。结果表明:如果只保留代表最大挠度的级数第一项,当然也是最重要的一项,那么结果就会非常符合近似式(d);然而,当计入代表变形曲率的二阶导数 $\mathrm{d}^2y/\mathrm{d}x^2$,则相应曲线就可能与式(a)的假定大相径庭,两者差异随比值 ql/W 的增大而增加。圣维南计算出的最大应力比见表 7-2,其中,σ_{max} 源于其级数表达式,而 σ'_{max} 则是曲线方程(a)的答案。

[①]《巴黎数学爱好者学会通报》,1823—1854 年;《法国科学院通报》第 45 卷,第 204 页,1857 年。

表 7-2　最 大 应 力 比

参　　数	值		
ql/W	0.5	1	2
$\sigma_{max}/\sigma'_{max}$	1.18	1.23	1.49

由表 7-2 可知，σ_{max}、σ'_{max} 间的差异随 ql/W 的比值增加而增长。

应该指出，由于圣维南没有考虑冲击球在击打梁时的局部变形，因此其研究成果并非横向冲击问题的完整解。除此之外，当瞬时冲击后，球与梁保持接触直至最大挠度的假设也没有得到佐证。显然，在达到最大挠度之前，冲击球将有可能出现回跳，如果发生这种情况，就不可以采取圣维南的解法[①]。

另外，圣维南还曾探讨过杆件的纵向冲击问题。如图 115 所示，考虑一端固定另一端承受纵向冲击荷载的棱柱体杆件，且假定冲击时杆件均匀受压。为恰当计入杆件自身质量，圣维南判断，必须假定此质量的 1/3 集中于杆件自由端。如果冲击体为绝对刚性，瞬时冲击后杆端与冲击体的共同速度等于 v，则有

$$v = \frac{v_0}{1 + \dfrac{1}{3}(ql/W)}$$

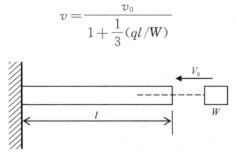

图 115　承受纵向冲击的棱柱体杆件

---

① 圣维南认为他的解答是正确的。在其《固体抗力与弹性的研究简史》(见第 238 页)中，圣维南指出:"为得到抗力，就要用新的精确公式进行必要的长时间计算，即使有可能犯下导致安全性问题的严重错误，上述计算也值得肯定。"

压力最大值 f 可由下式得：

$$\frac{EAf^2}{2l}=\frac{Wv_0^2}{2g}\frac{1}{1+\frac{1}{3}(ql/W)} \qquad (e)$$

为计算出一个更为满意的答案，圣维南考查一端嵌固另一端附加有集中质量的杆件体系。可知，实际上，纳维已经研究过该体系的自由振动解[①]，圣维南只是将老师的答案用于冲击工况罢了。他假想：受冲击的瞬间，杆件保持静止，而附加在杆端的集中质量则突然获得了初速度 v_0。于是，圣维南利用纳维的解，将杆端的运动方程表示成级数形式，然后再用求和法找到最大挠度，这与式（e）的近似解十分类似。利用瞬时冲击后杆件纵向振动方程的级数形式，圣维南又算得纵向最大应变，并发现它与近似式（e）所假定的均匀应变大相径庭。圣维南的计算结果见表 7-3，从表 7-3 中可见，由级数得出的最大应力 σ_{max} 和由式（e）计算的 σ'_{max} 之比，将会随 ql/W 的增大而增长。

表 7-3 计 算 结 果

参　数	值				
ql/W	0.25	0.50	1	2	4
$\sigma_{max}/\sigma'_{max}$	1.48	1.59	1.84	2.67	3.47

这里再次说明：在圣维南的解中，鉴于其假定冲击体牢固吸附于杆端，故而同样未将冲击体回弹的可能性考虑在内。后来，当他再次回顾该问题时[②]，发现可以根据纳维的三角级数把以上解略微改动，但必须找出一个有限项的解形式。这个堡垒最终先后被布西内斯克、塞贝尔（Sébert）和于戈尼奥（Hugoniot）攻克，将在后面章节中进一步讨论这几

①《巴黎数学爱好者学会通报》1823 年，第 73～76 页；1824 年，第 178～181 页。
② 详见克莱布什的《固体弹性理论》第 60 条后记，该书经圣维南和符拉芒翻译成法语，并由圣维南注解，巴黎，1883 年。

位科学家的成就(参见第 52 节)。

42. 桁架的早期理论

众所周知,桁架结构最先被人们用于木桥和屋架施工中。罗马人就曾经利用过桁架体系,图 116 所示木制上部结构是横跨多瑙河的著名桥梁,它以罗马图拉真(Trajan)凯旋柱的浅浮雕形式呈现在世人面前,因为这是图拉真皇帝亲自下令修建的[①]。在文艺复兴时期,意大利的建筑师也开始使用木制桁架,第一位建造这类长跨结构之人大概是著名建筑师帕拉第奥(Palladio)。图 117 所示 100 ft 长木桥就出自这位大师之手,该桥施工地点位于特伦特(Trent)和巴萨诺(Bassano)之间。图 118、图 119 是帕拉迪奥的另外两件桥梁设计作品。

木桥结构进一步发展的推手是瑞士小国。如图 120 所示,这是位于沙夫豪森(Schaffhausen)、横跨莱茵河的著名两跨桥中的一跨,修建于1759年,出自天才木匠让·乌尔里希·格鲁本曼(Jean-Ulrich Grubenmann)之手,跨长分别为 171 ft 和 193 ft,实践证明,其强度足以安全通过 25 t

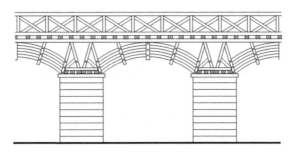

图 116　多瑙河上的图拉真桥

① 关于桥梁的早期历史,参见戈蒂埃(H. Gautier)的《论桥梁》(*Traité des Ponts*),巴黎,1765 年。另见纳维的《戈泰的成就》(*Oeuvres de M. Gauthey*),1809—1818 年,巴黎。木桥的重要资料可参见加斯帕尔·沃尔特(Gaspar Walter)的《桥梁施工指南:如何根据最佳木作规则建造各式桥梁,包括木桥和石桥》(*Brückenbau oder anweisung wie allerley arten von brücken sowohl von holz als streinen nach den besten regeln der zimmerkunst dauerhaft anzulegen sind*),奥格斯堡(Augsburg),1766 年。

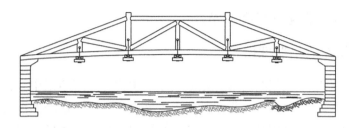

图 117 帕拉第奥设计的位于特伦特附近的桥

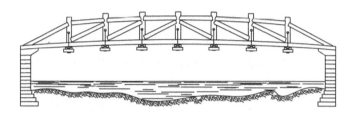

图 118 帕拉第奥设计的桁架桥

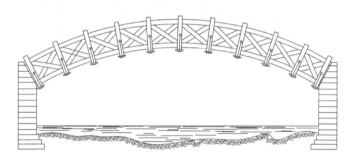

图 119 帕拉第奥拱桥

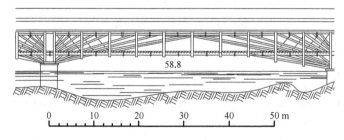

图 120 位于沙夫豪森横跨莱茵河的格鲁本曼桥

重的车辆。1778 年,在韦廷根附近的利马特河上,格鲁本曼和他的哥哥建造过一座更长的单跨桥,跨长约达 390 ft,然而非常可惜的是,在 1799 年的战争里,以上两座大桥都被法国人给烧毁了[①]。后来,瑞士和德国均兴建过许多这种类型的桥梁[②],但跨度均比较小。木桥结构的后续发展变化涵盖具备更大容许刚度的拱体结构形式[③]。

　　从铁路建设开始,桥梁设计与建造的正确方法就变得至关重要。西欧的铁路建设发端于人口稠密地区,桥梁被赋予永久性标签,石拱桥、梁式铸铁桥以及铸铁拱桥也因此开始受人追捧[④]。然而,美国或俄罗斯的情况则大相径庭,那里人烟稀少,铁路里程漫长,在经济上要求初期投资小,大量结构都偏于临时性目的,因此木材便广泛使用于桥梁建设中,从而促进了各种桁架体系的出现,其中,不乏与帕拉迪奥类似的桁架样式。图 118 及图 121 分别表示朗式(Long)与 汤(Town)式桁架[⑤],图 122 为豪式桁架,这些都是当时普遍使用的结构形式。

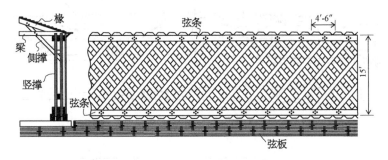

图 121　汤式桥梁

---

　　① 有关这些桥梁的信息,可以参见克雷蒂安·德·梅切尔(Chétien de Mechel)的《瑞士著名三木桥的平、立、剖面》(*Plans, coupes et élévations des trois ponts de bois les plus remarquables de la Suisse*)。

　　② 关于瑞士的木桥,详见布伦纳(J. Brunner)的《瑞士木桥结构》(*Der Bau von Brücken aus Holz in der Schweiz*),苏黎世,1925 年。

　　③ 在法国,戈泰发展了这些桥梁形式;而在德国的巴伐利亚,它们更是得到威伯金的青睐。

　　④ 关于各种类型的早期铁路桥梁,可以参考约翰·威尔的《桥梁理论、实践与构造》,伦敦,1853 年;另见威廉·亨伯(William Humber)的《铸铁与锻铁桥梁的实用理论》(*A Practical Treatise of Cast and Wrought Iron Bridges and Girders*),伦敦,1857 年。

　　⑤ 如图 118 所示,朗式桁架与帕拉第奥桁架非常类似。

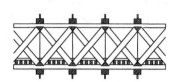 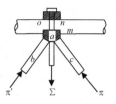

图 122 豪式桁架

1840 年，美国出现了人类历史上最早的全金属桁架体系[1]。图 123
是惠普尔(S. Whipple)修建的桁架桥之一，上弦采用铸铁，下弦和斜腹杆
为锻铁。图 124 是他于 1852—1853 年为伦斯勒-萨拉托加(Rensselaer-
Saratoga)铁路修建的另一座桥梁，与豪式木桥相似，压杆也为铸铁，而
拉杆则用锻铁制成。

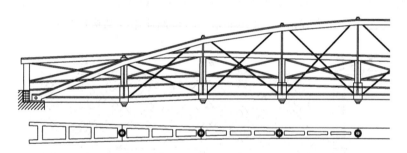

图 123 惠普尔桥

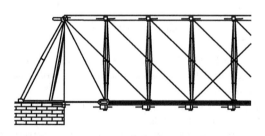

图 124 惠普尔的伦斯勒-萨拉托加铁路桥

① 详见梅尔滕斯《铁桥建筑》，莱比锡。本书的第一卷主要描述了桥梁的历史。

　　在惠普尔的书中,最早出现了桁架分析的实用方法[①]。他不仅讨论过均布恒载,还涉及动载的工况。对于后者,惠普尔求出了任意特定桁架杆件的最不利动载位置。在分析如图 125 所示桁架体系时,惠普尔假定斜腹杆只能承受压力,从而将桁架简化成为一个静定结构,然后再从某个支座开始,利用体系各相邻节点上力的平行四边形计算出杆件内力。按照以上思路,惠普尔便从解析与图解两个方面,向我们清晰勾画出了有效的静定桁架计算方法。在图解法中,其在桁架计算简图的每个节点上绘制出一个力多边形。然而在当时,工程实践者对惠普尔的功劳却好像视而不见、听而不闻,就连豪普特在自家著作(1851)的序言中也写道[②]:"最初,因被要求履行专业职责去监督工程建设,他便将注意力转到如何选定桥梁构件适当比例尺寸这个主题上,然而,无论是从工程师、施工技术人员或书本那里,他都无法找到令人满意的答案"。事实上,与惠普尔相比,豪普特的书更不清楚也不理想,而前者著作却早在五年前就已经出版了。

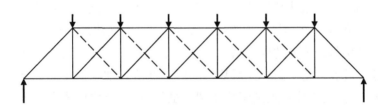

图 125　惠普尔分析过的桁架结构

　　英国的第一座金属桁架建成于 1845 年,为格构式,类似于木制汤式体系(图 121)。1846 年,英国人引入图 126 所示三角形华伦式桁架(Warren's system),并且这些体系的分析方法早在 1850 年就尽人皆知了。在 1857 年的《铸铁与锻铁的应用》[③]第 2 版第 202 页里,费尔贝恩

---

　　① 惠普尔,《论桥梁建筑》(*An Essay on Bridge Building*),尤蒂卡市(Utica),纽约州,1847 年。

　　② 赫尔曼·豪普特(Herman Haupt),《桥梁建筑的一般理论》(*General Theory of Bridge Construction*),纽约,1851 年、1869 年。

　　③ 译者注:原书为 *On the Application of Cast and Wrought Iron*。

写道：也就是在 1850 年,他从布拉德(W. B. Blood)那里拿到这种分析方法,随后得出正确的杆件应力计算公式,其适用于解决均布恒载以及动载最不利分布问题。在亨伯的书中(详见本节),令人感兴趣的实验数据是华伦式桁架的应力值(详见该书第 56 页)。在布拉德与多恩(Doyn)的模型试验中,试件长 154 in、高 12.12 in,为了便于测定内力,被测应力杆件位置处安放了一个专用测力计。实验数据十分吻合理论计算值。

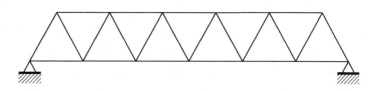

图 126 三角形的华伦式桁架

法国工程师也热衷于桁架分析。早在 1848 年于梅兹军事学院讲课时,米雄就讨论过大跨屋架中的桁架体系应力计算方法[1]。在法国国立工艺学院,莫兰主持了一项跨长 5 m 的帕拉迪奥式铁路桥桁架(图 117)试验研究[2],测力计的应力结果与计算结果如出一辙。豪式桁架的理论分析进展得益于儒拉夫斯基(参见第 33 节),维尔比亚大桥就是他的杰作,其结构体系正是豪式桁架。虽然,这种结构形式在美国的铁路建设中已经应用了很多年,然而在 1844 年前后,却没有现成的应力分析理论。儒拉夫斯基的功劳在于,不仅设计建造了该桥,还发展出相应的杆件应力计算方法,并进一步提出了一套平行弦桁架的通用分析方法。

对于如图 127 所示桁架,儒拉夫斯基发现,豪式桁架的节点具有如此性质,其斜腹杆仅承受压力,且在均布荷载作用下,只有图 127 中的

---

[1] 详见圣维南的《固体抗力与弹性的研究简史》第 211 页。米雄(M. Michon)的方法编入莫兰的《材料的抗力》第 3 版,第 2 卷,第 141 页,1862 年。
[2] 译者注：法国国立工艺学院(Conservatoire national des arts et métiers)。莫兰,《材料的抗力》第 1 版,第 324~326 节,1853 年。

实线斜杆起作用,这样一来,整个桁架就可以简化成静定体系。在分析该结构时,儒拉夫斯基根据对称性原理判断出,荷载将在两个支座间均等分布,而且能够假定:跨中以左的荷载及中点作用力的一半必将传至左侧支座,而其余荷载均会传递到右侧支座。儒拉夫斯基从桁架上方的中央节点 0 处开始进行内力分析,且断言,传递到左支座的该节点荷载,其中的一半,即 $0.5P$,将在斜杆 0—1 中产生压力 $0.5P/\cos\alpha$,该力传至节点 1 处,又使竖向螺杆 1—2 产生 $0.5P$ 的拉力,并沿下弦产生 $0.5P\tan\alpha$ 的水平力。接着考查节点 2,这里除有竖杆拉力 $0.5P$外,还有垂直向下的外荷载 P,此二力的合力终将带来斜杆 2—3 内 $1.5P/\cos\alpha$ 的压力,同时,上弦水平力也会变成 $1.5P\tan\alpha$,依此类推到节点 3、4、$\cdots$。最终,儒拉夫斯基计算出的其余各竖向螺杆拉力分别为 $1.5P$、$2.5P$、$\cdots$,而各斜杆压力分别为 $2.5P/\cos\alpha$、$3.5P/\cos\alpha$、$\cdots$。由此可见,竖杆和斜杆的轴力从跨中向支座逐渐增加,而各弦杆的内力则在跨中最大,向两边支座逐渐减小。

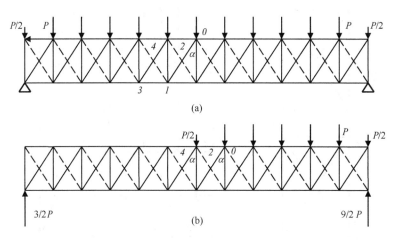

图 127　儒拉夫斯基分析过的桁架结构

对于如图 127b 所示非对称荷载,儒拉夫斯基首先找到哪些斜腹杆起作用,并在知道支座反力后,判断出左起头两个荷载的力会传递到左端支座,而起作用的斜杆将如图 127 中的实线所示。接下来,从节点 0

开始,按照类似于上述方法,依次很容易求出各杆件内力。这样一来,儒拉夫斯基就能找到桥梁每根构件的荷载最不利布置情况,从而计算相应的最大内力,并据此来选择各杆件的恰当截面尺寸。儒拉夫斯基设计了一个桥梁模型,其垂直螺杆用金属丝制成,当模型受力时,能够依据金属丝发出的音调来判断拉力大小。

在豪式桁架中,如何确定杆件内力是一个实用问题,更为复杂。因为旋紧杆件上的螺母之后,体系一定会产生相当大的初始应力,在内力分析时,这一点不能忽略。对此,儒拉夫斯基首先取出一个节间作为脱离体(图 128a),并指出:如果把垂直螺杆拧紧,斜杆中就会产生压力,同时,弦杆伴生出拉力。然而,儒拉夫斯基强调,决不可将这些初始应力简单地附加到外荷载所产生的应力中[1]。为证明自己的观点,他先假定螺杆 ab 固定不动,然后来研究沿螺杆 cd 的垂直荷载 Q 的作用;显然,由于 Q 的存在,斜杆 ac 中的初始压力将减小,同时 bd 的应力将增加。在最

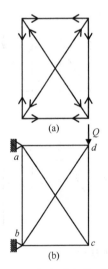

图 128 桁架节间的受力

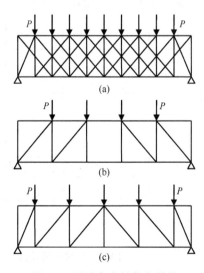

图 129 更为复杂的桁架结构

[1] 这种叠加原理在儒拉夫斯基发现多年以后才被一些工程师所采用。例如,雷布汉的《钢木结构理论》第 517 页,维也纳,1856 年。

大剪力 Q 作用下,当某个节间存在像 ac 这样的斜杆(图 128b),只要很小压力便能维持其位置不变时,便获得了桥梁桁架任意节间内螺杆的最佳初始紧固效果。在该情况下,总剪力 Q 将由第二根斜杆传递,而垂直螺杆和斜杆的最大内力值将与之前图 127 分析的结果一致。

　　如图 129a 所示,在展开讨论时,儒拉夫斯基又考查了更为复杂的桁架体系。并且他建议,可以利用叠加方法来计算构件内力,因为它们很容易从图 129b、c 的两种简单桁架计算模型中求出[1]。

　　儒拉夫斯基讨论了具有三个支座的桁架,并给出其在均布荷载作用下的内力计算方法。为了能够继续利用前述分析原则,他认为,必须首先确定某个特殊截面 mn 的位置,使该截面左侧 $a0$ 部分的桁架外力能够全部由支座 A 承担。如果该截面位置已知,就能进一步掌握相关有效斜杆的传力方向,并按之前的分析方法,从上方节点 0 处开始进行内力计算。为找出截面 mn 的具体位置,儒拉夫斯基引入了两条假设:① 该截面与桁架螺杆之一重合(图 130 中的 0-0 螺杆);② 当桁架变形时,此螺杆仍保持铅垂状态。儒拉夫斯基采用试错法来寻找此截面:设 0-0 螺杆就是所求截面,则按之前的方法,可以辨认出受力斜杆,并计算出上弦节点的水平轴力;如将上弦 0-1 部分看作固定在 0、1 两端的一根杆件,便很容易知道传递到固定端 0 点处的力;如果 0-0 螺杆的位置选择正确,那么这个力就必与沿上弦 0-a 部分作用的各力相互平衡;反之,则再按以上步骤寻找其他位置。这样一来,儒拉夫斯基便完美地解决了此超静定问题。

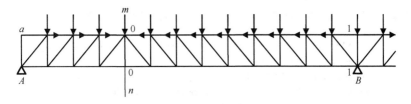

图 130　具有三个支座的桁架

[1] 假定跨度相等。

然而可惜的是,这些研究成果是在桥梁建成以后才问世的。1850年,儒拉夫斯基发表了他的桁架分析方法[1],1854年,又将豪式桥梁完整形式的成果上报至俄罗斯国家科学院,并因此获得杰米多夫奖[2]。

桁架分析的下一座里程碑归功于两位德国工程师施威德勒[3]及里特尔[4]。前者在分析中引入弯矩和剪力概念,并写出以下关系式:

$$V = \frac{\mathrm{d}M}{\mathrm{d}x} \tag{a}$$

在后来的桁架分析中,该式被广泛使用。利用这个关系式,施威德勒证明了最大弯矩值所在截面是剪力改变符号之处[5]。对于如图 131 所示桁架,施威德勒取截面 mn 为研究对象,并利用三个静力方程,得到了三根相交杆件的内力。他指出,这些力的大小将随着桁架高度的改变而改变,而桁架的最优标准形式则应使其高度正比于每个截面上由恒载及均布动载所产生的弯矩,并且优化后的桁架,其斜腹杆不受力。他认为,斜杆的应力符号会随着剪力方向的变化而变化。另外,他给出一种桁架分段界限的方法,该段内只包括两根同时受拉或者同时受压的斜杆。最后,施威德勒还提及了一些更复杂的桁架体系(例如汤式桁架),并建议,在分析这类桁架时,可将其分解成如图 129 所示简单结构。

---

[1] 其桁架分析方法详见《道路交通与市政工程杂志》(*Zhurnal Glavnago Upravlenia Putej Soobchenia i Publichnih Rabot*),1850 年。

[2] 这项杰米多夫(Demidov)奖的成果发表于 1856—1857 年的圣彼得堡。其中,有关计算梁内剪应力的部分被翻译成法语,并发表于《国立路桥学校年鉴》第 12 卷,第 328 页,1856 年。

[3] 施威德勒(J. W. Schwedler)的《桥梁体系理论》(*Theorie der Brückenbalkensysteme*),《建筑工程杂志》第 1 卷,1851 年,柏林。

[4] 里特尔(A. Ritter),《钢铁屋架和桥梁结构的基本理论与计算》(*Elementare Theorie und Berechnung eiserner Dach und Brücken-Constructionen*),1862 年。

[5] 在皮尔森的著作《弹性理论与材料力学史》第 2 卷第 613 页上,这位作者认为,施威德勒并非推导出式(a)的第一人,但作者也无法找到其更早的出处。1833 年,纳维在其《国立路桥学校应用力学课程总结》一书第 234 页,对此进行过一次不完备的讨论,他指出,最大弯矩点"通常位于受力构件的荷载重心的垂直线上"。

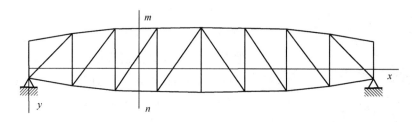

图 131　施威德勒研究过的桁架结构

　　里特尔简化了桁架杆件内力计算流程,他取一个与杆件相交的截面 *mn*(图 131),分别对三根杆件中每两个的交点取矩,并写出弯矩方程。这样一来,每次仅需求解含有单个未知数的一个方程,便能够得到所有杆件的内力。

　　无论是施威德勒还是里特尔,其计算模式都是解析法,而图解法则是桁架分析中的另一种简化方式,这种非常巧妙的构思是库尔曼与麦克斯韦两人共同提出的。

43. 卡尔·库尔曼(1821—1881)

　　卡尔·库尔曼(K. Culmann;图 132)出生于贝格察伯恩(Bergzabern,又称莱茵法尔兹,Rheinpfalz),父亲是当地的一位牧师。在他的言传身教下,库尔曼接受了非常完善的预科教育,以致刚满 17 岁的库尔曼,就能够直接进入卡尔斯鲁厄理工学院的三年级,而不必需要额外两年的预科班学历。毕业之后,库尔曼于 1841 年在霍夫(Hof)参加了巴伐利亚铁路建设工作,也因此开始有机会负责设计并施工一些重要的铁路结构。当时,纳维的《国立路桥学校应用力学课程总结》是最为流行的材料力学著作,在结构分析时,库尔曼经常参考此书。1849 年,为了提高自己专业水平,他远涉英国和美国游历。作为这次旅行的成果,库尔曼编写并发表了一篇内容丰富的英美桥梁研究报告[1]。这份报告对德

---

[1] 详见《建筑工业》(*Allgem. Bauztg.*)第 16 卷,第 69～129 页,1851 年;第 17 卷,第 163～222 页,1852 年。这两篇论文附有大量精美的英美桥梁设计图稿。

图 132　卡尔·库尔曼

国的桥梁工程和结构理论至关重要。当时，英美铁路建设水平领先于德国，因此，他发现了许多值得研究的重要结构。那时的库尔曼，已经具备比许多英美工程师更为丰富的理论知识，故而在研究新型结构体系时，他常常可以做出重要评述。

库尔曼的论述，历史价值深远。当开始关注美国木制桥梁时，他惊奇地发现，这些木桥不仅是对欧洲式样的简单模仿，还结合了很多创新元素。库尔曼特别留意斯蒂芬·哈里曼·朗（Stephen Harriman Long）的成就，在选定桥梁桁架杆件尺寸方面，后者理论知识丰富，是美国当时最优秀的工程师之一。朗式桁架与帕拉第奥的类似，却更懂得如何高效计算桁架杆件的应力，并在论文中列举出了各种不同跨度的结构构件最佳尺寸①。在描述完几座朗式桥梁后，库尔曼评论道："我不知道朗是否还健在，如果是，也许我就没活可做了。美国工程师非常务实，他们对自己周围的杰出人物没有多大兴趣，每一位经验丰富的工程师都自认为是最高权威，瞧不起旁人，也不关注别人。"

在讨论豪式结构体系时，库尔曼观察到，对于结构理论而言，这种体系并没有引入新素材，其功劳仅表现在将朗式桥梁的施工方法进行了某些实用革新。提及汤式桥梁，库尔曼则颇有微词，他不提倡将它们在德国应用。库尔曼在报告结尾提到了布尔（Burr）修建的桥梁，并认为，这些桥梁样式源自欧洲拱桥，介绍人是戈泰和威伯金（Wiebeking，参见第 42 节）。库尔曼用事实表明，虽然布尔的桥梁形式令人满意，但没有理论分析方法，以致我们很难知道该桥面上的荷载有多少是由拱来传递，又有多少是依靠加劲桁架来承担的。

---

　　① 这篇论文的题目是"改进的支撑桥梁"（*Improved brace bridge*），一种改进的桥梁专利说明，1839 年。斯蒂芬·哈里曼·朗中校获得了该项专利。

为厘清不同木桥类型的受力特点,库尔曼发展出一些新的桁架体系分析方法。他对朗式和豪式桁架进行大胆探索,提出了这两类超静定结构的近似分析流程。或许库尔曼的成果与之前提到的施威德勒的论文(参见上节)已经构成那个年代最完善的桁架分析理论。

在利用自己的办法对各类木桥进行分析之后,库尔曼便有理由相信:在结构计算时,美国人的动载取值比欧洲规范小很多;同时,美国桥梁的工作应力有些过高。正是这些因素促使他对美国桥梁结构的安全性提出了一些负面评论。

1852 年,库尔曼发表了以铁桥为中心的第二篇论述。在英国游学期间,这位作者对布鲁内尔的板梁结构(参见第 37 节)印象深刻,尤其对一座刚刚竣工的巨大箱梁桥颇感兴趣。库尔曼把大部分功劳都算在费尔贝恩头上,似乎他早已从偶像的论著(参见第 37 节)中得到了关于这些桥梁的所有基本资料。如今在英国,库尔曼遇见不少以斯蒂芬森为首的有识之士[1],在这些人影响下,他明显改变了自己的态度。对此,可以从库尔曼的论文里看出端倪,他言辞激烈地批评费尔贝恩的部分成果。库尔曼认为,不能将基础研究错误地托付给一个没有丰富理论知识之人,在进行大量高价实验后,费尔贝恩仅发现了铁的抗压性能比抗拉性能弱,这是多么微不足道,况且如此实验成果甚至就摆放在现成的教科书中。似乎库尔曼的这种贬损评价是欠考虑的,因为在那个年代,很少会有人懂得薄壁结构。而事实上,费尔贝恩的实验让工程界第一次意识到稳定问题的重要性,并且上述不足已经长期潜伏于受压铁板和受压薄壳结构的设计中。

当开始研究金属桁架时,库尔曼评述道,这些东西原本就是现成木桁架的仿制品。在游历华盛顿过程中,他参观了瑞德(Rider)的工厂。当时,那里正在加工瑞德桥梁专利中的构件,库尔曼批评了这位美国发明家。他认为,美国人好像完全仅满足于用发明来赚钱,却无暇顾及如

---

[1]　由于费尔贝恩与斯蒂芬森意见不合,所以在 1849 年完成康威桥的第一个桁架结构之后,就不再过问箱梁桥的研究工作了。

何更进一步改善他们的结构水平。在他眼里,瑞德工厂中的敞开式桥梁,其主要缺点是受压上弦杆件没有足够刚度,这种缺陷有可能令上弦杆压屈。库尔曼将压屈比喻成灾难,一种他有本事辨别出来的灾难。以库尔曼的眼光,惠普尔式桁架的稳定性更好,因为其受压上弦的水平刚度更大。另外,这位达人还有意诋毁那些与汤式木桁架长得相似的铁制格构桁架(图121),理由是其中薄且扁平的受压杆件无法承受巨大压力,会向两侧压曲。在此问题上,它们甚至比汤式桥中的木构件还要差,因为用木材制造时,原料一定会厚很多。他还提到,最好不要采用竖向加劲杆,这种杆件完全改变了格构式结构的工作条件。另外,库尔曼还反对德国所采用的格构式桁架。

访美期间,大多数美国工程师对铁制桁架缺乏信心,或许金属的疲劳破坏是主要诱因。他们告诉库尔曼,在反复冲击和振动作用下,纤维状的铁显露出晶状结构,构件可能在没有任何削弱的征兆下突然破坏。然而通过观察,库尔曼已经胸有成竹,他相信,造成该缺陷的原因是美国桥梁的材料应力过高,降低工作应力则能消除疲劳破坏。

美国悬索桥给这位德国工程师留下深刻印象。他评论道,在游览期间的全部桥梁里,令人流连忘返的是位于横跨俄亥俄河的惠灵(Wheeling)悬索桥。当时,美国工程师正在探讨铁路悬索桥的安全问题。库尔曼根据自己的分析认为,如果能够通过适当的加劲桁架来弥补柔性过大的不足,那么,在铁路建设中使用这种桥梁就是可行的。另外,他还提议,加劲桁架所需的截面尺寸应当等同于悬索桥跨度一半的桁架桥。

总体而言,库尔曼对美国桥梁和美国工程师的勇敢精神敬佩有加。但在他眼里,美国人对结构体系的基础理论不够重视,他们手里的结构工程几乎无法令人百分百满意,要么是它在理论上不健全,要么是在服役期间会失效。

1852年回国后,库尔曼继续在巴伐利亚铁路公司负责工程项目,直到1855年,才受邀来到新成立的苏黎世联邦理工学院担任结构理论教授。库尔曼热衷教学,将全部精力投入课程准备工作,特别强调工程结构分析中图解法的重要性。实际上,自从瓦里尼翁的那个时代起[1],力多边形和索多边形的构造方法已尽人皆知。在分析拱问题时,拉梅和克拉佩龙均使用过该法,在彭赛利的挡土墙理论中也出现过[2]。然而在库尔曼之前,图解法用于结构问题却仅限于个别情况。换言之,其主要功绩体现在:系统将图解法引入各类结构体系分析中,并正式出版了第一本有关图解静力学的论著[3]。

在这本书中,人们发现了许多图解法的早期案例。在其引言章节里,作者于引言章节指出了投影几何在图解静力学中的价值,并就力系投影特性展开讨论[4]。当处理实际问题时,库尔曼首先引入平面上的平行力系,说明如何利用索多边形来求解梁的支座反力,并说明如何画弯矩图以及确定能够产生最大弯矩的动载位置。接着,平面图形形心位置的图解法以及对某轴线的惯性矩计算方法又先后成为其囊中之物。另外,库尔曼还回答了如何找出图形的主轴方向,如何画出一个惯性椭圆,以及怎样利用惯性椭圆确定杆件截面核心等一系列棘手问题。

如图 133a 所示,在论及梁的弯曲理论时,库尔曼提供了一种用图解法求任意点 A 应力的途径。取微元 Amn,并用 σ_x、τ_{xy} 表示应力分量,该应力位于经过 A 点的平面内,且分别垂直于 x 轴、y 轴,则任意斜截面 mn 上的法向和切向应力分量都可以通过应力圆上的各点坐标表示。如图 133b 所示,为画出此圆,仅需取坐标为 (σ_x, τ_{xy}) 的 a 点,并找到其对称于 X 轴的 a_1 点,这样一来,线段 a_1b 便是圆的直径,该应力圆可定。库尔曼指出,由微元 Amn 的平衡方程可知,作用在任意平面

① 详见瓦里尼翁的《新力学》第 1 卷,巴黎,1725 年。

② 《高级工程师学报》第 12 卷,1835 年;第 13 卷,1840 年。梅兹军事学院的彭赛利继任者米雄,在拱与挡土墙理论中应用了图解法。在库尔曼的法语翻译版著作(巴黎,1880 年)前言中,米雄的讲义是一个重要参考。

③ 库尔曼,《图解静力学》(*Die graphische Statik*),苏黎世,1866 年。库尔曼讲义的复本以笔记形式发表于 1864—1865 年。1875 年,出版了扩充后的第 2 版第 1 卷,但在第 2 卷即将付印前,库尔曼便去世了。1880 年,出版了第 2 版的法语译本。

④ 在该书的序言中,库尔曼提出一个观点,他认为,投影几何学应当成为工程学专业的必修课程。同时他假定,读者已经具备了这方面的知识。然而,他的这个意见并没有得到普遍认可,因为图解静力学中那些具有实用价值的部分,并不需要以这门新的投影几何学为基础。

mn 上的应力分量 σ、τ 可根据 c 点坐标确定,而该点又可以通过平行于斜边 mn 的直线 a_1c 与圆交点得到。他断言,水平直径的两端 d 点和 e 点决定了 A 点主应力大小及方向,并证明:最大剪应力作用面将等分两个主应力平面之间的夹角,而最大剪应力值就等于应力圆的半径。显而易见,库尔曼给出的这个应力圆就是一个特例,预示着后来应力分析中广泛使用的莫尔圆(参见第 60 节)。掌握主应力方向后,他又进一步阐述了应力迹线问题,并绘制出图 134 所示草图,用以说明悬臂梁的应力迹线。

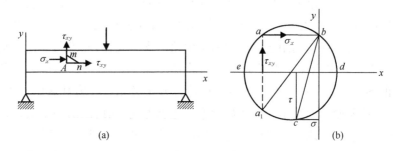

(a)　　　　　　　　　　　(b)

图 133　库尔曼的图解法

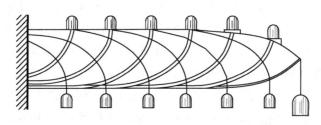

图 134　库尔曼绘制的动迹线

后来,库尔曼还对当时铁路桥梁中广泛采用的连续梁进行了全面研究。他推出一种求解连续梁问题的图解法,若干年后,这种方法又被莫尔进行了一些简化(参见第 60 节)。对于连续梁的反弯点而言,库尔曼提议,可以在实际结构中采用一些如图 135a 所示中间铰,并认为这些结构措施有助于长跨桥梁搭建。如图 135b 所示,曲线形状代表连续梁的应力迹线,库尔曼此认为,长跨桥梁的结构外形设计应当参考该曲线形式。他说,伦敦工业展览会上的一个桥梁模型就遵循了自己的上述理念。

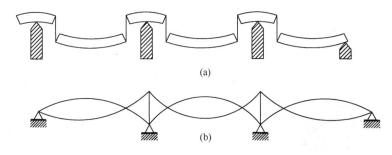

图 135　库尔曼的桥梁中间铰

　　在应用图解法进行桁架内力分析时,库尔曼为我们引入了截面法 (method of sections)。对此,他解释道:每次只要截取三根杆件,就能够将已知外力沿杆件的轴线方向进行分解,从而求出这些内力。通过考查相邻节点的平衡条件,并绘制出正确的力多边形,他又试图画出桁架内力图形。在利用节点法时,虽然库尔曼没有秉承麦克斯韦所提出的互易关系(参见第 45 节),但他的受力图形与麦克斯韦的推导结果几乎完全类似。

　　在论著最后一章中[1],库尔曼进一步发展了拱与挡土墙分析的图解法。如果论结构理论的教学效果,他的书也许已经远远超出苏黎世联邦理工学院的大纲。其图解法得到业界认可,并被德国工程师及科学家埃米尔·文克尔、奥托·莫尔等人广泛采用,对后续的图解静力学发展贡献巨大。在意大利,图解法经米兰工业学院教授克里摩拿(Cremona)的引入而流行。1890 年,托马斯·比尔(Thomas H. Beare)教授将克里摩拿在图形演算和互易图方面的那本畅销书[2]译成了英文。

44. 麦夸恩·朗肯(1820—1872)

　　麦夸恩·朗肯(W. J. Macquorn Rankine;图 136)出生于爱丁堡[3]。

---

　　① 他计划在第二版时对这部分内容进行全面修订,但在书稿完成之前却不幸去世了。
　　②《图解静力学中的互易图》(*Le figure reciproche nella statica grafica*),米兰,1872 年。
　　③ 引自泰特(P. G. Tait)对麦夸恩·朗肯的生平介绍,出自朗肯的科研论文集,伦敦,1881 年。

图136 麦夸恩·朗肯

他的父亲从军队退伍后,便当上铁路建设工程师,而且在工程界里见多识广。在格拉斯哥的学校里读了一阵子后,朗肯又在爱丁堡接受了几年私人教育。1836年,朗肯进入爱丁堡大学,参加了福布斯(Forbes)教授主讲的自然哲学课程,他的一篇课程论文《光的波动理论》[1]还获得过金质奖章。读书期间,朗肯特别热衷于工程实践,帮助父亲在爱丁堡和达尔基斯(Dalkeith)铁路公司管理工程项目。1838年,在麦克尼尔(J. B. Macneil)领导下,他以工程师名义开始从事铁路建设工作,大部分时间都用在都柏林和德罗赫达(Drogheda)的铁路勘测和结构设计上。随后,又参与了加里东铁路公司(Caledonian Railway Company)的几个规划项目。

朗肯很早就开始发表科学论著,第一篇论文出现在1842年,题目叫做《有关铁路用柱状轮优势的实验研究》[2]。第二年,又向土木工程学会提交了关于轮轴疲劳破坏的学术论文(参见第38节),在其文章注释里,他还特地提到:自己的一些早期论文都得到过父亲的指点。自1848年开始,朗肯将兴趣转向分子物理学和热力学,并发表过许多重要的物理学论文。1853年,朗肯当选皇家学会院士。

1855年,朗肯受聘成为格拉斯哥大学工程专业讲席教授,并一直工作到1872年去世。这所大学可能是英国最早开办工程专业的学校。该校曾经的教授约翰·安德森(John Anderson,1726—1796)立志创立一家培养技术工人的院校,1796年梦想成真,一所以他命名的安德森学院终于诞生了,自然哲学和化学成为学院的主修课程。1799年,乔治·伯克贝克(George Birkbech,1776—1841)开始在该校传授力学和应用

---

① 译者注:原书名 *Undulatory Theory of Light*。

② 译者注:原书名 *An Experimental Inquiry into the Advantage of Cylindrical Wheel on Railways*。

科学,他们两人的办学经验为英国其他城市的工程学教育打下坚实基础。1840 年,大英帝国的第一个土木工程专业讲席教授职称确立了;1886 年诞生出格拉斯哥和西苏格兰技术学院(Glasgow and West of Scotland Technical College),这所学校系由几所专科院所联合而成,之前,安德森学院的技术专业也成为这家联合学院的一部分。

1855 年后,朗肯将大部分精力投入教学工作。他的讲课,特别是教材,对英国早期工程科学的发展影响深远,对把工程教育层次过渡到大学水平贡献巨大。在材料力学和结构理论方面,朗肯的大部分创作都包含在由其所著并被重印多次的两本著作里,它们分别是 1858 年第一版的《应用力学手册》和 1861 年版的《土木工程手册》[①],时至今日,可读性仍然很强。在写作过程中,朗肯特别关注不同工程学科的背景知识,并在其中融入大量个人原创内容。

在《应用力学手册》中,当写到材料力学内容时,他首先从弹性体的数学理论入笔,对一点上的应力与应变进行了完整讨论,并进一步发展出基本平衡方程,这大概是在英国文献中能够看到的最早有关应力、应变这些名词术语的严格定义。在其著作里,每个问题都是先从最一般的形式展开讨论,然后才会继续考虑各种有实用价值的特殊工况,这种写法令朗肯的书晦涩难懂,必须绞尽脑汁方可领悟。

在讨论结构理论问题时,朗肯引入自己在静力学中的平行投影法[②],且指出这种方法的一些重要应用场景。他说道:"如果通过任何点系作用的平衡力系能够用一系列直线表示,那么,这些直线的任意平行投影也将代表一个平衡力系。"朗肯把上述原理用至骨架结构理论上,并强调:"如果由抗力线构成某给定图形的骨架结构,能够在直线系所代表的外力作用下平衡,那么另一个新结构就可以在以此直线系平行投影为特征的某力系下继续保持平衡,前提条件是新结构的抗力线图形就是原图形的平行投影;而新结构杆件应力所代表的直线将是原结

---

① 译者注:原书为 *Manual of Applied Mechanics*, *A Manual of Civil Engineering*。
② 《应用力学》(*Applied Mechanics*)第 14 版,第 4 章,1895 年。

构应力直线的相应平行投影。"朗肯列举了上述理论在拱分析中的一个
重要应用案例：如图 137a 所示，对于承受均布法向压应力 p 的圆形拱
线或环[①]，环的推力 T 将等于 p 与半径 r 的乘积。作出如图 137b 所示
平行投影，当所有水平尺寸按同一比例 n 增加时，如果不改变任何垂直
尺寸，便可以得出一个椭圆抗力拱线。由于在上述投影过程中，力的垂
直分量大小不变，但距离却变成了原来的 n 倍，因此，拱上的竖向压力
将为 $p_y = p/n$，同理，水平压力为 $p_x = np$，而椭圆拱水平截面 A、B 上
的推力为

$$T_1 = p_y \cdot a = \frac{p}{n} rn = pr$$

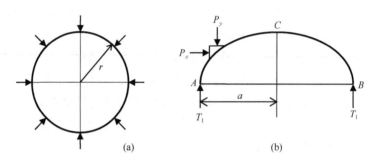

(a)　　　　　　　　　　(b)

图 137　平行投影法在拱环中的应用

同时，垂直截面 C 上的推力为

$$T_2 = p_x r = npr$$

如图 138 所示，对于承受静水压力的线型拱 ACB 而言，曲线上任
一点 M 处的曲率必定与该点的深度 y 成正比，因为只有这样，曲线上
微元两端推力的合力才能够与静水压力相互平衡。为了得到如此曲
线，朗肯用一根水平弹性金属丝 DCE，其两端分别与图中虚线所示的
竖杆 EF 及 DG 相连。现将金属端头旋转 $180°$，就能依靠水平力 H 使

---

① 《应用力学》第 14 版，第 179～184 节，1895 年。

其弯成如图所示曲线 ACB 形状。这样一来,曲线金属丝上任意点的曲率都将与该点的弯矩成正比,即正比于 Hy,如此曲线必将满足上述要求。在静水压力作用下,具有曲线 ACB 形状的拱线仅产生轴向压力而无丝毫弯矩[①]。利用平行投影,朗肯从静水压力拱拓展到土压力拱。将图 138 中 ACB 拱的水平尺寸以某个比值减小而不改变其竖向尺寸,于是就出现了一座新的抗力线拱:其水平压力集度 p_x 只是垂直压力集度 p_y 的一小部分,这恰恰类似于土压力的工况。

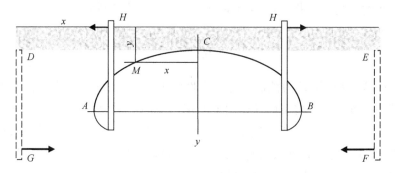

图 138　承受静水压力的线型拱

对平面多边形骨架结构而言,朗肯指出:"如果从一点辐射出的线与多边形骨架杆件的抗力线平行,则多边形的边(各边构成的夹角位于这些辐射线内)将代表一个力系,如将该力系施加到骨架节点上,则每个节点都将平衡[②]。"后来,他把以上结论拓展至空间结构[③],并说明在某种方式下,力多面体与多面体骨架的互易性关系。朗肯的这些研究成果为麦克斯韦互易原理的重大发现提供了有益佐证(参见第 45 节)。

有关悬索桥的探讨朗肯参考过彼得·巴洛的实验成果。他对后者

---

　　① 伊冯·维拉尔索(Yvon Villarceau, 1813—1883)从数学上讨论了这种形式的拱,详见《关于圆柱形抗力拱线的研究报告》(*Mémoires sur les voûtes en berceaux cylindriques*),《建筑与公共工程评论》(*Revue générale de l'architecture et des travaux publics*),巴黎,1845 年。

　　②《应用力学》第 14 版,第 140 页,1895 年。

　　③《哲学杂志》(*Phil. Mag.*),1864 年。

的评价是:"巴洛完成了很多模型实验,从中找到更为轻质的大梁尺寸,虽然其比当时设想所必需的材料用量少,却足以能够加强一座悬索桥的刚度。"朗肯假定,加劲桁架的挠度曲线为某一给定形状,然后得到了相关问题的近似解①,而且他断言:"加劲桁架梁的横向强度应为跨度相等且均布荷载集度相同的简支梁的 4/27。"这大概是对加劲桁架的第一次理论分析。

另外,朗肯还对梁的弯曲理论给予重要补充,考虑到剪应力对挠度大小的影响②,并指出,由剪力造成的弹性曲线附加斜率为

$$\frac{\mathrm{d}y_1}{\mathrm{d}x} = \frac{VS}{GIb} = \frac{\mathrm{d}M}{\mathrm{d}x}\frac{S}{GIb}$$

式中,V 为剪力,S 为截面下部对中性轴的静矩,而 b 则为沿中性轴的截面宽度。对于均布荷载作用下的矩形截面简支梁,他得到此附加挠度与常用计算公式所得挠度之比为 $6Eh^2/5Gl^2$。朗肯认为,该数值很小,在实际应用时可以忽略不计;当然,如果是截面高度很大且腹板很薄的工字梁,上述结论就截然相反。

对结构理论而言,朗肯最重要的贡献也许是有关松土稳定性的研究③,其中,他提出一个求解挡土墙合理尺寸的办法。这里考虑如图 139a 所示最简单情况:松散土壤压在垂直墙背上,且边界处的地面水平。既然任意水平面 mn 上的各点应力条件相同,因此,水平面和平行于墙背的垂直面均为应力主平面,而相应的主应力可分别表示为 σ_x、σ_y(图 139a)。这样一来,在与水平成 α 角的平面上,很容易根据图 139b 所示莫尔圆计算出应力分量 σ、τ。为此,作半径 OA 与水平面成 2α 角,则 A 点坐标便是所求应力分量。直线 $\overline{AB}$ 的长度代表作用在斜面上的总应力,而角度 θ 为该应力的倾角。欲使没有任何内聚力的松散土保持平衡,则必须令应力倾角不大于内摩擦角,或称休止角,通常用 ϕ 表示。从莫尔

① 《应用力学》第 14 版,第 370 页,1895 年。
② 《应用力学》第 14 版,第 342 页,1895 年。
③ 《英国皇家学会哲学学报》,1856—1857 年。

圆中可以看出,最大倾角是在相应于 C、C_1 的平面上,而且能够断定,当切线 BC、BC_1 与水平夹角等于 ϕ 时,土体就会达到极限平衡状态。如果已知此极限状态,便能由莫尔圆得到主应力 σ_x、σ_y 之间的关系。从图中可见:莫尔圆的半径等于 $(\sigma_x - \sigma_y)/2$,圆心坐标 OB 等于 $(\sigma_x + \sigma_y)/2$,再通过三角形 OBC 可得

$$\sigma_x - \sigma_y = (\sigma_x + \sigma_y)\sin\phi$$

上式源自

$$\frac{\sigma_x}{\sigma_y} = \frac{1 + \sin\phi}{1 - \sin\phi} \tag{a}$$

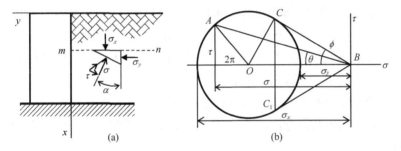

图 139　朗肯的挡土墙分析方法

对于图 139a 所示的挡土墙,有

$$\sigma_x = \gamma x \tag{b}$$

式中,γ 为单位体积的土壤重量。满足平衡条件式(a)的墙上水平反力最小值为

$$\sigma_y = \gamma x \, \frac{1 - \sin\phi}{1 + \sin\phi} \tag{c}$$

朗肯建议,该压力值可用于挡土墙稳定性的研究。另外,这位苏格兰工程师还讨论了土体界面倾斜的情况,并给出更一般的表达式,用以计算作用于该类墙上的土压力。

45.麦克斯韦对结构理论的贡献[①]

可以发现,在桁架分析时,库尔曼使用了图解方法。然而在他的图形里,有时一个相同的力会多次出现。麦克斯韦[②]和 W.P.泰勒[③]另辟蹊径,各自独立发现了另一种图解方式,其中,每个杆件的力只需用一根单独线条来表示。为说明麦克斯韦的方法,不妨研究一下如图 140a 所示平面三角构架,其上作用着处于平衡状态的三个力 P、Q、R,可以将各杆件上的作用力表示成如图 140b 所示图形。这两个图形能够看作两个三角锥的平面投影,用 a、b、c 分别表示图 140a 中三角锥的三边,而 O 表示其底,如果采用相同的字母,又可以得到图 140b 的表示方法。于是,图 140a 中组成三角形的三条边在图 140b 中就有相应的一点,经过该点的三根线与三角形各边相互平行。对于图 140a 中的每个顶点,就会在图 140b 中有一个相应的三角形,代表经过所考虑顶点的各力的平衡条件。这样一来,图 140a 和图 140b 就构成两个互易图的最简单形式。而且容易发现,根据上述互易关系,有了图 140a,便能够仅利用几何方法,而不必考虑各点的平衡条件画出图 140b 的互易图。

对于更一般的情况,麦克斯韦总结道:"当两个包含相同数目直线的平面图形构成互易关系时,它们中相应的直线将会彼此平行。在一个图形中,收敛于一点的相应直线,会在另一个图形中形成封闭多边形。当两根线所代表的力大小能够作用在互易图相应直线的端点之间,那么互易图的各点将在这些力的作用下平衡。"显然,对广大工程师而言,如此重要但抽象的互易图概念并无十分帮助,因此很赞成弗莱明・詹金教授在引用这段话之后的评论[④]:"然而,很少有工程师不会怀

---

① 有关麦克斯韦的生平及其在弹性理论方面的论著,将在后面展开讨论(参见第 58 节)。

② 《哲学杂志》第 27 卷,第 250 页,1864 年。

③ 泰勒(W. P. Taylor);见弗莱明・詹金(Fleming Jenkin)的论文,《爱丁堡皇家学会学报》(*Trans. Roy. Soc. Edinburgh*)第 25 卷,第 441 页,1869 年。

④ 《爱丁堡皇家学会学报》第 25 卷,第 441 页,1869 年。

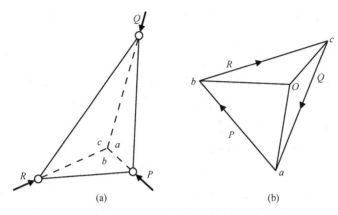

图 140　平面三角构架受力简图

疑,麦克斯韦是否会帮助他们得出一个计算构架应力极为简单且精确的方法。"评论之后,詹金还是勉强给出几个互易图的例子,该案例均出自泰勒,这位经验丰富的绘图员当时正就职于一家承包商的公司,并提出过一些互易图的绘制规则。在欧洲,如前所述的克里摩拿的著作令互易图方法广为流传(参考第 43 节),那里的人们通常也把这些图形称为克里摩拿图。

在此可以粗略讨论一些有关静定桁架杆件内力的基本结论。在互易图诞生几年后,麦克斯韦便在脑海中形成了这些结论[1],他强调道:"在斥力和吸力作用下,处于平衡状态的平面点系中,所有吸力与该力到各点距离乘积之和,等于所有斥力与其到各点距离乘积之和。"欲证明这一点,应明白体系内每一点是在一个平面斥力和吸力系统作用下平衡的,如把体系顺时针方向旋转 90°,它仍会保持平衡。但当该转动是在作用于所有各点的力系上进行的,则在连接两点的每一条直线端点上,就会存在两个相等的力与该直线成直角关系,并且作用方向相反,从而构成一个力偶,其大小等于两点间的力与其距离的乘积。若为斥力,其方向就是顺时针;若为吸力,则属逆时针方向。鉴于每一点都

---

[1] 《爱丁堡皇家学会学报》第 26 卷,1870 年。

呈平衡状态,故这两个力偶系也平衡,即正力偶之和等于负力偶之和,这样一来,也就证明了上述原理。

当给桁架加载时,会发现:整个体系上除了杆件内力,还存在外力和支座反力。如果对所有节点上的上述这些力进行旋转操作,则旋转的外力和反力对于在桁架平面内任一点的力矩之和,必将与各杆件中旋转力所形成的力偶之和相互平衡。例如,对于具有水平下弦杆的桁架,当全部外力和反力都是垂直方向,而且均作用在下弦节点上,那么所有旋转外力与反力的力矩总和等于零,而所有拉杆的长度与作用其中的拉力乘积之和,必将等于所有压杆长度与相应压力乘积之和,该结论可用来校验桁架分析结果。由以上结论进而可得,如果所有杆件的应力值相同,那么全部受拉杆件的总体积将等于全部受压杆件的总体积。

麦克斯韦的考虑不仅限于对上述静定桁架的分析,他还希望用一个更普遍的形式来解决桁架问题[1]。他指出:如果一个平面构架具有 n 个节点,就可以写出 $2n$ 个平衡方程,通常只需要三个方程来计算支座反力。当杆件数目等于 $2n-3$ 时,其余 $2n-3$ 个方程就可以用来求解构架杆件内力。如果杆件数目大于 $2n-3$,则该问题就属于超静定的,也就是说,必须考虑杆件的弹性性质并利用结构的变形条件才能求解。对此,麦克斯韦继续道:"对于所有这类形式上不太复杂的问题,我已经提出了一种普遍方法,它是从能量守恒原理推导出来的,并参考过拉梅的《弹性力学教程》第七篇,即所谓克拉佩龙定理,然而,我好像还没有看到它的任何具体用途。"

为了说明麦克斯韦的上述分析方法,下面对如图 141a 所示桁架变形进行计算。这是一个静定结构,因此很容易求出由已知荷载 P_1、P_2 所产生的全部杆件内力。设 S_i 为作用在任意杆件 i 上的力,l_i 为杆长,A_i 为截面积,于是,此杆的伸长量 $\Delta_i = S_i l_i / EA_i$。目前的几何问题是:已知桁架各杆件的伸长量,求任意节点,例如 A 点的挠度。对此,

① 《哲学杂志》第 27 卷,第 294 页,1864 年。

麦克斯韦引入另一个如图 141b 所示辅助问题。在该图中,仍取同样的桁架,但不施加实际荷载 P_1、P_2,而是令节点 A 上作用有一个单位荷载,并且,这里的挠度恰恰就是所要解决的问题。显然,对于如此静定结构,依然能够求出单位荷载对任意杆件 i 产生的内力 s_i。接下来,对由 i 杆件的伸长量 Δ_i' 产生的铰 A 挠度 δ_a' 进行计算。为此,假设除 i 杆以外,其他所有桁架杆件均为绝对刚体,则因单位荷载移动距离 δ_a' 所做的功将转化为 i 杆的应变能,令力与变形呈线性关系,有

$$\frac{1}{2} \cdot 1 \cdot \delta_a' = \frac{1}{2} s_i \Delta_i'$$

由此可得

$$\delta_a' = \Delta_i' \frac{s_i}{1}$$

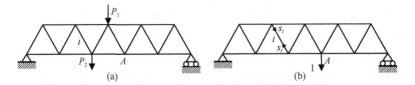

图 141　桁架变形的计算简图

对于任何微小的 Δ_i',这个关系式均成立。现考虑图 141a 所示实际情况,如用 $S_i l_i / EA_i$ 代替 Δ_i',便可求出杆件 i 伸长所带来的挠度。欲求该条件下的总变形 δ_a,只需将各杆件引起的挠度叠加便可,即

$$\delta_a = \sum_{i=1}^{m} \frac{S_i s_i l_i}{EA_i} \qquad (a)$$

式(a)还可以用于解决一些超静定问题。例如,对于图 142a 所示具有一个冗余支座反力的桁架,欲求解 A 点之反力 X,可以假设:首先移去此支座,再用式(a)计算出节点 A 的挠度;然后按照图 142b 那样,计算单独由 X 反力作用在 A 点产生的变形。由图示可知,该反力 X 使桁架任意杆件 i 产生的内力为 $-s_i X$,故而依据式(a)可得,反力 X

在 A 点处的挠度

$$\delta_1 = -\sum_{i=1}^{m} \frac{X_i s_i^2 l_i}{EA_i}$$

既然在图 142a 那种真实情况下 A 点挠度为零,那么确定 X 的方程将为

$$\delta + \delta_1 = \sum_{i=1}^{m} \frac{S_i s_i l_i}{EA_i} - \sum_{i=1}^{m} \frac{X_i s_i^2 l_i}{EA_i} = 0 \qquad\qquad \text{(b)}$$

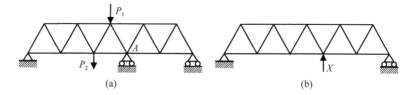

图 142　具有一个冗余反力的桁架

由此可见,图 142a 所示超静定问题可以简化为计算 S_i 和 s_i 的两个静定问题。同理,具有其他冗余杆件的桁架也能够如法炮制。

在研究变形时,麦克斯韦发现,桁架在两种荷载工况作用下的变形,其间存在着某种非常重要的关系。以图 143a 和图 143b 为例,在第一种情况下,荷载 P 作用在铰 B 处,要求找出 A 点的变形 δ_a;第二种情况是 P 作用于 A,要求找到挠度 δ_b。仿照图 141 的方法,引入图 143c 和图 143d 两个辅助工况,分别用符号 S_i 和 s_i 代表图 143a 及图 143c 第 i 根杆件的内力,而用符号 S_i' 和 s_i' 分别表示图 143b 及图 143d 第 i 根杆件的内力。于是,由式(a)可知

$$\delta_a = \sum_{i=1}^{m} \frac{S_i s_i l_i}{EA_i}, \quad \delta_b = \sum_{i=1}^{m} \frac{S_i' s_i' l_i}{EA_i} \qquad\qquad \text{(c)}$$

现将图 143c 与图 143b 进行比较,可得 $S_i' = s_i P$,而从图 143d 及图 143a 中可知,$S_i = s_i' P$,把这两个关系式代入上式,有

$$\delta_a = \delta_b = P \sum_{i=1}^{m} \frac{s_i s_i' l_i}{EA_i} \qquad\qquad \text{(d)}$$

所以由图 143a 及图 143b 两种工况可以看出,当荷载由 B 点移动到 A 时,A、B 两点的挠度也互相对调了。麦克斯韦用上述最简单形式给出了这种互易性原理的具体应用。

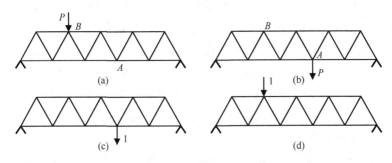

图 143　桁架的两种工况

本书后面还将介绍,这个定理已经被推荐为分析超静定结构的一个重要工具。

然而,在提出上述超静定骨架结构分析方法时,麦克斯韦采用了比较抽象的形式,并未给出任何示意图。依据现有文献判断,那时,他的这项成果还没有在工程师间流传开[1]。10 年后,莫尔重新发现了麦克斯韦的上述式(a)[2],并强调其在结构分析方面的不同应用场景。由于推导自己的结果时,莫尔并不知道麦克斯韦曾经的功劳;另外,前者所用的推导方式也截然不同,更何况,此法的广泛应用更得益于莫尔论述的发表,所以,该法通常被称为麦克斯韦-莫尔法。

46. 弹性稳定问题与柱公式

伴随铁制结构的引入,细长压杆和薄腹板的弹性稳定问题越来越突出了。在 19 世纪初期,根据铁杆压力实验(参见第 19 节),迪洛表明,如果端部条件满足理论假定,欧拉公式便能得出压屈荷载令人满意

---

[1]　有关对麦克斯韦论著的讨论以及对其例题的一些订正,详见奈尔斯的论文,《工程》(*Engineering*),1950 年 9 月 1 日。

[2]　《汉诺威建筑师与工程师杂志》,1874 年,S.223，509;1875 年,S.17。

的答案。在试验中,迪洛的杆件壁厚都非常薄,然而,桁架的压杆却并非如此细长。在这种情况下,利用欧拉公式得出的压屈荷载必将过大,所以,为了找到更可靠的理论公式,人们仍然需要付诸实验。

19 世纪中叶,根据霍奇金森实验(参见第 30 节)推导出来的公式得到广泛采用。然而,在这位学者的众多实验里,杆件的端部均为平头,没有明确的约束条件,虽然有时也采用圆头,但接触面却不是球形,以至在微小的压力下就会引起偏心,故而霍奇金森公式必定会藏有某些瑕疵,况且这些稳定性计算手段也不方便实际工程的使用,因此后来的勒夫(参见第 30 节)和路易斯·戈登(Lewis Gordon)又相继提出了不少简化计算公式[1]。

那时,拉马勒(E. Lamarle)完成了有关侧向压屈的重要理论研究成果[2],而且他还最先提出,欧拉公式应当有适用范围,超过该范围就必须依赖试验数据。拉马勒的两端铰接杆件临界应力公式为

$$\sigma_{cr} = \pi^2 E \frac{i^2}{l^2} \qquad (a)$$

式中,l/i 为长细比。拉马勒正确断言,只有当 σ_{cr} 不超过材料弹性极限时,上式才能给出满意结果。关于铁这种常用材料,他明确假设存在一个等同于屈服点应力的弹性极限,故而,长细比的极限值为

$$\frac{i^2}{l^2} = \frac{\pi^2 E}{\sigma_{yp}} \qquad (b)$$

当超过该值时,拉马勒建议采用欧拉公式;而对于较小的值,他建议 σ_{cr} 取定值 σ_{yp}。

显而易见,这项合理化建议并没有被工程师领悟。并且在通篇的朗肯著作里,到处都能发现戈登公式,朗肯还为该公式备注了一段重要

[1] 详见朗肯的《土木工程手册》第 20 版,第 236 页,1898 年。
[2]《有关木材弯曲的研究报告》(*Mémoire sur la flexion du bois*),《比利时公共项目年鉴》第 3 卷,第 1~64 页,1845 年;第 4 卷,第 1~36 页,1846 年。有关压曲问题的讨论,详见该报告的第二部分。

史料：仿佛在霍奇金森实验之前，英国工程师更习惯使用特雷德戈尔德公式，该式可按如下线索推导出：假设有一根边长尺寸等于 $b \times h$ 的矩形截面压杆，且两端铰接，在轴向压力 P 的作用下产生的挠度大小为 δ，于是，最大压应力

$$\sigma_{\max} = \frac{P}{bh} + \frac{6P\delta}{bh^2} \tag{c}$$

对于给定材料，挠度正比于 $M_{\max} l^2 / I$；同时，最大弯曲应力和 $M_{\max} h / I$ 成正比。因此，当弯曲应力已知时，δ 正比于 l^2 / h。将此挠度值代入式 (c) 后，特雷德戈尔德便发现以下结论：破坏时，压杆最大压应力为

$$\sigma_{\max} = \frac{P}{bh} \left(1 + a \frac{l^2}{h^2} \right) \tag{d}$$

式中，a 为某个常数。朗肯强调上述几个公式应基于如下考量："此公式已经弃之不用很久，直到路易斯·戈登先生对其修改后才进入人们的视线，他认为，这些公式中的常数是基于同霍奇金森实验进行比较后得出的。"这样一来，仅就锻铁而言，戈登得出：

$$\sigma_{\text{ult}} = \frac{36\,000}{1 + \dfrac{1}{12\,000} \dfrac{l^2}{h^2}} \tag{e}$$

对于两端固定的压杆，他建议采用 1/3 000 来代替式中的 1/12 000。如果是非矩形截面压杆，朗肯建议，可以写出一个类似于式 (e) 的公式，其中，可以长细比 l/i 来代替 l/h，并相应改变分母中的数字因子大小。

　　另外，在其《土木工程手册》中，朗肯还解决过其他几个压屈问题。例如，考虑一根受压的组合截面方铁管，并假定铁管壁厚不小于方孔边长的 1/30，他建议当利用式 (e) 计算 σ_{ult} 时，可取应力值 27 000 代替 36 000 lb/in²。

　　在讨论组合截面工字梁的弯曲问题时，朗肯提出梁受压翼缘侧向压屈的可能性。如果令 b 代表翼缘宽度，那么，他计算翼缘极限应力的公式为

$$\sigma_{\text{ult}} = \frac{36\,000}{1 + (1/5\,000)(l^2/h^2)} \tag{f}$$

当确定正确的工字梁腹板厚度时,朗肯判断腹板压屈的可能性源于:作用在中性轴且与水平成 45° 角方向上的压应力。为计算这个应力的极限值,他提出公式

$$\sigma_{\text{ult}} = \frac{36\,000}{1 + (1/3\,000)(s^2/t^2)} \tag{g}$$

式中,t 为腹板厚度,s 为一个直线距离,该直线的水平夹角为 45°,且处于两个相邻垂直加劲肋之间。

舍夫勒提出更为合理的短柱分析方法[①]。他假设,鉴于施压时不可避免地带有偏差,两端总会存在一些荷载偏心。基于此偏心率,舍夫勒给出最大应力的计算公式,对于任何给定的偏心值,都可以按这个公式求得危险荷载。在选定不同材料的压杆偏心率时,他的原则是:按其计算出来的极限荷载,应与霍奇金森的实验结果十分吻合。显然,第一位利用假定偏心率测算出危险压力的非舍夫勒莫属。然而令人遗憾的是,在当时,这个方法的价值却没有得到重视,直到 19 世纪末,工程师们都一直继续沿用着朗肯公式。

47. 1833—1867 年的挡土墙与拱理论

在 19 世纪中叶,当研究挡土墙稳定性时,工程师仍然沿用库仑理论(参见第 14 节),该领域的主要提升就是发展出了求解土压力大小的图解法。最先指出可以按库仑理论用图解法求挡土墙压力的是彭赛利[②]。如图 144 所示,在直背墙和土顶面 AC 水平的最简单条件下,当不计墙与土之间的摩擦力时,他得出单位长度墙面的水平土压力值为

[①] 有关短柱的分析方法详见赫尔曼·舍夫勒的《抗弯强度理论及其有关弯曲应力与实用问题的研究》(*Theorie der Festigkeit gegen das Zerknicken, nebst Untersuchungen über die verschiedenen inneren Spannungen gebogener Körper und über andere Probleme der Biegungstheorie mit praktischen Anwendungen*),不伦瑞克,1858 年。

[②] 《高级工程师学报》第 13 卷,第 261~270 页,1840 年。

$$H = \frac{\gamma}{2} a^2 \qquad \text{(a)}$$

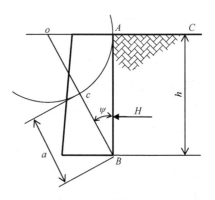

式中，γ 为单位体积的土重；a 为图 144 中所取长度，计算方法如下：

$$a = \overline{Bc} = \overline{OB} - \overline{OA}$$

$$= \frac{h}{\cos \psi} - h \tan \psi$$

式中，ψ 为自然坡角。这样一来，便由式(a)可知

图 144　彭赛利的挡土墙受力简图

$$H = \frac{\gamma h^2}{2} \left(\frac{1}{\cos \psi} - \tan \psi \right)^2$$

将第 14 节的式(b)、式(c)代入上式，便会发现，其与上面库仑式(a)一致。

　　彭赛利开发出一套适用于更普遍情况的简单图解法。其中，墙体可以倾斜，土边界也允许为多边形，并且考虑了墙、土之间的摩擦力。在这项工作中，他首先依照库仑理论推导出土压力的解析式，然后又说明怎样以画图方法来估算此表达式。

　　在工程师沿用库仑理论分析挡土墙稳定性的同时，也有人试图去研究挡土墙背后那些松散颗粒材料的实际应力分布。众所周知（参见第 35 节），这些成果主要归功于朗肯，也包括舍夫勒[1]；然而，这两位学者的成就却长时间被工程界冷落，因为他们当时所研究的内容对挡土墙设计的影响力实在太微弱[2]。

　　在拱的设计领域，工程师仍旧将石拱当作绝对刚性的石块体系。但是可以知道（参见第 4 节），布雷斯已经提供了两端嵌固弹性拱的完整解。大约于 1830 年，压力线（line of pressure）和抗力线（line of resistance）这两个概念就进入拱分析的视线。人们普遍认为，弗兰茨·约瑟夫·

---

　　[1] 赫尔曼·舍夫勒的论文，《克莱尔建筑杂志》(*Crelle's J. Baukunst*)，1851 年。
　　[2] 有关挡土墙理论的历史，详见梅尔滕斯《工程师知识讲义》(*Vorlesungen über Ingenieur-Wissenschaften*)第 3 卷，第 1 部分，1912 年。

格斯特纳是研究拱压力线的第一人[1]，他从悬索桥分析起步，处理过悬链线问题，并且编制出悬链线计算表格。接下来，格斯特纳又暗示：把悬链线颠倒过来便是等截面拱的合理曲线形式，因为在自重作用下，这类拱仅会承受压力。鉴于圆弧及椭圆拱最为常见，于是，他又提出一个更有趣的相关议题：怎样的荷载分布集度才能让圆或椭圆拱恰好具有上述合理压力线。对此，布雷斯认为，实际的荷载分布情况将有别于理想状态下的理论解。这意味着，实际的拱上不仅有压力还有弯矩作用。他判断：这是一个超静定问题，因此能够满足平衡条件且通过拱冠和支座的压力线将会有无数条，每一条这样的曲线都对应着一个水平推力 H 值。为了获得明确答案，格斯特纳最终不得不对真实压力线位置作出一些武断假定。

英国科学家亨利·莫斯利（Henry Mosley，1802—1872）提出了拱内实际压力线位置的普遍概念。这位科学家出生于纽卡斯尔（Newcastle）地区，先后就读于当地以及阿布维尔（Abbeville）的文法学校，最后进入剑桥大学圣约翰学院，并于 1826 年毕业。10 年后，莫斯利转入伦敦国王学院，成为自然哲学和天文学教授，在这里，他讲授工程应用力学方面的课程，并出版了《技术应用力学》及《工程与建筑的力学原理》两本书[2]。从第二本的序言中可知，莫斯利受法国科学家论著的影响很大，他常常参考纳维、迪潘的论文，特别是彭赛利所著的《工程力学》。莫斯利的主要贡献是将法国工程师的方法引入英国，其文章代表着当时英国工程专业的进步。莫斯利对超静定问题很感兴趣，并提出过解决这类问题的最小抗力原理[3]，在 1839 年《拱的理论》（on the Theory of the Arch）一文中，他阐述了该原理在拱分析中的应用方法；在约翰·威尔主编的 1843 年版《桥梁理论、实践与构造》第一卷里，我们也找到了该

---

[1] 详见安东·格斯特纳（Anton Gerstner）主编的《力学手册》第 1 卷，第 405 页，布拉格，1831 年。

[2] A Treatise on Mechanics Applied to the Arts，1839；The Mechanical Principles of Engineering and Architecture，1843。

[3] 最小抗力原理（The principle of least resistance），《哲学杂志》，1833 年 10 月。

论文。这篇文章首次指出：压力线和抗力线是两根不同的曲线，如图 145 所示。在图 145 中，箭头 A 表示作用在截面 $1-2$ 上 a 点的力，此力附加石块 1234 的重量，又可得出在截面 $3-4$ 上 b 点作用力 B，依此类推，就能够得到作用在 c、d、e 等处的 C、D、E 各力。由 A、B、C、D、E 诸力交线所构造的多边形就是压力线范围，而多边形 a、b、c、d、e 等交线同样也给出了抗力线的轮廓。

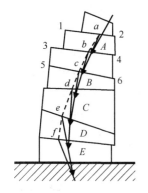

图 145　压力线与抗力线

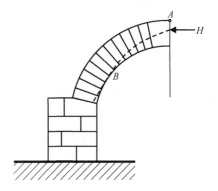

图 146　对称拱的压力线

在绘制如图 146 所示对称拱压力线时，莫斯利先从任意选定之 C 点开始，然后施加一个推力 H，令其大小恰好能够使压力线变成拱腹线上某一点 B 处的切线。如果改变起始点 C 的位置，便可得到无数条压力线。为从如此多的线段中挑选出实际压力线，莫斯利根据他的最小抗力原则指出，所求曲线必将是推力 H 最小的那根。显而易见，当 C 点上移时，推力就会减小。因此，其发现的实际压力线是一条通过 A、B 两点的曲线，该结论亦符合库仑理论的基本假设。对此，莫斯利解释道："在完成研究很久之后，我才知道，库仑理论的基本假设已经在《法国科学院院外学者研究报告》里沉睡了 60 多年。对于此问题，虽然当时的英国和其他国家已经进行过大量激烈辩论，却大多没有进展，直到最近才被纳维、拉梅、克拉佩龙、加里代尔等人发掘出来[1]，成为有价值

① 加里代尔(Garidel)；《高级工程师学报》第 12 卷，第 7 页，1835 年。

的研究目标。"

　　莫斯利的成果引起德国工程师青睐。1844 年，舍夫勒把其《工程与建筑的力学原理》译成德文；随后，前者又想利用莫斯利理论，将拱的材料强度这个因素也考虑进去[1]。舍夫勒注意到，如果压力线通过 A、B 两点（图 146），那么这些点上的应力一定会无穷大。为消除这个极端情况，他建议，应当将压力线移到拱内；并推断，如果能够令 A、B 点的最大应力达到材料的极限强度值，那么相应的曲线一定就是真实压力线。

　　拱分析的进一步发展是引入了图解法，彭赛利担负这项使命[2]。以库仑理论为分析依据，他用图解法来寻找断裂截面的位置所在。彭赛利在其研究中证明了以下原理：相应于断裂面位置拱腹线上的点，经此点的拱腹线切线必将通过以下两个力的交点，其一是拱冠处的水平推力，其二是最后一块拱石和断裂面之间那段拱体的重力[3]。

　　库尔曼完成了有关拱图解分析的另一项革新[4]。在假设拱体材料不能承受拉应力的基础之上，他推断，其压力线的极端位置必定通过拱冠石上侧三分之一点，以及断裂横截面下侧三分之一点处。根据以上两个点，库尔曼作出石块重力和外力的索多边形，并用这种方法，确定出作用在每个拱截面上的力，以及相应的截面应力。随着库尔曼的努力探索，那个不考虑弹性变形的拱理论已经发展到尽头，这方面更大进步的体现在把拱当作一根弹性曲杆来对待，并完全承认纳维（参考第 18 节）和布雷斯（参见第 35 节）的创新理论。

　　最后，再来简要讨论一下伊冯·维拉尔索在拱桥方面的杰出工作[5]。

----

① 舍夫勒，《穹隆、护墙和铁桥理论》，不伦瑞克，1857 年。
② 《高级工程师学报》第 12 卷，第 151～213 页，1835 年。
③ 众所周知，这个原理在之前已经被拉梅和克拉佩龙证明过（参见第 20 节）。
④ 参见《图解静力学》第 435～469 页，1866 年。
⑤ 详见伊冯·维拉尔索在 1845 年提交给法国科学院的研究报告《拱桥的建造》（*Sur l'établissement des arches de pont*），这篇论文随后刊登在《法国科学院学者研究报告》（*Mém. présentés par divers savants*）第 12 卷，第 503～822 页，1854 年。

这位专家是法国旺多姆市一位商人的儿子[1]，从小就不喜欢读书，整天摆弄各种机械器具，也因此掌握了很多机械手艺。后来，维拉尔索对音乐产生兴趣，经常参加当地的管弦乐队活动。1830 年，维拉尔索搬到巴黎，在国立音乐学院[2]学习。那时的他，很关注克劳德·昂利·圣西门（Comte de Saint-Simon）的社会学理论，并加入昂方坦（Enfantin）布道团，还到埃及待了几年，直到 1837 年回到巴黎后，才决定到巴黎中央高等工艺制造学校[3]继续攻读工程专业。在校期间，维拉尔索表现优异，在几何学方面有过开创性研究，还对拱的分析特别感兴趣，1840 年毕业后，在《建筑与市政工程杂志》[4]上发表过相关论文。1845 年，他向法国科学院提交了有关拱的最终研究报告，受到同行好评。随后，维拉尔索转向天文学研究，并在巴黎天文台阿拉戈的手下工作，在那里，他又写出一些天文学方面的杰作。1867 年，伊冯·维拉尔索当选法国科学院院士。

　　在有关拱的论著里，维拉尔索非常关注拱中心线的合理形状。他很清楚，这是一个超静定问题，而且，只有考虑弹性变形才能得出完整解，然而在当时，人们对拱材料的弹性性能还知之甚少，因此在处理上述问题时仍然需要假定拱石为绝对刚体。他相信，如能将弹性变形考虑在内，则由此求出的中心线形状就会非常妥帖。这促使维拉尔索开始研究压力线与拱中心线重合的工况，也就是如前所述的不计拱厚度的最简单情形（参见第 44 节）。他进一步想到，如果计入垂直作用在拱背线（外表面）上的外压力和拱的自重，又当如何？我们知道，在这种条件下，压力线是以微分方程形式出现的，而其积分则要用到椭圆函数。为了能够让如此困难的数学解析式便于实用，维拉尔索马上想到数值

---

　　① 详见约瑟夫·伯川德的《来自科学院的颂词》，巴黎，1890 年；另见弗朗西斯·波蒂埃（Francis Porhier）的《巴黎中央高等工艺制造学校的发展历史》（*Histoire de l'École Centrale des Arts et Manufactures*）第 333 页，巴黎，1887 年。

　　② 国立音乐学院（Conservatoire de Musique）。

　　③ 译者注：学校原名 École Central des Arts et Manufactures。

　　④ 译者注：期刊原名 Revue de l'architecture et des travaux publics。

表格的方法,如此一来,有经验的工程师便能够利用这些表格求出每种特定工况下拱的中心线形状以及最小厚度。维拉尔索将自己的理论以及上述表格用于很多现役桥梁,并且指出,如果先前要是采用他的中心线形状,那么这些桥梁的厚度就会大大减小,但其中的应力却不会增加。

最后,维拉尔索还讨论了被理论忽略的材料弹性效应。他推断:为获得变形后中心线的正确形状,必须增加拱高。其理念是,根据假定外力得出的索线作为相应的拱中心线,这个观点已经被工程师广泛采纳。总体而言,利用这种方式来确定拱的基本形状和厚度是可信的,随后,还可以借助拱的弹性理论对选定尺寸加以修正。

第8章

1833—1867 年的数学弹性理论

48. 物理弹性及"弹性常数论战"[①]

在推导弹性理论基本方程时(参见第 25 节),纳维假设:一个理想弹性体是由分子组成的。在变形时,分子间会出现作用力,这些力正比于分子距离的改变量,而且其作用方向恰好沿分子连线。如此一来,这位学者仅需单一弹性常数就可以建立各向同性体的变形和弹力间的关系。而在此之前,柯西却要使用两个常数(参见第 26 节)描述各向同性体的应力应变关系。在更为一般的各向异性体条件下,泊松与柯西都认为,6 个应力分量中的每一个均可以表示成 6 个应变分量的齐次线性函数(广义胡克定律)。也因此,就需要引入 36 个弹性常数。鉴于以上分子理论假设,在一般情况下,他们能将 36 个常数减少至 15 个,并且指出,对于各向同性体还可以进一步简化。最终,纳维只需一个常数就能表示出应力分量和应变分量之间的联系。

泊松表明:处于简单拉伸状态下的各向同性杆件,其横向收缩与轴向伸长之比应该等于 0.25。这样一来,当我们以 E 代表简单拉伸或者压缩模量时,剪切模量便为

$$G = \frac{E}{2\left(1 + \dfrac{1}{4}\right)} = 0.4E \qquad \text{(a)}$$

---

① 有关该主题的历史沿革,可以参考纳维的《国立路桥学校应用力学课程总结》第 3 版的附录 3 及附录 5,1864 年。另见由克莱布什原著圣维南翻译的《固体弹性理论》,巴黎,1883 年。

再者,如果某物体承受均布压力 p,那么,即可通过下式计算单位体积改变量 e:

$$e = \frac{3p\left(1 - 2 \cdot \dfrac{1}{4}\right)}{E} = \frac{3p}{2E} \tag{b}$$

我们知道,各向同性体的弹性性质完全可以用一个常数来决定,例如拉伸模量 E。在弹性理论发展的早期,上述概念就已经广为人知,纳维、柯西、泊松、拉梅和克拉佩龙等都认可该观点。

然而由于乔治·格林(George Green,1793—1841)的介入,上述研究课题出现重大翻转,格林声称:不必借助任何有关弹性体分子结构特性的假说就可以推导出弹性方程。

格林是一位英国诺丁汉磨坊主的儿子。年轻的乔治并没有机会接受良好教育,后来的丰富数学知识只能依靠书本,或来源于生活经验。1828 年,格林的第一篇学术论文《数学分析在电磁理论中的应用》[①]与读者见面。从其序言里可以得知,法国数学文献给予格林很多营养,他非常熟悉拉普拉斯、泊松、柯西和傅里叶等人的论著。就此,格林评论道:“对分析者而言,这些数学成果无疑是令人愉快的前景。如果仅就天文学而言,有一个时期,人们甚至认为它已经尽善尽美了,没有什么地方能进一步应用到这些数学成果。然而对于其他自然科学,来自数学家的帮助则显得尤为迫切……”格林继续道:“在评阅论文时,希望该问题的难度能促使数学家多一些包涵,尤其是当这些数学家得知该论文仅是出自一个青年人的手笔,其不得不在生计之余,以如此方式获得些有限知识,这是他不可或缺的业余爱好,为他提供了认知升华的机遇,也是他能负担得起的机遇。”我们认为,格林的第一篇论文对科学贡献最大,因为其中引用了一个数学函数,即拉普拉斯曾经用过的,且已经广泛应用于物理学各分支的“势函数”。格林的这番论述立刻引来数

---

① *An Essay on the Application of Mathematical Analysis to the Theories of Electricity and Magnetism*,详见费勒斯(N. M. Ferrers)的《已故乔治·格林的数学论文》(*Mathematical Papers of the late George Green*),伦敦,1871 年。

学家围观,于是,虽然 1833 年的乔治已经年过四十,但还是有机会踏进剑桥大学冈维尔与凯斯学院[①]深造。1837 年 1 月,他在此以优等生第四名的成绩获得文学学士;两年后又当选该学院研究员。然而好景不长,1841 年乔治·格林就不幸与世长辞了。

在《关于两个非晶体介质公共面上光的反射与折射定律》[②]一文里,格林提出了弹性问题。他无意做出有关光以太最终成分或分子间相互作用的任何假定,只是认为,以太特性应当服从能量守恒原理。格林强调:"如果我们对光以太元素相互作用的模式一窍不通,还不如较为安全地以某些普遍性物理原则作为推理依据。我们完全没有必要去假定某些特定作用方式,毕竟,这些任意假设将与自然界所采取的机制大相径庭。更值得一提的是,当这个原理本身就是一个曾被柯西和其他人使用过的特例,并且能够导致更简单计算过程时,我们就更要放弃以太假设。作为如下论文推理依据的原理是:无论任何物质体系的微元之间以何种方式相互作用,如果将所产生的全部内力乘以它们各方向上的微元,那么对于任何质量已知部分的总和必将等于某函数的精确微分。"当令该函数为 ϕ,且结合达朗贝尔原理和虚位移原理,则无外力的运动方程就能够从下式中获得:

$$\iiint \rho \, \mathrm{d}x \, \mathrm{d}y \, \mathrm{d}z \left(\frac{\partial^2 u}{\partial t^2} \partial u + \frac{\partial^2 v}{\partial t^2} \partial v + \frac{\partial^2 w}{\partial t^2} \partial w \right) = \iiint \delta \phi \, \mathrm{d}x \, \mathrm{d}y \, \mathrm{d}z \qquad (\mathrm{c})$$

假设位移 u、v、w 很小,那么格林断言,函数 ϕ 必定为以下 6 个应变分量的二阶齐次函数:

$$\left. \begin{array}{l} \varepsilon_x = \dfrac{\partial u}{\partial x}, \quad \varepsilon_y = \dfrac{\partial v}{\partial y}, \quad \varepsilon_z = \dfrac{\partial w}{\partial z} \\[2mm] \gamma_{xy} = \dfrac{\partial u}{\partial y} + \dfrac{\partial v}{\partial x}, \quad \gamma_{xz} = \dfrac{\partial u}{\partial z} + \dfrac{\partial w}{\partial x}, \quad \gamma_{yz} = \dfrac{\partial v}{\partial z} + \dfrac{\partial w}{\partial y} \end{array} \right\} \qquad (\mathrm{d})$$

① Gonville and Caius College。

② *On the Laws of the Reflexion and Refraction of Light at the Common Surface of Two Non-crystallized Media*,《已故乔治·格林的数学论文》第 245 页。

在一般情况下,这个函数包含可以定义材料弹性性质的 21 个系数。利用以上函数,便可由式(c)得出普遍存在于弹性介质各点的 3 个运动方程。正如格林所表明的那样,在各向同性体中,函数 ϕ 的形式能够得到极大的化简,将仅涉及两个系数,相应的运动方程也只包含两个弹性常数,这与柯西曾经的方程假定如出一辙(参见第 26 节)。

格林的论文引起轩然大波,并催生出弹性体理论进程中的两个流派。追随纳维和柯西的一派承认两人关于弹性体分子结构的观点,他们认为:可以用 15 个常数来确定一般材料的弹性性能,以单个常数确定各向同性体。而拥护格林的另一派,则分别用 21 个和 2 个常数来确定上述同样的问题。很自然地,两派均试图通过直接实验解决争端,另外,不少物理学家也对弹性常数测定实验产生了浓厚兴趣。

纪尧姆·韦特海姆(Guillaume. Wertheim, 1815—1861)非常重视弹性常数测定工作[1],直到如今,其许多实验结果仍存在于物理学教材中。韦特海姆原本赞同单一常数假说,他的第一篇论文也给出了各种材料的拉伸模量[2]。这些模量不仅来源于静力拉伸试验,也经历过纵向与横向振动测试。韦特海姆发现:① 同一种金属,凡能使密度增大的加工流程,如锻打或轧制,均可提高模量;② 较静力实验而言,振动实验所得模量更高。他指出,两者的差异能够用于计算恒定应力与恒定体积条件下的比热容比值。另外,韦特海姆还研究过温度对模量的影响,并意识到,在通常情况下,当温度从 -15℃升高到 200℃时,拉伸模量会不断降低;然而,钢材却有所不同,在 -15~100℃时,以上规律成立,但之后却开始降低,即 200℃的模量小于 100℃,有时甚至比室温条件下更低。该实验表明,不存在真正的弹性极限,韦特海姆定义的弹性极限如下:当永久拉伸变形达到每单位长度 0.000 05 时的应力即为弹性极限。

---

① 纪尧姆·韦特海姆于 1815 年出生于维也纳,并在这里取得了医学博士学位(1839);1840 年,他搬到巴黎,1848 年,在巴黎获得理学博士学位;1855 年后,韦特海姆成为巴黎综合理工学院的招生考官;1861 年,他以自杀方式结束了自己的生命。

② 详见《化学与物理学年鉴》第 12 卷,第 385~454 页,巴黎,1844 年。

此后,在与舍旺迪耶合作期间,韦特海姆又对玻璃[1]和各种木材[2]进行广泛调查。1848 年,他向法国科学院呈交了《论均质固体平衡的研究报告》[3]。其中,韦特海姆听取勒尼奥的建议,以玻璃和金属圆管作试件,并测量出由轴向拉伸所产生的管内体积变化,从而计算出材料的横向收缩,实验结果不符合泊松比 0.25 的理论值,而且横向收缩仅能用物体(各向同性体)的两个弹性常数加以解释。即便如此,韦特海姆却还是承认单一常数理论,并建议泊松比取 1/3。虽然这个数值无法像他所吹嘘的那样,不仅存在理论依据,还可以令实验完美契合理论。

韦特海姆对材料的电弹性和磁弹性十分着迷,广泛研究了电流对导线拉伸模量的影响效应,还讨论过环绕螺线管的电流是如何影响铁棒纵向变形的。

在研究弹性体光学性质过程中[4],韦特海姆绘制了一张非常完整的色表,利用该表测量出透明杆伸长时的应力。他发现:当材料并不完全服从胡克定律时,双折射率便会正比于应变而非应力。

最后值得一提的是,韦特海姆那篇内容丰富的扭转研究报告[5]。报告中的实验对象包括圆形、椭圆形和矩形截面的棱柱,也涉及一些管状试件,而材料则为钢、铁、玻璃以及木材。实验结果让其相信,横向收缩比不是 0.25,而是 0.33 左右。通过测量扭转时的管内体积,韦特海姆发现:如果假设纵向纤维呈螺旋状变形,则其体积随扭转角的增大而减小。在讨论椭圆和矩形截面杆件扭转问题时,即便实验结果与圣维南原理十分吻合,但韦特海姆并未采用该原理,相反,他接纳了柯西那个

---

① 舍旺迪耶(E. Chevandier);详见《化学与物理学年鉴》第 19 卷,第 129~138 页,巴黎,1847 年。

② 详见《木材力学性能的研究报告》(*Mémoire sur les propriétés mécaniques du bois*),巴黎,1848 年。

③ *Mémoire sur L'équilibre des corps solides homogènes*,详见《化学与物理学年鉴》第 23 卷,第 52~95 页,巴黎,1848 年。勒尼奥(H. V. Regnault)。

④ 详见《化学与物理学年鉴》第 40 卷,第 156~221 页,巴黎,1854 年。

⑤ 详见《化学与物理学年鉴》第 50 卷,第 195~321 页、385~431 页,巴黎,1857 年。

不完美式(参见第 26 节),并引入一些修正系数。关于扭转振动,韦特海姆注意到,振幅越小,频率越高,这表明:在极低应力条件下,模量取值应大于高应力条件。

虽然,韦特海姆在物理弹性研究方面有过许多贡献,却无法解决弹性常数的必要数目这个基本问题。每当实验结果证明泊松比不等于 0.25 时,人们往往就会猜想试件所用材料并非完全各向同性。

在这一时期,另一位物理学家库普费尔却在物理弹性方面硕果累累。1849 年,俄罗斯政府成立了度量衡中心实验室[①],库普费尔被任命为该实验室主管。他非常重视金属材料的物理性质,因为材料特性将在很大程度上影响度量衡标准的制定。于是,库普费尔便把自己的相关研究成果发表在由中央物理观测站[②]发行的《法国科学院年度报告》[③]上。对此,托德亨特和皮尔森的评价是:"在弹性振动常数和温度效应方面,也许之前没有人比库普费尔的实验更加细致详尽了。"[④]

库普费尔试图通过扭转试验来确定剪切模量 G。如果按照单一常数假说,把 G 乘以 2.5 便可得到拉伸模量 E,然而,如此得出的数值却与拉伸或弯曲实验结果相去甚远。他忽然意识到,自己的实验并不能够认同单一常数假定。

在研究扭转振动的过程中,库普费尔考查了阻尼作用。且指出,仅部分阻尼作用源于空气阻力,其余大部分则更源于材料的黏滞性。他提出"弹性后效"问题,并意识到,钢杆的挠曲变形不会因卸载而马上完全消失,必须经过几天后变形才会持续降低。库普费尔认为,这种弹性后效亦可增加振动的阻尼效果。由于弹性后效并非正比于变形,因此这种振动也就不具备真正意义上的等时性。

库普费尔(A. T. Kupffer,1799—1865)仔细研究过温度对弹性模

---

① 译者注:Central Laboratory of Weights and Measures。
② 译者注:Observatorie Physique Central。
③ 译者注:*Comptes rendus annuel*,1850—1861。
④ 详见《弹性理论与结构力学史》第 1 卷,第 750 页。

量的影响,并于 1852 年向俄罗斯科学院提交了相关论文[1]。库普费尔指出:在温度 t 变化较小的条件下,例如 $t=16.25\sim31.25$℃时[2],拉伸模量可以使用公式

$$E_{t_1}=E_t\left[1-\beta(t_1-t)\right]$$

式中, β 为一常数,与材料有关。另外,其研究还表明:鉴于"弹性后效"影响,温度升高时,阻尼作用也会随之增加。该成就获得了 1855 年哥廷根皇家学会奖[3]。

1860 年,库普费尔出版了自己的专著[4],其中收录有杆件弯曲和横向振动方面的大量实验研究。他在序言里强调,建立国家研究院对进一步探讨结构材料的弹性和强度性能非常重要。库普费尔解释道:通过将不同工厂的金属材料制品性能公之于众,设计人员便可以根据国家研究院提供的数据掌握大量有用信息,这种实用作法对提升材料质量很有裨益,因为相关生产厂家一定会为扩大市场份额而改进他们的产品性能。

在德国,弗朗茨·诺伊曼(Franz Neumann)老师与弟子们不甘落后,如火如荼地进行着物理弹性研究,急于用实验测定这些弹性常数。从诺伊曼和库普费尔交往信件中我们得知[5],前者认为纵向伸长与横向收缩之比并非常数,而与材料性能有关。诺伊曼最先设计出一种有趣的测量装置:在矩形截面杆件的各条边上粘连上非常小的镜片,当杆件受弯后,变形后的梯形横截面即可显示于镜片中。然后,再根据杆件两边的相对转动角度,泊松比就迎刃而解。

---

① 详见《圣彼得堡科学院研究报告,数学与物理科学》(Mém. acad. St. Petersburg. sci. math. et phys.)第 6 卷,第 397~494 页,1857 年。

② 原文为列氏温标(R),其与摄氏度(℃)的关系为 R=0.8×℃。

③ 译者注:Royal Society of Göttingen。

④ 该专著是指《俄罗斯中央物理观测站的金属弹性实验研究》(Recherches expérimentales sur l'élasticité des métaux faites à l'observatoire physique central de Russie)第 1 卷(全部发表),第 1~430 页,圣彼得堡,1860 年。

⑤ 详见《弹性理论与结构力学史》第 2 卷,第 507 页。

实验时,诺伊曼的学生基尔霍夫选用了钢制圆形截面悬臂梁[①],并在自由端施加一个偏心横向荷载,从而使梁同时产生弯曲和扭转效果。在测定扭转角以及悬臂梁端纵轴切线的水平夹角时,他利用了附着在梁端小镜片的光学放大原理。借助如此精致的实验,基尔霍夫得出:钢的泊松比等于 0.294,黄铜的为 0.387。然而,其对黄铜杆件的测试结果持保留态度,并不认为黄铜是各向同性材料。

全部上述实验结果均有悖于各向同性体的单一弹性常数理论,再者,该假说也越来越不符合当下公认的物质构成观。于是,在弹性理论的后续发展过程里,由格林所提出的方法就占了上风,人们逐渐开始认可考虑应变能的本构关系。如今,此法仍然被普遍接受。

49. 剑桥大学早期的弹性力学成就

在巴黎综合理工学院,法国数学家的丰功伟绩促进着其他各国数学教育的蓬勃发展,毫无疑问,这也是 19 世纪前 25 年剑桥大学科学活动复兴的重要推手[②]。1813 年,在查尔斯·巴贝奇(Charles Babbage,1792—1871)、乔治·皮科克(George Peacock,1791—1858)以及约翰·弗雷德里克·赫歇尔(John Frederick Herschel,1792—1871)领导下,很多剑桥学生组织起来,成立了所谓的"分析学会"。他们经常集会,宣讲论文,并力图将欧洲大陆的无穷小积分引入剑桥[③]。为方便介绍该数学理论,在赫歇尔和皮科克的帮助下,巴贝奇于 1816 年将拉克鲁瓦的法文版《微积分学》翻译成英语。此后,皮科克又于 1820 年出版了《微积分应用实例集》[④]。

[①] 《波根物理与化学年鉴》第 108 卷,1859 年。另见《论文选集》(*Ges. Abhandl.*)第 316 页。

[②] 参见劳斯·鲍尔(W. W. Rouse Ball)所著的《剑桥大学的数学研究史》(*History of the Study of Mathematics at Cambridge*),剑桥,1889 年。

[③] 关于剑桥大学那个年代一些有趣的历史,可以参考查尔斯·巴贝奇的《一位哲学家的生平》(*Passages from the Life of a Philosopher*),1864 年。

[④] 译者注:原书名 *Collection of Examples of the Application of the Differential and Integral Calculus*。

在欧洲大陆旅行期间，巴贝奇与很多科学家建立起联系。1828年秋，他参加了德国博物学家年度大会，并写出一份报告寄给布儒斯特教授，内容便是这次年会。随后，布儒斯特与约翰·罗比逊、威廉·哈考特(W. V. Harcourt)合作，在英国成立了一个类似协会，名曰"英国科学促进会"。在该协会第二次会议上，巴贝奇强烈建议"理论联系实际，研究的重点要放在能够使国家富强的实用知识上"。其本人身体力行，积极参与有关英国铁道建设的各种技术问题大讨论，组织大西铁路(Great Western Railway)的早期实验工作，建造专门用于实验的机车，其中还装配有记录机车牵引力和列车速度的仪器。另外，巴贝奇对修建大型箱梁桥也颇感兴趣，并与费尔贝恩通信讨论过箱形桁架的模型实验。

威廉·惠威尔和乔治·比德尔·艾里代表了剑桥大学应用数学的早期成就。前者毕业于 1816 年，次年被聘为三一学院研究员并开始教授力学。1819 年，惠威尔的《力学基本教程》[1]与读者见面，鉴于其对微积分技术的灵活运用，这本书可以视作将欧洲大陆数学引入剑桥的推手。因为反响热烈，惠威尔随即又出版了几本更深入的著作。另外，作为对上述初等静力学的扩充，他还于 1833 年增补了一本《分析静力学》(Analytical Statics)，书中涉及弹性体平衡章节，里面有关梁弯曲基本理论的内容参考了霍奇金森和巴洛的成果。为方便学生深入理解牛顿力学，惠威尔还在 1832 年出版了自己对此的见地——《论质点的自由运动与万有引力，包括"原理"第一、三卷的主要命题》；仅过了两年，他的《受约束与阻力的质点运动及刚体运动》再次问世；这位学者涉猎广泛，其《归纳科学的历史》和《归纳科学的哲学》更是享誉世界[2]，不仅于 1859 年经美国再版，还被译成德语和法语。另外，惠威尔格外重视高等

---

① 译者注：原书名 *An Elementary Treatise on Mechanics*.

② 译者注，四本书的英文为：*On the Free Motion of Points, and on Universal Gravitation, including the Principal Propositions of Books Ⅰ and Ⅲ of the Principia*, 1832；*On the Motion of Points Constrained and Resisted and on the Motion of a Rigid Body*, 1834；*History of the Inductive Sciences*, 1837；*The Philosophy of the Inductive Sciences*, 1840。

教育,相关专著《英国大学教育原则》十分畅销,其中的观点对剑桥大学数学教育具有指南作用[①]。

1819 年,乔治·比德尔·艾里进入剑桥大学三一学院。作为学生,其品学兼优,1823 年以甲级优等生光荣毕业[②]。1826 年,艾里被聘为剑桥大学卢卡斯(Lucasian)数学教授,并出版了《月球和行星理论中的数学原理,地球形状、岁差、章动与变分法》[③],在 1828 年的第二版里,艾里补充了有关光的波动理论一章。作为一本用数学求解天文学和理论物理问题的入门读物,该书被剑桥大学广泛采用。

有关剑桥这段时间的学术活动,艾里在自传第 73 页里评论道:"这里已经有很多年没有开设过实验哲学(力学、流体静力学、光学)课程了,因此我认为,学校大概会乐于见我在这方面雄心勃勃地开展新课程,尽管困难重重:没有明确的讲座期限,没有明确的每天授课时间,也没有固定的课堂。"艾里总是愿意将数学应用于理论物理的各个分支,而且鄙视那些专门研究纯粹数学之人。1868 年,在写给斯托克斯关于史密斯奖的信中,他说:"我相信,剑桥大学是世界上最著名的数学教育学府,尽管过度机械地利用解析方法会让人产生挫败感,但这恰恰是最精确的。剑桥的正确教学方式无出其右。就这里目前已经开设的应用学科而言,我特别欣赏其中的天文学,这方面的教育尽善尽美。然而在另一方面,有些人却倾向于闭门造车,所涉猎的数学项目却未能深入洞察科学世界的需求。"

1828 年,艾里当选普卢姆(Plumian)天文学教授,至此,他便开始将自己全身心投入到创建剑桥大学天文台以及观测工作。虽然艾里于

---

① *On the Principles of English University Education*,1837 年。更多关于威廉·惠威尔(1794—1866)以及他那个年代剑桥大学的故事,可以参考伊萨克·托德亨特的《威廉·惠威尔——剑桥大学三一学院的掌门人》(*William Whewell*, *Master of Trinity College*, *Cambridge*),1876 年。

② 《乔治·比德尔·艾里爵士传》(*The Autobiography of Sir George Biddle Airy*, 1801—1892),由威尔弗里德·艾里(Wilfrid Airy)于 1896 年编写完成。

③ *Mathematical Tracts on the Lunar and Planetary Theories*, *The Figure of the Earth*, *Precession and Nutation and the Calculus of Variations*。

1835 年被任命为皇家天文学家并移居到格林尼治,却继续与惠威尔、皮科克保持着联系,另外,其有关数学教育的观点也在剑桥大学产生了广泛共鸣并得到高度尊重。

艾里一直对数学在解决工程问题中的应用感兴趣,十分关心大型箱梁桥结构,并向费尔贝恩表明如何从模型实验结果确定出桥梁所必需的截面尺寸(参见第 37 节)。艾里钻研梁的弯曲理论,还于 1862 年向皇家学会提交过一篇相关研究文章[1]。对于二维问题的矩形截面梁,艾里写出如下微分平衡方程:

$$\frac{\partial \sigma_x}{\partial x}+\frac{\partial \tau_{xy}}{\partial y}=0, \quad \frac{\partial \sigma_y}{\partial y}+\frac{\partial \tau_{xy}}{\partial x}=0 \tag{a}$$

并表示,如果要满足上述两个方程,那么由函数 ϕ 导出的应力分量必须具有如下形式:

$$\sigma_x=\frac{\partial^2 \phi}{\partial y^2}, \quad \tau_{xy}=-\frac{\partial^2 \phi}{\partial x \partial y}, \quad \sigma_y=\frac{\partial^2 \phi}{\partial x^2} \tag{b}$$

艾里采用多项式形式的函数 ϕ,且以满足边界条件的方式选取多项式系数。鉴于其未能考虑到 ϕ 还须满足相容方程,因此艾里的研究成果并不完备。然而,这却是学界首次采用应力函数去研究问题,也被认为是一种非常有用的求解弹性问题方法的诞生。

50. 乔治·加布里埃尔·斯托克斯

剑桥大学的理论物理黄金时代开始于乔治·加布里埃尔·斯托克斯(George Gabriel Stokes,1819—1903;图 147)的科学成就[2]。这位学者是爱尔兰斯莱戈郡南部教区牧师斯格林大家族的一员[3]。他在一位

---

[1]《英国皇家学会哲学学报》第 153 卷,1863 年。

[2] 有关斯托克斯的《研究报告和科学通信集》(*Memoirs and Scientific Correspondence*)是由约瑟夫·拉莫尔(Joseph Larmor)于 1907 年在剑桥大学编辑完成的。在斯托克斯的《数学与物理学论文集》(*Mathematical and Physical Papers*)第 5 卷中,还可以找到一篇瑞利勋爵所写的斯托克斯生平小传。

[3] 译者注:斯莱戈郡(Sligo);斯格林(Skreen)。

图 147　乔治·加布里埃尔·
斯托克斯

教堂执事那里接受了算术方面的小学教育。1832 年,13 岁的斯托克斯被送入位于都柏林的沃尔牧师(Rev. R. H. Wall)学校。在那里,其几何水平受到数学老师格外青睐。1835 年,斯托克斯迈进布里斯托(Bristol)学院,在弗朗西斯·纽曼(Francis Newman)指导下研习数学,1837 年的毕业考试他获得了"卓越数学能力"奖。

　　同年,斯托克斯来到剑桥大学彭布罗克(Pembroke)学院。有关剑桥的工作经历,他后来写道[①]:"在那时,刚入校的男孩普遍不会像如今的学生,他们无法学习到这么精深的数学知识。当时的我,就连微积分也没听说过,仅刚学完解析几何。我在大二时才开始从私人教师威廉·霍普金斯(William Hopkins)先生那里尝到微积分的甜头。这位老师很有名望,桃李满天下,他的学生在剑桥数学考试中总会成绩优异。1841 年,我在班级中排名第一,获得年度数学甲等优秀生称号,并拿到史密斯奖,通过直选取得全额奖学金。完成学位后,我就留校并开始讲私课,同时,也想着手进行一些独立的原创性研究工作。在阅读我的学位论文时,霍普金斯先生建议我可以从流体力学入手。当时,这个研究领域在总体上处于低谷,尽管乔治·格林曾在此有过骄人战绩,在剑桥研究了一辈子,然而,人们有关流体力学的认知水平依旧不高。1849 年,而立之年的我成为卢卡斯数学教授,自然也就不必再讲私课了。当时,普卢姆教授委员会主宰着剑桥大学天文台的研究方向,负责人是查理士(Challis)教授。这位学者曾像前辈艾里那样讲授过流体力学和光学课程,当我开始与查理士合作时,他很高兴把流体力学和光学课程交给我,从而能够

---

　　① 详见格莱兹布鲁克(R. Glazebrook)在《佳句》(*Good Words*)上发表的文章,1901 年5 月。

腾出时间去研发其所擅长的天文课题，当然，我也欣然从他手里拿到了教案。"

　　虽然斯托克斯的首篇学术论文是有关流体力学的，然而，1845 年向剑桥大学哲学学会提交的《流体在运动中的内摩擦及弹性固体的平衡与运动理论》一文里[1]，他却着重推导了各向同性弹性体的基本微分方程。斯托克斯判断，弹性理论必须依据物理实验结果而非固体分子结构的理论臆测。他评论道："使固体处于等时振动状态的能力表明，由微小位移引起的压力依赖于这些一维位移的齐次函数。而且，根据微小量的一般性叠加原理[2]，能够进而假设，由于不同位移引起的压力是可叠加的，所以后者是前者的线性函数。"依照上述假定，斯托克斯最终建立起含有两个弹性常数的平衡方程。他强调，对于印度橡胶[3]和果冻这类材料，其横向收缩与纵向伸长比和单一常数假定的估算结果大相径庭。于是，斯托克斯开始构思有关拉伸、扭转以及均匀压缩情况的验证试验，用于找出任意特定材料的两个弹性常数 E 和 G 的比值。他指出："有两种截然不同的弹性，一种是物体均匀受压后有趋势恢复到原来的体积；另一种是物体受到不依赖与压缩有关的约束后具有恢复其原来形状的趋势。"当考虑第二种弹性情况时，斯托克斯着重比较了固体和黏滞流体间的区别，他评论道："大量高弹性物质，如铁、铜等，依然具备明显塑性。实验发现，铅的塑性比铁或铜要大，然而弹性却会弱一点儿。通常来说，所有物质塑性越高，或许弹性便将越低。当物质的塑性持续增高且弹性持续减小时，就会逐渐变成黏性流体，看起来固体和黏性流体间并没有显著差异。"

　　当从早年的流体力学转向光学研究时，斯托克斯认为，光以太是一种类似于弹性固体的均匀非晶体弹性介质，因此有必要从弹性理论方程

---

　　[1] *On the Theories of the Internal Friction of Fluids in Motion，and of the Equilibrium and Motion of Elastic Solids*，详见斯托克斯的《数学与物理学论文集》第 1 卷，第 75 页。

　　[2] 胡克已经提到（见第 4 节）：等时振动是证明应力与应变成比例这个定律的一个物理事实。

　　[3] 他在此处参考了拉梅和克拉佩龙的研究报告（参见第 115 页）。

入手。在《关于衍射动力学理论》的文章中[①]，他写道："虽然该方程可以从'元分子'[②]的介质构成猜想中得到，但是我们无须接纳这种假说，仅认定介质的连续性，亦可求出同样的方程"。

在上述工作中，斯托克斯建立的两个定理是弹性振动理论的重要成果。为了说明该定理，我们可以考查单自由度体系的最简单振动形式。其距离平衡位置的位移 x 为

$$x = x_0 \cos pt + \frac{\dot{x}_0}{p} \sin pt \tag{a}$$

显然，上式与初位移 x_0 有关的部分可以从与初速度有关的部分对时间 t 求导，再以 x_0 代替 $\dot{x}_0$ 求得，这也符合最一般的情况。故而斯托克斯推断："在弹性介质里，由初位移引发的扰动部分，可从由初速度造成的扰动中求得，方法是对 t 求导，并用表示初位移的函数代替表示初速度的任意函数。"这样一来，求位移的问题就能转化为仅求解由初速度所产生的位移问题。

第二个定理针对扰动问题，这种扰动源于介质某点沿给定方向上的已知变力。仍以单自由度体系为例，设单位质量的干扰力为 $f(t)$，我们将会发现，因 t 时刻作用在体系上的冲量 $f(t)\mathrm{d}t$ 将使速度产生增量 $\mathrm{d}\dot{x}$，其大小等于 $f(t)\mathrm{d}t$。于是，根据式（a）第二项可知，t 时刻的速度增量 $f(t)\mathrm{d}t$ 对 t_1 时刻带来的位移等于

$$\frac{f(t)\mathrm{d}t}{p} \sin p(t_1 - t)$$

现考查 $t=0 \sim t_1$ 时间间隔内的干扰力作用，便可用下式来表示体系在 t_1 时刻的位移[③]：

---

① *On the Dynamical Theory of Diffraction*，详见《数学与物理学论文集》第 2 卷，第 243 页。

② ultimate molecules。

③ 将分布干扰力的作用细分成微小的时间间隔，并通过这些时间间隔内所产生的运动总和得到强迫运动的解，上述理念大概是由杜哈梅(J. M. C. Duhamel)首先提出来的。参见《任意材料质点系振动的研究报告》(*Mémoire sur les vibrations d'un système queleonque de points matériels*)，《巴黎综合理工学院学报》，巴黎，第 25 期，第 1～36 页，1834 年。在研究杆件的强迫振动时，圣维南利用了这个方法，详见圣维南翻译的克莱布什著作，第 538 页。

$$x = \frac{1}{p} \int_0^{t_1} f(t) \sin p(t_1 - t) \, \mathrm{d}t \qquad\qquad \text{(b)}$$

类似推论也能够用于更一般的情况。另外,如果已知体系的自由振动,就能够从上式计算出扰动力导致的位移。

1849 年,在提交有关衍射成果的同时,斯托克斯又对如前所述(参见第 40 节)的桥梁动力挠度进行了大量研究工作。

1854 年,斯托克斯担任英国皇家学会秘书,新职位分散了他的大量精力,对此,瑞利勋爵曾在其讣告中写道:"从那时起,《论文汇编》(*Collected Papers*)的读者都明显察觉到他的作品发表速度有了显著下降,这反映出科学家必须从事自己的科学研究,而不应该承担过于繁重的行政事务,至少在他们向世界传递出他们更重要的信息之前是这样的。"关于斯托克斯的实验工作和教学授课,这位勋爵继续评论道:"他能够以最普通的器具完成实验工作[1]。斯托克斯的大量重要发现均源自居所内食品储藏室后面的一条狭长过道,他把百叶格栅固定在窗扇内,透过其中的一条窄缝,我们可以看到里面支架上摆放着的晶体和三棱镜,这些东西也是他讲课用的教具。数年来,他始终开设物理光学这门年度课程,许多数学研一学位的申请人也会慕名而来。总之,能够聆听到这位物理学家的声音是一件令人高兴的事,枯燥无味的事经他之口也会倍感新鲜。"

在剑桥大学,斯托克斯始终关注理论课程的教学工作,经常担任数学学位测试的考官。在成为卢卡斯数学教授之后,他的职责是向史密斯奖推荐学位考试中的优秀论文。于是,这些文章连同其学位考试题目均被收录到《数学论文集》(*Mathematical Papers*)第五卷的附录中了。

1885—1890 年,斯托克斯一直担任皇家学会主席。科学领域的同道中人都非常尊敬斯托克斯,最显著的例证恰是纪念其担任教授的庆典活动,大量来自世界各地的杰出科学家齐聚剑桥向他致敬。

---

[1] 当时的剑桥大学还没有物理实验室,1872 年,著名的卡文迪许(Cavendish)实验室组建工作受到了麦克斯韦的影响。

50a. 巴雷·德·圣维南(1797—1886)

1797 年,巴雷·德·圣维南(Barré de Saint-Venant;图 148)出生于福尔图瓦索城堡[1],他很早就显现出数学天才,也因此得到以农业经

济见长父亲的循循善诱,随后,他在布鲁日(Bruges)高中学习。1813 年,16 岁的圣维南经过激烈竞争进入巴黎综合理工学院。在这里,他表现出非凡能力,成为班上的第一名。

1814 年的政治事件对圣维南职业生涯影响巨大。同年 3 月,盟军逼近巴黎,理工学院的学生们被动员起来。1814 年 3 月 30 日当天,在将枪炮运往巴黎防御工事的途中,时为陆军支队一等士官长的圣维南从队列中跳出来,高喊口号[2]:"我的良心不愿为篡位者而战。"同学们对他的

图 148 巴雷·德·圣维南

这种行为异常愤怒,于是,宣布圣维南为逃兵,而且绝不允许其在巴黎综合理工学院继续深造。事后,校友及著名数学家夏斯莱(Chasles)站出来,宽宏大量地就此事发表了自己的观点:"如果圣维南如自己所言,相信他的良知,那么即便大家将其碎尸万段,也毫无意义。对圣维南的懦弱指控是荒谬的,恰恰相反,他非常勇敢,3 月 30 日那天的行为就是最好证明,正是其义举激起指挥官愤怒和战友蔑视,这比起将自己暴露在哥萨克人的刺刀下强出百倍,这就是圣维南的决心和活力[3]。"在该突发事件后的八年中,圣维南一直在火药厂里当学徒。到了 1823 年,当局允许他无须考试即可直接进入法国国立路桥学校。在这所学校的两

---

① 布西内斯克和符拉芒撰写过巴雷·德·圣维南的生平,参见《国立路桥学校年鉴》第 6 系列,第 12 卷,第 557 页,1886 年。福尔图瓦索(de Fortoiseau/Seine-et-Marne)。
② 详见约瑟夫·伯川德的《来自科学院的颂词》,新系列,第 42 页,巴黎,1902 年。
③ 详见约瑟夫·伯川德的《来自科学院的颂词》。

年里，圣维南忍受着大家的白眼，同学们既不与他谈话，也不和他同坐一张长椅。然而，圣维南却并不在意这些令人不愉快的行为，只顾潜心研究学问，上课也从不缺席[①]，最终以全班第一名的成绩毕业。虽然无法评价这一切将对圣维南的后期事业造成几成影响，但显而易见，以其卓越才能、坚毅的性格和吃苦耐劳的精神，本应前途似锦。然而，这位工程师的仕途之路却并没有令人想象得那么一帆风顺。在《大英百科全书》里，人们找不到圣维南的卓越成就，就连《法国大百科全书》中也少得可怜。但是，在托德亨特与皮尔森合著的《弹性理论与结构力学史》扉页上，却看到如下赞歌："为纪念近代最伟大的弹性力学专家巴雷·德·圣维南先生，编者谨以本书奉献给他。"

从法国国立路桥学校毕业后，圣维南先后在尼韦奈（Nivernais，1825—1830）及阿登[②]运河上工作过一段时间。他利用业余时间埋头理论研究，1834 年，向法国科学院提交了两篇论文：一篇是关于理论力学定理的，另一篇有关流体动力学，这两篇文章使其在法国科学界声名鹊起。1837—1838 年，鉴于科里奥利（Coriolis）教授身体有恙，法国国立路桥学校便开始聘请圣维南讲授材料力学。其间，他油印出自己的相关讲义[③]，这些资料具有重大历史价值，讲义里提到的一些问题成为这位作者后来的科研目标。当时，最经典的材料力学论著是纳维的《国立路桥学校应用力学课程总结》。然而，即便弹性理论的基本方程是由纳维本人建立的，但他却未将其写入教材。并且，在发展棱柱杆件的拉、压、弯、扭理论时，纳维不加区别地假定：杆件横截面在变形后仍然保持平面状态。圣维南是第一位试图让学生关注弹性理论发展前沿之人。在讲义序论里，他讨论过一些固体分子结构和分子间作用力的假说，并利用该假定，抛出了"应力"概念。对于剪切应力和剪切应变，圣维南表明：一个方向上的拉力与垂直方向上等值压力的组合能够形成纯剪切状态。对于梁的弯曲问题，虽然他注意到剪应力的存在，却未能掌握截

[①] 当时，圣维南参加了纳维的讲座，并成为这位杰出工程师与科学家的伟大粉丝。

[②] 译者注：阿登 Ardennes。

[③] 这些讲义可以从国立路桥学校的图书馆找到。

面上的剪应力分布情况。圣维南假定该应力均匀分布,并在计算主应力时将这些剪应力和纵向纤维中的拉、压应力结合起来考虑。在讨论梁安全尺寸时,圣维南认为,最大应变必须作为选择容许应力的基本出发点。

那个年代,弹性理论依然缺乏实用价值,对于实际问题并无精确答案,没有工程师愿意从事如此空洞的理论研究,他们更愿意利用经验公式来确定结构安全尺寸[1]。然而,圣维南不相信经验能使工程科学得到任何进步,他坚信,唯有将试验工作和理论研究相结合,方可促进材料力学的发展。

在法国国立路桥学校授课同时,圣维南也在巴黎市政厅承担着实际项目。然而,考虑到自己的一些计划没有获得批准,为进行抗议,他便辞去了政府差事。圣维南早就开始热衷水力学及其在农业生产中的应用,并发表过几篇相关文章,甚至这些论文还让他获得法国农业学会颁发的金奖。另外,他还在凡尔赛农学院待过(1850—1852),主要工作就是讲解力学课程。然而,上述经历未能让圣维南分散自己原本的爱好,其注意力仍旧集中于探索弹性理论。1843 年,圣维南向法国科学院提交了有关曲杆弯曲的研究报告,而自己第一篇有关扭转问题的论文也在 1847 年刊出。当然,圣维南处理扭转和弯曲问题的最终创意则是在后来的 1855—1856 年形成的,相关成果收录在另外两篇著名的研究报告里。对此,接下来的章节将会展开讨论。

圣维南不仅热衷于静力条件下的应力分析,还研究过动力作用和冲击效应,例如沿梁运动的荷载,或者能够使杆件产生横向或纵向振动的坠落荷载。关于这类问题的几篇重要论文将在后面继续介绍。

对于弹性理论基本方程的推导,圣维南也颇感兴趣,并喜欢参加有关弹性常数所需个数的大辩论。对此,他一直的观点是:应根据固体的分子结构假定而采用较少数目的常数。在这个问题上,圣维南的建议都体现在自己的文章中,并最终全部收录在由其主编纳维所著的《国立

---

① 详见维卡对弯曲理论的评论(第 83 页)。

路桥学校应用力学课程总结》附录五第 645～762 页中。

在穆瓦尼奥 1868 年出版的《力学分析教程　静力学》最后两章的第 616～723 页里,圣维南详细描写了弹性方程的发展历程;在序言中,穆瓦尼奥对圣维南撰写的这两章内容做出了有趣点评。当初,穆瓦尼奥想让一位理论专家来编写弹性体静力学的章节,然而,当其每次向英国或德国科学家提出邀约时,总会得到相同答案:"你身边就有这方面的权威,此人就是最优秀的巴雷·德·圣维南先生,大可咨询他的建议,聆听他的声音,尊重他的决定。"埃廷斯豪森(M. Ettingshausen)就是这些科学家中的一员,他补充道:"你们的科学院犯错了,一个重大错误,因为在'伯乐'看来,科学院未能向一位如此优秀的数学家敞开大门。"最后,穆瓦尼奥说:"在法国,许多人都轻视他,认为其只配拥有非常单纯的数学光环,但在此可以毫不夸张地说,圣维南在国外享有盛誉。"

1868 年,圣维南当选法国科学院院士,而且始终都是科学院的力学权威。圣维南继续潜心固体力学的研究,并对振动与塑性变形问题特别感兴趣。受到特雷斯卡有关极大压力作用下金属塑性流动实验研究的感染,其注意力也转向塑性变形问题[1],对于这个当时的前沿课题,是圣维南首先建立了塑性基本方程并将其应用于若干实际工程中。

虽然,圣维南从未想过要把自己的大量弹性理论研究成果变成论著,却在 1864 年主编过纳维的《国立路桥学校应用力学课程总结》,又于 1883 年完成了克莱布什《固体弹性理论》[2]的编译工作。圣维南往第一本著作里附加了自己的大量注释,以致原作者的内容仅占到该书的 1/10! 而第二本书之文字量也因编者的批语足足增加了 3 倍。众所周知,对于所有对弹性理论和材料力学发展史感兴趣的人士,上述两部著作都是最重要的参考资料。

圣维南活到老学到老,其最后一篇研究论文发表在 1886 年 1 月 2 日的《法国科学院通报》上。1886 年 1 月 6 日,这位科学巨匠与世长

① 详见特雷斯卡(H. Tresca)的《关于固体的流动》(*Mémoires sur l'écoulement des Corps Solides*),《法国科学院学者研究报告》第 20 卷,1869 年。

② 译者注:原书名 *Théorie de l'élasticité des corps solides*。

辞。在宣读噩耗时,法国科学院主席道:"这位老人对周围同事关怀备至,他如此高寿,无疾而终,生命最后一刻还在研究着其所钟爱的问题,并期盼做出像帕斯卡和牛顿那样的伟大成就。"

51. 半逆解法

1853 年,圣维南向法国科学院提交了一份扭转问题的研究报告,这篇文章具有划时代意义。由柯西、彭赛利、皮奥伯特(Piobert)和拉梅组成的评审委员会对该成果印象极佳,并推荐发表[①]。这篇论文不仅涉及圣维南之扭转理论,还详细记录了当时现成的全部弹性理论以及作者提出的大量重要补充。在引言里,圣维南强调道:如果已知代表位移分量 u、v、w 的函数,那么弹性体上任意点的应力就能方便求解。为此,可把给定函数 $u(x,y,z)$、$v(x,y,z)$、$w(x,y,z)$ 代入应变分量的给定表达式(参见第 25 节),即有

$$\varepsilon_x = \frac{\partial u}{\partial x}, \quad \varepsilon_y = \frac{\partial v}{\partial y}, \quad \varepsilon_z = \frac{\partial w}{\partial z}$$

$$\gamma_{xy} = \frac{\partial u}{\partial y} + \frac{\partial v}{\partial x}, \quad \gamma_{xz} = \frac{\partial u}{\partial z} + \frac{\partial w}{\partial x}, \quad \gamma_{yz} = \frac{\partial w}{\partial y} + \frac{\partial v}{\partial z} \tag{a}$$

通过微分方法,圣维南获得以上应变分量,然后再利用胡克定律计算出应力分量。基于应力分量表达式,圣维南就可以根据微分平衡方程与边界条件[参见第 26 节式(a)、式(b)]得到为产生假定位移而应作用于弹性体上的力。他认为,要是真的采用这种方法并假定 u、v、w 的表达式,就大概没有机会会得出具备实际意义的解。但是,如果将情况反过来,各力均为已知,就应当对微分平衡方程进行积分运算,然而该问题广义形式所依赖的积分方法却还没有着落。

因此,圣维南提出"半逆解法(semi-inverse method)"。通过这种方法,仅需假设位移和力的某些性质,进而推导出这些量的其余特性,以便满足所有弹性方程。他评论道:"一个工程师,只要了解初等材料

[①]《法国科学院院外学者研究报告》第 14 卷,第 233~560 页,1855 年。

力学的近似解,就可以采取该方式获得具备实用价值的严格解。"接着,圣维南给出不同截面形状的棱柱杆件扭转与弯曲解。

为厘清这种半逆解法,下面不妨以杆件受扭为例。如图 149 所示,对于两端作用有力偶 M_t 的简单扭转情况,将坐标原点放在杆件左端形心处,并按图规定坐标轴的正向。现考查距左端 z 处任意截面 mn 上 A 点的位移分量,假设扭转时左端无转动,并以 θ 表示轴杆单位长度的扭转角,则 mn 截面的转角将为 θz。由于该转动,当任意点 A 的坐标为 x、y 时,其相对位移分别为

$$u = -\theta z y, \quad v = \theta z x \tag{b}$$

在扭转过程中,圆杆各截面仍将保持平面状态,且轴线方向之位移 w 等于零,于是,采用表达式(b),便能很快计算出圆轴内的扭转应力。圣维南发现:对于非圆形截面杆轴,虽然仍可利用平截面假定来计算应力,但所得结果却与实验不符[①]。为解释以上原因,他认为,此时截面将可能出现翘曲,如果令所有截面的翘曲程度都相同,从而使 w 与 z 无关,便有

$$w = \theta \cdot \phi(x, y) \tag{c}$$

式中,ϕ 为待定的某函数,其值与 x、y 有关。

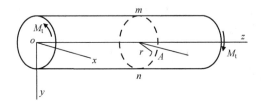

图 149 杆件受扭示例

方程(b)、方程(c)代表圣维南对扭转位移的基本假定。仅就这些力而言,他判断:此处既没有体力,也不存在作用于轴杆曲面上的力。

---

① 详见迪洛实验的描述(第 82 页)。

至于作用在两端的力,圣维南猜想,它们能够静力等效成给定扭矩 M_t。另外,他还发觉,如果将式(b)、式(c)代入式(a),则仅有两个应变分量 γ_{xz}、γ_{yz} 不等于零,其表达式分别为

$$\gamma_{xz} = \theta\left(\frac{\partial\phi}{\partial x} - y\right), \quad \gamma_{yz} = \theta\left(\frac{\partial\phi}{\partial y} + x\right)$$

相应的应力分量如下:

$$\sigma_x = \sigma_y = \sigma_z = \tau_{xy} = 0$$

$$\tau_{xz} = G\theta\left(\frac{\partial\phi}{\partial x} - y\right), \quad \tau_{yz} = G\theta\left(\frac{\partial\phi}{\partial y} + x\right) \tag{d}$$

圣维南观察到:如将上式代入平衡方程(参见第 26 节),则当函数 ϕ 满足下式时,以上应力分量也就自然成立,则有

$$\frac{\partial^2\phi}{\partial x^2} + \frac{\partial^2\phi}{\partial y^2} = 0 \tag{e}$$

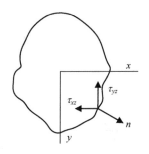

而在如图 150 所示截面边界上,法线 n 方向上的剪应力分量必然为零,否则,根据柯西定理(参见第 26 节),剪力就将作用在轴杆曲面上,从而有悖于初始的侧面无拉力假定。按照上述逻辑,将会得到如下边界条件,即

图 150 边界上的剪应力

$$\left(\frac{\partial\phi}{\partial x} - y\right)\cos(nx) + \left(\frac{\partial\phi}{\partial y} + x\right)\cos(ny) = 0 \tag{f}$$

同理,对于具有任意截面形状的棱柱杆扭转问题,均可将其简化成每个特定工况的叠加,进而只需求解每一个满足边界条件(f)的式(e)。

另外,圣维南还解决了不同截面形状的杆件扭转问题。其中,椭圆截面是一个特例。对此,能够满足式(e)、式(f)的 ϕ 值为

$$\phi = \frac{b^2 - a^2}{a^2 + b^2}xy \tag{g}$$

如图 151 所示,其中 a、b 为椭圆的半轴长度。这样一来,应力分量(d)式则为

$$\tau_{xz} = -G\theta\,\frac{2a^2y}{a^2+b^2}, \quad \tau_{yz} = G\theta\,\frac{2a^2x}{a^2+b^2} \tag{h}$$

相应的扭矩为

$$M_{\mathrm{t}} = \iint (\tau_{yz}x - \tau_{xz}y)\,\mathrm{d}x\,\mathrm{d}y = -\frac{\pi G\theta a^3 b^3}{a^2+b^2} \tag{i}$$

以及

$$\theta = \frac{M_{\mathrm{t}}(a^2+b^2)}{\pi G\theta a^3 b^3} \tag{j}$$

如图 151 所示,从式(h)可见,对于横截面内通过其中心点所作的任意直线 Oc,沿该线上各点的剪应力之比 $\tau_{xz}:\tau_{yz}$ 均为常数。如此一来,这些点上剪应力的合力相互平行,并且一定平行于边界上 c 点的切线。进而可知,最大应力将出现在边界处椭圆短轴两端的 d、e 点。另外,式(c)、式(g)两式还决定着翘曲截面的形状,同时,椭圆内翘曲面的等高线呈双曲线形状。其中,细实线代表 xy 平面上的点,且该点的 w 值为负。而式(j)也能够写成以下形式:

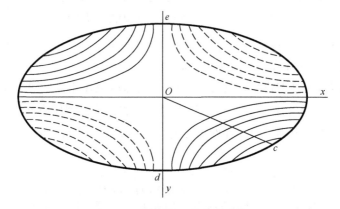

图 151　椭圆截面的应力迹线

$$\theta = \frac{M_t}{C} \tag{k}$$

其中

$$C = \frac{\pi G a^3 b^3}{a^2 + b^2} = \frac{G A^4}{4\pi^2 I_p}$$

$$A = \pi ab, \quad I_p = \frac{\pi a^3 b}{4} + \frac{\pi b^3 a}{4} \tag{l}$$

式中，C 为杆件抗扭刚度。

在针对不同截面实体杆的抗扭刚度计算之后，圣维南断言：对于所有工况，根据式(l)得到的 C 值都十分精确[①]。因此，任何实体杆的抗扭刚度都与具有相同截面面积 A 和极惯性矩 I_p 的椭圆截面杆一致。显而易见，抗扭刚度与极惯性矩成反比，而非旧理论中所谓的成正比。

按照圣维南所得的解，所有截面上的应力分布是相同的。这也就意味着，作用在杆件两端的两个外力也要具备相同的分布方式，只有如此，他的计算结果才算是扭转问题的严格解。然而，依据其有关静力等效力系所产生应力的原理(参见第 32 节)，圣维南断言：如果所求截面距离杆件的两端足够远，那么，就算是两端外力分布形式与其理论假设不符，应力答案也足够精确。虽然靠近两端的应力同外力分布状态息息相关，然而，通常我们并不事先知道该分布情况，所以，对靠近两端的应力进行任何深究都鲜有实用价值。

接着，圣维南将半逆解法用于一个端部荷载作用下的悬臂梁受弯问题[②]。他指出，假设通过梁的基本理论能够正确得到任意截面之正应力，就可能知道满足全部弹性方程的剪应力分布。以此为途径，圣维南

[①] 详见《法国科学院通报》第 88 卷，第 142~147 页，1879 年。
[②] 《有关扭转的研究报告》涉及弯曲问题的简单讨论，而更详尽的弯曲研究报告刊登在《刘维尔数学杂志》第 2 系列，第 1 卷，第 89~189 页，1856 年。这篇报告在开头回顾了过去的弯曲理论，很有意义。

得到不同截面形状的受弯棱柱杆件精确解。他没有在弯曲问题的一般解上止步不前,而是为便于应用其研究成果,又进一步制作出相关表格,矩形截面梁的最大剪应力在其中一目了然。上述计算结果表明:当矩形梁在其最大刚度平面内弯曲时,最大剪应力非常近似儒拉夫斯基的基本理论验算值(参见第 33 节)。

解决完棱柱杆件的受扭及受弯问题后,圣维南继续考虑弯扭联合作用这个困局[1]。经过一番努力,他不仅有了截面上的分布应力,还求出主应力和最大应变值。圣维南建议:在设计时,梁的尺寸选择应使最大应变不超过某些极值,而该值须取自每种建筑材料的直接试验结果。

显而易见,圣维南的这些研究报告对材料力学影响深远,因为在很多实际案例中,有关扭转和弯曲的精确解均出自其研究报告。这些文章的出现,带来将弹性理论基本方程引入材料力学工程论著的趋势。当修编纳维的著作时,圣维南本人所加入的大量相关注释也是朝着该方向在努力。另外,在朗肯的《应用力学手册》中,我们亦发现用于介绍弹性理论的大量篇幅。虽然,格拉斯霍夫和文克尔都曾试图不以平截面假定,而根据其精确弹性理论方程来推导材料力学公式,但是,后人还是选择放弃了将其编写入材料力学教材[2]。站在今天的视角,大家更习惯从比较浅显的弹性理论引出材料力学,而对该理论的精细化研究,则通常属于那些对应力分析特别偏好的工程师之职。

52. 圣维南的晚年成就

在完成有关扭转和弯曲问题的高引论文后,圣维南依旧从事着弹性理论研究工作,还发表过很多有价值论述,其中的许多内容都刊登在《法国科学院通报》里。后来,圣维南把这些工作中的最重要成果以注解形式载入其所编辑的纳维《国立路桥学校应用力学课程总

---

① 详见《有关扭转的研究报告》第 12 章。

② 以弹性理论为基础的材料力学教材,例如,德国卡尔斯鲁厄的格拉斯霍夫以及一些俄罗斯工程学校教授所编写的课本。鉴于这些教材对普通学生难度过大,因而逐渐被弃用了。

结》，当然，也包括由他编译的克莱布什著作。在前一本书的附录中，我们发现了圣维南完整的各向异性体弹性理论，以及关于弹性常数必需个数的详细说明[①]。直到生命最后时刻，圣维南都坚信，只有认可固体的分子构造并假定分子之间存在作用力，才能更合理地进行上述研究工作。他主张：在一般情况下，可以将弹性常数的数目从 21 个减少到 15 个；对于各向同性体，则可以从两个减为一个。圣维南的研究成果不仅对弹性力学意义巨大，还被证明是分子物理学家的一笔财富。

在克莱布什的书中，圣维南所写的注释价值不菲，尤其是那些有关杆件振动和冲击理论的内容。当探讨梁侧向冲击问题时，我们已经提到过圣维南对此之重要贡献（参见第 41 节）。假设某物体冲击简支梁后与之附着在一起，圣维南将该现象视为带有附加质量的梁振动问题加以讨论。他研究过此体系前 7 阶振型及相应振动频率，并用梁与冲击物重量比作为参数画出一系列曲线。另外，如梁初始静止且附加质量具备一定速度，圣维南计算出每种振型下的振幅，并将各振型下的挠度相加，以便得到挠度时程曲线，进而掌握梁之最大挠度与最大曲率值[②]。这位译者从以上分析得出结论：之前霍默沙姆·考克斯（参见第 41 节）发展的横向冲击基本理论，有助于得出令人满意的最大挠度，但遗憾的是，本理论却不足以精确计算出最大应力[③]。

圣维南亦有兴趣研究杆件的纵向冲击现象。对于一根水平杆件，其一端固定，另一端承受轴向锤击，圣维南依旧将该冲击工况视作杆端带有附加质量的振动问题。他假定，在 $t=0$ 时刻，杆件原本静止，且附加质量沿轴向具有已知速度。圣维南将振动方程的解展开成三角级数形式，再把前几项加起来，便得到一个有关杆端运动的结果。虽然该结

---

① 详见此书附录 5。

② 圣维南用于分析的大量曲线，在其去世后被他的学生符拉芒发表于《巴黎综合理工学院学报》（巴黎），第 59 期，第 97~128 页，1889 年。

③ 似乎圣维南并未留意过霍默沙姆·考克斯的初步解，他独自推导并对结论进行了全面讨论。详见圣维南翻译克莱布什的书之第 576 页。

论看起来令人满意,然而当计算应力时,他却发现级数不够收敛,无法便捷地得出一个精确答案。后来,圣维南又试着采用一些位移近似表达式替代上述无穷级数,但效果仍不明显。大约在同一时期,如此棘手的问题终于被布西内斯克、塞贝尔和雨贡纽三人共同攻克,他们给出了该问题的不连续函数解,而后两人则同为炮兵军官。

圣维南的工作特点是决不满足于仅给出一般解,总希望将自己的成果转化成易于使用的图表形式,从而简化相关人员在实践中的设计计算。圣维南与符拉芒合作,将布西内斯克的解转化成图表曲线的形式,用以表明不同纵向冲击振动相位随参数 r 的变化情况,其中 r 为受冲击杆件与冲击体的质量比[1]。以图 152 为例,从中可以计算出当杆件与冲击体接触时的杆端压应力。图中 l 代表杆长,α 为沿轴杆传播的声速,V 表示冲击体速度。取 $\alpha t/l$ 为横坐标,而纵坐标 $d = \alpha\varepsilon/V$ 表明,其与杆端处的单位压缩量 ε 成正比。图 152 内三条曲线对应于杆件与冲击体的三个不同重量比 r。从中可知,在时间 $t = 2l/\alpha$ 之前,杆件和冲击体接触面上的瞬时冲击压应变在逐步降低;当 $t = 2l/\alpha$ 时刻,由杆件固定端反射回来的压缩波抵达接触面,以致压应变突然跳跃到某个高点,随后又开始重新慢慢减弱。显而易见,当 $r=1$、$t=3.07l/\alpha$ 时,压应变等于零,即冲击物与杆件接触中断。对于比较小的 r 值,在上述时刻到来之后,两者之间的接触作用继续重启,且当 $t=4l/\alpha$ 时,将会发现压应变的第二次突变。在此之后,压应变降低,在 $r=0.5$,$t=4.71l/\alpha$ 以及 $r=0.25$,$t=5.90l/\alpha$ 时,接触作用旋即消失。图 152 说明:冲击持时伴随比值 r 的减小而增加;另外,最大压应变之突然变化意味着为什么级数形式的解无法得到令人满意的计算结果。此外,圣维南还绘制出几张其他截面形状杆件的冲击图表,它们均与图 152 非常类似。以此为基础,圣维南从不同角度证明了冲击最大应力会呈现在嵌固端。

---

[1]　该成果发表于《法国科学院通报》第 97 卷,第 127 页、214 页、281 页和 353 页,1883 年。另见法文版克莱布什的书之附录。

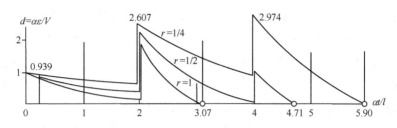

图 152　冲击振动的参数变化

　　按照圣维南的冲击理论假定,冲击体在冲击瞬间与杆端整个表面相互接触。然而这种情况却并非现实,并且福格特的实验结果(参见第71 节)也无法佐证上述理论[1]。

　　圣维南不仅关注冲击问题,还探讨过杆件的强迫振动。在其翻译的克莱布什著作第 61 条注释里,他用大约 150 页篇幅来深入讨论时变荷载作用下的杆件振动问题。同时,也涉及杆件上某点之一按特定运动方式所导致的强迫振动,且详细说明了简支棱柱杆件中点处的简谐运动情况。在该注释里,当描述动荷载作用下的弯曲问题时,圣维南毫不吝惜笔墨,并特别留意威利斯和斯托克斯两人有关忽略梁质量的论点(参见第 40 节)。接着,又推导出此问题的一般方程,还进一步探讨了菲利普斯有关上述方程的近似解工作[2],圣维南指出,菲氏的解不完备。最后,他利用威利斯的推理方式,但又在动荷载 W 的惯性力上附加与梁均布自重 Q 相应的惯性力,如此一来,由荷载 W、Q 共同作用所产生的最大弯矩值[3]

$$M_{\max} = \frac{Wl}{4}\left(1 + \frac{1}{\beta}\right) + \frac{Ql}{8}\left(1 + \frac{5}{4}\frac{1}{\beta}\right)$$

---

　　① 详见福格特(W. Voigt)的论文,《物理年鉴》(*Ann. Physik*)第 19 卷,第 44 页,1883 年;第 46 卷,第 657 页,1915 年。有关冲击问题的文献综述可以参考波舍尔(T. Poschl)所写的文章,《物理手册》(*Handbuch der Physik*)第 6 卷,第 525 页,柏林,1928 年。

　　②《高等矿业学校年鉴》第 7 卷,1855 年。

　　③ 布雷斯在其《应用力学教程》(第 1 版,1859 年)中也得到了相似的结果,另外,布雷斯还给出梁上作用有均布移动荷载时的解。

式中，β 的物理意义如前所述(参见第 40 节)，即

$$\frac{1}{\beta} = \frac{16\delta_{st}v^2}{gl^2}$$

这里应注意：该解与前面菲利普斯解的不同之处在于 M_{max} 表达式的第二项，菲利普斯的系数为 3/4 而非 5/4。

　　1868 年，特雷斯卡向法国科学院提交了两篇笔记，内容有关极大压力下的金属流动性问题[1]。为此，圣维南需要撰写一份审阅报告，自然也就对延性材料的塑性变形产生兴趣，并在随后发表过几篇文章。在推导塑性基本方程过程中，圣维南的假定如下：① 塑性变形时，材料体积保持不变；② 主应变与主应力方向相同；③ 任意点的最大剪应力为某特定常数。利用以上假设，他便得到了一些简单问题的答案，例如，圆轴扭转、矩形截面棱柱杆件的纯弯[2]以及内部压力作用下空心圆筒的塑性变形等问题[3]。如此一来，这位学者便开创出材料力学的一片天地，圣维南将此新领域称作"塑性动力学"。如今，这个方向已经成为研究热点。

53. 杜哈梅(1797—1872)与菲利普斯(1821—1889)

　　杜哈梅出生于法国圣马洛(Saint-Malo)。1814 年进入巴黎综合理工学院，1816 年毕业。返回巴黎几所学校讲授数学之前，还在雷恩(Rennes)花了些时间研修法律。从 1830 年开始，杜哈梅成为科里奥利的继任者，担任巴黎综合理工学院微积分教师，十年如一日，直到 1869 年结束教学生涯为止。在校期间，杜哈梅德高望重，得到这所著名学府认可并实施过其很多教学计划，他的微积分[4]和理论力学[5]教材被法国

---

　　[1]《法国科学院学者研究报告》第 20 卷，1859 年。
　　[2]《数学学报》(*J. Mathématiques*)第 16 卷，第 373~382 页，1871 年。
　　[3]《法国科学院通报》，第 74 卷，第 1009~1015 页，1872 年。
　　[4] 两卷本的《巴黎综合理工学院解析教程》(*Cours d'analyse de l'École Polytechnique*)第 2 版，1847 年。
　　[5] 两卷本的《应用力学教程》第 2 版，1853 年。

相关院校普遍承认。杜哈梅的早年成就在很大程度上得益于曾经的老师傅里叶和泊松,其所处时代恰好是数学分析方法蓬勃发展的岁月,特别是在物理学方面的应用,杜哈梅的研究内容恰好迎合了这种大趋势。

在发表数篇有关固体热流的重要文章后,杜哈梅向法国科学院提交了《关于固体温度变化引起的分子作用力计算研究报告》[①],该文体现出其对弹性理论的主要贡献。他在绪论中提及:在傅里叶的名著《热的解析理论》[②]一书中,虽然这位学者讨论过固体内的各种温度分布规律,却未考虑温度变化导致的变形。温度变化过程中,构成实体的微小单元无法自由膨胀,从而会派生出应力。在探究这类应力问题时,杜哈梅采取纳维的方法,还推导出与式(g)(参见第 25 节)类似的微分平衡方程。但与后者不同的是,除体力分量 X、Y 和 Z 外,此处又出现了 $-K(\partial T/\partial x)$、$-K(\partial T/\partial y)$ 及 $-K(\partial T/\partial z)$ 形式的项,这些项均正比于 x、y、z 方向上的温度变化率。另外,杜哈梅还找到了物体的边界条件,同时表明:计算温度应力的过程类似于求体力所产生的应力或者表面作用力产生的该力;因外力和温度改变所导致的应力可以分别单独计算,然后再用叠加法求出总量。这大概是首次在应力分析中使用了叠加法。另外,他还暗示:温度均匀分布的物体不会产生应力。

杜哈梅进而应用其基本方程服务于工程案例,并且得到一些具有实用价值的解。首先,他研究了一个空心球壳,材料温度分布是该点至球心距离的给定函数。杜哈梅指出:球壳内、外半径的长度变化仅取决于壁厚平均温度大小;随后,又将该结论推广到不同材料制成的双层同心壳上。当然,以上研究内容还涉及圆柱管温度分布为径向距离给定函数的情况。最后,杜哈梅又探讨了球壳因温度改变而产生

---

① *Mémoir sur le calcul des actions moléculaires développées par les changements du température dans les corps solides*,详见《法国科学院院外学者研究报告》第 5 卷,第 440～498 页,1838 年。

② 译者注:原书名 *Théorie analytique de la Chaleur*。

的运动问题。在所有这些研究过程中,他始终假设弹性常数与温度无关。在第二篇研究报告里[1],杜哈梅介绍了变形导致的温度改变,以及恒定体积与恒定压力条件下的比热差异,这些成果在热学理论中占有重要地位。

在弹性体振动理论方面,杜哈梅也很有建树。虽然已经有很多人关注过弦索与等截面杆件的自由振动问题,然而其所考虑的条件却更为复杂。例如,对于具有附加集中质量的弦索振动,杜哈梅不仅得到该问题的完整解,而且同时也进行了大量实验,所得结果均与理论吻合[2]。另外,他还提出一种分析弹性体强迫振动的普遍方法[3]。杜哈梅利用叠加原理表明:可以通过积分形式,即所谓的杜哈梅积分(参见第 50 节)计算变力产生的位移。后来,圣维南还使用该法探讨过杆件横向强迫振动问题(参见第 52 节)。

爱德华·菲利普斯(Édouard Phillips),出生于巴黎。1840 年考入巴黎综合理工学院,随后又到矿业学院继续深造,并于 1846 年毕业。为政府当局效力若干载后,他进入一家法国铁路服务公司。作为铁路工程师,菲利普斯的最初科研工作自然与其工作性质密不可分。鉴于主管铁路公司的机车车辆,他便开始从事弹簧设计。在那个年代,该领域的知识几乎无人通晓,菲利普斯只能凭借一己之力发展板簧的完整理论,并根据自家理论设计出更加完美的相关产品。随后又得到试验机会,其结果可喜,证明了该理论切实可行且足够精确。于是,他将成果提交给法国科学院,再经委员会推荐后发表在《法国科学院院外学者研究报告》上[4]。菲利普斯的文章对弹簧设计人员帮助很大,无可争辩地表明:即使经验丰富的工程师,也应具备完整的数学知识,方能服务于新的工程领域。菲利普斯的分析依据是直梁弯曲基本理论,他假设:弯曲时,簧片之间始终保持相互接触(图 153a),从而推导出板簧任意截面处

---

① 《巴黎综合理工学院学报》(巴黎)第 25 期,第 15 卷,1837 年。
② 《巴黎综合理工学院学报》(巴黎)第 29 期,1843 年。
③ 《巴黎综合理工学院学报》(巴黎)第 25 期,第 1～36 页,1843 年。
④ 全文发表在《高等矿业学校年鉴》第 5 系列,第 1 卷,1852 年。

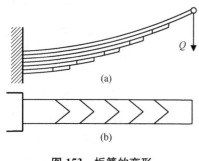

图 153　板簧的变形

的曲率变化公式。同时表明,如果簧片端部逐渐变窄(图 153b),则沿板簧长度方向上的曲率变化是连续的。利用积分方法,菲利普斯提出了相关挠度公式,又依赖微分途径得到簧片间的压力表达式,且以此为基础知道了振动时与弹簧阻尼特性有关的摩擦力大小。菲利普斯把相关成果用于铁路弹簧设计,并给出大量设计案例。在论文中,他以相当大篇幅述了弹簧片的材料力学性能试验,还从这些试验结果中提炼出容许应力的规范建议。

皮尔森的《弹性力学史》第二卷第一部分的第 330 页,含有关于菲利普斯成果的详尽评述。在结尾,皮尔森归纳道:"这份研究报告说明了如下事实,一个十分简单的弹性理论是如何被足够精确地应用于工程实际中,并产生出非常有价值的成果,这是一个鲜活的实例。正如在普通铁路机车车辆中所广泛使用的那样,菲利普斯的弹簧理论是最优秀的成果之一,仅有具备扎实理论功底的实践者才能做出如此成就。"

联系自己在铁道方面的工作经历,菲利普斯转而开始热衷于桥梁移动荷载的动力作用问题[①]。功夫不负有心人,他给出了该问题的近似解。其中,不仅考虑到动荷载质量,也顾及桥梁自身重量。后来,圣维南将菲利普斯的解进行简化,并作出了一些更正(参见第 52 节)。

菲利普斯的下一个研究对象是杆件的纵向和横向强迫振动,且正确解决了一端承受周期荷载的杆件纵向振动问题[②]。对于横向振动,他考查过侧杆的应力状况,这种杆件的特点是,轴线上所有各点均处于具有相同半径的不同圆上。接着,菲利普斯又对弦索振动来了兴趣,其研究对象一端固定,另一端连接在会发生简谐振动的音叉上。菲利普斯

---

① 详见《高等矿业学校年鉴》第 7 卷,第 467~506 页,1855 年。
② 《数学学报》第 9 卷,第 25~83 页,1864 年;如今,这类问题对油田开采有重大的实用价值,因为那里常常采用很长的杆件。

处理杆件横向振动的上述方法,都被后来的圣维南用于讨论这类振动的一些特殊情况,并写入后者所译的克莱布什著作第 61 条注释里(参见第 52 节)。

1864 年,菲利普斯从工程岗位退休,开始步入教学工作。先后在巴黎中央高等工艺制造学校(1864—1875)和巴黎综合理工学院(1866—1879)讲授力学。1868 年,菲利普斯当选法国科学院院士。

晚年的菲利普斯特别着迷类似于钟表螺旋弹簧的变形理论,并发表过几篇相关研究的详细报告[①]。菲利普斯证明钟表正常运行的条件之一是螺旋弹簧重心应维持在摆轴轴线上。另外,他还研究过温度和摩擦力对摆轮振荡的影响,并得到了大量的实验结果,对钟表行业极具价值。菲利普斯的研究工作是理论分析解决重要实际问题的成功案例。

54. 弗朗茨・诺伊曼(1798—1895)

弗朗茨・诺伊曼(Franz Neumann;图 154)出生于德国勃兰登堡省约阿希姆斯塔尔(Joachimsthal)附近[②]。父亲恩斯特・诺伊曼(Ernst Neumann)是一位物业管理员。拿破仑战争给德国带来一段非常困难的时期,诺伊曼的童年就是这种灾难的缩影。他在约阿希姆斯塔尔的学校里接受了小学教育,当被送入位于柏林的韦尔德文理学校(Werder's Gymnasium)时,弗朗茨已经十岁了,寄宿在一位木匠家里,生活依旧清贫。在 1813 年普鲁士从法军占领中获得自由时,诺伊曼自愿报名服务德国军队,然而因为年纪过小,直至 1815 年才如愿以偿。他加入布吕歇尔的(Blücher)军队,经历过 1815 年 6 月 16 日滑铁卢战役前的利尼(Ligny)之战。在战斗中,诺伊曼身负重伤,留在战场上等死,直到第二

[①]《数学学报》第 2 系列,第 5 卷,第 313～366 页,1860 年;《高等矿业学校年鉴》第 20 卷,第 1～107 页,1861 年。

[②] 弗朗茨・诺伊曼的生平介绍是由他的女儿露易丝・诺伊曼(Luise Neumann)完成的,发表于 1904 年。另见旺格林(A. Wangerin)的《弗朗茨・诺依曼及其教研工作》(*Franz Neumann und sein Wirken als Forscher und Lehrer*, 1907),以及沃耳德玛・福格特的文章《纪念诺伊曼》(*Zur Erinnerung an F. E. Neumann*),《哥廷根科学院新闻数学物理类》(*Nachr. Ges. Wiss. Göttingen, Math.-physik. Klasse*),1805 年。

图154 弗朗茨·诺伊曼

天被人发现依旧生还后,人们才将其抬进战时流动医院,再经数月休养生息,又重新加入原来的团队。入秋后,诺伊曼的身影出现在吉维特(Givet)包围战中,接下来便驻留在此,直到战争画上句号。

1816年2月,诺伊曼所在的志愿军返回柏林,他便有机会继续已经中断许久的中学生活,并于1817年毕业,同年进入柏林大学。然而生活依旧艰辛,父亲没有经济能力供养诺伊曼求学,这个孩子必须给别人家教,以换取微薄收入维系生计。刚入校时,他选择了神学和法律,但随后转向自然科学并痴迷于矿物学。即便诺伊曼对数学很有灵感,但是鉴于学校能够提供的课程太少,因此他在数学方面无法继续深造。事实上,诺伊曼后期的数学知识更多来源于书本,而傅里叶的著作对他学习的影响至关重要。

1820年秋,为了给柏林自然科学博物馆收集矿石和化石,诺伊曼开启了西里西亚(Silesia)之旅。这次远足令其与柏林矿物学教授魏斯(E. C. Weiss)建立起密切联系,后者为他在矿物研究所安排了一个助理职位。诺伊曼将矿物学方面的研究成果写成《晶体学》(*Krystallonomy*),其中,一种晶体结构分析的新型投影法跃然纸上。该书反响巨大,人们邀请诺伊曼进行一系列讲演,而受众则是那些对矿物学特别着迷之人。如此讲座使其有机会将新型投影法发扬光大,并吹响攻读博士学位的号角。1826年春,诺伊曼终于获得这个最高头衔,同年,又被柯尼斯堡大学聘请为矿物学讲师。在这里,他遇见著名天文学家贝塞尔(Bessel)和其他一些青年科学家,例如物理学家多弗(Dove)以及数学家雅各比(Jacoby)。

德国的学术自由方针让诺伊曼拓展了自己的科研范围。他开始讲授理论物理各分支课程,如地球物理学、热学、声学、光学及电学,以至在头三年就讲遍理论物理全部课程。诺伊曼在 1828 年晋升为副教授，来年又成了教授。到了 1834 年，诺伊曼与雅各比携手合作，组织过一次理论物理和数学研讨课。之前，这种教学方式仅在人文学院执行过，如今，他尝试性地将其用在物理教学上。诺伊曼首次试图在某种程度上将研究生的理论学习组织起来，很快，如此新型培养模式就在德国受到青睐，被证明非常成功。19 世纪后半叶，德国物理学的巨大进步或多或少都得益于此。

在课前，每位参与研讨的学生必须准备好自己要谈的论文；研讨会开始后，教授将就论文所涉及的前沿物理问题展开讨论，或点评在其指导下的学生科研项目。这种培育模式试运行一段时间后，诺伊曼又根据学生的知识水平将他们分为两组。对于那些缺乏训练的学生，研讨课内容通常会结合上学期学过的内容，学生提交的论文大多是对研究课题的深化，且该题目已在课堂上粗略提及。有时，这些比较浅显的研讨还会牵扯到为证实理论所做的实验内容。诺伊曼非常注重该工作，因为它可使学生获得使用科学仪器和测量技术的经验，有助于他们掌握实验结果的数学表达形式。诺伊曼研讨会的热点包括理论力学、毛细理论、热传导、声学、光学以及电学。对于那些知识层次相对较高者，研讨内容则会更多地围绕其原创性工作。

研讨会本身就是一处培优基地。通常，从这里出去的学生都将变成其他大学的优秀教师，并继续传承此教学手段，组织起自己的研讨会。正因为如此，诺伊曼对德国物理学产生了巨大影响。纵观 19 世纪后半叶的弹性理论发展状况，可以毫不夸张地说：在德国，对弹性理论学科的主要贡献均源自诺伊曼的学生。例如，博尔夏特、克莱布什、基尔霍夫、萨尔舒茨和福格特，这些人都曾在柯尼斯堡大学的物理学研讨会上发过言，诺伊曼也是他们在弹性力学研究方面的启蒙老师[1]。

---

[1] 博尔夏特（C.W. Borchardt）、萨尔舒茨（L. Saalschütz）。有关诺伊曼的研讨会及其学生的更多信息可以参考旺格林的书。

当纳维、柯西和泊松正活跃于相关科研领域之际,弹性理论还仅主要应用于光学之时,诺伊曼的弹性理论原创工作也起步了。在那篇有关双折射的论文里[①],诺伊曼研究的弹性体结构形式存在三个相互正交的对称平面。依照纳维之方法(参见第 25 节),诺伊曼提出一个包含 6 个弹性常数的平衡方程,探讨了波在该介质中的传播状态。后来,诺伊曼的兴趣迅速转向具有三个相互正交对称面的晶体弹性性质[②],表明能够直接测量这 6 个常数大小的实验类型。另外,他还首次推导出一个材料的抗拉模量计算公式,而该材料则为晶体按任意方向切割下来的一段棱柱体。在这些早年论述中,诺伊曼利用弹性体分子结构理论作为研究基础,故而使用了与泊松及后来圣维南那样较少的弹性常数。

然而,为使理论与实验相符,诺伊曼不断研究,很快便发现纳维和泊松的假设不适用,并最终决定,不再借助分子理论来建立不同类型晶体所必需的常数数目。诺伊曼提出各种方法,用于对从晶体切割下来的棱柱体进行试验,进而根据测定结果计算出必要的弹性常数。他的学生完成了上述试验,其中以福格特的研究格外重要[③],因为该成果表明如下事实:根据分子间中心弹力假设,之前人们推演出的弹性常数减少个数并不吻合试验结果;在最一般情况下,所需的弹性常数数目应为 21 个,而不是泊松理论所提出的 15 个;对于各向同性体材料,相关常数为两个而非纳维、泊松和圣维南所假定的一个。只要坚持多常数理论,就会发现软木、橡胶和胶凝物这类材料的泊松比明显不等于 0.25,换言之,其极有可能并非各向同性。另外,福格特的实验还确切表明:对从理想晶体切下的棱柱杆件来说,寡常数理论所得结果并不恰当。

在弹性理论方面,诺伊曼的最重要贡献体现在那篇颇具分量的双

①《波根物理与化学年鉴》第 25 卷,第 418～454 页,1832 年。
②《波根物理与化学年鉴》第 31 卷,第 177～192 页,1834 年。
③《物理与化学年鉴》(*Ann. Physik. u. Chem.*)第 31 卷,第 701 页,1887 年;第 34 卷,第 981 页,1888 年;第 35 卷,第 642 页,1888 年;第 38 卷,第 573 页,1889 年。

折射研究报告中[1]。布儒斯特[2]和塞贝克[3]注意到,一块受热不均匀的玻璃板可以产生双折射。前者观察到,在应力作用下,这种材料同样具有类似的双折射性质[4]。于是他建议,如果能够充分探索该现象,就可以实现利用玻璃模型研究结构内部应力的目标。另外,布儒斯特还使用胶凝材料进行实验,并指出,当这种材料膨胀后干燥硬化,那么在此状态下,即便移去膨胀力,仍然会保持双折射性质。除此之外,菲涅耳也研究过玻璃在压应力作用下的双折射问题[5],他用一块三棱镜进行实验,观察到镜片在轴压下具有晶体材料那样的双折射属性。

在研究报告里,诺伊曼拓展了受压透明体的双折射理论。对如图 155 所示最简单情况而言,当平板均匀受力时,如果有一束偏振光通过 O 点垂直射入,用 OA 表示以太剪切振动的振幅,此振动可以分解为平行于 x、y 轴的 OB、OC 分量,其会按不同速度在板内传播,那么按照双折射理论,速度差 $(v_x - v_y)$ 将正比于两个主应变差 $(\varepsilon_x - \varepsilon_y)$,也就是说,与最大剪应变 γ_{xy} 成正比。通过分析仪,能够让两束光线分量发生干涉,然后再借助观察屏幕上的平板彩图,即可发现

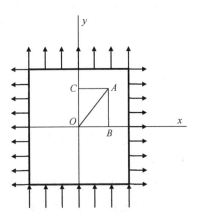

图 155　双折射理论的最简单情况

①《普鲁士科学院学报:数学与自然科学类》(Abhandl. preuss. Akad. Wiss., Math-Naturer. Klasse)第 2 部分,第 1~254 页,1843 年。

②《英国皇家学会哲学学报》,1814 年,第 436 页;1815 年,第 1 页。

③ 在麦克斯韦写给威廉·汤姆森·开尔文的信中,提到了塞贝克(Seebeck)的成果。详见约瑟夫·拉莫尔的《克拉克·麦克斯韦关于电概念的起源》(Origins of Clerk Maxwell's Electric Ideas),剑桥,1937 年。

④《英国皇家学会哲学学报》,1815 年,第 60 页;1816 年,第 156 页。

⑤《化学与物理学年鉴》,第 20 卷,第 376 页,1822 年。另见《奥古斯丁·菲涅耳的成就》(Oeuvres d'Augustin Fresnel)第 1 卷,第 713 页,1866 年。关于菲涅耳的成就,麦克斯韦点评如下:"布儒斯特发现,透明固体会产生暂时性机械应力,其方向与偏振光有关,而菲涅耳已经利用晶体的双折射证实了上述性质。"(详见上面脚注③中的麦克斯韦信件)。

特定平板图像颜色与剪应变数值 γ_{xy} 间的关系。一旦掌握如此信息,便可再次通过检查屏幕上的彩色图案去分析不均匀应力下的板内剪应变分布状态。当采用一束单色偏振光而非白光,照射在屏幕上的平板图像就会带有一系列暗条纹,剪应变分布规律将能通过该图像形状间接获得。如今,这种技术已经被工程师广泛应用于光弹应力分析。

另外,诺伊曼还为提炼出三维应力分布的一般性理论,并介绍了怎样从简单实验中得到光学信息。利用这些常数,人们便能够推断出给定应力分布和材料的彩色图案。诺伊曼把他的理论应用到工程实践中,分别对受扭圆轴杆及具备径向对称应力的球体进行了相关研究。

接着,诺伊曼继续采用自己的理论来研究布儒斯特在非均匀受热玻璃板上观察到的彩色图案,同时指出,这类平板的双折射现象源于温度分布不均匀所导致的应力。为厘清该力,诺伊曼提出一系列平衡方程,类似于杜哈梅得到的结果(参见第 53 节),并且包含能够考虑受热膨胀的项。现考虑一个温度分布仅与其至中心距离有关的球体,诺伊曼不但用上述方程计算出球体温度应力,还进行了相应的光弹实验。结果表明:偏振光通过球体呈现的彩色条纹完全吻合理论分析结果。

对于平板问题,当板内温度分布不均匀,但沿板厚温度不变时,诺伊曼推导出相关的必要方程,并将其用于圆板和圆环研究中。他探讨了径向厚度极薄的圆环,也分析过圆环受弯曲的工况,其特点为:环内温度仅是圆环轴线距离 s 的函数。另外,诺伊曼还研究过两块不同材质平板胶合在一起的状态,这就有点儿类似于布勒盖(Breguet)的双金属温度计,对此,他攻克了温度均匀分布的胶合板弯曲问题这个难点。

在《普鲁士科学院学报》的最后一章中,诺伊曼的论述焦点是残余应力。我们知道,当给物体加载至塑性变形后,即使将外力移去,物体内仍然会留下一种应力,即所谓残余应力。诺伊曼的残余应力理论基于如下假定:主塑性应变与主弹性变形的方向相同,并且,前者的幅值为主弹性应变分量的线性函数。他用上述理论研究了一个急速冷却玻璃球所激发的残余应力。诺伊曼大概是研究残余应力的第一人。

诺伊曼有关弹性力学的开创性研究还体现在《关于固体弹性理论和光以太的教程》(简称"《教程》")中[1]。他会时常探讨课堂上特别令人感兴趣的话题,其中一些则会变成学生的科研题目。而其他许多内容并未以研究报告形式公开,仅在讲义第一版中出现过。换言之,大概在研究结题 30 多年后,这些成果才与世人见面,所以其内容也就不再具备创新性了。

如果粗略浏览诺伊曼的著作目录,就会在前五章中注意到,通过应力分量和应变分量这两个概念,诺伊曼发展出各向同性体的弹性基本方程,并以两个弹性常数建立起上述二分量间的关系。后来,很多学者都接受了他的应力分量概念,例如奥古斯都·勒夫。在接下来的三章中,诺伊曼根据固体分子构造假说,推导出基本方程,讨论了纳维和泊松的成果,给出温度非均匀分布时的相关方程,并探讨过该方程解的唯一性定理。随后几章则涉及弹性方程在特定问题中的应用,其中,很有价值的一章是有关棱柱晶体的变形问题,因为这些内容能够充分体现其开创性成果,也为学生的后续实验工作提供了基础,而他们的兴趣恰恰就是确定各种晶体材料的弹性常数。

另外,大家还发现,《教程》中有一部分内容是在讨论弹性介质中波的传播规律,然而,有关光学中的弹性力学应用情况,则属于光的波动理论发展范畴,这里就不再赘述了。

在最后一章中,诺伊曼研究了弦索、薄膜以及棱柱杆件的振动问题。在处理圆轴杆件纵向振动时,诺伊曼不但考虑到质点的纵向位移,还计入径向位移,因此他建立的方程要比过去更加完善。另外,诺伊曼还提出一种求解上述振动方程的近似方法[2],并将其用于解决圆柱杆件纵向冲击课题。就此,他首先指出:当利用能量守恒原理研究纵向冲击时,应考虑杆件振动。如前所述(参见第 52 节),该研究方向又被后来

---

①《关于固体弹性理论和光以太的教程》(*Vorlesungen über die Theorie der Elasticität der festen Körper und des Lichtathers*),由迈耶(O. E. Meyer)博士编辑,莱比锡,1885 年。

② 这类问题的完整解是由后来的波赫哈默尔(L. Pochhammer, 1841—1920)给出的,《克莱尔数学杂志》(*J. Math., Crelle*)第 81 卷,第 324 页,1876 年。

的圣维南涉足。

55. 古斯塔夫·罗伯特·基尔霍夫(1824—1887)

古斯塔夫·罗伯特·基尔霍夫(Gustave Robert Kirchhoff;图156)是一位律师的儿子,出生于德国柯尼斯堡[①]。1842 年读完高中后,迈进柯尼斯堡大学。1843—1845 年,通过选修诺伊曼的课程,基尔霍夫加入有关理论物理的研讨班。这位老师立刻发觉基尔霍夫过人之处,马上打报告给学校教学秘书,推荐基尔霍夫为最有希望的青年科学家候选人,并同意发表其在 1845—1847 年写的几篇论文,而这些文章恰恰都是在研讨课中有了雏形并经诺伊曼指导成形的。1848 年,基尔霍夫获得博士学位并开始在柏林大学职教。小住柏林之后的1850 年,他接受布雷斯劳(Breslau)大学发出的聘请函,出任该校物理学副教授。

图 156 古斯塔夫·罗伯特·基尔霍夫

恰是在这里,基尔霍夫碰见著名化学家本生(Bunsen,1811—1899),两人随后紧密合作了很多年。1854 年,本生搬到德国海德堡大学;次年,由于这里物理学讲席职位空缺,他便把老友基尔霍夫请到这里;1858年,赫尔曼·亥姆霍兹(Hermann Helmholtz)也加入二人行列,从而使海德堡大学开启一个伟大的科学时代。

三位著名教授的讲坛立刻吸引着来自德国其他大学以及国外学生。基尔霍夫开始同本生合作从事光谱分析,并于 1859 年完成了该领域的重要文章。基尔霍夫不仅是好老师和理论物理学家,还是杰出的实验家,学生总能从他那里获取全面的实验技能训练。1868 年,基尔霍

---

① 基尔霍夫的生平简介详见路德维希·玻尔兹曼(L. Boltzmann)的《大众读物》(*Populäre Schriften*),莱比锡,1905 年。

夫因意外摔断腿骨,严重影响到身体健康,无法继续承担繁重的实验工作,只好被迫投身理论研究。1875 年,他辗转来到柏林大学,受聘为理论物理学讲席教授,从此不再过问学生实验。1876 年,基尔霍夫的力学名著问世,也就是那本有关理论物理学讲义的第一卷[1]。1882 年,又出版了论文集[2]。然而因病魔缠身,基尔霍夫于 1884 年被迫中断自己热爱的教学事业。1887 年,基尔霍夫因病离世,享年 63 岁。

还是诺伊曼学生的他,就已经着迷于弹性理论研究工作。1850 年,基尔霍夫发表了一篇有关平板理论的重要文章[3],这恐怕是平板弯曲理论的第一个正确答案。在开篇,他简要回顾历史,强调了苏菲·姬曼的功劳,其中包括她首先致力求解的平板弯曲微分方程,以及拉格朗日是如何改正这位女性学者错误的。虽然基尔霍夫并未谈论纳维根据分子作用力假设推导平板方程之成就(参见第 29 节),但是也讨论过泊松的著作。并且表明:作者的三个边界条件通常不会同时出现(参见第 27 节),可见,这位法国弹性力学专家能够正确解决圆板振动问题的原因,仅在于其讨论的对称振动模态自动满足三个边界条件之一。

基尔霍夫的平板理论基于目前公认的两条基本假定:① 在弯曲时,原先垂直于板中面的直线仍然保持为直线,并与弯曲后的板中面相互正交;② 当板受到横向荷载而产生微小变形时,平板中面上的微元不会因此伸长。这些设想与如今初等平板弯曲理论中的平板截面假定大体一致。依赖以上两个条件,基尔霍夫建立了计算弯曲平板位能 V 的正确表达式,即

$$V = \frac{1}{2} D \iint \left[\left(\frac{\partial^2 w}{\partial x^2} \right)^2 + \left(\frac{\partial^2 w}{\partial y^2} \right)^2 + 2\mu \frac{\partial^2 w}{\partial x^2} \cdot \frac{\partial^2 w}{\partial y^2} + \right.$$

$$\left. 2(1-\mu) \left(\frac{\partial^2 w}{\partial x \partial y} \right)^2 \right] \mathrm{d}x \mathrm{d}y \tag{a}$$

① 《数学物理及力学讲义》(Vorlesungen uber mathematische Physik , Mechanik)第 1 版,莱比锡,1876 年。
② 基尔霍夫的《论文集》(Gesammelte Abhandlungen),莱比锡,1882 年。
③ 《克莱尔数学杂志》第 40 卷,1850 年。

式中，D 为板的抗弯刚度，大小等于 $Eh^3/[12(1-\mu^2)]$；w 为中面挠度。为获得弯曲微分方程，基尔霍夫在此采用虚功原理。这个原理表明：板面均布荷载 q 相对于任意虚位移所做的功必将等于平板位能的增量。由此可得

$$\iint q\delta w\,\mathrm{d}x\,\mathrm{d}y = \delta V \tag{b}$$

用式(a)替代 V 并进行简单变换，基尔霍夫便推导出那个著名的平板弯曲方程

$$D\left(\frac{\partial^4 w}{\partial x^4} + 2\frac{\partial^4 w}{\partial x^2\partial y^2} + \frac{\partial^4 w}{\partial y^4}\right) = q \tag{c}$$

同时也指出，这里只存在两个边界条件，而非泊松建议的三个。

基尔霍夫把上述方程用于具有自由边界的圆板振动理论，不仅探讨节线为同心圆的对称模态，还涉及节线为圆直径的模态，以及泊松边界条件不适用之情况。在得到一般解后，基尔霍夫又试图进行大量数值计算，绘制出不同振动模式下的频率计算表格。他利用这些数值结果分析了克拉德尼(参考第 28 节)和施特雷尔克(Strehlke)的平板振动实验，预想从这些实验结论中得到泊松比 μ 的正确值。但是，鉴于 μ 值对频率影响不大，因此上述实验并不适宜准确判定泊松比。如前所述(参见第 48 节)，为测定泊松比，基尔霍夫又在随后亲自动手，进行过许多实验。

在讲义里[1]，基尔霍夫把平板理论拓展到大挠度情况，标志着弹性理论向前迈出重要一步，并在各类薄壁结构设计中得到广泛使用，成为相关领域极其重要的基本理论。

在弹性力学方面，基尔霍夫另一项功劳是给出细杆变形理论[2]。他推导出大挠度杆件空间变形曲线的一般平衡方程，并解释道：当力仅作用在杆端时，这些方程类似于绕固定点的刚体运动方程。如此一来，那些刚体动力学中的已知公式便能直接用于细杆变形问题，这就是所谓"基

[1] 详见他的《数学物理及力学讲义》第 2 版，第 450 页，莱比锡，1877 年。
[2] 《博尔夏特学报》(Borchardt's J.)，第 56 卷，1858 年；另见基尔霍夫的《论文集》第 285 页。

尔霍夫动力学比拟"（Kirchhoff's dynamical
analogy）。作为其中一个简单案例，可以将受压
杆 AB（图 157a）的侧向压屈与数学摆（图 157b）
的振荡加以比较。以上两种情况的微分方程
相同，而且两者之间具备如下关系：当某质点
M 沿曲线 AB 等速运动，或者说，该点由 A 至
B 所经历的时间等于单摆振动的半周期，并且
质点 M 自 A 开始运动时，单摆恰好位于最大
振幅处，另外，曲线在 A 点的切线斜率也正好
等于摆的垂直最大转角，那么质点 M 在任意
中间位置的曲线切线方向必定与摆的相应方
向一致。对于细金属丝的螺旋变形和陀螺仪

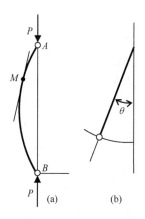

图 157   动力学比拟
的案例

规则进动之间的关系，基尔霍夫也给出了类似比拟。

他的这套理论引起轩然大波，不仅能够澄清许多疑点，有助于简化
公式推导，同时也证明了自己的实验结果。如今，该理论已经被用来分
析弹性稳定问题，例如均匀受压的圆环压屈，以及均匀弯曲作用下狭窄
矩形截面曲杆的侧向屈曲。

最后，在此还须提及基尔霍夫关于变截面杆件振动的文章[1]。虽然
这类构件侧向振动的一般方程已经众所周知，但基尔霍夫表明，对于某
些工况，这个一般方程精确可积。另外，他还特别研究过薄壁楔形或尖
锥形杆件的振动问题，并计算出两者基本振型所对应的频率。

56. 阿尔弗雷德·克莱布什（1833—1872）

阿尔弗雷德·克莱布什（Alfred Clebsch）出生于柯尼斯堡。年纪
不大就考入柯尼斯堡大学，接受诺伊曼老师的理论物理学培训，并在其
指导下完成了自己的博士学位论文，内容是关于在不可压缩流体内的
椭球运动。在拿到学位后的 1854 年，他以讲师身份留校任教，随后，又

---

[1] 基尔霍夫的《论文集》第 339～351 页。

按同样身份调入柏林大学。不久,其科研成果便开始引起大家关注。1858 年,年仅 25 岁的克莱布什被授予卡尔斯鲁厄理工学院教授职位。在这所著名工程学校里,克莱布什主要负责理论力学教研工作,并以那本著名的《固体弹性理论》德文版(1862)体现出其在该专业领域之主要贡献。随着时间推移,克莱布什的科学兴趣转向纯粹数学[1],为此,他终止了卡尔斯鲁厄的教学活动,且于 1863 年成为吉森大学[2]的纯粹数学教授。1868 年这位学者再次当选哥廷根大学讲席教授。在这里,克莱布什将自己的科学才能与教学水平发挥到极致,与老师弗朗茨·诺伊曼之子卡尔·诺伊曼(Carl Neumann)在 1868 年合作创办了《数学年鉴》[3],这本新的数学期刊很快便成为数学专业的顶级刊物。克莱布什的课堂教学引人入胜,他明白如何培养学生的数学兴趣,如何激励大家在这方面的创造性工作。1872 年,克莱布什当选哥廷根大学校长,然而上任不久,便在当年突发白喉病,英年早逝于 39 岁。

1861 年,28 岁的克莱布什开始撰写弹性力学方面的论著。那时,该领域只有一本书,其作者便是拉梅。这位法国作者热衷于把弹性理论应用到理论物理中,例如声学和光学两个方面。而此刻的克莱布什正忙于向工程师传授力学知识,在如此背景下,一本有关弹性力学工程应用的教材就成为当务之急。对于应力、应变这些抽象概念,他只是一笔带过,所用篇幅远小于拉梅的著作。从一开始,克莱布什就假定结构材料均各向同性,并据此导出所有必需的方程。他完全抛弃了光学问题,取而代之的是圣维南的扭转和弯曲理论,以及基尔霍夫的细杆与薄板变形分析。然而,作为一本面向工程师的图书,克莱布什的论述却没有深入人心,主要原因在于:作者的科研兴趣通常总是与"简单实用"这四个字背道而驰。克莱布什十分关注如何通过数学模型来求解问题,

---

① 他的学生克莱因讨论过克莱布什在该领域的成就,详见克莱因的《19 世纪数学发展讲座》(*Vorlesungen über die Entwicklung der Mathematik im 19 Jahrhundert*)。另见"克莱布什的生平",《数学年鉴》第 6 卷,第 197~202 页;第 7 卷,第 1~55 页。

② 译者注:University of Giessen。

③ 译者注:*Mathematische Annalen*。

不太介意如何体现数学结果在工程实践中的物理意义。再者，出于独创性考量，克莱布什对感兴趣的问题特别爱钻牛角尖儿，从而令这本书在内容编排上没有做到十分平衡。虽然作为克莱布什的原创性文集，其含金量很高，但是并非是一本研究弹性理论的实用图书。如果对数学方法不以为然或没有特别兴趣，那么此书就会更加枯燥无味。当圣维南将该著作翻译成法语时，加入了大量自己的重要注解，反倒令这个批注版成为弹性理论及其在工程应用方面最完善的典范，即使当下，依然如此。

克莱布什将弹性体基本方程的主要内容浓缩在该书绪论里。从第50 页开始，作者的笔锋便由理论转向工程应用，详细讨论了均布内压或外压作用下空心球壳的应力与变形问题。虽然并未提出新见解，却以此为契机引出球体径向振动理论，从而对频率方程的根做出开创性研究，并从数学上证明了所有根均为正实数这个事实。在此基础之上，克莱布什指出：如果给定作用力，并且弹性体受到约束而像刚体那样无位移，那么就能够完全确定其平衡状态。

这本书第二部分涉及圣维南问题。克莱布什略去圣维南有关半逆解法工程应用的物理背景，而把它转化成一种纯粹的数学形式。这种形式可以用如下问题来描述：如果某棱柱杆上既无体力，也无作用于侧面上的外力，而只存在沿轴线方向的纵向纤维侧面剪应力，那么作用于杆件两端的外力将会以何种方式存在？利用以上途径，克莱布什便可以把轴向拉伸、扭转以及弯曲诸问题联系起来对待。显然，如此表述要比圣维南的方式更加广泛，同时，在这个近似方法里，该问题已不具备物理意义，且处理方法也必将过于抽象，与工程师们的兴趣南辕北辙。克莱布什不是圣维南，对不同截面形状梁的大量工程应用问题漠不关心。克莱布什所举例子，例如实心椭圆杆或截面为两个共焦椭圆的空心杆，实用价值非常低。然而，在讨论圣维南问题过程中，克莱布什却是引入共轭函数这种新颖数学工具的第一人。

接下来一章有关二维问题，在弹性理论研究中，这大概是克莱布什最有价值的一部分。事实上，该方向已在当时引起广泛的关注，并且所得结果均具备重要实用意义，然而克莱布什却罔顾工程价值，再次从纯数学角度来审视该问题。对于一根圆柱杆件,他假定,在圣维南问题中等于零的应力分量以及力,在此处均不为零;而在圣维南问题中不等于零的,在此处均为零。在这种条件下,垂直于杆轴的截面上没有应力;如果将杆件任意两个相邻截面之间的部分看成一块薄板,则因必须承受分布在圆柱界面上且平行于表面的外力,此薄板内便会产生应力,这种应力就是所谓的"平面应力"。克莱布什的考虑必须满足平面应力状态的边界分布力条件,并且给出计算位移的一般表达式。后来,他将这些公式用于指定边界径向位移的圆板受力问题。在下一个示例中,克莱布什探讨了极薄板的情况。他建议,可以不用以上应力,而取沿板厚的应力平均值,这样一来,便可求解任意边界分布力的问题,还写出了圆板的一般解。作为平面应力状态的一种特殊情况,克莱布什处理过沿边界作用有分布力偶的薄板受弯问题,对于边缘变形导致圆盘受力,也得出了相关应力值。

接下来,克莱布什将焦点放在细杆与薄板的变形问题上。他不仅将基尔霍夫的细杆理论(参见第 55 节)进行了略微修正,还因写出相关大挠度方程而将薄板弯曲理论向前大幅拓展[①]。在此部分内容的结论里,克莱布什把小挠度理论用于圆板受弯问题,这里的边界条件是外缘嵌固且板面上任意点作用有一个垂直集中力。

本书最后一部分章节涉及对几个材料力学问题的初步讨论。在求解多个竖向集中力作用下梁的挠度时(图 158),他表明,可以简化积分常数的确定过程,这是因为,对于集中力之间的各连续梁段,其微分平衡方程为

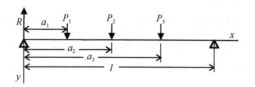

图 158　多个集中力作用下的梁

---

① 详见其著作第 264 页的脚注。

$$EI \frac{\mathrm{d}^2 y}{\mathrm{d}x^2} = -Rx$$

$$EI \frac{\mathrm{d}^2 y}{\mathrm{d}x^2} = -Rx + P_1(x - a_1)$$

$$EI \frac{\mathrm{d}^2 y}{\mathrm{d}x^2} = -Rx + P_1(x - a_1) + P_2(x - a_2)$$

$$\cdots\cdots$$

相应的积分形式分别为

$$EI \frac{\mathrm{d}y}{\mathrm{d}x} = -\frac{Rx^2}{2} + C$$

$$EI \frac{\mathrm{d}y}{\mathrm{d}x} = -\frac{Rx^2}{2} + \frac{P_1(x - a_1)^2}{2} + C_1$$

$$EI \frac{\mathrm{d}y}{\mathrm{d}x} = -\frac{Rx^2}{2} + \frac{P_1(x - a_1)^2}{2} + \frac{P_2(x - a_2)^2}{2} + C_2$$

$$\cdots\cdots$$

$$EIy = -\frac{Rx^2}{6} + Cx + D$$

$$EIy = -\frac{Rx^2}{6} + \frac{P_1(x - a_1)^2}{6} + C_1 x + D_1$$

$$EIy = -\frac{Rx^2}{6} + \frac{P_1(x - a_1)^2}{6} + \frac{P_2(x - a_2)^2}{6} + C_2 x + D_2$$

$$\cdots\cdots$$

那么根据如下条件：在荷载作用点，即 $x = a_1$、$x = a_2$、$x = a_3$ 等位置，各段挠曲线相接处必存在公切线和相同的挠度值，由此必得 $C = C_1 = C_2 = \cdots$ 及 $D = D_1 = D_2 = \cdots$。换言之，积分常数与力的个数无关，在每种情况下，仅需计算两个积分常数。克莱布什将其方法推广至集中力与分布荷载联合作用的情况，并借助该方法分析过均布荷载下的连续梁。另外，当遇到计算等跨连续梁支座反力时，他还提供了一些非常简单实用的公式。

在论著最后一节中,克莱布什设计出一种桁架分析新方法,并首次讨论了该问题的一般形式。他表明:如果不用桁架杆件内力,而取各铰位移作未知量,那么通常情况下有多少个未知量,就能够写出多少个线性方程,所以问题是可解的。为此,克莱布什列举出两个简单案例:① 通过几根杆件与基础相连的单铰情况(图 159a);② 如图 159b 所示三杆件构成的杆系加劲梁情况。

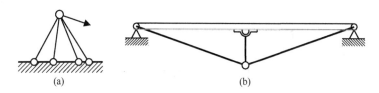

图 159　克莱布什的两个超静定案例

克莱布什对弹性理论之贡献主要体现在数学方面,总体上与柯西类似,虽然他只是一位纯粹的数学家,却提出过一些利用数学解决弹性问题的新方法。他的著作特别是圣维南批注的法语译本,在材料力学史上占有重要地位。

在光学方面,这位学者的许多原创性文章亦大有裨益于弹性力学,特别是有关弹性球体振动的研究,而这种振动可使球体表面处的位移消失①。在解决此问题时,克莱布什利用球函数,还将很多内容补充进该函数理论中。对于加速度为零的特殊情况,便能据此得出静力问题的解;后来,开尔文再次就该问题进行过深入研究(详见下一节)。

57. 威廉·汤姆森·开尔文勋爵(1824—1907)

1824 年,威廉·汤姆森·开尔文(图 160)这位苏格兰后裔出生于英国贝尔法斯特②。父亲詹姆斯·汤姆森是皇家贝尔法斯特学院数

---

① 《纯数学与应用数学》(*J. reine u. angew. Math.*)第 61 卷,第 195～262 页,1863 年。
② 有关开尔文勋爵的全面生平介绍,参见西尔瓦努斯·汤普森(Silvanus P. Thompson)的两卷本书《威廉·汤姆森的一生,拉尔斯的开尔文男爵》(*The Life of William Thomson, Baron Kelvin of Largs*),伦敦,1910 年。

学教授[①]。1832 年,他们迁居至格拉斯哥,詹姆斯在格拉斯哥大学担任数学讲席教授。1834 年,格拉斯哥录取了十岁的威廉,并让他在此学习古典语言、数学和自然哲学。当时,讲授自然哲学课程者是大名鼎鼎的尼科尔(J. P. Nichol)教授,正是其课堂令年轻的威廉对数学产生出浓厚兴趣。1840 年,尼科尔让他关注一下傅里叶的名著《热的解析理论》,这本书对威廉早年科学研究影响深远,后来他回忆道[②]:"我爱好研究这些问题是源于 1839 年听过大四的尼科尔自然哲学课程,我对傅里

图 160　威廉·汤姆森·开尔文勋爵

叶的辉煌成就与优雅气质充满了羡慕之情……我向尼科尔求教,不知自己能否读懂傅里叶的书,他的回答是'大概吧',他认为这是一本超凡论著。故而于 1840 年 5 月 1 日在拿到奖学金当天,便从图书馆借出这本傅里叶的名著,我只花了两个星期的时间就读懂了,并最终将它一口气读完。"

　　1839 年夏,为帮助儿女们学习外语,威廉的父亲偕全家来到巴黎,次年夏天,他们游历了德国。那时,威廉潜心数学研究,对德语毫无兴趣。他在回忆时说:"当年夏天,我随父亲和兄弟姐妹到德国度假,随身带着傅里叶的书,爸爸之所以带我们来到这里,只是期望孩子们心无杂念,专注德语学习。我们在法兰克福租了房子,一住就是两个月……我时常会跑到地下室里,每天偷偷摸摸地阅读几页傅里叶的大作,虽然还是让爸爸发觉了,却未受到严厉斥责。"[③]

　　1841 年 4 月,威廉离开格拉斯哥大学,踏入剑桥大学圣彼得学院,并

---

①　译者注:James Thomson;Royal Belfast Academical Institution。
②　详见如上脚注中西尔瓦努斯·汤普森著作的第 14 页。
③　详见西尔瓦努斯·汤普森所著的开尔文勋爵传记,第 17 页。

继续着迷于傅里叶的著作。功夫不负有心人,同年 11 月,他的第一篇有关傅里叶级数的学术论文终于出现在《剑桥数学期刊》[①]上;第二学年,又在此发表了另外两篇更为精深的文章。威廉在数学上的天资和学识远胜班上其他同学,大家都认为,他必将成为 1845 年的数学甲等第一名。然而令自己和父亲倍感失落的是,在毕业考试里,他仅获得了第二名的成绩。在其传记里,有这么一段话:"对科学前沿的投入是获得大学荣誉的阻碍而非帮助。欲在毕业考试中拔得头筹,学生们必须对熟悉的问题胸有成竹,反复斟酌自己的解题方法,这就意味着,必须在极短时间内阅读大量图书。通常在考前,辅导老师或私教对学生进行数月类似于田径训练那样的课程培训。作为一种当时的流行学习方式,参加考试的学生确实会通过培训而获得处理某类特定问题的便利,然而,这种训练方式却无益于培养创造力或推进数学学科发展,它滋生出一种虚假成就感。同时,还会经常发现,令人垂涎的优等生身份并未授予全年级最优秀的数学家,而是颁发给那些对竞赛进行充分准备之人。"[②]

从剑桥大学毕业后,威廉决心继续自己的科研工作,为此,他来到巴黎。当时的法国,为数学研究提供了优渥土壤,提倡数学在物理学各分支中的应用。在巴黎,威廉遇见那个年代许多顶尖数学家,例如利乌维尔(Liouville)、斯特姆(Sturm)以及柯西等人。威廉不遗余力地向这些人推荐格林的论文(参见第 48 节),希望他们能够感兴趣,而这篇文章正是他从剑桥带来的。

另外,威廉还遇到几位法国物理学家。为掌握最佳实验技术,威廉走进法兰西公学院(Collège de France)物理实验室,在这里,他与勒尼奥教授携手并肩,帮助后者完成了有关热学定律的著名实验。同时,他还仔细阅读克拉佩龙的精彩文章《论热的驱动能力》[③],从而深刻理解了卡诺循环的物理意义。在早年科学研究里,威廉从卡诺、傅里叶和格林

---

① 译者注:*Cambridge Mathematical Journal*。
② 详见西尔瓦努斯·汤普森所著的开尔文勋爵传记,第 96 页。
③ 译者注:*Mémoires sur la puissance motrice du la chaleur*。

等学者的论文中受益匪浅。

在巴黎深造四个月后,威廉于 1846 年 5 月回到剑桥,同年秋天取得圣彼得学院研究员职位,随后便在此任数学讲师,并开始招收数学专业的补习生。另外,威廉还主办过《剑桥和都柏林数学杂志》[①],其多篇有关数学在理论物理方面的应用文章均刊登于此。

1846 年秋,22 岁的威廉当选格拉斯哥大学自然哲学教授,并在此专业上干了 53 年之久。他的传记有言:"汤姆森理解深刻,措辞准确,但要论起系统教学,其语言表达能力却差强人意,甚至无法将那些最普通、最浅显的物理知识清楚传达给普通学生。这是因为,威廉的思路时常游弋到科学知识边缘,那里深不可测,只有极少数同学能够勉强跟上。据曾经上过威廉课的学生回忆:事实上,威廉那些原创性题外话包含着课堂语言的精华,可惜大家白白浪费了,仅有个别才智出众者方能竖起耳朵,聆听那思如涌泉的天才讲演。汤姆森想象力旺盛,在激情支配下无法自持,只好失去目标,放浪无极。这是一位沉迷于自我主题的人,就好像处于创作过程中的艺术家那样,完全陶醉于自我灵感[②]。"

投身教学工作伊始,威廉就意识到物理实验的重要性,对学生尤其如此。他不仅在讲课时穿插实验范例,还成立了一所实验室,以方便自己或学生在此研究物质性能,也是当时英国物理学界的首创。虽然在格拉斯哥大学头几年里,威廉对物理学最突出的贡献体现在热力学领域,但也从其中获得了大量材料力学与弹性理论方面的实验数据[③]。后来,这些成果还成为《大英百科全书》筹备工作的基础,相关词条收录在第九版里,远近闻名、价值巨大[④]。

---

① 译者注:*Cambridge and Dublin Mathematical Journal*。

② 详见西尔瓦努斯·汤普森所著的开尔文勋爵传记,第 444 页。

③ 详见论文《弹性体的数学理论》(*A Mathematical Theory of Elasticity*),《伦敦皇家学会学报》(*Trans. Roy. Soc., London*),1856 年;以及《论金属的弹性与粘滞性》(*On the Elasticity and Viscosity of Metals*),《伦敦皇家学会论文集》,1865 年。

④ 后来,这些文章被出版成书《弹性理论与热学》(*Elasticity and Heat*),1880 年。

在讨论《大英百科全书》有关弹性理论基本假定词条时,威廉指出:有些情况下,材料实际性能与理论观点存在显著差别,且结构材料并非完全弹性,为考查该瑕疵,他引入来源于对弹性体系阻尼振动研究结果之内摩擦概念。威廉通过实验断定,此摩擦并不像在流体中那样正比于速度。针对弹性模量问题,他言词激烈地批评当时法国科学界流行的寡常数理论(参见第 48 节)。在驳斥该假说时,威廉以软木、凝胶和印度橡胶为例。另外,他还采用托马斯·杨的简单拉伸模量定义,并谈到模重和模长两个概念(参见第 22 节)。且指出,模长可以有一个简单的物理解释:杆件纵向振动之波速等于物体从模长一半高度下落的末速度。

弹性体实验的深入研究将威廉引入弹性力学与热力学之间的边缘地带,探讨过弹性体由于应变所产生的温度变化[①],并指出,弹性模量的大小依赖于试件内部的应力产生方式。考查如下拉伸实验结果:设 OA(图 161)代表试件在弹性极限内的突然拉伸应力应变关系,如果拉力缓慢施加,则直线斜率通常会减小(图 161 中的 OB 直线)。在前一种情况下,由于试件与周围环境来不及进行热交换,所以是绝热伸长(adiabatic extension)。但在第二种条件下,如果变形极为缓慢,则因热交换令试件实际温度保持恒定,那么将得到等温伸长(isothermal extension)的结果。从图 161 中显而易见,突然拉伸的杨氏模量大于缓慢伸长条件下的该值。就钢材来说,两者差别非常微弱,仅约为 1% 的三分之一,因此,实际应用中几乎能够忽略不计。突然拉伸时,试件温度大都会变得比周围环境温度更低,且鉴于温度均衡效应,将带来一些增量伸长,即图 161 中的 AB 段。当拉力突然卸掉,试件便会马上收缩,最终状态将如图 161 中的 C 点所示。因为缩短,试件的温度就会上升,只有当周围环境温度变冷时,才能回到初始状态(图 161 中的 O 点)。

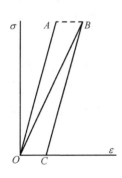

图 161 材料的本构关系

---

① 详见《弹性理论与热学》第 19 页。

这样一来,面积 $OABC$ 便会代表一次循环中所丧失的机械能。

特定温度下的某些特殊材料,如印度橡胶,当张拉时会显示出热效应,而拉力卸载时又会表现出冷却效应。威廉解释道:在这种试件里,加热时材料必然收缩,但冷却时反而伸长;如果不然,那么根据图 161 得到的合理解释便将推导出一个荒唐结论,也就是说,每次循环过程都有可能获得机械能。在实验时,威廉在一根印度橡胶带下端悬挂重物以令其垂直伸长,并提出,当赤热物体接近橡胶带时,重物将会向上回弹;而当赤热物体移开时,悬挂物又会下落。

后来,威廉对弹性体变形时所显现出的温度变化进行综合研究,首次以物体能量角度对以上现象进行了逻辑证明[1]。他判断,应变能的存在仅依赖于某标准态所对应的应变,而与应变达成方式无关。该成果体现出其完善弹性理论最重要一环。

1860 年,泰特(P. G. Tait)成为爱丁堡大学自然哲学讲席教授,不久之后,威廉和泰特两位科学家便携手并进,开启共同研究模式。他们一致认为,有必要写一本能够推荐给那些对理论物理各分支感兴趣的学生用书。二人决心亲自动手,而且迅速开展,于是在 1861 年,他们开始合著《论自然哲学》[2]。鉴于威廉还要参加重要的大西洋电报线路建设工作,因而投入大量理论与实验研究,所以著书过程断断续续了许久,直到 1867 年,这本知名论著的第一卷才终于问世。其中主要涉及刚体力学、弹性力学以及流体力学,涵盖了威廉在弹性理论中的大量开创性研究成果。

在事业发展起步阶段,威廉便发现了一个弹性方程的解[3],其适用条件为绝对均质的各向同性弹性体。于是,他便利用该解去描述一些重要问题,例如,当绝对均质体的部分球面上均匀作用有一个外力,或某力作用于绝对均质体的无限小部位时;再如,当球壳和实心球上作用有给定的表面应力或表面变形时。对于以上各种受力情况,威廉均写

---

① 详见斯托克斯的《数学与物理学论文集》第 1 卷,第 291～313 页。
② 译者注:*Treatise on Natural Philosophy*。
③ 详见斯托克斯的《数学与物理学论文集》第 1 卷,第 97 页。

出了问题的完整解①。

威廉甚至还利用自己的理论研究过地球的刚性。当时,有人提出一个有趣的问题:"地球是以近乎完美的刚性保持其形状,抑或受到月球和太阳对其上部岩层及内部物质的引力而产生显著变形趋势? 由于没有哪种物质是绝对刚性的,因此,必然会在某种程度上发生变形。然而,该固体潮汐是否已经大到能够根据任何观察方法直接或间接呈现出来,直到现在,还无法肯定这个问题。"如果假定实心地球是一个密度均匀的完全弹性体,威廉便可推测出其弹性应变对地表海潮的影响;另外,如果地球硬如钢铁,那么它的弹性屈服将使潮的高度降低到地球绝对刚体假设理论值的 2/3 左右。《论自然哲学》第二版里加入达尔文(G. H. Darwin)对此的补充讨论,这位学者的结论如下:"综上所述,我们能够有把握地说,即便地球物质具有潮汐屈服(tidal yielding)的某些证据,这种现象也一定非常微弱,并且地球的有效硬度至少应当与钢材相仿。"②

针对长细杆理论,威廉全面讨论了基尔霍夫的动力学比拟(参见第55 节),还以这种方法计算出螺旋弹簧的挠度。在发展薄板弯曲理论过程中,虽然他使用的术语很简单,却有助于人们理解基尔霍夫的基本理论仅在挠度远小于板厚时才足够精确的原因。此外,威廉还对弹性力学的边界条件问题给出建设性意见。对此,基尔霍夫曾经指出,在弹性体的一条边上,只需要两个边界条件而非泊松提出的三个,针对上述缩减,威廉从物理学方面进行了解释。接下来,他又利用圣维南静力当量荷载系的弹性等效原理,说明沿薄板边缘的分布扭矩可以静力等效成分布剪力的事实,基于此,仅需考虑与边缘弯矩和剪力有关的两个条件③。在矩形板四周均匀分布扭矩且产生均匀反向曲率的特殊条件下,用剪

---

① 同样的问题已经被拉梅解决过了,只是拉梅采用了另外的方法(见第 117 页)。

② 《论自然哲学》第 2 部分,第 460 页。

③ 详见《论自然哲学》第 724~729 页。汤姆森给出一个力系被另一个力系进行静力等效替代的数学证明,这也是圣维南原理的第一个例证。后来,莫里斯·利维(Maurice Lévy)讨论了这个相同的主题,《数学学报》第 3 卷,第 219~306 页,1877 年。

力代替扭矩将会得出一个很有趣的受力体系：一块矩形薄板,在一条对角线的两端作用着法向力 P,而在另一条对角线的两端作用着方向相反的法向力 $-P$。由于这种力系容易施加,因此便可利用该法通过实验测定薄板挠度,从而进一步确定其抗弯刚度。

对于圣维南扭转问题而言,威廉使用了克莱布什提出的共轭函数法,并据此计算出扇形截面形状的杆件应力和扭转角。

在《论自然哲学》中,威廉的弹性理论大讨论是相关问题的英文版首次系统论述,对英国后继学者产生了深远影响。

1866 年,英、美两国接通了电报线路。这项伟业大获成功,主要归功于威廉的科学建议、社会活动与紧密协作。为表彰该成就及其在科学领域的崇高地位,威廉被授予开尔文勋爵这个光荣称号。他不仅被公认为英国最伟大的物理学家,也是最伟大的发明家和学术地位极高的工程师。从这一刻开始,开尔文勋爵的大部分时间都花在设计仪器和技术顾问上了。

将理论物理学所有分支写入《论自然哲学》的规划始终未能实现,第一卷成型于第二版次,其中的两部分内容分别于 1879 年、1883 年同读者见面。与此同时,开尔文勋爵依旧对物体性质的研究兴趣盎然,在亥姆霍兹有关涡旋运动论文的影响下[1],他进一步拓展了涡环理论,并表明:"在理想介质中,涡环是稳定的,在很多方面,涡环都是材料的基本性质,例如,材料的原子特性、耐久性、弹性以及通过干预介质而带来的相互作用能力。"

就物质结构而言,开尔文勋爵的观点浓缩在 1884 年完成的《关于分子动力学和光波动理论的巴尔的摩演讲录》[2](以下简称《巴尔的摩演讲录》)中,而当年的受众则是很多著名物理学家和数学家。开尔文勋爵谈话绝大部分内容涉及弹性理论与光的传播规律,后者的传播介质包括各向同性或者各向异性弹性体,以及弹性介质内含有无限陀螺分

---

[1]《克莱尔数学杂志》,1858 年;其英文翻译版刊登在《哲学杂志》上,1867 年。

[2] 译者注: *Baltimore Lectures on Molecular Dynamics and the Wave Theory of Light*。

子的情况。这位勋爵从未承认过光的电磁理论,仅试图改善光的"弹性"理论。他经常反复强调:"我从不自满,除非我能够作出一种东西的力学模型。"为解释光学现象,开尔文勋爵曾设想出几种类型的分子结构。虽然于 1884 年,开尔文勋爵已经在《巴尔的摩演讲录》里增添了注释并重新油印,但其对这些讲话主题依旧兴致盎然,多次修改并充实讲稿。20 年后,这本讲演录的印刷版终于问世了。

《巴尔的摩演讲录》连同《论自然哲学》的相关章节成为弹性力学家的必备读物。从 19 世纪末至 20 世纪初,因受开尔文勋爵这些著作的启发,很多英国知名科学家都投身于弹性力学研究。

曾有人多次邀请开尔文勋爵到剑桥大学担任卡文迪许教授职位,然而,后者却宁愿待在格拉斯哥直到 1899 年结束教学生涯为止。于是在那年,人们专程为他举办了勋爵庆典活动①。很多来自世界各地的科学家齐聚开尔文身边,以表达对这位大师的祝贺。虽然从教学工作中退居二线,但他恳请最高学术委员会为自己保留一个研究员身份,从而便于其在自然科学实验室的研究活动。1907 年 12 月 17 日,开尔文勋爵与世长辞。

58. 詹姆斯·克拉克·麦克斯韦(1831—1879)②

詹姆斯·克拉克·麦克斯韦(James Clerk Maxwell;图 162)出生于爱丁堡,儿时大部分时间在乡下父母的宅邸度过。1841 年,这个男孩被家人带回爱丁堡并进入爱丁堡公学(Edinburgh Academy),在这里,麦克斯韦一直读到 1847 年,而且每年暑假都返回老家。虽然麦克斯韦的学习兴趣成熟缓慢,但 1844 年开始的几何课却深深吸引了这个小男

---

① 当时,《开尔文勋爵》(*Lord Kelvin*)一书已经出版了,书中涉及开尔文勋爵的生平以及这次庆典活动。

② 有关麦克斯韦的完整生平,参见刘易斯·坎贝尔(Lewis Campbell)和威廉·加尼特(William. Garnett)的《詹姆斯·克拉克·麦克斯韦的一生》(*The Life of James Clerk Maxwell*),伦敦,1882 年。另见尼文(W. D. Niven)的《科学论文集》(*The Scientific Papers*),剑桥大学出版社,1890 年。

孩,使其数学天赋大放异彩,并从此专注数学研究。1845 年,因为考试成绩优异,麦克斯韦获得了一枚数学奖章。

图 162　詹姆斯·克拉克·
麦克斯韦

父亲会经常因公视察爱丁堡公学,每逢这种场合,他就带上儿子一道参加爱丁堡艺术学会或皇家学会的聚会。在一次活动中,大家提到了伊特鲁里亚骨灰瓮(Etruscan urns),人们感兴趣的话题围绕着骨灰瓮的椭圆形突起是如何画出的。还是小孩的麦克斯韦也着迷于此,并逐渐演化出一个巧妙解法。另外,他还构思了一种简单机械方法,只需把线缠绕在几根胸针上就能作出椭圆曲线,而相关论文则于 1846 年经福布斯教授向皇家学会提交,发表在《爱丁堡皇家学会论文集》[①]上。1847 年春,麦克斯韦被派往偏振棱镜发明者威廉·尼科尔(William Nicol)的实验室工作,从此,他便热衷于偏振光实验。为产生偏振现象,他喜欢利用玻璃镜的反射原理,以致尼科尔送给麦克斯韦的礼物便是一大堆三棱镜,利用这些玻璃制品,他成功制作了一台光弹应力分析仪。

1847 年秋,麦克斯韦踏入爱丁堡大学。在这里,他能毫无压力地进行工作,也可以随心所欲地选择研究方向。于是,麦克斯韦加入福布斯教授开设的自然哲学课,继续自己的偏振光实验,同时孜孜不倦地阅读力学和物理学著作。在 1850 年 3 月写给朋友的信中,他说:"我正在阅读杨的《自然哲学讲义》、威利斯的《机械原理》、亨利·莫斯利的《工程与力学》、狄克逊的《热学》以及穆瓦尼奥的《光学研究报告》[②]等,虽然对金属丝和杆件扭转已经有些基本概念,但相关试验却要等到放假才能实施,研究内容涉及玻璃、凝胶等材料的压缩作用实验,需要得

[①]《爱丁堡皇家学会论文集》(*Proc. Roy. Soc. Edinburgh*)第 2 卷,第 89~93 页。
[②] 译者注:四本书分别为 *Principles of Mechanism*, *Engineering and Mechanics*(Henry Moseley),*Heat*(Dixon),*Répertoire d'Optique*。

到一大堆数据；另外，也会通过实验找到光学与力学常数间的关系，并发现这些物理量的恰当值；当然，悬索桥、悬链线和弹性曲线也是我的研究对象。"显然，从那时起，麦克斯韦就已经对弹性理论产生出浓厚兴趣。

在 1850 年爱丁堡皇家学会上，麦克斯韦宣读了自己的论文《论弹性固体的平衡》[①]。文章一开始就批判了寡常数理论，并拿出斯托克斯的论文作为参考[②]。麦克斯韦推导了具有两个弹性常数的各向同性体平衡方程，随后，又利用此方程研究了几个特殊问题。虽然，大多数这类问题已由其他学者作出解答，却无人试图用实验方法加以证明。麦克斯韦的第一个研究对象是空心圆筒，其外表面固定，而内表面作用有一个大小等于 M 的力偶矩，这样一来，圆筒便会产生微小转角 $\delta\theta$。采用极坐标平衡方程，麦克斯韦有力证明了以下事实：这种情况将会产生剪应力，且大小反比于到圆筒轴线距离的平方。

为用事实说明上述结果，麦克斯韦借助光弹法，并将鱼胶趁热灌入两个同心圆形模具内，冷却后，鱼胶就会变成一个正常的固体试件。这位学者强调："当我们以平行于圆筒轴线方向的偏振光来观察实体筒，则实体内任意点处反向偏振射线的相位延迟差反比于该点至轴线距离的平方，因此通常会呈现出与单轴晶体色环排列相反的色环系，离中心越近，色调就越鲜明，且环与环之间的距离也就越小。整个色系被两条暗带交叉，而暗带则与初始偏振面呈 45°角。"麦克斯韦观察该彩色图像，并用水彩颜料将图形描绘下来[③]，在其传记中有言："这位苏格兰人很有设计天赋，时常自娱自乐地设计出一些奇妙的棉纺品图案，他的作品在色彩方面非常谐调。"

麦克斯韦的第二个研究对象是圆杆扭转问题，对此，他用分析及实验方法测量了杆件的剪切模量。第三和第四个题目均出自拉梅的疑

① 译者注：*On the Equilibrium of Elastic Solids*。
② 《剑桥大学哲学协会学报》第 8 卷，第 3 部分；论文宣读于 1845 年 4 月。
③ 这些插图附在他的论文里。在麦克斯韦传记中，坎贝尔和加尼特重绘了上述插图，然而在《科学论文集》一书中，它们又被删除了。

惑,即均匀压力作用下空心圆筒与空心球体的应力状态。另外,根据自己的理论,麦克斯韦还检验过一些确定流体压缩性的实验结果。他评论道:"有些人因得不到满意答案就拒绝接受这些数学理论,他们臆想,如果容器的壁厚很小且两侧压力相等,则容器的可压缩性将不影响计算结果。然而相关研究表明,流体的表面可压缩性与容器的压缩性有关,且两侧压力相等时与壁厚无关。"

　　第五个是矩形梁的纯弯问题。麦克斯韦补充考虑了由于梁弯曲而造成的纵向纤维间的挤压因素,显然,这个补充对受弯基本理论很有价值。他的第六个案例是均匀受压圆板的弯曲情况,目的是考查能否以弯曲方法制造出镀银凹面玻璃镜。麦克斯韦计算出平板中央的曲率半径,并发现,按照该原则制成的望远镜镜片可以作为无液气压计的关键部件,因为其焦距恰好反比于大气压力。

　　第七个议题是关于受扭圆柱体因纵向纤维伸长而产生的扭矩,他证明了计算扭矩的公式应包含与扭转角立方成正比的项,这个结论契合了托马斯・杨曾经的观点。

　　在第八个重要问题里,麦克斯韦探讨了薄壁圆盘在转动过程中因离心而产生的应力,并进一步给出计算切向应力的正确公式,这是该问题首次最令人满意的处理方法[①]。

　　而第九至第十一个问题则是有关空心圆筒和空心球温度应力的。显然,此时的麦克斯韦可能还并不知道杜哈梅对这类问题已经给出了答案(参见第 53 节)。

　　在第十二个问题里,麦克斯韦计算了一根简支梁的挠度。与众不同的是,他考虑到剪力对挠度的影响,为此,这位学者假定:剪应力均匀分布在整个梁横截面上。

　　第十三个问题,是讨论两个圆柱形表面的应力分布情况,条件为两者轴线均垂直于某无限弹性板面,且在同一方向上承受大小相等的扭矩。参考第一个问题,麦克斯韦首先挨个计算两个旋转圆柱体产生的

---

　　① 《科学论文集》第 61 页的式(59)存在印刷错误。

应力；然后，再利用叠加法得到其上任意点的合应力，并参考计算结果，绘制出如图 163 所示等色线；接着，又用实验证明了上述理论结果。他说："我已经用第一个问题中的鱼胶圆柱体作出这些等色线，依靠圆形偏振光，能够清楚地看到它们，因为这些曲线未受干扰，所以显而易见，其形状同理论计算非常类似。"

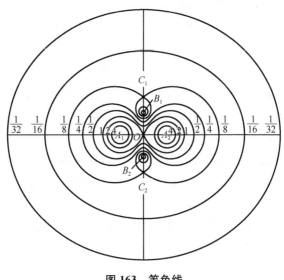

图 163 　等色线

　　第十四个问题更加复杂，研究对象是未退火三角形玻璃板内的应力情况。鉴于计算时无理论依据，因此麦克斯韦决定采用光弹实验来厘清板内应力。他用圆偏振光测得等色线，然后再通过发射平面偏振光确定出主应力方向，并绘制出如图 164 所示等倾线系。并解释说明："这些曲线又可以形成其他曲线，能够根据其自身走向说明任意点的主轴方向。图 165 代表着收缩和膨胀的方向曲线，其中，相应于收缩方向的曲线朝着三角形中心凹进，且与膨胀线垂直相交。"在得到上述一系列应力迹线后，麦克斯韦接着说明如何计算主应力大小。取一个曲边矩形单元，该矩形由相邻的两条压缩线和另外相邻的两条拉伸线围成，则有如下平衡方程：

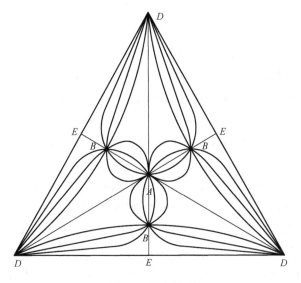

图 164　等倾线系

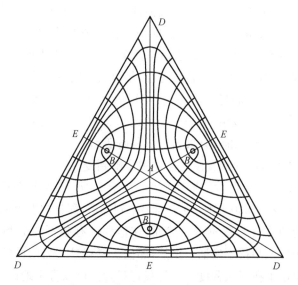

图 165　收缩和膨胀的方向曲线

$$q - p = r \frac{\mathrm{d}p}{\mathrm{d}s} \qquad (a)$$

式中,q 为主压应力,p 为主拉应力,r 为压力迹线的曲率半径,$\mathrm{d}s$ 为相邻两条压力迹线之间的距离。可见,式(a)与麦克斯韦讨论拉梅问题时的公式一致。其中 r 代表某点之径向距离,且 $\mathrm{d}s$ 等于 $\mathrm{d}r$。由于能够从光弹实验中得出 $q - p$,且物理量 r 与 $\mathrm{d}s$ 可以从应力迹线中找到,因此麦克斯韦便能从给定 p 值的边界开始,利用对式(a)的逐步积分求出 p 值。

众所周知,正是麦克斯韦完整地发展出光弹应力分析技术,如今,这种方法已经广泛应用于二维问题的研究。更加难能可贵的是,他还指明当下可用于三维光弹实验的某些透明材料所显现出来的特征。基于扭转实验中的第一个问题,麦克斯韦提出:"通过不断施加扭力,使鱼胶完全干燥,我们将会得到一块非常坚硬的鱼胶板,这块板能够显现出同样形式的偏振光,就算把扭矩卸载,上述现象也不会消除。另外,还有两种非结晶体,其结构压缩变形后具有保持偏振的性能,第一种是蜡和松香混合物压成的薄板,具有类似性质的第二种物质叫古塔胶(gutta percha)。在常规状态下冷却时,即便将古塔胶制成很薄的胶片,仍是不透明的,然而,当我们把其逐渐拉伸至原长 2 倍以上时,它就具备明显的双折射能力,这种特性持续存在,足以引起偏振光。"

包括应力分析的光弹法在内,年轻的麦克斯韦已经完成了弹性理论方面的许多重要成果,而当时年龄还未满 19 岁。到了 1850 年秋,他启程前往剑桥大学,继续开展自己的科研活动。

可以从 P. G. 泰特教授的描述中了解到麦克斯韦的剑桥生活。泰特是后者在爱丁堡大学的同班同学,并于 1848 年离开爱丁堡进入剑桥。据泰特说:"1850 年秋,麦克斯韦来到剑桥,浑身散发出如此丰富的知识,与他的稚气有些不符。然而,在他那位有条不紊的私人老师看来,这个年轻人却很不像话。虽然,那位长者就是大名鼎鼎的威廉·霍普金斯,但该生在很大程度上还是我行我素。可以肯定地说,在近几年的优等生里,没有一位像麦克斯韦那样在考试之前不去辛苦练兵的。

虽然他对考试中如何取巧的门道知之甚少,然而因为才智卓越,还是取得了甲等第二名的好成绩。而且在更高难度的史密斯奖考试中,也能够与甲等第一名的劳思(E. J. Routh)并驾齐驱。"

毕业之后,麦克斯韦留在剑桥任教。1855 年成为三一学院研究员,并开始讲授流体静力学和光学。虽然当时的科研任务是混色测量与色盲成因分析,但他却对电学颇感兴趣,还发表过一篇关于法拉第力线的学术报告。1856 年,麦克斯韦受聘成为苏格兰阿伯丁大学马歇尔学院(Marischal College)教授。1856—1860 年,他一直在这里讲解自然哲学;同时,继续色觉以及土星环稳定性的研究;而有关气体动理论的探索也开始于阿伯丁,第一篇相关文章于 1859 年在英国科学促进会上宣读通过。

1860 年,麦克斯韦受聘为伦敦国王学院讲席教授;1860—1865 年,他在该校讲授自然哲学和天文学课程。在泰晤士河畔的这所学院里,麦克斯韦发表了关于气体动理论的重要研究报告以及电学方面的著名学术论文,而其对结构理论的杰出贡献(参见第 45 节)也正是在同期取得的,有关这些内容在之前已经有所介绍。

国王学院的教学任务耗费了麦克斯韦大量时间。为提升自己的科研条件,他坚决推掉了讲席教授职务,辞职回到苏格兰乡村宅第。在那里,麦克斯韦把全部精力投入热学著作的准备工作,并写出那篇在电磁学方面惊世骇俗的论文。

联想到 G. B. 艾里发表的那篇梁内应变的论文[1],麦克斯韦也忽然意识到自己的互易图概念,并由此提出三维应力体系的一般性应力图理论[2]。另外,他表明:弹性方程的一般解能够通过三个应力函数来表示。麦克斯韦断言:"如果将这个理论应用到二维问题中,那么艾里文章中那些情况的解并不能够完全满足弹性理论导出条件。事实上,其研究过程未明确考虑弹性应变。"对于上边缘承受均布荷载的矩形截面简支

[1]《英国皇家学会哲学学报》,1863 年。
[2]《英国皇家学会哲学学报》第 26 卷。

梁,麦克斯韦依据自己的理论发现：他的正确解与艾里的结果仅在纵向应力数值上存在差异,最大误差等于 $0.314q$,这里的 q 为荷载集度。

在约瑟夫·拉莫尔的《乔治·加布里埃尔·斯托克斯爵士》[①]一书第 217 页里,作者将麦克斯韦、斯托克斯以及开尔文三人的科学观进行了一番有趣的比较。他说:"对麦克斯韦而言,科学想象就是一切;而斯托克斯则循规蹈矩。麦克斯韦陶醉于精神和物质模型的构建与解析,也很会想象组成物质基本单位的分子活动规律;而斯托克斯的多数研究成果却属于精细化或形式化的,以物质的整体表现和对称性为准则,其间,很少需要分子概念。也许开尔文的科学观介于两人之间,按照科研活动主要特征,我们能正确地将其描述成斯托克斯之学生,当然,这也是他本人所坚持的。即便开尔文勋爵勇气不佳,无法勇敢翱翔在未知的天空,未能像麦克斯韦那样将想象变成事实。然而,除了注重实用性之外,开尔文的科学品质同样具备建设性。毫无疑问,这种能力仅次于法拉第,并成就了麦克斯韦的灵感来源。"

1871 年,麦克斯韦听劝结束了在苏格兰的退隐生活,转而接过剑桥大学教授职务。当时,剑桥人已经完全认识到实验工作在热学、电磁学等各物理分支中的重要性。为修建物理实验室,校长德文郡公爵(Duke of Devonshire)开始慷慨集资,而麦克斯韦也毫无悬念地成为这里的第一届主任。在 1871—1879 年的最后岁月里,他将大量精力投入这所新实验室的行政管理上,并对剑桥大政方针的实施起到举足轻重的作用。麦克斯韦倡导校内科研应与外部学术团体紧密联系,同时呼吁,在评优考试中,物理各分支学科也要有一席之地,还为此积极参与了 1873 年提出的考试大纲规划项目。

---

① 译者注：*Sir George Gabriel Stokes*。

第9章

1867—1900 年的材料力学

59. 力学性能实验室

众所周知,自从钢铁进入结构与机械工程领域后,相关材料的力学性能实验研究便成为一种基本需求。通常,许多早期实验目标仅限于确定极限强度,然而,如今人们已经明白:钢铁的性能和制造工艺流程息息相关,无论在什么情况下,当给某种特定用途选择合适材料时,单单知道极限强度是不充分的。对材料力学性能作出彻底研究已经迫在眉睫,而相关试验则要求拥有专门设备。在此,大家将会了解到 19 世纪下半叶各国正在酝酿或迅速成立的众多材料实验室。

在德国,沃勒倡议组建国家实验室。于英国,私营企业的实验室悄然诞生,最早的成功案例当属创建于 1865 年伦敦南华克(Southwark)地区的戴维·柯卡尔迪实验室。其名著序论里,柯卡尔迪有言①:"当时,罗伯特·内皮尔父子公司接到一批高压锅炉容器和船舶机械订单,这些设备的最重要特点是必须轻质且高强,前者应采用均质金属材料,而后者推荐以搅炼钢(puddle-steel)代替通常采用的锻铁。在那个年代,这些高端材料的工程应用刚刚起步,使用之前一定要做到心里有数,以便确定与其他材料的比较优势,故而公司设计制作了一系列试验机具。原本只打算对每个样本进行少测量试,但事实证明,这些实验本

---

① 戴维·柯卡尔迪(David Kirkaldy),《各种锻铁和钢材抗拉强度及其他性能的试验研究结果》(*Results of an Experimental Inquiry into the Tensile Strength and Other Properties of Various Kinds of Wrought-iron and Steel*),格拉斯哥,1862 年。另:罗伯特·内皮尔父子公司(Robert Napier and Sons)。

身非常有价值,并可能取得重要实用成果,以致经内皮尔公司批准后,我便热衷于扩大实验规模。对本人来说,这些实验工作不仅是一种乐趣,而且机会难得,其意义远超出预先设想。相关试验开始于 1858 年 4 月 13 日,结束于 1861 年 9 月 18 日。"图 166 表示柯卡尔迪在实验中设计使用过的机具,图 167 为相关试件及其配套装置。虽然实验条件相形见绌,但柯卡尔迪却成功获得了许多重大成果,在其著作第一版中,这位作者就详细记录下当时可以找到的几乎所有品种钢铁的材料力学性能。

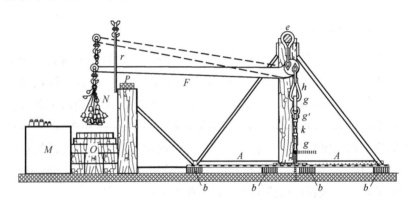

图 166　柯卡尔迪的试验机

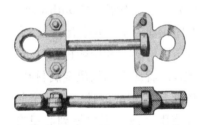

图 167　柯卡尔迪的拉伸试验试件

采用相当短的试件[1],测量仪器还非常粗糙,如此简陋的条件,令柯卡尔迪无法精确测定弹性伸长量还是计算杨氏模量,其实验仅能给出极限荷载和试件总伸长量。在计算应变时,他将试件全长划分成 0.5 in 的刻度,试验后再测量出这些刻度间的距离。结果表明,大部分试件沿纵向均匀伸长,并且实验前后均保持圆柱形断面,仅断裂周围部分会出现较大应变,其横截面面积亦产生明显局部收缩。

---

　　[1] 为了满意地测定弹性伸长量并足够精确地获得杨氏模量,霍奇金森采用了 50 ft 长的试验杆件。

柯卡尔迪据此推测,试验总伸长量与原长之比依赖于选用的试件尺寸。柯卡尔迪是第一位建议测量试件横向收缩之人,也是他首先意识到,断裂处的截面积相对收缩是材料之重要特性。柯卡尔迪断言,要确保材料性能品质,仅掌握极限强度还不充分。非常高的抗拉强度并不能证明材料是否品质优良,因为这种材料或许十分硬且脆,几乎无法承受弯曲与扭转。但如果将破断应变与断裂区域的收缩放在一起进行比较,情况就大相径庭,进而有机会正确分辨出以下两种情况:其一,源于生铁的优良品质、致密性、纯度以及适当的柔度,故材料具备很高的破断应变或应力,抑或如此优点仅因为高硬度和不屈服;其二,材料较低的破断应变(应力)可能是源自质地疏松,或由于材性虽然致密且精细,却极为柔软。柯卡尔迪还给出极限强度的两组数据,分别计算自横截面的初始面积和断裂面积。

也许是柯卡尔迪首先考虑到试件形状会影响极限强度。在将材料相似而横截面形状不同的短试件测试比较后,他评论道:"的确,试件形状会明显影响破断应变值。据我所知,迄今为止,该重要影响因素尚无法确认,也无人质疑。以上个案仅为沧海一粟,但足以表明如下事实:在把各方实验结果放在一起合理比较前,我们完全需要正确了解所有实验的精确条件,上述情况既适用于目前的主题,也适用于其他很多范畴。如此事实清楚告诉我们,对于两根铸铁或钢材,如果一根直径均匀且长度数英寸,而另一个却只有很小部分直径均匀,那么就无法仅凭两者的破断应变(应力)来决定其品质。"

柯卡尔迪对钢材疲劳强度非常感兴趣,并在书中描述了 1850 年土木工程师协会的几次大会相关议题。对于会议主席罗伯特·斯蒂芬森(参见第 38 节)的观点,柯卡尔迪比较认可,相信振动无法导致钢材产生重结晶。柯卡尔迪的实验表明:对于疲劳断裂的脆性特征,重结晶假说并非必要前提。他指出:如果改变试件的形状使断裂时的横向收缩受到阻碍,例如带有矩形深槽的试件,那么柔软的材料亦可产生脆性断裂;另外,如果应变施加得非常突然,以致构件来不及在极短时间内伸长而更易于折断,那么便能够使断裂面的外观发生变化。

　　当探讨冷加工对生铁力学性能的影响时,柯卡尔迪并不赞成抗拉强度提升源于"固结作用"这个当时已被认可的观点。他通过直接实验证明:经老虎钳张拉或类似的冷轧处理,铁的密度并非如从前想象的那样会增大,反而减小了。柯卡尔迪发现,采用检验钢铁内部结构的方法可以获得此类金属材料性能的有用信息。他指出:"如果将锻铁浸入稀盐酸溶液,令其周围杂质发生化学反应,从而将纯金属部分裸露出来以供检验,那么其内部组织纹理便能完美呈现在眼前。"他据此发现,在纤维状断裂面中,裂纹向外抽出,从外观上一目了然;然而在结晶状断裂面里,裂纹成簇折断,只有在内部或者从截面上才能够分辨出来。对于后者,试件的断口通常垂直于杆长方向;而前一种条件下,断口形状或多或少都是不规则的。

　　根据前述对柯卡尔迪的著作概述,可以了解到:在材料的力学性能试验领域内,这位优秀的实验家提出并阐明了很多重要问题,即便如今,其论著对从事该方向的工程技术人员仍旧意义非凡。柯卡尔迪将丰富的实践经验与对细枝末节的敏锐观察联系起来,在迅速发展的建筑结构和机械工程行业里,大量实用问题经他化险为夷,而这些大多出自柯卡尔迪的个人实验室。

　　在欧洲大陆,材料实验室逐渐发展成政府机构,其中,以德国最为突出[1]。在这里,工程类院校运营着许多实验室,它们不仅服务于工业领域,也供教师科研和教学之用,对工程教育和工业发展而言,如此措施裨益良多。

　　第一家这种类型的实验室成立于 1871 年慕尼黑工业大学。实验室首任主管为力学教授约翰·包辛格(Johann Bauschinger, 1833—1893;图 168),他在此成功安装了一台额定荷载 100 t 的试验机。该庞然大物是路德维希·韦尔德在 1852 年为当时的纽伦堡机械建筑公司

---

[1] 有关德国材料试验的历史,详见鲍曼(R. Baumann)的《科技与工业的历史文献》(*Beitr, Geschichte Technik u. Industrie*),第 4 卷,第 147 页,1912 年;另见莱昂(A. Leon)的《材料试验的发展与成就》(*Die Entwicklung und due Bestrebungen der Materialprufung*),维也纳,1912 年。

设计的[1]。事实证明,它比以前的大多数实
验设备更加精确,后来,欧洲的很多重要实
验室也都陆续安装了类似设备。

　　测量很小的弹性变形,包辛格发明过
一台镜式伸长计[2],令这位学者能够测出的
单位伸长量达到了 1×10^{-6} 级别。借助如
此精密的仪器,包辛格考查过许多材料的
力学性能,其精度远超前辈的研究成果。
在进行铁和软钢的拉伸试验过程中,他注
意到,在一定范围内,这些材料非常精确地
服从胡克定律,只要伸长量正比于应力,材

图 168　约翰·包辛格

料就会处在弹性阶段且无永久变形。通过这些实验,包辛格总结道:可
以假定钢或铁的弹性极限和比例极限一致。但继续加载直至超过此弹
性极限,伸长量的增加速率开始比荷载量的增加更快,而到了某个荷载
值时,变形急剧加大。换言之,荷载基本保持不变时,变形却随时间不
断增长,该荷载限值被称作材料的屈服点。当试件加载超过首次屈服
点时,软钢的屈服强度就会有所提高,如果立刻开始二次加载,那么荷
载最大值就是新的屈服点;如果相隔数天后进行二次加载,新屈服点将
比第一次的最大荷载还要高。另外,包辛格还察觉到,超过屈服点后,
试件伸长并非表现出完全弹性性质。再者,当初始伸长后立即进行二
次加载,弹性极限就会很低;然而,如数天后进行二次加载,材料的弹性
性能又将恢复,同时表现出比初始值略高的比例极限。

　　在测试应力循环下的软钢特性时[3],包辛格发现:当试件拉伸至超
过初始弹性极限,其受压弹性极限就会降低;虽然此极限值会在试件受

　　① 纽伦堡机械建筑公司(Maschinen baugesellschaft Nürnberg)。有关韦尔德的生平,参
见康拉德·马乔斯(Conrad Matschoss)的《伟大的工程师》(Grosse Ingenieure)第 3 版,1942 年。
　　② 有关该伸长计的信息,参见包辛格的论文,《土木工程》第 25 卷,第 86 页,1879 年。
　　③ 《慕尼黑机械试验技术通讯》(Mitt. mech. tech. Lab. Munich);另见《丁格尔理工学
报》第 266 卷,1886 年。

压时提高,但当压力继续超过某个限值,则反向受拉时的弹性极限便会降低。对试件进行多次循环加载,我们就能够确定出两个极限值,其间,试件将呈现完全弹性,包辛格称这两个限值为拉伸和压缩的自然弹性极限。他认为:初始弹性极限依赖于材料经历的工艺过程,而自然弹性极限则代表材料的"真实"物理特性。包辛格断言,只要构件维持在自然弹性极限内,材料便会完全抵抗无限多次循环且无疲劳破坏之风险。

包辛格把自己的研究成果发表在《标准化通报》(*Mitteilungen*)上,这本刊物每年发行一次,是许多相关领域的工程师必备读物。伴随慕尼黑的这项创举,其他多地也开始进军结构材料实验研究。1871 年在柏林工业学院,马滕斯组建了一家新的材料实验室[1],随后又出版过一本专著[2],其中详细介绍了各种测试方法以及试验装置。1873 年,在燕妮教授主持下,维也纳工业学院也成立有类似实验室[3]。1879 年,苏黎世联邦理工学院材料实验所鸣锣开市,在路德维希·冯·泰特马耶尔(Ludwig von Tetmajer,1850—1905)教授指导下,这里被誉为全欧洲最重要的实验室。

1879 年,卡尔·巴赫接受斯图加特理工学院[4]教授职位并在此建成了一所材料实验室。他非常重视将材料力学应用于机械设计领域,因此,巴赫的实验室不仅从事材料性能研究,还给结构构件或机械零件的各种应力分析提供实验解决方案。相关研究成果大多收集在这位学者的教材《弹性与强度》里[5],该书在机械工程师间广泛流传,对德国机

---

① 关于该德国试验室的发展史,参见《柏林工业学院皇家材料试验室》(*Das Königliche Materialprüfungsamt der technischen Hochschule*),柏林,1904 年。

② 马滕斯(A. Martens),《机械工程的材料科学手册》(*Handbuch der Materialienkunde für den Maschinenbau*),第 1 部分,柏林,1898 年;与霍伊恩(E. Heun)合著的第 2 部分,柏林,1912 年。

③ 有关该试验室及其工作的信息,可参阅燕妮(K. Jenny)的《维也纳工业学院的强度试验及其所使用的机器和设备》(*Festigkeits-Versuche und die dabei verwendeten Maschinen und Apparate an der K. K. technischen Hochule in Wien.*),维也纳,1878 年。

④ 译者注:Stuttgart Polytechnical Institute。

⑤ 卡尔·巴赫(C. Bach),《弹性与强度》(*Elasticität und Festigkeit*)第 1 版,1889 年;第 6 版,1911 年。

械设计的进步意义重大。

在瑞典,材料的机械性能测试兴趣集中在钢铁行业。1826 年, P. 拉格尔杰姆在这方面做了大量工作,如前所述(参见第 24 节),他还为此制作出一台专用设备。该装置曾被斯德哥尔摩瑞典皇家理工学院院长克努特·斯蒂夫(Knut Styffe)广泛用于铁路工程钢铁材料性能试验[①]。1875 年,在利耶赫门(Liljeholmen)地区,瑞典钢铁工业协会成立了一家材料实验室,并引进 100 t 的韦尔德试验机和阿姆斯勒·拉丰(Amsler-Laffon)水压机。1896 年,前者又搬入瑞典皇家理工学院的新实验室。

俄罗斯的材料试验发端于拉梅,他测试过圣彼得堡悬索桥上使用的俄制钢铁。当时,拉梅是圣彼得堡国立交通大学的力学教授,而其实验设备也都聚集于此。实际上,更进一步的成就是该校桥梁工程教授索布科取得的[②]。另外,在俄罗斯著名桥梁工程师贝尔鲁布斯基(N. A. Belelubsky, 1845—1922)领导下,该实验室规模得以大幅拓展,成为俄罗斯最重要的研究基地。贝尔鲁布斯基竭力倡导建立材料实验国际标准,并积极参与国际材料实验协会筹备工作。

为了促使不同实验室所得结果的可比性,必须将测试技术加以统一。于是,在 1884 年,包辛格教授发起过一次成功的慕尼黑会议,并大获成功。来自世界各地的 79 位专家学者参与其中,许多与会者发表了自己的意见。为草拟各种实验标准,会议还成立了一个专门委员会。在 1886 年德累斯顿召开的第二次会议上,批准了大量先前的一些初步成果。

1889 年,在巴黎世博会期间,国际应用力学大会也同时举行,其中

[①]　这项研究成果发表于《铁路局年鉴》(*Jern-Kontorete Ann.*),1866 年。关于该重要成果之简介,另见《瑞典材料的强度样本》(*Festigkeit-Proben Schwedischer Materialien*),斯德哥尔摩,1897。这本书是为斯德哥尔摩国际材料试验大会准备的。

[②]　索布科(P. I. Sobko, 1819—1870),1840 年毕业于圣彼得堡国立交通大学,并成为奥斯特罗格拉茨基的助教。他讲授力学,编写过奥斯特罗格拉茨基的微积分讲义,还发表了许多有关材料力学和桥梁的重要论文。1857 年,索布科到美国旅行并掌握美国桥梁的大量信息。

一项主要议题便是材料的机械性能实验。会上研讨了柯卡尔迪、包辛格、巴尔巴等学者的工作[1],大家均认可,必须使用几何相似的试件进行测试工作。闭会之际,全体一致倡导:应向各国政府提议建立国际材料实验协会。随后,在苏黎世召开了该组织的第一次国际大会,特马耶尔教授担任大会主席。很多国家参与其中,并且历届会议均对材料力学性能实验新方法诞生起到促进作用。

60. 奥托·莫尔的成就

奥托·莫尔(图 169)出生于德国北海沿岸荷尔斯泰因州的韦瑟尔布伦。16 岁进入汉诺威理工学院;毕业后,在汉诺威至奥尔登堡铁

路建设期间,担任结构工程师[2]。这段时间里,莫尔设计了一些德国最早的钢桁架,也进行过理论研究,并在《汉诺威建筑师与工程师杂志》上发表过几篇重要文章。

莫尔的这些论文主要涉及以下议题[3]:利用悬链线发现梁的弹性挠度、不同支座标高的连续梁三弯矩方程推导方法以及影响线的首次应用。

当时,年仅 32 岁的莫尔已经是一位"大牌"工程师,斯图加特理工学院也因此聘请其担任工程力学教授。在欣然接受

图 169　奥托·莫尔

后的 1868—1873 年,他便在此传授了五年的工程力学各分支课程。对于如何设计构思各种图解法,用以解决结构理论中的不同问题,莫尔总是异常兴奋,可以毫不夸张地说,他开辟了图解静力学的新天地。

---

① 这一节的报告占到《国际应用力学大会》(*Congrès International de Mécanique Appliquée*)第 3 卷的大部分内容,巴黎,1891 年。这些文章全面简介了当时的材料机械性能试验。另:巴尔巴(Barba)。

② 译者注:荷尔斯泰因州(Holstein)、韦瑟尔布伦(Wesselburen)、奥尔登堡(Oldenburg)。

③《汉诺威建筑师与工程师杂志》,1868 年。

作为老师,完美无缺,总能在课堂上激发出学生的兴趣。他们当中还涌现出一批杰出青年,其中就包括巴赫与奥古斯特·弗普尔。在后者自传中有言[1]:"同学们无一例外地承认,莫尔是他们最好的老师,虽然口才并非极佳,偶尔讲话慢条斯理,板书也很潦草,但课堂内容始终非常清爽且逻辑性强,莫尔总喜欢通过鲜活事例吸引学生眼球。我们对其着迷的原因是莫尔老师不仅能够透彻领悟研究内容,同时还向大家展现出自己在科学创造活动中的见地。"

1873 年,莫尔迁居德累斯顿,继续在德累斯顿理工学院任教,直到 65 岁退休为止。晚年的莫尔安稳生活于德累斯顿市郊,并坚持科学研究工作。

虽然莫尔的最大成就体现在结构理论方面,对此,将在下一章继续讨论;但是其材料力学的贡献也颇为丰厚。正是他首先发现:沿直线 AB 的变集度分布荷载 q(图 170)之悬链线微分方程与弹性线的微分方

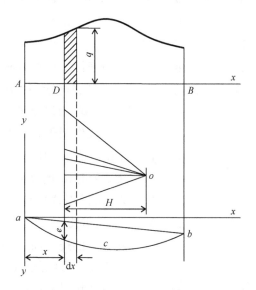

图 170　莫尔的悬链线与挠曲线

① 奥古斯特·弗普尔,《回忆录》(*Lebenserinnerungen*),慕尼黑,1925 年。

程在形式上相同[1]，即

$$\frac{\mathrm{d}^2 y}{\mathrm{d}x^2} = -\frac{q}{H} \tag{a}$$

$$\frac{\mathrm{d}^2 y}{\mathrm{d}x^2} = -\frac{M}{EI} \tag{b}$$

由此可知，通过取极距等于梁的抗弯刚度 EI，虚拟荷载集度 M 作用下的悬链线便可视作挠度曲线。另外，从图中观察可见，悬链线 acb 和收尾线 ab 之间的纵距 e 乘以极距 H，就会得到梁 AB 在截面 D 处的弯矩值。莫尔据此断言，梁挠度可由作用其上的虚拟荷载集度 M/EI 导致的弯矩计算出来，从而令挠度计算问题迎刃而解。我们将不再需要对式(b)进行积分，仅按照简单的静力学方法便可获取挠度值。恰如莫尔表明的那样，这种简化对变截面梁的计算尤其重要。

　　对于图 171a 所示简支梁 c、d 两个截面，莫尔采用其方法表明：荷载 P 作用于 c 而在 d 点产生的挠度，等于相同荷载作用于 d 而在 c 点产生的挠度值。以此结论为原点，莫尔进一步考虑这样一个问题：如何通过作用在梁上不同位置的一个力来计算任意截面，如 d 点挠度值。为此，他首先绘制出作用于 d 点的单位荷载产生的弹性曲线 $acdb$（图 171b），并以 y 代表任意点 c 处的挠度值。那么根据上述原理，当单位荷载作用于 c 处时，d 点也将产生挠度值 y，因此，任一荷载 P 作用于 c 处时，d 的挠度为 yP。这样一来，在得出挠度曲线 $acdb$ 基础之上，莫尔便会马上知晓任意位置荷载对 d 的挠度，他称曲线 $acdb$ 为 d 点挠度之影响线（influence lines）。然后再利用叠加原理，如果有多个

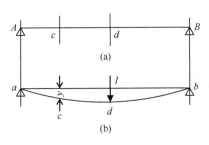

图 171　莫尔的挠度等价方法

---

① 详见发表于《汉诺威建筑师与工程师杂志》中的论文，1868 年，第 19 页。

荷载 P_1、P_2、P_3…作用于梁上,且 y_1、y_2、y_3…分别为其影响线的相应纵距,则这些荷载在 d 处的挠度便为 $\sum P_i y_i$。 以上过程是人类第一次在工程问题上使用影响线概念[1],而在 1868 年的同一篇论文中,这位工程师还讨论过连续梁问题,并提供了一种三弯矩方程的图解法。

对材料力学而言,莫尔的另一篇重要文章是有关点应力的图示法[2]。众所周知,在数学弹性理论中,可以利用应力椭球来表示一个点的应力状态(参见第 26 节);对于二维问题,则须考虑应力椭圆。在 1886 年出版的《图解静力学》第 226 页上,库尔曼已经为我们指出,二维体系里的应力能够用一个圆表示(参见第 43 节)。虽然库尔曼大大简化了该问题,但莫尔的研究则更加系统。现考查已知主应力 σ_1、σ_2 的二维情况(图 172),莫尔表明:如图 173 所示,对于由 ϕ 角确定的平面 mm,法向应力分量 σ 和剪应力分量 τ 可由圆周上 R 点的两个坐标确定,而该点的转角恰好等于 2ϕ。 另外,圆 AB 的直径等于 $\sigma_1 - \sigma_2$,且两端点 A、B 定义的主平面上的应力垂直于 σ_1、σ_2。 同理,对于已知主应力 σ_1、σ_2 和 σ_3 的三维情况,莫尔发现,作用于通过主轴平面的应力分量能以三个圆上的各点坐标表示。如图 174 所示,三个圆中最大的一个,直径等于最大与最小主应力之差,即 $\sigma_1 - \sigma_3$,并且最大圆所定义的应力平面恰好通过中间主应力 σ_2 的轴线。他进一步证明,在与所有三个主轴均相交的平面内,其应力大小可以利用图 174 上某些点的坐标来表示,并且所有这些点都将落在图中阴影面积内。当给定某法向应力,例如,图中 OD 所代表的值,则会存在具有同样法向应力分量的无数平面。同时,这些平面上剪应力值所对应的点都会沿通过 D 点的垂线段 EF 和 E_1F_1 分布。据此可知,以长度 OD 代表的相同法向应力分量之所有平面,最大剪应力值必将对应于通过中间主轴的平面,换言之,应力大小能通过点 F、F_1 的坐标决定。

_____

[1] 在《莫尔论文集》(第 2 版,第 374 页,1914 年)中提到:几乎在相同的时间,他与文克尔都应用了影响线概念。另见文克尔的论文,《波希米亚建筑师与工程师协会公告》,1868 年,第 6 页。

[2] 详见《土木工程》,1882 年,第 113 页。

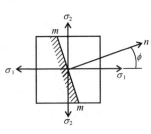
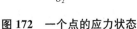

图 172　一个点的应力状态

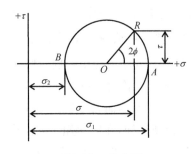

图 173　应力圆

接下来,莫尔采用以上应力表达方式来发展自己的强度理论[1]。当时在进行应力分析时,很多工程师都追随圣维南,以最大应变理论[2]作为材料破坏准则。大家普遍以为,在确定结构杆件的合理尺寸时,应按照如下方式进行:在最不利荷载条件下,最薄弱处的最大应变不应超过简单拉伸时的单位容许伸长量。然而多年以来,早有科学家意识到,剪应力的作用非常重要,必须认真对待。库仑曾假设:剪应力会加速材料破坏;维卡(参见第 19 节)批判过初等梁理论中没有考虑到剪应力;吕德斯还注意到,如果试件伸长量超出弹性极限,那么,抛光的试件表面便会出现屈服线[3]。在莫尔的那个年代,包辛格已经获得一些实验数据,并利用自己的精密仪器测定出钢材的拉伸、压缩和剪切弹性极限,但这些结果均不服从最大应变理论。1882 年,莫尔在文章中讨论过包辛格的实验,还点评了立方体试件的受压结果。据他判断,立方体试块和实验机平台接触面之间的摩擦力对应力分布影响巨大,以致相关结果不同于单向抗压实验数据。

莫尔借助其应力圆表示法(图 174)构造出一种强度理论,适用于不同应力状态且更加吻合实验结果。莫尔假设,在所有具备同样大小法向

---

[1] 《德国工程杂志》,1900 年,第 1524 页。

[2] 译者注: maximum strain theory。

[3] 详见他的论文,《丁格尔理工学报》,1860 年。另见哈特曼(L. Hartmann)的《应力作用下的金属应变分布》(*Distribution des déformations dans les métaux soumis à des efforts*),1896 年。

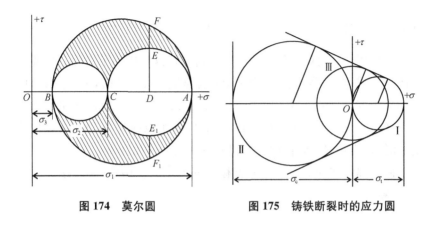

图 174　莫尔圆　　　　　图 175　铸铁断裂时的应力圆

应力的平面中,最易发生破坏的那个最弱平面必将伴有最大剪应力[1]。如此一来,就仅需考虑图 174 中最大的一个圆,莫尔称之为主圆(principal circles)。他建议,在对发生破坏的每种应力条件进行试验时,应当画出这样的圆。例如,图 175 代表铸铁受拉、受压和纯剪(扭转)试验至断裂时的主圆,当其数量足够时,便可作出这些圆的包络线。对于缺少实验数据的其他任意应力状态,我们就有把握认为,那些具有限制性条件的主圆必将触及该包络线。例如,还是那块铸铁,可取莫尔认为的圆 Ⅰ、圆 Ⅱ 两根外公切线作为包络线(图 175),而这两个圆则对应于拉、压实验至断裂的状态。接下来,极限抗剪强度便能根据绘制出的圆 Ⅲ 求得,而该圆之圆心恰位于 O 点且和包络线相切。如果令 σ_t、σ_c 分别为材料抗拉、抗压极限强度之绝对值,那么,我们亦可从图 175 中找出极限抗剪强度为

$$\tau_{ult} = \frac{\sigma_t \sigma_c}{\sigma_t + \sigma_c}$$

以上答案完美符合实验结果。

莫尔之强度理论立刻引发工程师和物理学家热议,有关该理论的大量实验纷至沓来,这些内容将会在下面讨论(参见第 71 节)。

---

[1] 莫尔考虑了广义的破坏形式,包括材料的屈服或断裂情况。

61. 应变能与卡斯蒂利亚诺定理

众所周知,在推导弹性曲线微分方程时,欧拉用到了杆件的弯曲应变能表达式(参见第 8 节)。当讨论弹性常数必要个数时,格林假定:应变能是应变分量的二阶齐次函数(参见第 48 节)。而 1852 年第一版的拉梅弹性力学著作第 118 页,当提及克拉佩龙原理时,有强调:弹性体变形时,外力功等于物体内部蓄积的应变能。

假设弹性体变形所产生的位移是外力之线性函数,那么这些力的功 T 将为

$$T = \frac{1}{2} \sum P_i r_i \tag{a}$$

式中,P_i 为 i 点之外力,r_i 为该点沿作用力方向上的位移分量。设该实体的应变能 V 可以表示成如下积分:

$$V = \frac{1}{2} \iiint \left\{ \frac{1}{E}(\sigma_x^2 + \sigma_y^2 + \sigma_z^2) - \frac{2\mu}{E}(\sigma_x \sigma_y + \sigma_x \sigma_z + \sigma_y \sigma_z) + \right.$$

$$\left. \frac{1}{G}(\tau_{xy}^2 + \tau_{xz}^2 + \tau_{yz}^2) \right\} \mathrm{d}x\,\mathrm{d}y\,\mathrm{d}z \tag{b}$$

则克拉佩龙原理表明

$$T = V \tag{c}$$

当分析具有冗余杆件的桁架时,意大利军事工程师梅纳布雷亚建议采用桁架应变能表达式[①],他断言,作用于冗余杆件上的力 X_1、X_2、X_3、…必将使应变能取最小值,即有

$$\frac{\partial V}{\partial X_1} = 0, \quad \frac{\partial V}{\partial X_2} = 0, \quad \frac{\partial V}{\partial X_3} = 0, \cdots \tag{d}$$

该式(d)与静力方程将足以确定所有桁架杆件之内力。可见,虽然梅纳布雷亚在此利用了最小功原理,然而却未能给出该原理令人接受的证明。

---

① 梅纳布雷亚(L. F. Ménabréa),详见《法国科学院通报》第 46 卷,第 1056 页,1858 年。

后来,意大利工程师阿尔贝托·卡斯蒂利亚诺(Alberto Castigliano,1847—1884;简称"卡氏")就此做出了逻辑证明。

卡氏出生于意大利阿斯蒂(Asti)。当了几年教书匠之后,于 1870 年进入都灵理工学院(Turin Polytechnical Institute)。仅作为在校生的他,就已经对结构理论大有成就。1873 年,卡斯蒂利亚诺向学校提交了工程专业学位论文,内容涉及那个著名定理的陈述及其在结构理论方面的应用,后又经整理扩充,于 1875 年在都灵科学院发表[①]。起初,该文的重要性并未得到工程师赏识,于是,为普及此定理,卡斯蒂利亚诺让这部论述以法语形式重新同读者见面[②],其中还补充有定理证明过程和大量工程案例。虽然英年早逝终结了这位科学巨匠的职业生涯,但此定理却变成尽人皆知的结构理论信条。德国人穆勒-布雷斯劳(H. Müller-Breslau)、意大利的卡米洛·圭迪(Camillo Guidi)等杰出工程师均依靠该定理完成了大量论文。

在推导理论公式过程中,卡斯蒂利亚诺首先考查具有理想铰的桁架。当外力作用在铰节点且所有杆件等截面时,体系的应变能可以写成

$$V = \frac{1}{2} \sum \frac{S_j^2 l_j}{EA_j} \qquad (e)$$

另外,由克拉佩龙原理可知

$$\frac{1}{2} \sum P_i r_i = \frac{1}{2} \sum \frac{S_j^2 l_j}{EA_j} \qquad (f)$$

上式等号左侧的求和符号包含全部加载铰,右边则涉及所有桁架杆件。卡斯蒂利亚诺假定:体系的挠度 r_i 是外力之线性函数。将这些函数代入式(f)左侧,便可利用外力 P_i 的二阶齐次函数来表示应变能。利用挠

---

① 《都灵皇家科学院学报》(*Atti reale accad. sci. Torino*),1875 年。

② 卡斯蒂利亚诺,《弹性体系的平衡理论》(*Théorie de l'équilibre des systèmes élastiques*),都灵,1879 年。卡氏去世 50 周年时,科隆内蒂(G. Colonnetti)编写了《阿尔贝托·卡斯蒂利亚诺选集》(*Alberto Castigliano, Selects*)一书,其中包括这位专家的工程学学位论文及其法语论著的主要部分,该书的英文版由安德鲁斯(E. S. Andrews)翻译完成,伦敦,1919 年。

度与力之间的类似关系,他还能够将力表示成位移的线性函数,并以此方式把应变能表示成挠度 r_i 的二阶齐次函数。在研究过程中,这位学者利用应变能 V 的以上两种形式,并证明了两个重要定理。

首先,他假定 V 可以写成 r_i 的函数。当 P_i 出现微小变化时,位移 r_i 也将产生微小变量 δr_i,因此,桁架总应变能变化之微量为

$$\delta V = \sum \frac{\partial V}{\partial r_i} \delta r_i$$

该量显然等于外力在此微小位移改变量下的功,即 $\sum P_i \delta r_i$。于是,他得到方程

$$\sum \frac{\partial V}{\partial r_i} \delta r_i = \sum P_i \delta r_i \tag{g}$$

由于上式对于任意给定 δr_i 值均成立,所以对于所有 i,均满足 $\partial V/\partial r_i = P_i$。这个式子表明:如果把 V 对任意位移 r_i 进行微分,那么,得到的线性函数便为相应的力 P_i。

当形成卡氏第二定理时,卡斯蒂利亚诺将 V 写成外力 P_i 的函数[①]。这样一来,在这些力有微小变化时,应变能的改变量为

$$\sum \frac{\partial V}{\partial P_i} \delta P_i$$

代替式(g),有

$$\sum \frac{\partial V}{\partial P_i} \delta P_i = \sum P_i \delta r_i \tag{h}$$

上式等号右侧表示功的增量 $\sum P_i r_i / 2$,如果我们注意到式(h)的另一种形式:

$$\sum P_i \delta r_i = \delta \left[\frac{1}{2} \sum P_i r_i \right] = \frac{1}{2} \sum P_i \delta r_i + \frac{1}{2} \sum r_i \delta P_i$$

---

① 卡斯蒂利亚诺称该力 P_i 为无关力(independent force);这意味着:在计算应变能 V 时,用静力方程计算的相关反力可作为力 P_i 的函数给出。

则有 $\sum P_i \delta r_i = \sum r_i \delta P_i$，将其代入式（h）可得

$$\sum \frac{\partial V}{\partial P_i} \delta P_i = \sum r_i \delta P_i$$

因为上式对于任意给定 δP_i 均成立，所以卡斯蒂利亚诺断言

$$\frac{\partial V}{\partial P_i} = r_i \tag{i}$$

可见，当应变能 V 可以写成相互独立的外力之一个函数，这些函数对任意力求导后，就会得到施力点处沿力方向上的相应位移值。

基于以上计算变形的普适方法，卡斯蒂利亚诺进一步考查如图 176 所示两个重要特例。他指出：当沿弹性体的直线 ab（图 176a）作用有两个大小相等且方向相反的力 S 时，偏导数 $\delta V / \delta S$ 即为体系变形所引起的 a、b 两点间距离的增量，例如，包含 a、b 两铰的桁架就是这种体系。如果两个力垂直于桁架中的直线 ab（图 176b），从而形成一个力偶 M，那么偏导数 $\delta V / \delta M$ 便代表体系变形所引起直线 ab 的转角。

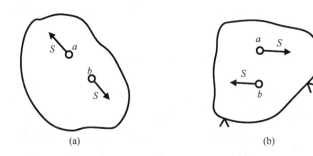

图 176　卡氏定理的两个特例

卡斯蒂利亚诺利用上述结果来分析具有冗余杆件的桁架结构，还为最小功原理作出证明。如图 177b 所示，他在分析中移去了所有冗余杆件，并用相应的力来代替其对桁架剩余部分的作用。于是，这个体系变为静定结构，而应变能 V_1 则是外力 P_i 以及作用在冗余杆件上未知力 X_i 的函数。基于图 176a 的情况，卡斯蒂利亚诺认为，$-\delta V_1 / \delta X_i$ 将代

表a、b两个节点间距离的增量。显然，此增量等于冗余杆件系中ab杆之伸长量（图177a），故有如下关系：

$$-\frac{\partial V_1}{\partial X_i}=\frac{X_i l_i}{EA_i} \tag{j}$$

如果注意到上式右侧代表冗余杆件的应变能$X_i^2 L_i/2EA_i$对X_i的导数，而V代表含冗余杆件的体系总应变能，则上式可改写成

$$\frac{\partial V}{\partial X_i}=0 \tag{k}$$

该式即为最小功原理。

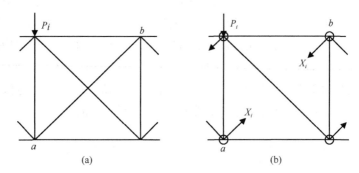

图177 超静定桁架

卡斯蒂利亚诺把那些原来铰接桁架的分析结果推广到任意形状的弹性体上，发展了杆件在不同变形条件下的应变能表达式，并将其用来分析超静定梁和拱等大量实用问题。自从卡氏的名著问世后，有关结构理论应变能这个研究分支就鲜有内容补充，因为他写入的工程案例已经足够多了。

恩格泽将卡斯蒂利亚诺原理进行了重要拓展[1]。虽然后者始终假定结构位移是外力之线性函数，但某些条件下，这样的假定却是无效

---

[1] 详见弗里德里希·恩格泽（Friedrich Engesser，1848—1931）的论文，《汉诺威建筑师与工程师杂志》第35卷，第733～744页，1889年。

的,从而导致其定理不再适用。为此,恩格泽引入"余能"概念来处理这些棘手问题。并指出,通过余能对各独立力进行求导,我们就一定能够得到位移的答案,即便这些力与位移之间的关系是非线性的。在此不妨举上一个简单算例:如图 178a 所示,两根完全相同的杆件铰接在一起,两者又分别与固定铰支座 A、B 相连。当不受力时,杆系处于水平直线 ACB 位置;现中心作用有一个力 P,则铰 C 会经位移 δ 至 C_1 处。简单分析后,可得

$$\delta = l\sqrt[3]{\frac{P}{EA}} \tag{1}$$

式中,l、A 分别代表杆长和横截面面积。图 178b 中曲线 Odb 表示 δ 与 P 之间的函数关系,这样一来,由 $Odbc$ 的面积可知,应变能为

$$V = \int^\delta P\,\mathrm{d}\delta = \frac{lP^{4/3}}{4\sqrt[3]{EA}}$$

上式并非力 P 的二阶函数,无法通过偏导数 $\partial V/\partial P$ 计算挠度 δ。 根据恩格泽的定义,余能 V_1 可表示成 $Odbg$ 的面积大小,于是,有

$$V_1 = \int^P \delta\,\mathrm{d}P = \frac{l}{\sqrt[3]{EA}}\int^P P^{1/3}\,\mathrm{d}P = \frac{3lP^{4/3}}{4\sqrt[3]{EA}}$$

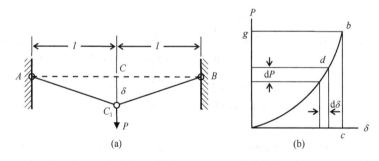

图 178　余能概念的一个算例

将该式对 P 求导,即可给出以式(m)表示的 δ 值。鉴于结构分析主要针对那些满足卡斯蒂利亚诺假定的体系,所以恩格泽的成就并未引起

大家广泛关注[1]。

62. 弹性稳定问题

　　自从钢材进入结构工程领域,伴生的弹性稳定问题便成为一块烫手山芋。工程师会经常面对长细压杆、受压薄板以及各种薄壁构件的破坏问题,然而,这些构件之破断并不总源于过大的直接应力,倒是缺乏弹性稳定的结果。虽然人们对于受压支柱这类简单问题已经进行过非常详细的理论研究,却对能够放心使用理论结果的限制条件没有把握。在柱实验过程中,研究者往往忽视端部支撑情况、加载精度以及材料的弹性性能,所以试验结果并不与理论相符,这使得工程师在设计中更愿意根据五花八门的经验公式。伴随材料力学实验手段的发展进步以及测量仪器的更新换代,柱的实验研究才取得新突破。

　　包辛格首次令人信服地完成了柱实验[2]。他给试件两端加装上圆锥接头,从而确保试件端部自由转动以及荷载位置居中。包辛格用实验表明:如此良好工况下的长细杆实验结果完美契合欧拉公式;而较短的试件却会在超出弹性极限的压应力下出现压屈,欧拉理论不再适用于这类构件,因此必须提出一个经验准则。鉴于包辛格只进行过少量实验,不足以得出设计柱子的实用公式。

　　在苏黎世联邦理工学院,特马耶尔教授继续着压杆稳定研究[3]。在其领导下,相关人员大规模检测了组合钢柱和铁柱,结果表明:当钢结构杆件长细比大于 110 后,方可采用欧拉公式计算临界应力值。而对于那些较短的试件,特马耶尔提出一个线性公式,后来,该公式在欧洲得到广泛应用。在实验中,特马耶尔选取的端部支座形式如图 179 所

---

　　[1] 刚刚去世的韦斯特加德(H. M. Westergaard)教授提醒工程界,应重视恩格泽的成就,并举例说明了后者理论公式的巨大价值。详见《美国土木工程师协会论文集》(*Proc. Am. Soc. Civ. Engrs.*),1941 年,第 199 页。

　　[2] 包辛格的论文,《慕尼黑机械试验技术通讯》第 15 期,第 11 页,1887 年。

　　[3] 《材料试验所通报》(*Mitteilungen der Material prufungs-Anstait*)第 8 期,苏黎世,1896 年;第 2 次扩充版,1901 年。

示,其最大优势在于容许试件端部
自由转动。借助如此装置,他进一
步开展偏压试验,验证了挠度和最
大应力的理论公式,计算出偏压工
况下,当最大应力达到弹性极限时
的压力值,将该力除以安全系数,就
可以得到柱的最大安全荷载①。

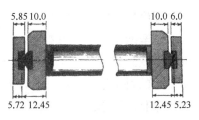

图 179　特马耶尔的支座形式
（单位：cm）

通过亚辛斯基(F. S. Jasinsky, 1856—1899;图 180)的重要著作,
大家便将 19 世纪末结构弹性稳定的研究状况一览无余②。本书不仅含
有关于柱子的理论与实验内容,也展示出作者创新之处。这位波兰人
出生于华沙。1872 年,经过严格选拔进入圣彼得堡国立交通大学。
1877 年毕业后,开始从事铁路建设,先后参与过圣彼得堡至华沙以及彼
得堡至莫斯科铁路项目。其中,他主要负
责几处重要结构的设计与建造工作,并在
业余时间发表了数篇学术论文。1893 年,
他将自己关于柱子的理论文章汇编成书,
并以此书稿形式的学位论文获得圣彼得
堡国立交通大学副博士头衔。一年后,亚
辛斯基被聘为该学院的结构理论和弹性
理论教授。虽然,英年早逝中止了这位学
者的辉煌专业生涯,但在学院的五年职教
过程里,亚辛斯基极大提升了俄罗斯工程
技术人员的理论知识水平,其结构理论和

图 180　亚辛斯基

---

① 在有关柱子的分析中,似乎奥斯特恩菲尔德(A. Ostenfeld)是第一位引入假想误差的
人,也是第一个以产生危险应力的荷载比例为标准来确定柱上安全荷载的人,详见《德国工程
杂志》第 42 卷,第 1462 页,1898 年;第 46 卷,第 1858 页,1902 年。
② 亚辛斯基《论柱子压屈理论的发展》(An Essay on the Development of the Theory of
Column Buckling),圣彼得堡,1893 年。另见他的《论文集》第 1 卷,圣彼得堡,1902 年,以及该
研究成果的法文翻译版,《国立路桥学校年鉴》第 7 系列,第 8 卷,第 256 页,1894 年。

弹性理论教材也在俄罗斯广为诵读。

亚辛斯基是位大教授,在当年的圣彼得堡国立交通大学,人们很少能够找到像他这样的全能型人才:不仅代表杰出工程师和专业知识厚重的科学家,也是一流的讲师。那时的俄罗斯,学生们可以自由选择课业,任意支配自己的学习时间。即便如此宽松,却只有少数学生能够按时听课,但亚辛斯基的课堂却总是座无虚席。这并非仅源于他的口才,更重要的是其深入浅出的表达方式,大家最佩服亚辛斯基清晰且富于逻辑的思路。在课堂上,他随时结合自己担任结构工程师所遇到的逸闻趣事展开讨论,也经常提出一些新课题,从而激发出学生们的创造力。

对柱理论而言,亚辛斯基的主要成就体现在处理桥梁工程的疑难杂症方面。众所周知,在格构桥梁中(参见第 184 页脚注),存在两类斜杆系:一种承受压力,另一种承受拉力。最先研究斜压杆稳定性的便是亚辛斯基,而首次评估受拉斜杆加劲效果的还是他。在那个年代,西欧和俄罗斯都曾频发开放式桥梁的破坏事故(图 181),原因往往是上部受压弦杆侧向刚度不足,也包括确定此类桥梁弦杆和竖杆抗弯刚度的标准不够完善。对此,亚辛斯基进行过理论研究。他断定,开放式桥梁的上弦受压杆为两端简支杆件,将因承受斜拉杆的水平分量而发生压缩变形,同时,竖杆还将限制其侧向压曲。为简化计算,他以等效弹性介质的连续分布反力代替竖杆的弹性抗力,并用连续分布的轴向力代替斜杆作用。其中,假定轴向力集度正比于其至杆件中心的距离。对于侧向压屈这种复杂情况,亚辛斯基找到了精确解,并计算出压力临界值,从而令人们能够更加合理地设计开放式桥梁的上弦杆与竖杆。

亚辛斯基考查过棱柱杆侧向压屈精确微分方程的解,并证明,由该解得到的临界荷载与欧拉近似方程所得相同。这样一来,亚辛斯基便推翻了克莱布什的说法[1],因为后者断言,近似微分方程可以给出临界荷载正确值仅是一个美丽的巧合。

---

① 详见克莱布什的《固体弹性理论》第 407 页,1862 年。

图 181　开放式桥梁的破坏

在进行杆件侧向压屈理论研究时,亚辛斯基并不自满于应用包辛格、特马耶尔和孔西代尔的实验结果[①],而是准备了一张表格,以便不同长细比条件下的临界压应力计算。在俄罗斯,该表被广泛使用并代替了朗肯公式。而且,亚辛斯基还告诉人们如何利用杆件折算长度,从而能够将两端铰接杆件的临界应力计算表格加以推广,最终方便其他类型侧向压屈问题的解决。

在那个年代,屈曲理论的另一位贡献者当属弗里德里希·恩格泽(Friedrich Engesser, 1848—1931;图 182)。恩格泽出生于音乐教师家庭,这里位于曼海姆附近的魏恩海姆,旧属巴登大公国[②]。1865 年,中学毕业后的他进入卡尔斯鲁厄理工学院,1869 年毕业并获得结构工程学位。当时的德国,正处于铁路网络加速发展的年代,作为青年工程师

---

① 参见孔西代尔(A. Considère)的《受压杆件的抗力》(*Résistance des pièces comprimés*),《国际建筑结构大会论文集》第 3 卷,第 371 页,巴黎,1891 年。

② 曼海姆(Manheim)、魏恩海姆(Weinheim)。有关恩格泽先生的生平介绍,可以参考奥托·斯坦哈特(Otto Steinhardt)的文章《弗里德里希·恩格泽》,卡尔斯鲁厄,1949 年。

图 182　弗里德里希·恩格泽

的恩格泽参与过黑森林①铁路项目,承担桥梁设计与建造任务。之后,又在巴登铁路工程中负责监理工作,从事该线路的桥梁设计。那是一个结构理论突飞猛进的岁月,恩格泽积极参与其中,并发表了数篇关于超静定结构的重要论文,例如连续梁、拱以及有冗余杆件和刚性节点的桥梁。恩格泽的名望不仅是作为经验丰富的工程师,还是一位结构理论专家。1885年,他受聘成为卡尔斯鲁厄理工学院教授,其后 30 年间,一直在这里职教,为结构理论的高歌猛进做出重要贡献。

　　就侧向压屈理论而言,恩格泽建议,欧拉公式的应用范围可以扩展。为此,仅需采用变量 $E_t = d\sigma/d\varepsilon$ 代替恒定的弹性模量 E,他称该变量为切线模量②。对于任意特定情况,由抗压试验曲线求出此切线模量后,我们就能够计算出杆件临界应力,即便其材料不再服从胡克定律或者结构钢的应力超出弹性极限。当时,恩格泽曾就此建议与亚辛斯基发生激烈争执。后者认为③:受压屈曲时,杆件凸侧的压应力会减小,故而按照包辛格实验,应选取弹性模量 E 代替 E_t 来计算这部分截面的稳定性。后来,恩格泽参考对方意见修正了自家理论,为此,他对截面的两个不同部分引入不同模量④。

　　最先探讨组合柱压屈理论的便是恩格泽⑤。此外,他还研究过剪力对临界荷载值的影响。并发现:该影响对实心柱非常小,能够忽略不计;然而对格构支撑,剪力影响巨大,特别当支撑仅由独立缀条构成时。

---

　① 译者注:Schwarzwald。

　②《汉诺威建筑师与工程师杂志》第 35 卷,第 455 页,1889 年。

　③《瑞士建筑杂志》(*Schweiz. Bauz.*)第 25 卷,第 172 页,1895 年。

　④《瑞士建筑杂志》第 26 卷,第 24 页,1895 年;《德国工程杂志》第 42 卷,第 927 页,1898 年。

　⑤《建筑学报》(*Zentr. Bauv.*),1891 年,第 483 页。

为满足每种特定工况下的格构杆件柔度要求,恩格泽推导出一些公式,用以判断在何种长细比条件下必须减小由欧拉公式得到的临界荷载。

当时,人们只掌握简单条件下的侧向屈曲微分方程严格解,因此,工程师通常必须利用一些近似公式。以解决上述问题为目的,恩格泽提出了计算临界荷载的逐步近似法[1]。为得到近似解,他建议:首先选取满足边界条件的挠曲线近似形状,并以此为基础画出弯矩图;再利用面矩法计算相应挠度值;然后,将算出的挠度曲线与事先假定的进行比较,从而找出一个能够确定临界荷载的方程。为提高近似结果精度,可取已经算出的曲线形状作为压屈杆件的下一次挠度近似解,并重复以上流程,进行逐次迭代,即可得到最后的满意答案。另外,在开始假定曲线时,也可以不采用解析表达式,取而代之的是图解法,并以逐步近似的方式完成这种图解过程[2]。

对于开放式桥梁的上弦受压杆屈曲问题,恩格泽表现出浓厚的兴趣,并推导出一些近似公式,用以计算此类杆件的合理侧向抗弯刚度[3]。事实上,稳定问题只占这位学者结构理论研究成就的一小部分,下一章还会展开讨论其有关次应力的重要成果。

在亚辛斯基和恩格泽研究各种工况条件下杆件侧向压屈问题的同时,布赖恩发表了一篇有关弹性稳定一般理论的重要论文[4]。他指出,基尔霍夫关于弹性理论方程解的唯一性定理只适用于弹性体所有几何维度均为同一数量级时。有时,对于长细杆、薄板和薄壳,相同外力可能存在不止一种平衡形式,如此一来,这些形式下的稳定问题就显得更加实用且重要了。

---

① 《奥地利建筑与工程杂志》(*Z. osterr. Ing. u. Architck. Ver.*),1893 年。

② 这种类型的图解法是由意大利工程师维亚内洛(L. Vianello)提出的,《德国工程杂志》第 42 卷,第 1436 页,1898 年。该过程收敛性的数学证明是由特雷夫茨(E. Trefftz)完成的,《应用数学与力学》(*ZAMM*)第 3 卷,第 272 页,1923 年。

③ 详见《建筑学报》,1884 年,1885 年,1909 年;另见《德国工程杂志》第 39 卷,1895 年。

④ 布赖恩(G. H. Bryan)《剑桥大学哲学学会论文集》(*Proc. Cambridge Phil. Soc.*)第 6 卷,第 199 页,1888 年。

后来,布赖恩着手解决四边简支矩形板的受压屈曲问题[1],并得到临界压应力的计算公式,这是第一个有关受压板稳定性的理论成果。作为其公式的一次实际应用,布赖恩告诉我们应该如何恰当选取船壳受压钢板的厚度。伴随飞机结构的蓬勃发展,薄板压屈现象的重要性与日俱增,布赖恩的文章为将来薄壁构件的弹性稳定理论奠定了坚实基础。

63. 奥古斯特·弗普尔(1854—1924)

作为 19 世纪末材料力学史的尾声,最后登场的是奥古斯特·弗普尔(August Föppl;图 183)。其力学专著于 1898 年和读者见面,在德国备受青睐,还被译成俄文和法文。奥古斯特出生于黑森大公国

大乌姆施塔特一座小镇的医生家庭[2]。在公立学校接受完小学教育后,进入达姆施塔特文理中学[3]继续学习。当年,途经大乌姆施塔特的在建铁路深深吸引住这个小男孩,激发他立志成为一名结构工程师。为了实现这个目标,弗普尔于 1869 年考入达姆施塔特理工学院。然而,这里的教学水平似乎并不高,所以读完预科后,他便在 1871 年转入斯图加特理工学院。那时的莫尔教授正在这里讲课,从而也吸引弗普尔投入大量精力去钻研结构理论。

图 183　奥古斯特·弗普尔

1873 年,伴随莫尔老师去德累斯顿教书,弗普尔也离开斯图加特,迈进卡尔斯鲁厄理工学院继续完成自己的工程专业学习。在这里,格

---

① 《伦敦数学学会论文集》(*Proc. London Math. Soc.*)第 22 卷,第 54 页,1891 年。

② 黑森大公国(Duchy of Hesse)、大乌姆施塔特(Gross Umstadt)。奥尔登堡(R. Oldenbourg)出版过弗普尔的重要传记,慕尼黑和柏林,1925 年。

③ 译者注：Darmstadt Gymnasium。

拉斯霍夫教授负责工程力学课程(参见第 31 节),显然,弗普尔对这位
教授的讲解感觉乏味,因为他在自传里严肃批评了格拉斯霍夫的教学
方式。没有比较就没有鉴别,莫尔老师的精辟讲解与格拉斯霍夫教授
的累赘和缺少独创性形成鲜明对比。1874 年,弗普尔毕业于卡尔斯鲁
厄理工学院,如愿以偿地获得结构工程学位,也使他更有信心地从事桥
梁设计工作。然而,当时的德国经济形势却每况愈下,铁路建设项目逐
渐放缓,这使其无法找到一份满意的固定工作。在卡尔斯鲁厄桥梁设
计项目中当了一阵子临时工并参加完一年义务军训后,弗普尔于 1876
年在一所商业学校挂职担任教师,最初在霍尔茨明登(Holzminden)讲
课,1877 年后又跑到莱比锡。虽然普通教师职位无法令其满意,但在德
国,想担任大学或者学院教授却是难比登天,因为此位置实在稀缺且竞
争激烈。机会总是留给有备之人,欲当理工院校的教授,就必须出版重
要论著并在学界取得名望。鉴于德国教授的崇高地位,该头衔一旦空
缺,便会立刻引来大批优秀工程师,也令弗普尔废寝忘食并发表过多篇
关于空间结构的重要文章,闲暇之余,他还为莱比锡设计过一座商场建
筑。后来,又把自己的相关论文汇编成书[1],这也是同类著作中的第一
本,出版后十分畅销。

　　在 19 世纪 80 年代早期,德国工业用电开始迅速增加,弗普尔也因
此对该物理分支兴趣高涨。当遇到莱比锡大学著名物理教授古斯塔
夫·维达曼(G. Wiedemann)并接受其劝告后,弗普尔便开始研究麦克
斯韦的电学理论,这项工作促使他出版了一本有关麦克斯韦原理的重
要著作[2],这本书引领着该理论在德国的实践,也使作者声名鹊起。

　　1893 年,包辛格教授在慕尼黑去世。来年,弗普尔受聘接替这位优
秀学者继续从事工程力学研究,也因此再次投身于自己始终着迷的力
学专业。除了上课,弗普尔还领导材料实验室工作,而这里正是因为包
辛格的成就而享誉世界。弗普尔的到来没有令实验室"褪色",他在教

　　[1] 奥古斯特·弗普尔,《空间桁架》(*Das Fachwerk im Raume*),莱比锡,1892 年。
　　[2] 奥古斯特·弗普尔《麦克斯韦电学理论概论》(*Einfuhrung in die Maxwell'sche Theorie der Elektricität*),莱比锡,1894 年。

学与科研两方面都取得骄人业绩。弗普尔是一位优秀的讲师,虽然班级人数众多,但是他却总能及时抓住学生的兴趣点,因此学生缘很好,有时慕名听课者高达五百多人。为改善教学手段,提高成果水平,他仅用很短时间便出版了自己的工程力学讲义,该教程共分四卷,分别涉及如下主题:力学导引、图解静力学、材料力学和动力学。其中,最先出版的材料力学卷于 1898 年同读者见面,并立刻大获成功,不久便成为德语国家的最流行教材,同时还享誉国外。例如,圣彼得堡的雅辛斯基就在第一时间向学生引荐了这本优秀教材。随后,教程被译成俄文,成为应力分析工程师的必备手册,当然,其法语版也十分畅销。

弗普尔在自传中讨论过好教材的特点。他评论道:很多教材编写者太过在意评论家的话语而不关注学生实际情况;为迎合评论,这些作者试图以最普通的术语和尽可能严格的形式来编排题材。这样一来,初学者的阅读困难想必在所难免。弗普尔的写作风格完全是口语化的,通常从简单案例入手,令初学者能够容易理解。在讨论这些例子时,他尽量避免引入一些离题过远的细枝末节,只有当学生对基本概念了如指掌,并且能够体会到较为深刻的形式后,才会在后续章节出现更一般性的讨论以及较严格的表达形式。当时的德国,内容全面的材料力学图书比比皆是,例如格拉斯霍夫和文克尔的著作,然而在这两本书中,作者都把数学弹性理论作为表达材料力学的基本方法,这就令大多数学生对该学科望而生畏。弗普尔则反其道而行之,他以浅显方式描述材料力学的全部必备知识,仅到结尾才涉及弹性理论数学方程。在教程的后来几个版本中,弗普尔扩充了弹性理论部分,并将其另立成册,这本新书为普及弹性理论功不可没,对于在工程实践中引入更严格的应力分析方法也大有可为,是第一本特别适合工程师阅读的弹性理论专著。

在实验方面,弗普尔成绩斐然。其前辈包辛格教授强调材料的力学性能,开发出一整套精细完善的实验技术,适用于不同材料的试件;弗普尔扩展了实验范畴,利用试验方法验证材料破坏理论,并对尚无理论解的某些复杂问题进行了实验应力测定。在测量水泥抗拉强度时,他观察到：鉴于拉应力没有均匀分布在标准拉伸试件的整个截面，所以，实验结果无法真实反映材料的实际抗拉强度。为此，弗普尔采用橡胶模型作为拉伸试件，并测定出到试件轴线不同距离处的纵向应变，从而令人满意地绘制出该复杂情况下的应力分布图形。在进行立方体水泥试块抗压实验过程中，他注意到：试块与试验机接触面之间的摩擦力是影响结果的重要因素，并进一步探讨了降低该摩擦力的不同方法。弗普尔断言：立方体试块的抗压强度通常都会大于实际数值。在上述实验里，弗普尔特别关心试验机精度，为校核作用于试件上的拉力或压力数据，他发明过带有重钢环的专用测力计，直到现在，许多实验室依旧采用类似其的仪器。

在其著作中，弗普尔沿用圣维南的概念，当推导结构安全尺寸计算公式时，采用与后者相同的最大应变理论。但与此同时，也对其他强度理论很感兴趣，并为厘清选用何种强度理论进行过许多有趣实验。他利用一个高标号钢的厚壁圆筒，成功进行了大流体静压下不同材料的抗压实验。弗普尔发现，各向同性体材料能够抵抗此条件下的超高压力。另外，弗普尔还设计制造出一台专用器具，能够在立方体试块上产生两个相互垂直的压力，并用水泥试件进行了一系列相关实验。

弗普尔延续着包辛格开始于慕尼黑的沃勒式疲劳实验，并将实验范围扩展至带槽试件，研究了应力集中现象。另外，他还对此加以理论探讨，证明如下事实：当用圆角焊缝连接上下段直径不同的受扭轴杆时，其应力集中程度主要取决于角焊缝半径。

弗普尔是第一位提出令人满意的高转速柔性杆回旋理论的人，还在自家实验室通过一系列测试验证了该理论。

弗普尔将所有实验结果发表在《实验室公报》上。该刊物由包辛格创办，从第 24 期开始，改经弗普尔发行，直到这位工程师去世为止。对于所有着迷于材料力学的工程师，这本读物耳熟能详，对材料力学的发展影响广泛。

第 10 章

1867—1900 年的结构理论

64. 静定桁架

本书第 7 章已讨论过工程师分析桁架结构的不同方法。在惠普尔与儒拉夫斯基的简单算例中，桁架杆件的内力是依据节点平衡条件求出的；后来，A. 里特尔和施威德勒引入截面法；到了麦克斯韦、泰勒以及克里摩拿，又告诉我们如何画互易图。毫无疑问，这些方法足以分析那时在役的大多数桁架，然而鉴于金属材料结构体系方兴未艾，人们就需要更加完整地重新审视桁架的各种类型。

莱比锡大学的天文学教授奥古斯特·曼迪南德·莫比乌斯（August Ferdinand Möbius，1790—1868）道出一些桁架理论的基本定理。在其静力学论著中，这位学者探讨过铰接杆系的平衡问题[①]。并说明：如果有 n 个铰，就必须有不少于 $2n-3$ 根杆件方可在平面内组成一个刚性体系，或必须有不少于 $3n-6$ 根杆件才能在空间构成一个刚性体系。另外，莫比乌斯也暗示过一些例外情况，例如，某些具备 $2n-3$ 根杆件的结构并非绝对刚性，有可能在各铰间出现很小的相对位移。在进一步研究这些个案后，他发现，如果桁架节点平衡方程组的系数行列式等于零，就会出现以上情况。莫比乌斯观察到，当体系具有为满足刚性所必需的最少杆件数目时，如果此刻抽掉其中的一根杆件，例如 a、b 节点间长度为 l_{ab} 的杆件，那么系统便会像机构那样，允许杆件活动，这种

[①] 有关内容详见奥古斯特·费迪南德·莫比乌斯的两卷本《静力学教程》(*Lehrbuch der Statik*)，莱比锡，1837 年，第 2 卷，第 4、5 章。

相对位移将导致 a、b 节点间的距离随之改变。此时设想,已知体系的形状刚好令 a、b 节点间位置保持极大或极小,那么此结构的相对微小位移就无法改变这两点之间的距离,也就意味着,即使插入长度为 l_{ab} 杆件,亦无法完全消除体系微小位移的可能性。以上便是这种所谓的例外情况。

多年以来,虽然工程师并未体会到莫比乌斯成果的重要,但是当钢桁架变得越来越实用且有必要提升桁架一般理论时,莫比乌斯的上述定理才得以重见天日。如此理论再次被发现的过程中,O. 莫尔的声望最高[1],正是他提出了构成刚性静定体系所必需的杆件数目,还研究过体系存在极小可动性的特殊情况。莫尔解释道:"有时,我们无法利用之前推荐的方法来分析某些静定桁架体系,而虚位移原理则会起到事半功倍的效果。"

图 184a 为某静定体系的示例,无法采用过去的方法加以处理。如图 184b 所示,当采用虚位移原理计算任意杆件,如斜杆 FC 之应力时,须假定:此斜杆已被移去,并拿两个大小相等、方向相反的力来代替其对体系剩余部分的作用。这样一来,系统便不再是刚性的,从而能够赋予体系各铰一个虚位移。将已知外力 P_1、P_2 与内力 S 在虚位移上所做的功列出方程,并令其等于零,就可以写出计算 S 的等式。显而易见,这种方法的适用性和所取的虚位移形式有关,图 184c 为莫尔的解法[2]。在如图 184b 所示体系微小位移过程中,铰 B、D 及 E 分别向垂直于半径 AB、AD 和 FE 的方向上移动,在作出图184c所示位移图时,取极点为 O,并画出平行于这些位移方向的直线 Ob、Od 及 Oe,而位移的大小,例如 Ob 之长短,可以是任意的。然后,再作直线 be 垂直于杆件 BE,de 垂直于 ED[3],这

---

① 有关内容详见《汉诺威建筑师与工程师杂志》,1874 年,第 509 页。《土木工程师》(*Ziviling.*),1885 年,第 289 页。另见他的《工程力学论文选》(*Abhandlungen aus dem Gebiete der technischen Mechanik*)第 12 章,1905 年。

② 详见他的《工程力学论文选》第 4 章。

③ be 线与 BE 垂直是基于以下事实:图中平面内杆件的任意移动仅会伴有绕瞬时转动中心的转动。

样便可确定出另外两个位移的大小。最后,为得到图 184c 上的 c 点,仅需绘出分别垂直于 BC 及 CD 杆件的直线 bc 与 dc。在已知所有铰的虚位移后,虚功计算就易如反掌,进而也能列出求解未知力的方程式。

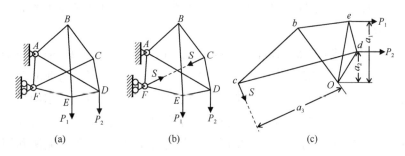

图 184　静定体系示例

著名空气动力学先驱茹可夫斯基(N. E. Joukowski,1847—1921;图 185)曾建议[①],可以把图 184c 所示位移图假想成铰接于极点 O 的刚体,上面作用有力 P_1、P_2 以及旋转 90°之后的 S。这样一来,由于

图 185　茹可夫斯基

虚功表达式等同于各力对极点 O 取矩,并且,图形的平衡方程也和虚位移方程一致,因此,便可以得出 $P_1a_1 + P_2a_2 - Sa_3 = 0$,即

$$S = \frac{P_1a_1 + P_2a_2}{a_3} \quad \text{(a)}$$

当图 184c 中的力 S 通过极点 O 时,距离 a_3 等于零。从上式可知,S 值为无穷大。这就是所谓体系满足极小可动性的特殊情况。

如图 186 所示,德国人布雷斯劳提供

① 详见其 1908 年提交给莫斯科数学学会的论文中。另见茹可夫斯基的《论文选集》第 1 卷,第 566 页,1937 年。

了一个略有不同的虚位移算法①。
对于上述同样的桁架体系,假定 FC
杆被移去,亦可得到一个虚位移待
定的非刚性体系,但这次无须另作
新图,所有信息都能在同一张图形
中表示出来。现任意给定铰 B 位
移 δ,则 B′ 可将此位移大小旋转
90°而得。按照瞬时转动中心原则,
如果画出平行于 BE 的直线 B′E′,
则 E′ 为铰 E 旋转位移后 EE′ 的端
点。同理,作出平行于杆件 ED 的
直线 E′D′ 可得点 D′。 最终,当确

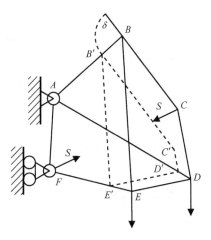

图 186　布雷斯劳的虚位移算法

定铰 C 转动位移 C′ 时,只需作出分别平行于 CD、BC 的两直线 D′C′
及 B′C′,其交点即为所求。在已知各铰虚位移基础之上,便可以通过
计算作用于 E、D、C 点的外力和内力 S 对 E′、D′、C′ 点之力矩和求
出虚功。再利用各虚功和为零,即可写出计算未知力 S 的方程式。显
然,如点 C′ 恰好位于直线 FC 上,则力 S 趋向无穷大,这也就是所谓极
小可动性的特殊情况。

　　亨内贝格(L. Henneberg)构思出另一种分析复杂桁架问题的普遍
方法②,这种方法基于将已知复杂桁架转换为简单桁架的可能性。转
化过程是通过将原始桁架中某些杆件移去,并以安装在不同位置上
的其他杆件代替来实现的。为说明问题,现继续采用以上讨论过的
案例(图 187a)。在此,以 AE 代替 FC 杆,便可得到一个如图 187b 所
示简单桁架,其各杆内力能够利用麦克斯韦图解法迅速画出。设 S_i'
表示新引入杆件 AE 的内力,然后考虑如图 187c 所示一个简单辅助

　　① 布雷斯劳的论文,《瑞士建筑》(*Schweiz. Bauztg.*)第 9 卷,第 121 页,1887 年。
　　② 亨内贝格的《刚性体系静力学》(*Statik der starren Systeme*)第 122 页,德国,达姆施塔
特,1886 年。另见他的《刚性体系图解静力学》(*Graphische Statik der Starren Systeme*)第
526 页,1911 年,以及他发表于《数学知识百科全书》第 4 卷第 406 页上的论文。

问题。当体系作用有两个大小相等、方向相反的单位力时，令 AE 杆的内力等于 s_i''，那么将单位力换成如图 187d 所示 S 的大小，AE 杆的内力值也将随之变为 Ss_i''。现将图 187b 及图 187d 两种情况进行叠加，则可得出实际体系的内力便会浮出水面（图 187a）。显然，实际的内力 S 应当是那个可使 AE 杆内力消失的值，因此有 $S_i' + Ss_i'' = 0$，由此即知 S 的大小。另外，如果 s_i'' 等于零，则属于上面提到过的特殊情况。这个方法易于推广到其他桁架体系上，其中，为了得到简单桁架，就必须替换一个以上的冗余杆件。综上所述，亨内贝格发现了一种分析复杂平面桁架的普遍方法，后来，萨维奥蒂[1]和舒尔[2]也提出过相关问题的其他解法。

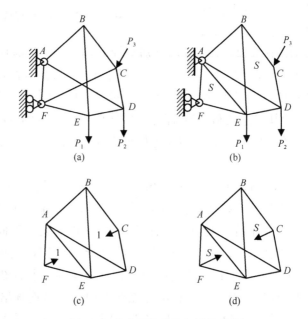

图 187　亨内贝格的桁架计算方法

[1] 萨维奥蒂(C. Saviotti)三卷本的《静力图解》(*La Statica grafica*)，米兰，1888 年；另见他的论文，《林琴科学院学报》(*Atti. accad. Nazl. Lincei*)第 2 卷(3)，第 148 页，1875 年，罗马。

[2] 详见舒尔(F. Schur)的论文《数学与物理杂志》第 40 卷，第 48 页，1895 年。

三维体系的一般性理论仍发端于莫比乌斯的研究成果。他证明了 n 个铰的刚性连接必须依赖于至少 $3n-6$ 个杆件,并且仍然会出现具有极小可动性的特殊情况,且这些例外的特征是:所有节点平衡方程组所构成的系数行列式等于零。莫比乌斯提出了一个判别体系是否刚性的实用方法:当某些荷载作用下的体系所有杆件内力均无歧异性时,上述平衡方程的系数行列式便不会等于零,换言之,此系统必然为刚性的。莫比乌斯建议,采用零载作为最简单假定,当该条件下所有杆件内力均等于零,则其为刚性体系。

另外,莫比乌斯还研究过一个非常重要的自承式空间桁架问题[①]。他指出,对于具有闭合多面体形状的空间桁架,如果该多面体各表面为三角形或者已经被分割成三角形,那么该桁架的杆件根数就会正好等于静力平衡方程的个数,也就是说,此桁架为静定结构。图 188 即为上述情况的两个例子。

然而令人惋惜的是,莫比乌斯在三维体系方面的成就却始终无人问津。在接下来的时期里,工程师们独立开展着自己的空间桁架理论,其中,弗普尔摘得主要研究果实,并把相关成果汇编成书[②]。在此论著中,首次看到空间结构几个重要问题的相关论述。大家都认可弗普尔的书具有重要文献价值,能够给将来的相关研究奠定坚实基础。

弗普尔首先考查了图 188 所示结构形式,他称之为"格构体系(das Flechtwerk)"。当时,弗普尔还不知道莫比乌斯已经在这方面有过研究,故而评论道:"将来的工程史作家也许会惊讶地发问,尽管古往今来已经建造了如此多的格构体系,但这种结构的一般概念怎么可能到 1891 年还完全不为人知。"弗普尔证明了这类结构是静定的,也讨论过其在屋架中的应用情况(图 189)。他很热衷这种桁架体系的研究,因而在自家实验室里竖起一个相当大的模型,从而证明出:三维条件下的节

---

① 详见莫比乌斯的《静力学教程》第 2 卷,第 122 页。
② 奥古斯特·弗普尔,《空间格构体系》(*Das Fachwerk im Raume*),莱比锡,1892 年。

点连接与二维桁架不同,并不是一个理想铰,因此,精确分析空间结构时,必须考虑节点的刚性。

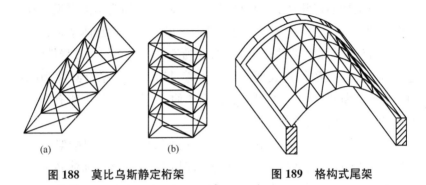

(a)　　　　　(b)

图 188　莫比乌斯静定桁架　　　　图 189　格构式尾架

弗普尔进一步探讨了施威德勒式穹窿屋面结构(图 190)[1],还亲自动手设计过其中的一个(图 191)。弗普尔的设计并非仅停留在纸面上,而是将其用于莱比锡大商场的工程实践[2]。对于上述每个桁架形状,他勾勒出多种杆件内力计算方法,适用于任意荷载工况。另外,弗普尔还说明了应当采取哪种结构支撑方式才能消除微小位移,在分析过程中,他用的是节点法与截面法。至于更复杂的结构体系,穆勒-布雷斯劳则成功运用虚位移法和亨内贝格法得到了答案[3]。

桁架分析的成果与金属桥梁设计紧密联系,其中,活荷载最不利位置问题尤其关键,显然,影响线是解决问题的不二之选。在大量实际结构中,一般首先研究沿跨长的单位移动荷载作用效应,然后再根据叠加原理方便地求解任意荷载系作用下的桁架内力。引入影响线有助于了解不同位置的单位荷载是如何影响结构应力的,如前所述(参见第 36节),莫尔和文克尔(W. Fränkel)于 1868 年在这方面取得开创性成就。后者在其桥梁理论著作中采用了影响线方法,该书也成为影响线的最佳

① 《建筑工程杂志》,1866 年。
② 详见《瑞士建筑》第 17 卷,第 77 页,1891 年。
③ 《建筑学报》第 11 卷,第 437 页,1891 年;第 12 卷,第 225 页、244 页,1892 年。

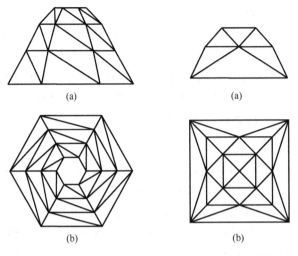

(a)　　　　　　　　　　(a)

(b)　　　　　　　　　　(b)

图 190　施威德勒式穹窿　　图 191　弗普尔设计的尾面

读物之一,并广为流传①。首次系统论述影响线理论的文章出自弗伦克尔手笔②。而欲全面知晓影响线的各种工程应用,就必须翻阅穆勒-布雷斯劳的著作③,另外,这位来自柏林高等技术学院的教授,对结构理论问题的图解法也有诸多贡献,他解决了大量相关问题。

65. 桁架的挠度

对于桁架设计,必不可少的是变形验算。如果已经求出静定桁架的各杆件内力,就可以利用胡克定律计算杆件长度的改变量。于是,便会产生一个纯粹的几何问题,也就是说,知道每个杆件伸长量后,如何求解桁架节点的相应位移? 当然,大多数情况下,只有其中少数几个节点被关注。这时,如果有多个力作用于这些节点上,那么卡斯蒂利亚诺

---

① 《桥梁结构讲义》(Vorträge uber Brückenbau)第 1 卷,《桥梁理论》,维也纳,1872 年。
② 详见弗伦克尔的论文《土木工程》第 22 卷,第 441 页,1876 年。
③ 穆勒-布雷斯劳,《建筑结构的图解静力学》(Die graphische Statik der Baukonstruktionen)第 2 版,1887 年。另见他的《建筑结构静力学及强度理论新方法》(Die neueren Methoden der Festigkeitalehre und der Statik der Baukonstruktionen)第 1 版,1886 年。

定理便会助你一臂之力,成为有效解决途径。另外,这位学者也指出,当所求节点无荷载作用,则可在该节点上增加一个虚力,然后再经计算,并令此多余力的最终结果等于零,从而反算出节点位移。采用广义力概念,卡斯蒂利亚诺证明了如下事实:如果沿直线作用有两个大小相等、方向相反的力 P,则偏导数 $\partial V/\partial P$ 等于二力作用点间的距离改变量;同理,当弹性体系作用着力偶 M 时,偏导数 $\partial V/\partial M$ 即为该力偶作用处体系单元之转角(参见第 61 节)。

如前所述(参见第 45 节),在卡斯蒂利亚诺之前,麦克斯韦就曾说明了另一个计算桁架节点位移的途径。然而,由于其表达方式太过抽象,因此这种方法并没有引起工程师重视,直到莫尔重新发掘出该方法后[①],它的应用场景才豁然开朗。当年,莫尔并不知晓麦克斯韦的论述,他是用虚功原理构思出这种方法的,还给出一些具有实用价值的例子。为说明莫尔的方法,此处可就图 141a 所述之问题再次进行研究。为计算给定荷载 P_1、P_2 等作用下节点 A 的挠度,莫尔考虑如图 141b 所示辅助情况。在澄清 i 杆伸长量 Δ_i' 与节点 A 相应变位 δ_a' 之间的关系时,他删除了这根杆件,并用两个大小相等、方向相反的力 s_i' 来代替其对桁架的作用。考虑到其余杆件已经构成一个绝对刚体,莫尔便得到了一个单自由度桁架体系,其上作用着单位荷载、支座反力以及 s_i' 力。由于这些力处于平衡状态,故任意虚位移下的功必然为零,因此可得

$$- s_i' \Delta_i' + 1 \cdot \delta_a' = 0$$

即

$$\delta_a' = \Delta_i' \frac{s_i'}{1} \tag{a}$$

显然,利用虚位移原理,便能建立伸长量 Δ_i' 与挠度 δ_a' 之间所必要的关系式,适用于任意微小 Δ_i' 值。如图 141a 所示,基于上述关系式,我们就能轻松计算实际荷载 P_1、P_2 等作用下节点 A 之挠度 δ_a。为此,将 i 杆

---

① 详见《汉诺威建筑师与工程师杂志》,1874 年,第 509 页;1875 年,第 17 页。

的实际伸长量 $S_i l_i / EA_i$ 代入式(a),莫尔便得出单根杆件伸长时节点 A 的位移,再把所有杆件的这种相应变形叠加求和,即有

$$\delta_a = \sum \frac{S_i s' l_i}{EA_i} \tag{b}$$

以上结果与之前麦克斯韦的结论完全一致(参见第 45 节)。

　　由此可见,在使用麦克斯韦-莫尔法计算多个节点变形时,则需要对其中每个节点均提出一个如图 141b 所示辅助问题,当节点数目过多时,该方法就显得无比复杂。为克服此困难,莫尔另辟蹊径。首先,他画出承受几个虚荷载的简支梁弯矩图;然后,再利用该弯矩图求解所有必要的变形[1]。例如,当考虑图 192a 所示桁架竖向挠度时,便很容易得出各桁架杆件的内力及相应的伸长或缩短量。如图 192b 所示,接下来,为计算各节点由任意杆件,如 CD 杆伸长量 Δl_i 而产生的竖向位移,便可利用式(a)求解 CD 杆件对侧节点 m 之挠度 δ_m,即

$$\delta_m = \Delta l_i \frac{s'_i}{1} \tag{c}$$

式中,s'_i 为 m 点作用单位竖向荷载时 CD 杆件的轴力。既然除 CD 以外的其他所有杆件均考虑为刚性,那么图 192b 阴影面积所表示的两部分桁架就会像刚体那样围绕 m 铰相互转动,这样一来,全部节点的竖向挠度明显就是图 192c 中 amb 图形的相应纵距。注意到:于 m 点处,单位荷载在 CD 杆内引起的轴力 s'_i 等于 m 处的弯矩除以距离 h,故由式(c)可得

$$\frac{\Delta l_i}{h} \tag{d}$$

图 192c 的变形能够看成 AB 梁在如下虚荷载值作用下的弯矩图(图 192d)。同理,亦可找出因其他任意弦杆长度改变所产生的变形。于

---

[1]　详见 O. 莫尔的论文,《汉诺威建筑师与工程师杂志》,1875 年,第 17 页。另见他的《论文集》,第 377 页,1906 年。

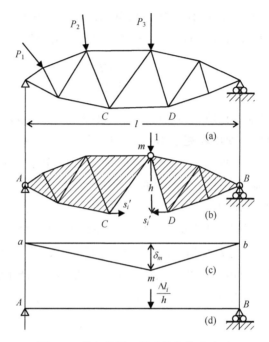

图 192 莫尔的另一类求桁架挠度方法

是,所有弦杆构件长度变化所引起的桁架挠度便可以按照如下方式进行计算:设梁 AB 上作用有虚拟荷载,其各点的值可由式(d)确定,则沿梁长相应横截面处的弯矩值即为同一横坐标处的桁架节点挠度。显然,这里的虚拟荷载是一个无量纲的纯数字,因此,相应的弯矩值将以长度为量纲。莫尔表明,按类似方法可估算出腹杆变形导致的附加挠度。这样一来,图 192a 的桁架节点最终挠度便可按如下方式简化计算:恰当选择虚拟荷载系,并求解该力系作用下的梁弯矩,各截面的弯矩值即为相应节点的挠度值。

文克尔进一步发展了桁架挠度的计算方式。他指出,一根桁架弦杆的节点变位可以通过计算该弦上的各杆来实现[①]。当弦杆水平时,如

① 详见文克尔的《桥梁理论》第 2 版第 2 部分,第 363 页,1881 年。

图 193 所示桁架上弦杆,以上计算过程就会非常容易。显而易见,如果
能掌握每个上弦杆件的长度改变量及其旋转角,那么也就能够完全掌
握变形情况。既然图中的弦杆为水平直线,各杆长度的变化仅体现在
上部节点水平位移上,那么则可推断,这些节点的竖向位移只跟上弦杆
的转动多少有关。文克尔解释道:如计算出桁架每个三角形因杆件变
形而导致的角度改变量,那么上弦转动量就会迎刃而解[①]。如图 193a
所示,假设已知上部节点 m 处三个角度 ϕ_1、ϕ_2 和 ϕ_3 的改变量,则对其
求和,即可得到节点 m 沉降后两侧弦杆间的微小夹角 $\Delta\theta_m$。如果 $\Delta\theta_m$
为正值,则上弦变位如图 193b 所示。并且,该节点左侧上弦杆任意点
的挠度等于 $\Delta\theta_m l_2 x/l$,而右侧为 $\Delta\theta_m l_1 (l-x)/l$。由此可见,这些表
示挠度的式子完全与图 193c 的简支梁弯矩图相同,条件是该简支梁上
的虚拟荷载大小为 $\Delta\theta_m$。于是,计算出每个上弦节点 i 的 $\Delta\theta_i$ 值,就能
进一步求解相应简支梁在虚拟荷载 $\Delta\theta_i$ 作用下的弯矩值,最后再利用
叠加法便可得所求变形。

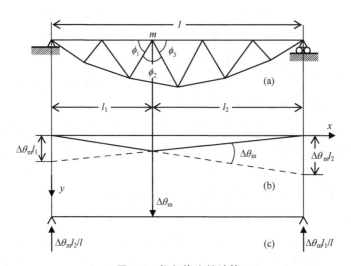

图 193　桁架挠度的计算

---

① 详见文克尔的《桥梁理论》第 2 版第 2 部分,第 302 页。

当弦杆为多边形,如图 193a 所示桁架下缘,则各杆件夹角改变所产生的节点挠度也能够按照同样的方式进行精确计算。此时应注意,弦杆长度变化带来的变形还应计入杆件转动因素,而这一切仍然可以比拟成上述简支梁求弯矩模式,且仅需恰当地选取一组作用于梁上的虚拟荷载即可。

M. 维利奥(M. Williot)构思了一个纯粹的图解法来确定桁架变位[①],图 194 就是这种方法的简单案例。其中,杆 1 和杆 2 形成节点 A,杆件远端铰接于 B、C 处。假设因杆件 1、杆件 2 的长度变化而导致节点 B、C 的给定位移分别为 BB'、CC',那么节点 A 的最终位移如何?首先假设:两根杆件在 A 处被拆解开,分别移至与原先平行的位置 $A'B'$ 和 $A''C'$ 处,而 BB'、CC' 则分别表示节点 B、C 的已知位移。接下来,从新位置开始,将 B'、C' 两点固定,且在杆件另一端作出如图 194 粗线所示位移 $A'A_1'$、$A''A_1''$,则其最后位移恰为两根杆件长度的已知变化量。换言之,前者为杆 1 的给定伸长量,后者是杆 2 的给定缩短量。为完成接下来的图解过程,现将杆件 $B'A_1'$ 绕 B' 点转动,同时令杆件 $C'A_1''$ 绕着 C' 旋转,从而使 A_1'、A_1'' 两点重新粘结在一起。鉴于上述变形或转角均非常微小,因此,转动过程中以上两点行经的圆弧可用垂线 $A_1'A_1$ 及 $A_1''A_1$ 代替,于是,两垂线之交点就是节点 A 的新位置 A_1。这样一来,向量 AA_1 便表示 A 点的所求位移。

与杆长相比,其伸长量和节点位移均微不足道,因此必须放大比例,把全部线条绘制成如图 194b 所示单个图形。取极点 O,按选定比例画出节点 B、C 的已知位移量 OA' 及 OA''。然后自 A'、A'' 两点出发,使用粗线绘出表示杆 1、2 给定长度变化量的向量 Δl_1、Δl_2。这里应注意伸长量的符号,假定杆 1 变长,则 Δl_1 应按从 B 至 A 的方向绘制;杆 2 变短,则 Δl_2 应从 A 到 C 的方向画出。最后,从向量 Δl_1、Δl_2 两端作出两根垂线,令其相交于 A_1 点,该点即可确定节点 A 的所求位

① M. 维利奥的《静力图解法的实用概念》(Notions Pratiques sur la Statique Graphique),巴黎,1877 年。另见《土木工程年鉴》(Ann. génie civil.)第 2 系列,第 6 期,1877 年。

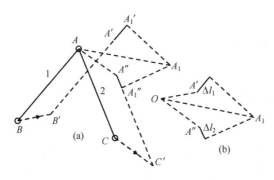

图 194　维利奥的图解法

移 OA_1。图 194b 就是维利奥绘制出的简化结构分析图。

如果桁架的构成是从一根杆件出发，且每个节点由两根新杆件形成，那么就仍然按照上述步骤来绘制位移图形。在处理这类桁架时，通常假定，已知两个节点位移，然后再根据以上方法确定第三个节点的变位，得到该新位移后，便能够继续进行下一个节点，并重复同样的位移构造图，依此类推。已知所有铰的全部位移后，就可以采用投影法快速得到桥梁桁架位移的竖向分量，并最终构造出挠度曲线。当然，也可以按照解析方法计算挠度，其中所用工具包括之前提到的卡斯蒂利亚诺法、麦克斯韦-莫尔法或者虚拟荷载的半解析半图解法。

从这个时期的相关论著可以看出，人们对于结构理论中解析法和图解法形成了两种截然不同的意见。一些工程师寻求图解法帮助，另一些人却认为不够准确，他们更喜欢采用解析法计算所有未知量。在文克尔的桥梁著作前言里[1]，对该问题的讨论如下：图解法的优点是解释性强，容易找出计算错误；图解工作并不像解析法那般枯燥，通常在较短时间内即可做出解答，比数值计算所需时间少，并且结果完全满足实用精度。参考文克尔的观点，在分析连续梁时，图解法所需时间仅为解析法的三分之一。当然，他也意识到数值计算的长处，还指出，在精度要求更高时，应首选数值计算，特别是在为将来需要

----

① 详见文克尔的《桥梁理论》，维也纳，1873 年。

而准备编制数值计算表格时,解析方法就是不二之选。综上所述,文克尔与莫尔这两位学者为推广结构理论中的图解法实践作出了巨大贡献。

66. 超静定桁架

众所周知,克莱布什曾经研究过具有冗余杆件的桁架应力分析问题(参见第56节)。他表明,如果把桁架中各铰位移当成未知量,通常都能写出与未知量个数相同的方程式。接着,他又拿出几个简单算例来说明上述方法的便宜性。超静定桁架理论的进步归功于麦克斯韦。虽然麦克斯韦(麦氏)最先提出了计算方法,但令其发扬光大的却是莫尔(参见第65节),随后,麦克斯韦-莫尔法便在结构工程界家喻户晓。对待超静定问题的另一个思路是从应变能出发,这是卡斯蒂利亚诺想到的。下面,以具有一个冗余杆件的桁架体系为例,简单说明麦克斯韦-莫尔以及卡斯蒂利亚诺法的解题过程。如图195a所示,取斜杆 AB 为冗余杆件。利用前一种方法时,可以移去 AB 杆,并以两个大小相等、方向相反的力 X 代替其对体系剩余部分的作用。由此可得如图195b所示静定桁架,其上作用已知荷载 P_1、P_2 与未知力 X。显然,很容易计算出由已知荷载产生的杆系内力,不妨设 S_i 为 i 杆的内力。为确定两个未知力 X 在相同杆件上产生的内力,可以先解决一个辅助问题。如图195c所示,在此新问题中,首先抛开 P_1、P_2,并以两个单位力来代替 X。记 s_i 为这对单位力在 i 杆中产生的内力,显然,荷载 P_1、P_2 和未知力 X 导

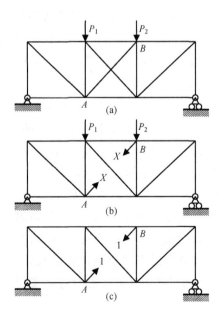

图 195　麦氏与卡氏的桁架算例

致杆 i 的总内力为(图 195b)

$$杆\ i\ 的总内力 = S_i + s_i X \tag{a}$$

而杆 i 的相应伸长量则等于 $(S_i + s_i X)l_i / EA_i$。鉴于此伸长之故,节点 A、B 的距离将会发生改变,自 B 靠近 A 的距离改变量可由下式确定[①]:

$$\sum \frac{(S_i + s_i X)s_i l_i}{EA_i} \tag{b}$$

这样一来,X 的大小便可依照如下事实得到:在如图 195a 所示真实桁架体系里,A、B 两铰之间的距离改变量等于斜杆 AB 之伸长量 Xl/EA,于是便有

$$-\sum \frac{(S_i + s_i X)s_i l_i}{EA_i} = \frac{Xl}{EA} \tag{c}$$

由此可得未知量 X,接着再用式(a)计算出所有杆件内力。

使用卡斯蒂利亚诺法,可以计算出图 195b 所示的体系应变能为

$$V_1 = \sum \frac{(S_i + s_i X)^2 l_i}{2EA_i}$$

偏导数 $\partial V_1 / \partial X$ 即为由铰 B 向铰 A 位移的式(b),令带负号的该位移等于斜杆 AB 之伸长量,便可以写出式(c)。

类似地,具有多个冗余杆件的桁架体系亦可如法炮制。例如,图 196a 所示结构有两根多余杆件。于是,取支座 A 的两个反力分量 X、Y 为冗余量,且考虑图 196b、c 所示的两种辅助情况。取 s_i'、s_i'' 分别表示两种情况下任意杆件 i 之内力,并假设:S_i 为不考虑支座 A 且 $X = Y = 0$ 时,荷载 P_1、P_2 令 i 杆件产生的内力。这样一来,实际工况(图 196a)下任意杆件的总内力便等于

$$S_i + s_i' X + s_i'' Y \tag{d}$$

现利用上一节中式(b),并令实际情况(图 196a)中的 A 铰水平与垂直

[①] 求和结果的正值表示距离 AB 的减小,负值代表该量的增加。

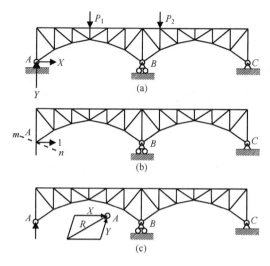

图 196 具有各个冗余杆件的桁架

位移均为零,则可得到两个含有 X、Y 的如下线性方程:

$$\sum \frac{(S_i + s_i'X + s_i''Y)s_i'l_i}{EA_i} = 0$$

$$\sum \frac{(S_i + s_i'X + s_i''Y)s_i''l_i}{EA_i} = 0$$

$\left. \right\}$ (e)

进而可知其答案。

同理,具有三根冗余杆件的体系就能够写出含有三个未知量的三个线性方程,依此类推。通常来说,线性方程的个数等于未知量的数目,继而可从其中求出超静定未知量。事实上,伴随冗余杆件个数的增加,问题的复杂程度也在增长,这不仅由于类似式(e)那样的方程数量变多了,还会出现另一种新情况:当未知量有精度要求时,就必须依照更高的精度来进行全部数值运算[1],并且图解法也就不再准确了。要想

---

[1] 在分析具有多个冗余杆件的超静定体系时,皮勒特(J. Pirlet)的论文讨论了数值计算的精度,《学位论文》,亚琛工业大学,1909 年;另见齐兰(A. Cyran)的论文,《德国工程杂志》第54 卷,第 438 页,1910 年。

避开这个困难,在选取未知量时,就应当保证确定冗余量的每个方程中只包含一个未知数。莫尔举例说明,如何根据上述原则求解具有三个多余杆件的拱式桁架(图 197)[①]。

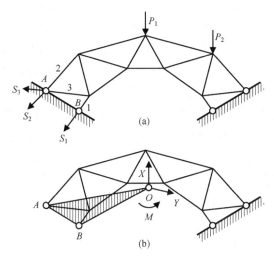

图 197　具有三个多余杆件的拱式桁架

要澄清选择未知量的普遍方法,不妨继续讨论对图 196 所示情况。考查相应的式(e),显然,为实现期望的简化效果,我们可以令

$$\sum \frac{s_i' s_i'' l_i}{EA_i} = 0 \tag{f}$$

类似于第 65 节中的式(b),上式表示:沿 X 方向作用的单位荷载应使节点 A 在 Y 方向上无位移。为满足该要求,可以利用绘制维利奥图的方法,首先来考查一下图 196b,看看在水平单位力作用下铰 A 将会朝哪个方向移动。设此方向为 mn,于是,在计算铰 A 反力 R 的两个分量时,便可取其中的分量 Y 垂直于 mn(图 196d)。如此选定两个分量方向,就能够满足式(f)要求的条件,并且使得每个式(e)中仅涉及一个

① 莫尔,《汉诺威建筑师与工程师杂志》第 27 卷,第 243 页,1881 年。

未知量。

图 197a 的拱结构具有三个冗余杆件。当取杆 1、2、3 的内力 S_1、S_2、S_3 作为未知量,且按前述流程求解时,就可得到同式(e)类似的三个方程,其中每个方程均包含所有以上三个未知数 S_1、S_2、S_3。为简化计算,使各方程仅含单个未知量,就应选用三个力的静力等效系代替未知力 S。选取的条件是:三个等效力中的每个单独作用时,均不会在其他两力系中产生相应位移。为此,假定铰 A、B 与绝对刚体 AOB 相连(图 197b),接下来,在此刚体上施加恰当选定的广义力 X、Y 以及力矩 M。为找到能够施加广义力的 O 点,可以再次利用维利奥图解法考查力偶 M 作用下刚体 AOB 的位移情况,并把变形时的不动点当作此位置。鉴于在力偶作用下该点仍然不动,于是,根据互易定理可知,作用在 O 点的力就不会让刚体 AOB 发生任何转动。因此,计算未知反力的三个方程之一,即包含 M 的那个便不会涉及 X、Y,而另外两个恰恰只会包含 X、Y。最终,根据之前图 196 案例解释的那样选取力 X、Y 的方向,从而得到这样三个方程式,其中每一个方程里只含有一个未知数。

求解含冗余自由度体系应力的方法应加以推广,使其适用于因温度差异而导致杆件长度变化的情况。对此,卡斯蒂利亚诺的书与莫尔的文章均有案例叙及。

超静定结构分析中的影响线应用发展全面。当绘制影响线时,麦克斯韦提出两个力的互易定理这种简单情况;随后,贝蒂(E. Betti)又证明了该定理的普遍性[1];而瑞利勋爵进一步将其推广到弹性体系振动问题中[2],他指出:如果某给定振幅和周期的简谐荷载作用于系统 P 点,则在另一点 Q 处形成的位移幅值和相位,与该力作用于 Q 点而在 P 处形成的上述结果完全相同。于是,他大胆推论:仿佛静力互易定理就是无穷大周期力的一种特例[3]。在其书中,采用广义力和相应广义位

---

[1] 贝蒂,详见意大利杂志《新实验》(*Nuovo cimento*)第 7、8 卷(2),1872 年。

[2] 《伦敦数学学会论文集》第 4 卷,第 357~368 页,1873 年。

[3] 详见《哲学杂志》第 48 卷,第 452~456 页,1874 年;第 49 卷,第 183~185 页,1875 年。

移两概念,这位勋爵考查了作为特例的一个力与一个力偶的情况。瑞利评论道:"为帮助那些在思想上反对广义坐标含糊不清的人,我们应对理论计算结果赋予更特别的佐证。"言出必行,瑞利用实验诠释自己的定理,他考查一根梁,并得到指定截面的挠度影响线。这是人类首次用实验方法找到的影响线。

瑞利的工作,特别是其《声学理论》的出版,显著影响着俄罗斯的结构理论发展[1]。结合互易定理与广义力概念,基尔皮切夫(V. L. Kirpitchev,1844—1913)教授绘制出各种问题下简支梁、连续梁和拱的影响线[2]。后来,在该教授的重要著作《结构理论中的冗余量》中[3],广义力和广义坐标的应用比比皆是,如此一来,他便成功简化了不同超静定结构的分析方法。在此书序言中[4],基尔皮切夫认为,所有对结构理论感兴趣的工程师都要认真学习瑞利的《声学理论》。从 19 世纪末到 20 世纪初,这位教授的著作及其讲义成为俄罗斯在材料力学方面的扛鼎之作。

直到如今,桁架理论中的节点依然假定为理想铰,然而在实践中,这些铰往往带有刚度,所以杆件除了受拉力或压力外,或多或少存在弯矩,从而让桁架的应力分析难上加难。计入弯曲效应之桁架分析方法进展得非常缓慢,在阿西蒙特(Asimont)教授建议下[5],慕尼黑工程学校举办过一次有奖征答活动,题目便是带刚性节点的桁架分析方法。结果,曼德拉(H. Manderla)拔得头筹[6],对此进行了详细研究。他指出:对此类刚性节点,不仅须考虑节点位移,更应计入节点转角,故而,

---

[1] 这本著名《声学理论》(*The Theory of Sound*)的第一版出现在 1877 年。

[2] 基尔皮切夫。相关内容详见《圣彼得堡国立理工大学通报》(*Bull. Tech. Inst. St. Petersburg*),1885 年。

[3] *Redundant Quantities in Theory of Structures*,基辅,1903 年。

[4] 除了上面提到的书,基尔皮切夫还出版过一部两卷本的《材料力学教程》和一本《图解静力学教程》。

[5] 《建筑理论杂志》(*Z. Baukunde*),1880 年。

[6] 《次应力的计算》(*Die Berechnung der Sekundarspannungen*),《建筑工业》第 45 卷,第 34 页,1880 年。

每个节点必须列出三个平衡方程。在推导过程中,因为曼德拉考虑了桁架杆轴力对弯矩的影响,以致其方程组异常复杂,极不实用。为接地气,人们又提出一些近似方法,其特点如下:仅认为弦杆具备连续性,而腹杆依旧假定为铰接[①]。一番研究后,莫尔提出了更精确的近似方法[②],他假设:节点刚性不甚影响位移,并用分析理想铰桁架的方法来计算这种非理想铰的节点位移。以此为契机,便可轻而易举地采用维利奥图来计算所有杆件 ik 的转角 ψ_{ik}。莫尔把刚性铰的转角 ϕ_i 当成未知量,于是,任意杆件 ik 的节点 i 弯矩即由下式确定:

$$M_{ik} = \frac{2EI_{ik}}{l_{ik}}(2\phi_i + \phi_k - 3\psi_{ik}) \tag{g}$$

式中,$\phi_i - \psi_{ik}$、$\phi_k - \psi_{ik}$ 分别为 ik 杆件的 i 端和 k 端相对于弦杆 ik 之转角。依据节点平衡条件,莫尔得到若干如下形式的方程:

$$\sum M_{ik} = 0 \tag{h}$$

其个数与未知转角 ϕ_i 数目相同。虽然上式个数庞大,但他指出,这些方程能够用逐次渐近法方便求解。得到转角 ϕ_i 后,便可从式(g)求出弯矩,再计算相应的弯曲应力,或称"次应力"。实践证明,这种刚性铰桁架分析方法足够精确,在实际工程里被广泛使用。

鉴于桁架分析的前提条件是各种简化假定,所以工程师总是热衷采用实验方法去佐证应力和变形的理论计算值。例如,弗伦克尔研制了专用引伸计来测量桁架杆件应力,还设计出能够记录动荷载作用下桥梁挠度的仪器。这些实验测量数据十分吻合理论计算值[③]。

---

① 相关内容详见文克尔的《桥梁理论》第 2 部分,第 276 页;另见恩格泽的《桁架铁桥的附加力和次应力》(*Die Zusatzkrafte und Nebenspannungen eiserner Fachwerk Brucken*),柏林,1892 年。

② 相关内容详见莫尔的论文,《土木工程师》第 38 卷,第 577 页,1892 年;另见他的《论文集》第 2 版,第 467 页。

③ 弗伦克尔,《土木工程》第 27 卷,第 250 页,1881 年;第 28 卷,第 191 页,1882 年;第 30 卷,第 465 页,1884 年。

67. 拱与挡土墙

众所周知(参见第 35 节),布雷斯勾画出曲杆理论,并研究过两铰拱和两端嵌固拱的案例。但在他那个年代,工程师尚未意识到弹性理论能够用于石拱设计,依旧把石拱当成若干绝对刚体的组合。这种意识的转变过程相当漫长,直到文克尔(参见第 36 节)和德·佩罗迪尔(de Perrodil)[1]进行大量实验,特别是奥地利工程师与建筑师协会的一个专门委员会完成广泛测试后[2],工程界才渐渐承认,对于准确判断石拱的合适尺寸,弹性曲杆理论举足轻重。在以上进程中,文克尔和莫尔对将该理论引入实践功不可没。

文克尔在其材料力学书中(参见第 36 节)十分详细地讨论了两铰拱与无铰拱,并以 1868 年的一篇重要论文[3]将影响线概念引入拱理论。文克尔利用最小功原理研究拱的压力线位置[4],形成了冠以其名的原理。此原理说明:在全部能够承担作用力的索曲线中,真正的压力线就是与拱中线偏差最小的那一根。为得出以上结论,可以进行如下证明:首先假设,仅以弯曲能表示的拱应变能足够精确,于是便有

$$V = \int_0^s \frac{M^2 \mathrm{d}s}{2EI} \tag{a}$$

设拱中心线上任意点至压力线相应点的垂直距离为 z,拱的水平推力为 H,则有 $M = Hz$。那么,由最小功原理及式(a)可知,真正的压力线位置 D 应使如下积分取最小值:

$$D = \left(\int_0^s \frac{H^2 z^2}{2EI} \mathrm{d}s \right)_{\min} \tag{b}$$

---

[1] 德·佩罗迪尔的论文,《国立路桥学校年鉴》第 6 系列,第 4 卷,第 111 页,1882 年。

[2] 详见《奥地利建筑与工程杂志》,1895 年,1901 年。

[3] 可参阅《波希米亚建筑师与工程师协会公告》,1868 年,第 6 页。

[4] 详见《拱的压力线位置》(*Die Lage der Stuzlinie im Gewölbe*),《德国建设新闻》(*Deut. Bauztg.*),1879 年,第 117 页、127 页及 130 页;1880 年,第 58 页、184 页、210 页、243 页。

当所有荷载为垂直方向,则 H 对于 s 为常数,另外,如果拱的截面尺寸固定不变,那么,式(b)取最小值的必要条件就化简成如下积分的极值问题:

$$\int_0^s z^2 \, \mathrm{d}s \tag{c}$$

该条件构成了"文克尔原理"。

实际上,如果截面性质的变化服从下式,则文克尔原理亦适用于变截面拱

$$I = I_0 \frac{\mathrm{d}s}{\mathrm{d}x}$$

式中,I_0 为拱跨中央截面的惯性矩。这样一来,该原理就可以不用积分式(c),而仅需满足以下积分的最小值即可:

$$\int_0^l z^2 \, \mathrm{d}x \tag{d}$$

由文克尔原理可知,当拱的中心线为相应荷载作用下的索曲线,则压力线与中心线重合,拱内无弯矩。实际上,虽然轴向压力总会带来一些在应变能式(a)里可以忽略不计的弯矩,然而,通常此弯矩值非常小,故此原理仍然适用。综上所述,人们一般就把恒载作用下的索曲线当成拱的中心线。

莫尔对拱理论的主要贡献体现在 1870 年所发表的论文里[1],其中提出了一种用于拱分析的图解法。对于两铰拱(图 198a),莫尔首先假定:右端铰 B 可以水平自由移动,并算出该铰由于竖向单位荷载作用于 E 点所产生的水平位移。在上述分析过程中,他采用图解法,并根据某些虚荷载作用下的索曲线来确定铰 B 的位移值。具体步骤如下:取 C 点相邻两截面作为拱的计算单元,注意到,因该单元弯曲将使 CB 部分的转角 $\mathrm{d}\phi$ 等于 $M\mathrm{d}s/EI$,且 BD 相应位移的水平分量为 $My\mathrm{d}s/EI$。如果把这些计算单元的位移叠加起来,则铰 B 的水平总位移便等于

---

① 《汉诺威建筑师与工程师杂志》,1870 年。

$$u = \int_0^l \frac{My\,\mathrm{d}s}{EI} = \int_0^{x_1} \frac{x(l-x_1)y\,\mathrm{d}s}{lEI} + \int_{x_1}^l \frac{x_1(l-x)y\,\mathrm{d}s}{lEI}$$

如图 198b 所示,显然可以将这个水平位移计算过程想象成求解简支梁
A_1B_1的截面 E_1弯矩值,而该梁的每个微元 $\mathrm{d}x$ 上作用着大小等于 $y\mathrm{d}s/EI$
之虚力。同理,当用 B 点的单位水平荷载代替 E 处的竖向单位力,则铰
B 的水平位移 u_0计算过程也可以如法炮制。既然实际工况下,铰 B 固定
不动,那么,E 点之单位荷载必将引起水平推力 H,其大小显然等于 $1 \times$
u/u_0。 通过该等式,莫尔总结道: 对于每个位置的竖向单位荷载,相应的
推力正比于位移 u,且 A_1B_1梁上的虚力弯矩图即代表推力 H 之影响线。

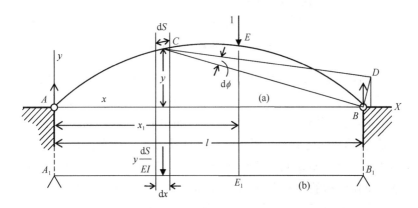

图 198　莫尔研究过的两铰拱

如图 197 所示,在弹性理论体系下,虚拟荷载法以及相应的超静定
未知量选择构成拱结构分析中的两个主要简化途径,也正因为如此,它
们才提升了这种分析方法应用于实际工程的速度。

设计挡土墙时,工程师依旧利用基于库仑假定的方法(参见第 14
节),认为砂粒仅沿斜面滑动[1],而主要研究进展表现在纯粹的图解分析

<hr/>

① 关于该领域的完整背景,详见费利克斯·奥尔巴赫(Felix Auerbach)与费利克斯·赫
尔森坎普(Felix Hülsenkamp)的几篇论文,《物理与工程力学手册》(*Handbuch der
physikalischen und technischen Mechanik*)第 4 卷,1931 年。

方法上。在这类方法中,又以雷布汉提出的最具实用价值①。为此,他考虑过一种普遍情况:非垂直的墙背 AB 面(图 199),其反力 R 作用方向与水平成 β 角,且土边界呈 ACE 曲面形状。

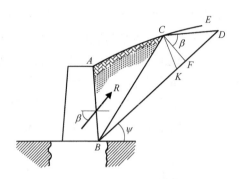

图 199　挡土墙受力面图

雷布汉证明:如果 BD 是天然倾斜面,BC 为库仑滑移面,并且 CD 与垂直 BD 的 CF 线成 β 角,那么,两个 $\triangle ABC$、$\triangle BCD$ 的面积必将相同。于是,为获得滑移面,他作出能够将四边形 $BACD$ 面积平分的 BC 线。另外,雷布汉还提到一种计算挡土墙反力 R 的简单途径。为此,只要构造出一个 $\triangle KCD$(图 199),且令 $KD=CD$,然后,再将该三角形面积乘以单位体积的砂粒重量 γ,即可得出单位墙长的反力 R。

朗肯喜欢根据松散材料的应力分析来设计挡土墙。虽然曾有工程师就此概念深入探讨过②,然而,他们的结论并不支持朗肯的方法比库仑理论计算值更可靠。

保克尔(Pauker)提供了一种确定基础必要埋深的理论③。如图

① 雷布汉,《土压力与建筑专用挡土墙理论》(*Theorie des Erddruckes und der Futtermauern mit besonderer Rucksicht auf das Bauwesen*),维也纳,1871 年。

② 孔西代尔,《国立路桥学校年鉴》第 19 卷(4),第 547 页,1870 年。莫里斯・利维,《数学学报》第 18 卷(2),第 241 页,1873 年。文克尔,《奥地利建筑与工程杂志》第 23 卷,第 79 页,1871 年。莫尔,《汉诺威建筑师与工程师杂志》,1871 年,第 344 页;1872 年,第 67 页、245 页,另见他的《论文集》第 236 页,1914 年。

③ 保克尔,详见《交通工程系学报》(*J. Dept. Ways of Communication*),1889 年,圣彼得堡。

200 所示,设 p 为墙身 AB 传到地基土上的均布压力(墙长垂直于图面)。现考查墙脚下松散材料的计算单元 ab,并采用朗肯理论中的式(a)(参见第 44 节)。保克尔断言,为了防止地基土滑移,侧压力 σ_y 必须满足以下条件:

$$\sigma_y \geqslant \frac{p(1-\sin\phi)}{1+\sin\phi} \tag{e}$$

式中,ϕ 为材料的自然坡角。现考虑相邻单元 bc,其承受竖向压力 $h\gamma$。于是,保克尔求出的侧压力极限值等于

$$\sigma_y = \frac{\gamma h(1+\sin\phi)}{1-\sin\phi} \tag{f}$$

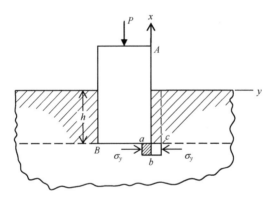

图 200　保克尔确定基础埋深的受力面图

将上式代入式(e),可得基础的必要埋深为

$$h \geqslant \frac{p\,(1-\sin\phi)^2}{\gamma\,(1+\sin\phi)^2} \tag{g}$$

　　为校核该公式并找到砂粒滑移面,在圣彼得堡国立交通大学实验室里,库久莫夫(V. J. Kurdjumoff)进行了一些有趣试验[1]。他在一只

---

[1]　库久莫夫,《土木工程》第 38 卷,第 292~311 页,1892 年。

装满砂子的玻璃箱中进行研究：首先给如图 200 所示试块 AB 逐渐施加压力 P，然后计算出不同埋深 h 条件下，砂粒逼近滑移从而令块体突然下沉的 P 值极限，并拍摄砂粒的瞬时滑动面。实验表明，欲出现此滑移，压力 p 必须大于式(g)的相应值。另外，穆勒-布雷斯劳也曾用挡土墙模型进行过许多精细实验研究[①]。上述工作均显著表明：墙背承受的压力有时可能会大于库仑理论计算值；再者，堆砂方式、砂粒振动以及表面加载或卸载，都对墙背的砂压大小产生重大影响。

---

① 详见穆勒-布雷斯劳的《挡土墙的土压力》(*Erdduck auf Stützmauern*)，斯图加特，1906 年。

第 11 章

1867—1900 年的弹性理论

68. 圣维南学生的成就

圣维南最杰出的学生非约瑟夫·瓦伦丁·布西内斯克(Joseph Valentin Boussinesq,1842—1929;图 201;简称"布氏")莫属[1]。他出生于法国南部埃罗省圣安德烈-德桑戈尼[2]的小镇,并在这里接受小学教育,直到 16 岁搬家到蒙彼利埃(Montpellier)后,才学习了语文和数学。19 岁毕业后,他选择教师职业,在法国南部几个小镇的中学里教数学。似乎布西内斯克对教小孩不感兴趣,便在工作之余着迷于傅里叶、拉普拉斯与柯西这些数学家的论述。不久之后,也开始自己的原创性工作。1865 年,拉梅向法国科学院呈送了布西内斯克第一篇有关毛细现象的学术论文。

1867 年,布氏获得巴黎大学博士学位。大概于同期,他完成了一份关于弹性理论的研究报告。当圣维南审阅这篇提交至科学院的论文时,被该年轻作者的卓越才能震惊到,圣维南也因此格外关注布

图 201　约瑟夫·瓦伦丁·布西内斯克

---

① 有关约瑟夫·瓦伦丁·布西内斯克的生平,可参阅埃米尔·皮卡德发表在《法国科学院研究报告》(*Mém. acad. sci.*)上的注解,1933 年。

② 译者注:埃罗省(Hérault)、圣安德烈-德桑戈尼(Saint-André-de-Sangonis)。

西内斯克的研究成果。随后,两人建立起通信联系,讨论一些布西内斯克遇到的问题。圣维南发现,这位年轻人并非一个表达清晰的作者,常常对逻辑解释粗枝大叶,以致他多次主动建议布西内斯克,应注意文章的语句措辞、逻辑性以及详尽论述。

中学老师一职无法满足布西内斯克的雄心壮志,为此,圣维南竭尽全力引荐这位青年科学家到大学任教。功夫不负有心人,1873 年,布氏如愿以偿地获得里尔大学(Lille Univ.)教授职位。自此,他便全力以赴投身科研工作,在理论物理学的多个分支领域作出重大成就。1886 年,布西内斯克当选法国科学院院士,并担任巴黎大学力学专业讲席教授。从那以后,他就一直住在巴黎,远离社交与政治活动,潜心从事科学研究。在流体力学、光学、热力学以及弹性理论等方面,成绩斐然。其对弹性理论的最主要贡献体现在《位能在弹性固体平衡与运动中的应用》[①]一书中,自圣维南那篇有关杆件弯扭的著名研究报告发表后,此书为该领域的最重要著作之一。

在分析球体变形时,虽然拉梅与开尔文已经利用了势函数,但布西内斯克却将其推广至各类工况中。从实用价值上讲,布西内斯克的解法主要针对给定边界力作用下半无限体的应力和变形问题。对于图 202 所示最简单情况,布西内斯克假设有一个力 P 垂直作用于水平边界面 gh 之上。如取指向半无限体内部的 z 轴方向为正,且在水平面内以极坐标 r、θ 为参数,则布氏给出了水平面上的以下应力分量:

$$\left.\begin{aligned}\sigma_z &= -\frac{3P}{2\pi}z^3\left(r^2+z^2\right)^{-\frac{5}{2}}\\ \tau_{rz} &= -\frac{3P}{2\pi}rz^2\left(r^2+z^2\right)^{-\frac{5}{2}}\end{aligned}\right\} \tag{a}$$

由上式可得 $\sigma_z/\tau_{rz}=z/r$,这意味着:作用在水平面 mn(图 202)上任意

① *Application des potentiels à l'étude de l'équilibre et du movement des solides élastiques*,巴黎,1885 年。

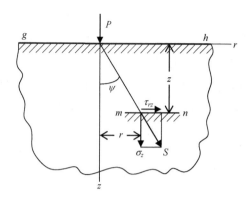

图 202　给定边界力的半无限体

点的合应力方向与通过加载点 O 的一条直线相同,其大小等于

$$S = \sqrt{\sigma_z^2 + \tau_{rz}^2} = \frac{3P}{2\pi}\frac{\cos^2\psi}{r^2 + z^2} \qquad (b)$$

式中,ψ 为合应力方向与 z 轴之夹角。显然,合应力大小与到荷载 P 作用点距离的二次方成反比。

对于边界面上的竖向变形 w 而言,布西内斯克的解为

$$w = \frac{P(1-\mu^2)}{\pi Er}$$

上式表明,乘积 wr 在边界上为常数。换言之,当受力变形后,在边界面处由原点画出的半径是一根以 Or、Oz 为渐近线的双曲线,而原点处的位移为无穷大。为克服该奇异点,可以这样假定,靠近原点的材料被一个极小半径的半球面截开,并以分布于半球表面的等效静力来替代原本的集中力 P。

依赖这个集中力的解和叠加原理,布西内斯克便彻底解决了半无限体的部分边界上作用有分布荷载的问题。例如,对于集度为 q、半径为 a 的圆形均布荷载,他得到圆心处的竖向挠度为

$$w_0 = \frac{2(1-\mu^2)qa}{E}$$

而圆周上的变形为 $2w_0/\pi$。采用类似方法,布西内斯克还处理过均布椭圆荷载与均布矩形荷载的变位问题。毫无疑问,对于那些正在研究工程结构中基础沉降的人士,上述答案价值斐然。

接下来,布西内斯克继续讨论如下情况:这次不再采用已知分布力的条件,而是给定部分边界上的竖向位移。例如,对于一个半径为 a 的圆柱形绝对刚性模具,当其压在半无限弹性体的边界面上,压模的位移为

$$w = \frac{P(1-\mu^2)}{2aE}$$

这样一来,对于给定的平均压应力值 $P/\pi a^2$,形变不再是常数,将随压模半径的增加而变大。显然,模具下面的压应力分布也是非均匀的,最小值位于圆心处,其值为圆形接触面上平均压应力的一半。虽然在圆形模具边缘处,压力将变成无穷大,或者说,材料将沿边界屈服,但这种屈服是局部的,无法从根本上影响离圆周较远处的各点压应力分布。

布氏用自己的解证明了圣维南原理。他指出,当平衡力系作用在物体一小部分上,其所产生的应力具有局部性,将随至加载区距离的增大而迅速消失,只要该距离比加载区域的几何尺寸大上几倍,那些点上的应力值就会小到可以忽略不计的程度。

于《位能在弹性固体平衡与运动中的应用》的附录"补充注释"中,布西内斯克描述过一些非常有价值的应用场景。其中第一个案例有关杆件振动理论,这是一根均质材料的半无限细杆,它的轴线从原点朝正向无限延伸。当考虑横向振动时,布西内斯克采用的方程为

$$a^2 \frac{\partial^4 w}{\partial x^4} + \frac{\partial^4 w}{\partial t^4} = 0$$

另外,他还给出不同条件下端部 $x=0$ 处的解。布西内斯克对其中一些特殊荷载工况很感兴趣,例如,类似于冲击那样的端部瞬时受力振动问题。他意识到,横向弹性波并非像纵向振动那样能够保持住波形,而会在传播过程中沿杆长耗散并逐渐消失。布西内斯克还讨论过冲击体的

冲击速度限值问题,也就是说,当超过此极限值 v 时,无论冲击体的质量多么小,被冲击杆件的材料也将发生永久性局部变形。他得到的限值速度为

$$v=\sqrt{\frac{E}{\rho}}\,\frac{\sigma_{yp}}{E}\,\frac{2i}{h}$$

式中,$\sqrt{E/\rho}$ 为在杆件内传播的声速,h 为梁截面高度,i 为截面回转半径。显然,该结果同托马斯·杨的纵向冲击答案类似(参见第 22 节)。

当然,布西内斯克也研究过杆件纵向冲击问题,并且,还掌握了这个令圣维南感兴趣的完整解(参见第 52 节)。

在细杆与薄板理论方面,这位学者的研究成果颇丰[1]。他获得一种新方法,用于推导基尔霍夫之前得到的细杆平衡方程。在薄板理论中,也同样提出了新的平衡微分方程推导过程。另外,基于对局部扰动的研究,布氏还讨论过泊松-基尔霍夫边界条件。其中,该扰动源于用另一个静力等效力系替代原先沿周线作用的表面力。按照以上方式,他得到的答案与开尔文曾经创立的结论相同(参见第 57 节)。布西内斯克的这些研究成果发端于圣维南的建议[2],并被后者纳入所翻译的克莱布什著作"第 73 条尾注"里。

最后,在有关松散或粒状材料的平衡问题方面[3],布西内斯克的成就也值得浓墨重彩。他的前辈热衷于计算这类材料的平衡极限,然而,布西内斯克则着重研究弹性变形问题。他假设:在重力作用下,颗粒(砂)之间存在充分压力,因而摩擦作用能够阻止颗粒间的任意滑移,这样一来,在上述各力作用下,整体材料的变形将类似于弹性体。布西内斯克还认为,此类实体任意点处的剪切模量均正比于 $p=(\sigma_x+\sigma_y+\sigma_z)/3$,

① 详见《数学学报》第 2 系列,第 16 卷,第 125~274 页;第 5 卷,第 163~194 页及 329~344 页,1879 年。

② 详见圣维南对克莱布什著作的注译本,第 691 页。

③ 有关内容详见布西内斯克的《关于粉状物质的弹性平衡与无黏性土体推力的理论验证》(*Essai théorique sur l'équilibre d'élasticité des massifs pulvérulents et sur la poussée des terres sans cohésion*),该论文刊载于比利时皇家科学院出版的研究报告上。

即平均压应力。并在不计体积变化的条件下,建立起应力分析所需的方程。他把问题限于二维情况,成功得到了适用于挡土墙理论的解。在将布氏的理论值与实验数据进行比较后[1],圣维南断定,他这位朋友比朗肯或其他人的理论更上一层楼。在圣维南建议下,为了方便挡土墙设计,符拉芒依据布氏理论为我们准备好了多张表格[2]。基于对布氏研究成果的综述[3],皮尔森在结语中写道:"虽然圣维南弟子众多,然而有关弹性问题,却很少有人像布西内斯克那样研究广泛,也鲜有人对弹性理论之贡献能够与其比肩。他已经解释了我们关注的话题,这是基于巧妙的分析,而非力学或物理问题的特解。"

圣维南老师的另一位高徒是莫里斯·列维(Maurice Lévy, 1838—1910)。这位学者先后毕业于巴黎综合理工学院(1858)和法国国立路桥学校(1861),之后便留在巴黎,除土木工程师一职外,还兼任综合理工学院讲师。时间来到 1875 年,列维受聘为巴黎中央高等工艺制造学校的应用力学教授,并于 1883 年当选法国科学院院士。

列维在弹性理论的众多方面都有建树。他推导出在均匀侧向压力作用下杆件平面内弯曲的平衡微分方程[4],并讨论过在无压应力状态下,当杆件中心线呈圆弧时的解。他进一步指出,如果杆件只是微微弯曲,那么此方程便可大大简化,并由此设法提炼出了一个受压圆环即将开裂时的压力临界值[5]。

就平板问题中泊松与基尔霍夫边界条件而言[6],列维讨论过开尔文对以上两者所作的折中方案。在研究有限厚度平板时,他仔细分析过边界静力系等效成另一力系所导致的局部微扰问题。另外,列维还研究了两对边简支、其他两边固定、简支或完全自由的矩形板弯曲问题,

---

① 详见《法国科学院通报》第 98 卷,第 850 页,1884 年。

② 详见"土推力计算的数值用表"(Tables numériques pour le calcul de la poussée des terres),《国立路桥学校年鉴》第 9 卷,第 515~540 页,巴黎,1885 年。

③《弹性理论与材料力学史》第 2 卷,第 2 部分,第 356 页。

④《数学学报》第 10 卷(3),1884 年。

⑤ 布雷斯首先获得了这个问题的解。

⑥《数学学报》第 3 卷(3),第 219~306 页,1877 年。

并提出一个被后人广泛使用的重要解法[1]。其他各种特殊情况的薄板受力问题则是由埃斯坦纳夫(E. Estanave)在其博士论文中完成的[2]。

除以上成就,列维还回答了表面受压条件下的楔形体应力分布这个二维问题[3],并建议,该解可用于砌体坝应力分析。这位科学家还写过一本书[4],其中涉及结构分析中的图解法。

从法国国立路桥学校毕业后,阿尔弗雷德·艾梅·符拉芒(Alfred-Aimé Flamant)便到法国北部,投入水利工程施工建设。后来,又担任母校的结构理论教授,以及巴黎中央高等工艺制造学校的力学教授。符拉芒着迷于松散材料的力学特性,并因此简化了布西内斯克理论[5],还与圣维南合译过克莱布什的大作,翻译期间,两人共同研究杆件纵向冲击问题,并将成果写入该书附录中。

利用布西内斯克半无限弹性体的解,符拉芒研究了其中一个特例:当板边缘作用垂直力 P 时,单位厚度半无限平板内的应力分布问题(图 203)[6]。他的答案很简单:距离荷载作用点 r 处的任意微元 C,将处于沿径向的简单压缩状态,其压力大小等于

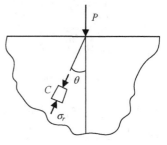

$$\sigma_r = -\frac{2P}{\pi}\frac{\cos\theta}{r} \qquad (c)$$

在此,环向应力 σ_θ 和剪应力 $\tau_{r\theta}$ 均为零。

图 203　符拉芒的半无限平板问题

① 详见《法国科学院通报》第 129 卷,1899 年。

② 埃斯坦纳夫(E. Estanave)的博士论文,巴黎,1900 年。

③ 《法国科学院通报》第 127 卷,第 10 页,1898 年。

④ 《静力图解法》(La Statique Graphique)第 3 版,第 1～4 卷,巴黎,1907 年。

⑤ 相关内容参见《国立路桥学校年鉴》第 6 卷,第 477～532 页,1883 年。另见符拉芒的《粉状物质弹性平衡的理论验证》(Essai théorique sur l'équilibre d'élasticité des massifs pulvérulents),巴黎。有关粒状物质稳定性的初步研究,可参阅符拉芒的教科书《结构稳定性与材料抗力》(Stabilité des constructions, résistance des matériaux),巴黎,1886 年。

⑥ 详见符拉芒的论文,《法国科学院通报》第 114 卷,第 1465 页,1892 年。布西内斯克将这个解拓展到斜向力作用的情况,详见《法国科学院通报》第 114 卷,第 1510 页,1892 年。

后来,约翰·亨利·米歇尔曾用这种简单径向应力分布答案解决了一些重要题目(参见第71a节)。

69. 瑞利勋爵

瑞利(图204)原名约翰·威廉·斯特拉特[①],是瑞利男爵二世的长子,出生于英国莫尔登郡特尔林附近的兰福德酒庄[②],其大部分人生都

在父亲这片不动产上度过。读完私立中学后,瑞利于1861年进入剑桥大学三一学院。劳思教授是他本科在校期间的数学与力学辅导员,瑞利非常佩服这位知名学者,甚至在当选英国皇家学会主席后,还专门提及劳思教授,他说[③]:"在剑桥,我非常感激这位良师在数学方面给予的教导和鼓励。时至今日还清楚记得,作为大一新生的我,多么痴迷于劳思教授,他学识广博、理论精深,对别人提出的任何问

图204 瑞利勋爵

题都能对答如流。在我印象里,总觉得劳思教授的科学功绩被低估了,大家错误地认为,他对教学投入大量精力而在其他方面比较平淡。我想,当时的数学教育体制,也许就同当下的时尚一样,已经被人滥用了。然而,正因为劳思博士如此的工作方式,才让我在接下来的科学生涯中从未后悔剑桥的每堂数学课。"与此同时,瑞利也注意到一些剑桥戾气,因为这里存在一种趋势:将分析问题的数学符号仅用于自我展示,没有将其当成解决科学问题的工具。

当时,剑桥大学并无太多实验机会。在学习的头几年里,瑞利也没

---

① 这是一本有关瑞利勋爵的传记,《瑞利男爵三世——约翰·威廉·斯特拉特》(*John William Strutt, Third Baron Rayleigh*),伦敦,1924年。作者是他的儿子瑞利男爵四世——罗伯特·约翰·斯特拉特(Robert John Strutt)。

② 译者注:莫尔登郡(Maldon)、特尔林(Terling)、兰福德酒庄(Langford Grove)。

③ 详见《瑞利男爵三世——约翰·威廉·斯特拉特》第27页。

有学过物理,直到 1864 年秋,才有幸加入斯托克斯的光学课堂,并对此留下深刻印象,特别是这位教授的实验教学法。如前所述,那个年代的剑桥还未建成物理实验室,斯托克斯只好拿些简单实用的仪器进行实验研究。

瑞利是一个有条不紊的劳作者。随着数学科目考试临近,其成绩也在逐渐上升,进入劳思教授的优等学员名单。1884 年 12 月,他通过考试成为甲等生。大浪淘沙,几番测验后的瑞利终于能够留在剑桥,继续准备参加研究员考试。其本想以如此方式开启科学研究之旅,但这却非常困难,因为当时的剑桥,设备稀缺,本人更是缺乏实验训练。虽然,瑞利已从老师的演示实验中获得一些相关技能,也希望多多益善,却找不到门路。即便斯托克斯课后回答疑问循循善诱,然而,从教授那里了解如何获得类似仪器的想法却屡屡受挫。瑞利有些失望地发现:参与实验工作的愿景总会遭到冷遇,甚至连把实验设备搬来搬去的机会都没有[1]。

与实验相比,理论研究工作更容易得到帮助。瑞利阅读了斯托克斯和开尔文的大量重要文章,也研究过麦克斯韦的不朽名篇《电磁场动力理论》[2]。于是,他开始与泰特和麦克斯韦通信,虽然,当时后者住在位于格伦莱尔(Glenlair)的宅邸,但是每当数学科目考试之际,他要回到剑桥,届时,两人也就自然会面了。

1866 年,瑞利当选剑桥大学三一学院(图 205)研究员。来年,又首次前往北美洲旅游考查。1868 年回国后,瑞利投入电学方面的实验研究工作,并为此购买过一批简易设备。大约在同一时期,他阅读了亥姆霍兹的名著《声音感知论》,继而对声学产生出浓厚兴趣[3]。瑞利用共鸣器进行了实验及理论研究,并草拟出一篇关于共振理论的文章[4],从而开启了自

---

[1] 详见《瑞利男爵三世——约翰·威廉·斯特拉特》第 37 页。
[2] 译者注: *A Dynamical Theory of the Electro-magnetic Field*。
[3] 译者注:《声音感知论》(*Lehre von den Tonempfindung*)。详见《瑞利男爵三世——约翰·威廉·斯特拉特》第 50 页。
[4] 《英国皇家学会哲学学报》第 161 卷,第 77~118 页,1826 年。

图 205　三一学院

己在声学方面的原创性成就。后来,因为阅读丁达尔(Tyndall)的论文,又执着于天空的蓝色成因之谜,并发表过几篇有关光学理论的文章①,这些成果立刻引来麦克斯韦和丁达尔的掌声。

瑞利大婚于 1871 年,因而辞掉了三一学院研究员职位。在1872 年的一场大病后,按照医生的嘱咐,其必须待在温暖的地方过冬。这样一来,瑞利便拖家带口远征尼罗河,虽然船屋航帆的生活非常单调,却极适合这位英国病号,也开启了那本名著《声学理论》的写作任务,有人评价道:"他每天早上都躲在船舱里工作,这段时间很难劝其上岸,纵然那里有着最令人陶醉的庙宇,这位学者也无动于衷。"②

鉴于父亲在 1873 年离世,瑞利从此就必须参与管理家族资产,也因此定居在特尔林。为继续从事科研活动,他在自家宅院里盖了一处小实验室,并继续《声学理论》的撰写工作,直到 1877 年最终出版。在《自然》杂志上,亥姆霍兹对瑞利的著作给予高度评价,在其建议下,这本书的德文版于 1878 年和读者见面。

1879 年,麦克斯韦过世后,瑞利当选剑桥大学实验物理学讲席教授。根据自己过往经历,瑞利明白,对学生而言,试验机会是难能可贵的。在瑞利来到剑桥之前,普通大学生得到实践指导的机会寥寥无几,这里还无法达到亥姆霍兹为德国大学制订的标准;而瑞利则打算发展通

---

① 《哲学杂志》第 41 卷,1871 年。
② 详见《瑞利男爵三世——约翰·威廉·斯特拉特》第 62 页。

识性基础教育,且希望比前任作出更多努力,要想实现这个目标,就必须购买大量实验设施①。为弥补资金缺口,他本人及德文郡公爵慷慨解囊,很快便筹措到足够粮饷②。

在实验管理过程中,瑞利得到格莱兹布鲁克和肖(Shaw)的帮助。两人当时正在撰写《实用物理学》③一书,其中就描述了瑞利实验室的早期试验内容。瑞利讲授过的基础课程包括:静电学与电磁学、电流学、声学等,而更进一步的专业课程则是电测理论。然而当年的剑桥,自然科学院依旧处在启蒙阶段,加入卡文迪许实验室的人也自然较少。仅有 16 人参与过第一堂课,即便在瑞利的整个讲席教授任职期间,这个数字也基本上没有变化④。

1884 年,瑞利第二次去美国游历。在巴尔的摩,他参加了开尔文勋爵的讲座。后来,瑞利还同儿子探讨过这次旅行,他说:"那是一次多么不平凡的演讲啊!我始终认为,当天上午的演说内容是从我俩一起吃早饭的话题引出的。"他儿子评论道:"当时,所有美国顶尖物理学家都来捧场,这些人原以为会有更精心准备的料儿。"瑞利答道:"和你想的相反,他们对开尔文印象极佳,在茶歇期间,很多学者都和勋爵进行了长时间切磋。"⑤

1884 年末,瑞利辞掉剑桥大学教授职位,回到家族封地,此处便是他的"书房"和实验室。直到去世为止,这位勋爵一直沉浸在博大精深的科学研究中。

瑞利担任过许多社会公职。例如,大不列颠皇家研究院自然哲学教授(1887—1905)、皇家学会主席(1905—1908),以及剑桥大学名誉校长(1908—去世)。他一生荣誉等身,其中包括 1904 年的诺贝尔物理学

① 详见《瑞利男爵三世——约翰·威廉·斯特拉特》第 105 页。
② 关于这家实验室发展进步的更多有价值信息,我们可以详见《卡文迪许实验室的历史》(*A History of the Cavendish Laboratory*)一书,1910 年。
③ 译者注: Practical Physics。
④ 详见《瑞利男爵三世——约翰·威廉·斯特拉特》第 106 页。
⑤ 详见《瑞利男爵三世——约翰·威廉·斯特拉特》第 145 页。

奖与英国功绩勋章(the Order of Merit)。

在弹性理论方面,瑞利的贡献主要体现于其名著《声学理论》一书中。他在第一卷中全面讨论到弦、杆、薄膜以及板壳的振动问题,指出广义力和广义坐标概念的许多应用优势,利用这些概念并基于贝蒂-瑞利互易性定理,将会大大简化冗余结构的分析过程。瑞利的成就不仅包括声学,还涉及非声振动。他曾解释过使用正则坐标的好处,并说明:如果令速度为零,那么工程人员便可以从振动分析中提炼出静力问题的解,从而把杆件和板壳变形表达为正规函数的形式。对工程计算而言,瑞利勋爵的上述分析方法价值巨大。

在计算复杂体系的振动频率时,通过把运动模式假定为一种满足特定条件的恰当形式,瑞利将复杂问题转化成简谐振子的振动情况,从而得出体系振动频率的近似值。而且他还阐述了改进此近似解的可行步骤。这是一种不用微分方程,而直接从能量角度出发的频率计算方法;后来,沃尔特·里兹(Walter Ritz)又将其细化并发扬光大[1];如今,瑞利-里兹法有着广泛应用,不仅涉及振动研究,也包括解决弹性体的众多问题、结构理论、非线性力学以及其他物理学分支。在材料力学和结构理论领域,虽然此方法只属于数学手段,然而,恐怕再也找不出其他单一数学工具能够催生出如此多的研究成果。

在一些复杂问题中,瑞利成功利用了自己的近似方法。例如,就弦振动而言,他得到沿长度方向弦质量分布不均匀时的近似解,并研究过弦上附着集中小质量的频率变化情况。当讨论杆件纵向振动时,他估算出我们已经司空见惯的一种影响因素,即不处在轴线上的各质点,其横向运动时,忽略惯性所带来的误差[2]。对圆杆振动来说,瑞利的近似计算结果完全吻合德国人波赫哈默尔的精细理论值[3];此外,他还研究过具有转动惯量的杆件横向振动问题,并修正了相关简化理论[4]。

---

[1] 《克莱尔学报》(Crelle's J.)第 85 卷,1909 年。

[2] 《声学理论》第 1 卷,第 157 节。

[3] 波赫哈默尔,《克莱尔数学杂志》,第 81 卷,1876 年。

[4] 《声学理论》第 1 卷,第 162 节。

瑞利学术面宽泛,对薄壳振动理论的重大进步做出贡献。他认为,必须考虑两类振动情况:① 壳中面受拉伸时的纵向振动方式;② 弯曲或非拉伸振动方式。在第一种情况下,壳的应变能正比于厚度;但在第二种情况下,却与厚度的立方成正比。这样一来,根据如下原则:对于已知位移,壳的应变能应尽量小。于是,瑞利总结道:"当壳的厚度无限减小时,实际位移将属于纯弯的一种,果真如此,自然就能够满足已知条件。"他利用上述结论验算圆柱壳、圆锥壳和球壳的受弯振动[1],所得结果与试验数据十分吻合。

最后值得一提的是,在弹性理论方面的重要贡献,瑞利勋爵并未体现在其论文中,这正是弹性表面波理论[2]。该类波又被称作瑞利波,特点是沿弹性介质表面传播,振动方式类似于受到扰动的静止水面。正如瑞利预言的那样:在地震工程学领域,此类波具有重大意义。

70. 1867—1900 年的英国弹性理论

伴随瑞利之声学著作以及汤姆森与泰特《论自然哲学》(参见第 57 节)的问世,英国人开始逐渐影响普通物理学进程,对弹性理论发展更是功不可没。在 19 世纪最后 25 年里,英国弹性力学家成绩斐然,在此仅就工程师最关注的一些内容作出简要总结。

贺拉斯·兰姆(Sir Horace Lamb, 1849—1934;图 206)爵士出生于英国曼彻斯特附近的斯托克波特[3],是一位棉纺厂工头的儿子。在进入剑桥大学三一学院前,就读于老家的文法学校。剑桥毕业时,他的数学成绩位列第二,并以同样名次获得 1872 年史密斯奖。毕业后,兰姆留校成为三一学院讲师,直到 1875 年。随后,他远行澳大利亚,就职于阿德莱德(Adelaide)大学,并在那里担任过十年数学教授。回到英国后,兰

---

[1] 《声学理论》第 2 版,第 1 卷,第 396 页。

[2] 《伦敦数学学会论文集》第 17 卷,1887 年;以及《科学论文》(Scientific Papers)第 2 卷,第 441 页。

[3] 斯托克波特(Stockport)。贺拉斯·兰姆爵士相关内容可以参考《英国国家人物传记大辞典》(Dictionary of National Biography),牛津。

图 206 贺拉斯·兰姆

姆进入曼彻斯特大学,先后被聘为理论数学与应用数学讲席教授,并且一直延续至1920年。此后,又当选三一学院名誉研究员以及剑桥大学的瑞利荣誉数学讲师。大家都认为:兰姆不仅是一流科学家,还是一位与生俱来的好老师。

虽然,兰姆的丰功伟绩主要表现在流体力学上,但也着迷弹性理论,还发表过数篇相关重要文章。基于瑞利的薄壳振动研究成果,兰姆提出自己的板壳理论,并研究了圆柱壳与球壳的纵向振动问题,而这些却是瑞利近似原理中未曾考虑的[①]。在讨论矩形板边缘之边界条件时,他表明,如果存在两对相等的力,其与板面正交并作用于角部,那么一块矩形板便可在此力作用下维持互反曲面形状。这是一种平板弯曲的最简单工况[②],后来,此概念被纳道伊用于验证平板弯曲近似理论(基尔霍夫理论)的实验中[③]。在汤姆森与泰特合著的《论自然哲学》里,我们发现另一个有关边界条件的有趣问题,书中有言:"令人不快的是,数学家至今未曾成功解决,也许他们就根本没有求解之意,这是个多么美妙的问题啊,将又宽又薄的条带弯成一个圆圈,就像钟表里的弹簧那样。[④]"兰姆探讨了沿薄带边缘的互反曲面弯曲现象[⑤],并在解决梁问题时取得重大进展[⑥]。对于一根狭窄矩形横截面无限长梁,其上作用等间距、等大小但方向上下交替的集中力,兰姆简化过这个二维问题的解,获得某些工况下的挠度

---

① 《伦敦数学学会论文集》第21卷,第119页,1891年。
② 《伦敦数学学会论文集》第21卷,第70页,1891年。这里讨论的案例还出现在汤姆森与泰特合著的《论自然哲学》第2卷第656节里。
③ 详见纳道伊(A. Nadai)的《弹性平板》(*Elastische Platten*)第42页,柏林,1925年。
④ 《论自然哲学》第2卷,第717节。
⑤ 《哲学杂志》第31卷(5),第182页,1891年。
⑥ 详见《第四届罗马国际数学大会论文集》(*Atti congr. intern. math.*, *4th Congr. Rome*),1909年,第3卷,第12页;《哲学杂志》第23卷(6),1912年。

曲线表达式。其研究表明,当梁截面高度远小于梁长时,初等伯努利弯曲理论足够精确,但如果按照朗肯与格拉斯霍夫的基本理论进行计算,所得剪力修正值就会有点儿大,应减小至原来的 75% 为宜。另外,值得一提的兰姆优秀理论成果还包括:弹性球体的振动[1]、半无限固体表面上弹性波的传播规律[2]、介于两平面间的固体内弹性波[3],以及具有初始曲率的杆件振动[4],再者,他还与索斯韦尔(R. V. Southwell)合作,处理过旋转圆盘的振动问题,该成果对工程界具有特殊价值[5]。

这一时期,在剑桥大学出现的另一位弹性力学专家是奥古斯都·爱

德华·霍夫·勒夫(A. E. H. Love, 1863—1940;图 207),这位学者出生于英国的滨海韦斯顿,是外科医生之子[6]。1874 年,勒夫进入胡佛汉顿(Wolvehampton)文法学校;之后,就读于剑桥大学圣约翰学院,1885 年以优等生第二名的成绩毕业。勒夫终身未娶,1887—1899 年,任圣约翰学院研究员,余生一直为牛津大学色德来(Sedleian)讲席教授。其成果丰硕,荣誉显赫,1894 年当选英国皇家学会院士,并与伦敦数学学会过从甚密。

图 207　A. E. H. 勒夫

虽然勒夫的主要兴趣集中在弹性力学和地球物理两方面,但是跟众多剑桥大学同辈人类似,在其他学科上勒夫也卓有成效。1892—1893 年,他的两卷本重要著作《弹性力学的数学理论》问世。鉴于第一版内容略显抽象,勒夫便在后续版本里加入大量通俗性文字,使之更符

---

[1]《伦敦数学学会论文集》第 13 卷,1883 年。
[2]《伦敦皇家学会学报》系列 A,1904 年。
[3]《伦敦皇家学会论文集》系列 A,1917 年。
[4]《伦敦数学学会论文集》第 19 卷,第 365 页,1888 年。
[5]《伦敦皇家学会论文集》系列 A,第 99 卷,1921 年。
[6] 滨海韦斯顿(Weston super Mare)。详见勒夫的讣告,《伦敦数学学会学报》(*J. London Math. Soc.*)第 16 卷,1941 年。

合工程师们的胃口①。这本标志性论著,从诞生之日就成为弹性力学的重要信息源泉,其中也涉及有关弹性力学发展史的简要评述,以及大量理论新进展之参考文献。

勒夫的弹性理论原创成就发端于薄壳方向。如前所述,结合瑞利板壳振动学说并按基尔霍夫的方法,他详细讨论了薄壳受弯问题②。且指出:有关弯曲振动的瑞利假定并非精确满足边界条件。在其著作的后来版本里,利用约翰·亨利·米歇尔的弹性体二维问题解,勒夫大幅拓展了平板的严格理论③。另外,他还攻克了实体球的弹性平衡堡垒④,出版过《地球动力学的若干问题》一书⑤,其中涉及很多地球物理学方面的独到见解,并在最后一章中讨论了地震波的传播规律,也包括附带重力因素的"瑞利波"理论修正方法,进而判断出,可能会存在另一类波,这便是以其名字命名的"勒夫波"。其特点是:存在于分层介质内,并在传播固体的自由边界平面上产生垂直于传播方向的横向运动。

卡尔·皮尔森也是来自剑桥大学的科学家⑥,对弹性理论的发展同样做出重大贡献。出生于伦敦的他,在 1879 年,以优等生第三名的成绩毕业于剑桥大学国王学院;之后,又到德国海德堡大学和柏林大学作研究生。最初,皮尔森本打算成为一名职业律师,第一篇公开发表的作品也是有关文学的;然而,随着时间来到 1884 年,他放弃法律工作,开始着迷于应用数学研究,并如愿以偿地担任了伦敦大学学院的应用数学和力学教授。在该校头几年里,他的学术活动大多围绕弹性理论,并取得不少成绩。1891 年,皮尔森开始兼任格雷沙姆学院教

---

① 1906 年,《弹性力学的数学理论》(*Treatise on the Mathematical Theory of Elasticity*)第二版被翻译成德语,并广泛在中欧地区与俄罗斯使用。

② 《伦敦皇家学会学报》系列 A,第 179 卷,1888 年。

③ 《伦敦数学学会论文集》第 31 卷,第 100 页,1899 年。

④ 《伦敦皇家学会论文集》系列 A,第 82 卷,第 73 页,1909 年。

⑤ 《地球动力学的若干问题》(*Some Problems of Geodynamics*)出现于 1911 年,该书获得了亚当斯奖(Adams'prize)。

⑥ 详见《英国国家人物传记大辞典(1931—1940)》,牛津。

授职位,并从事科普教育。皮尔森是一位优秀传道者,拥趸甚多,就连旁听生也不可计数。1892 年,他出版了《科学的规范》①一书,引起青年一代共鸣。从 19 世纪末开始,皮尔森的兴趣转向概率论及其在统计学和自然科学中的应用。1911 年,他再次转行,成为优生学专业的高尔顿讲席教授。

皮尔森的弹性理论业绩大多融入与伊萨克·托德亨特合编的《弹性理论与结构力学史》中,该书第一、二卷分别在 1886 年和 1893 年与读者见面②。企划书稿的后者,原本仅就其中一些研究报告从数学角度加以评述,然而负责全面编纂工作并最后定稿的皮尔森,却执意将综述范围扩大,介绍了许多具有物理学和工程学价值的文章。于是,最终成型的版本,实用性得以大幅提升。皮尔森特别推崇圣维南的成就,便将有关对其论著的评述内容从第二卷里抽出来单另成册③,并在扉页上写道:"献给巴雷·德·圣维南的追随者,你们如此有价值地继承了他的事业。"

在伦敦大学学院的科研活动起步阶段,皮尔森发表过几篇弹性力学方面的开山之作,其中《论连续荷载系作用下的大梁弯曲》一文,引起了弹性力学界轰动④。在这篇论文里,作者将梁弯曲理论推广到含体力,比如重力作用的情形。依照圆形与椭圆截面案例的全解,他断言:"一提到伯努利-欧拉理论,我们就认为它是精确解,然而对于连续加载梁,该理论就不那么精确。换言之,其结果只是真实理论的近似答案,当然,也是非常近似的。"站在工程师角度,皮尔森的有些文章的确值得一读,例如,他有关弹性支座上连续梁受弯问题的研究⑤。皮尔森指出:在此情况下,可以得到包含五个连续支座弯矩的方程;另外,皮尔森还

---

① 译者注：The Grammar of Science。
② 这是为了纪念圣维南。
③ 卡尔·皮尔森所著的《圣维南的弹性理论研究》(*The Elastical Researches of Barré de Saint-Venant*),剑桥,1889 年。
④ *On the Flexure of Heavy Beams Subjected to Continuous Systems of Load*,《应用数学季刊》(*Quart. J. Pure Applied Math.*)第 93 期,1889 年。
⑤ 《数学通报》(*The Messenger of Mathematics*)新系列,第 225 期,1890 年。

讨论过砌体坝应力这个重要实际问题[1]。

在那个年代里,还有许多英国科学家为弹性力学添砖加瓦。约瑟夫·拉莫尔把基尔霍夫的动力学比拟原理推广到带有初始曲率的杆件上[2],另外,他还指出[3]:如果受扭轴杆具有圆形截面的柱状空腔,且轴线与杆件平行,则相邻空腔截面内的剪力大约 2 倍于无空腔截面处之最大剪力。在一些早年论文里,著名地球物理学家查尔斯·克雷(Charles Chree)亦曾处理过弹性力学问题。旋转球体、旋转椭圆以及圆盘都是查尔斯·克雷的研究对象[4]。他善于分析其中的应力,而这些研究对象都具备实用价值,例如,对于蒸汽或燃气涡轮机中的涡轮盘,上述理论有助于改善这类变厚度部件应力分布的常规理论。

众所周知,在 19 世纪最后 25 年里,英国科学家取得过很多了不起的成果。事实上,在此提到的这些伟人,他们并不乐意将自己的功劳归属于物理学任何分支领域,在某种意义上讲,弹性力学仿佛已经成了一条清晰界线。以上讨论过的专家学者,承载着那个岁月的英国学术辉煌,并将其顺利过渡到 20 世纪,而新时代粉墨登场的包括菲隆(L. N. G. Filon)、索斯韦尔以及杰弗里·英格拉姆·泰勒(G. I. Taylor)这些教授们。

71. 1867—1900 年的德国弹性理论

进入 19 世纪尾声,大量弹性理论成果均出自德国科学家的辛勤耕耘。他们出版过几部专著,其中最重要的一本教程由弗朗茨·诺伊曼完成,相关内容前面之前已经有所提及(参见第 54 节)。诺伊曼是位了不起的老师,他的一些学生陆续成为德国大学的物理教授,这些人沿袭老师的教学传统,喜欢组织研讨课,愿意开设物理学研究生班,顺便也

---

① 《德雷普斯公司研究报告》(*Drapers' Company Research Memoirs*)技术系列二,伦敦,1904 年;技术系列五,1907 年。
② 《伦敦数学学会论文集》第 15 卷,1884 年。
③ 《哲学杂志》,第 33 卷(5),1892 年。
④ 《剑桥大学哲学学会论文集》第 7 卷,第 201 页、283 页,1892 年。《伦敦皇家学会论文集》系列 A,第 58 卷,1895 年。

就会关注到弹性理论。前面章节已经讨论过诺伊曼的早期学生基尔霍夫和克莱布什之成就,有关这位老师后来的弟子,其中最出名的当属沃耳德玛·福格特(Woldemar Voigt,1850—1919)[1]。

福格特出生于德国萨克森州的莱比锡,他在这里念完了中学,之后又进入大学学习。1870 年,福格特被征召,加入萨克森军队,参加过1870—1871 年的普法战争。硝烟散去后,他如愿进入柯尼斯堡大学并选修了诺伊曼老师的物理实验课。福格特对弹性理论很感兴趣,于1874 年完成了有关岩盐弹性性能的博士论文。次年,福格特成为柯尼斯堡大学助理教授,也因此缓和了诺伊曼老师的部分教学压力。

1883 年,福格特当选哥廷根大学讲席教授,主攻理论物理。于是,他在学校建立了一所实验室,其中最重要的工作内容就包括弹性理论。福格特擅长研究晶体弹性性能,并在该领域引领风骚,大量相关论述都被随后收录到其名著《晶体物理教程》一书中[2],直到如今,这本书仍是晶体物理学方面的重要文献资料。

福格特的研究最终解决了一个古老而又激烈的辩题,即寡常数与多常数理论之争。首先回顾一下这场争论的焦点:在弹性范围内,各向同性体可以用一个还是两个常数来确定? 在一般情况下,各向异性体可以用 15 个还是 21 个常数来确定? 鉴于实验材料不够纯,所以韦特海姆和基尔霍夫的实验均无法解决该问题。在自己的实验中,福格特使用了单晶体,他将晶体沿不同方向进行切割,并制成非常薄的柱状试件,然后再通过柱体扭转和弯曲实验来确定弹性模量。另外,这位学者还探讨过均匀静水压力下晶体的可压缩性,所得结果无可争辩地驳斥了各弹性常数之间的关系,而这些关系正是源于寡常数理论。因此,有关分子间作用力的纳维-泊松假说也被证明是站不住脚的。

---

　　① 有关沃耳德玛·福格特的生平简介,可参阅龙格(C. Runge)的文章"沃耳德玛·福格特",《哥廷根科学院新闻数学物理类》,1920 年。

　　②《晶体物理教程》(*Lehrbuch der Kristallphysik*)由托伊布纳(Teubner)出版,莱比锡,1910 年。另见福格特的报告《晶体弹性的知识现状》(*L'état actuel de nos connaissances sur l'élasticité des cristaux*),1900 年提交给巴黎国际物理大会。

福格特的另一兴趣是圣维南的棱柱杆纵向冲击理论(参见第 52 节)。为此,他用金属杆进行一系列试验[1],结果却并不吻合之前的理论计算值。众所周知,圣维南理论的前提假定为:杆件之间的接触必须覆盖整个杆端表面,且同时瞬间发生。然而以上情况却很难实现,为让自己的实验结果接近理论值,福格特建议:将两根杆件用"过渡层"隔开,以照顾接触面不能完全吻合的事实。通过正确选择过渡层材料的力学性能,便可得到与理论契合的满意实测结果。显然,上述实验之主要难点在于如下事实:冲击持时极短。拉姆绍尔(C. Ramsauer)的实验更完美地符合圣维南理论[2],他采用螺旋弹簧替代直杆,从而降低了纵波的传播速度;并且与将杆端的细小不规则表面贴紧、压平所需要的时间相比,纵波沿杆轴的往返时间则更长。当然,对于纵向冲击,还有其他方法亦能够使杆端条件更为明确,例如,可以用端部形状呈球面的杆件,且以赫兹理论来处理端区局部变形[3]。

为阐明材料极限强度概念,福格特和学生们进行过一系列探索[4],工程师对这些内容颇感兴趣。他们把实验样本从大晶体岩盐上切割下来,结果表明:在很大程度上,材料抗拉强度取决于试件轴线和晶体轴线间的方位关系,也与试件表面状态有关。福格特表明,侧面带轻微蚀刻的玻璃试件,抗拉强度会大幅增长;另外,在非均匀应力分布下,某点强度不仅取决于该点的应力幅值,还与两点间的应力变化率有联系。换言之,在进行极限强度比较实验后,则将发现,弯曲断裂之最大应力约为拉伸断裂的 2 倍,无论岩盐或玻璃均如此。为校核莫尔理论的正确性,福格特还以组合应力方式进行过大量试验,即便其全部试件均为脆性材料,但结果却并不符合理论答案。他据此断言:强度问题非常复杂,以致无

① 《物理年鉴》第 19 卷,第 44 页,1883 年;第 46 卷,第 657 页,1915 年。
② 《物理年鉴》第 30 卷,第 416 页,1909 年。
③ 西尔斯(J. E. Sears)进行了这类研究,《剑桥大学哲学协会学报》第 21 卷,第 49 页,1908 年;另见瓦格斯塔夫(J. E. P. Wagstaff)的论文,《伦敦皇家学会论文集》系列 A,第 105 卷,第 544 页,1924 年。
④ 这些研究的主要成果纳入了福格特的文章,《物理年鉴》,第 4 卷(4),第 567 页,1901 年。

法设计出一套单一强度理论,使其成功适用于所有类型的结构材料。

　　结合自己有关晶体的研究工作,福格特在弹性力学领域做出过重要理论成就。在处理晶体棱柱的扭转和弯曲问题时,他拓展了圣维南原理,将其应用到不同类型的各向异性体材料中。对于平板中面受力的变形问题,这位科学家推导出一个应力函数必须满足某种各向异性体材料要求的四阶偏微分方程[①]。他还研究过各向异性板的弯曲问题,并建立了侧向挠曲微分方程[②],也运用此方程讨论过该类板的振动现象。以此为契机,福格特对各向异性圆板的萨伐尔节线实验给出理论解释[③]。显然,就判断板材是否完全各向同性而言,节线分析无疑是非常灵敏的途径。最后值得称道的是,福格特是最先把张量和张量三元组(tensor-triad)概念引入弹性理论之人,如今它们均已被广泛使用。

　　在诺伊曼老师的学生中,涌现出许多弹性力学专家,为完成对这些人成果之评述,这里就必须再提几位好学生。旺格林研究了旋转体的对称变形问题[④];萨尔舒茨讨论过大挠度棱柱杆的多种特殊工况[⑤];博尔夏特对温度应力理论功不可没。虽然杜哈梅和诺伊曼都曾分析过圆柱体或球体温度应力,但所假设的温度变化仅为径向距离的函数,然而采用积分形式,博尔夏特却得出以上两对象在任意温度分布下的解[⑥]。另外,他还将这种方法推广至圆柱体和球体在任意表面力作用下的变形问题[⑦]。

　　19 世纪末,弹性理论的一次重大进步来源于海因里希 · 鲁道夫 · 赫兹(Heinrich Rudolf Hertz,1857—1894;图 208)[⑧],这位学者出生于德国汉堡一个十分富裕的律师家庭。年少时,他就表现出非凡的学习天赋,并着

---

① 《晶体物理教程》第 689 页。

② 《晶体物理教程》第 691 页。

③ 《化学与物理学年鉴》,第 40 卷,1829 年。

④ 《数学文献》(*Archiv. Math.*)第 55 卷,1873 年。

⑤ 详见萨尔舒茨的《受力杆件》(*Der belastete Stab*),莱比锡,1880 年。

⑥ 《博尔夏特全集》(*C. W. Borchardt's Gesammelte Werke*),第 246 页,柏林,1888 年。

⑦ 《博尔夏特全集》第 309 页。

⑧ 有关海因里希 · 鲁道夫 · 赫兹的生平,参见《博尔夏特全集》前言中关于赫兹的介绍,第 1 卷;另见亥姆霍兹为该书第 3 卷所写的序,莱比锡,1894 年。

图 208　海因里希·鲁道夫·赫兹

迷于机械手艺。中学以后,赫兹参加了一所技术学校的夜班课程,从而获得制图与使用测量仪器的经验。毕业后,他决定学习工程专业,于是在 1877 年进入慕尼黑工业大学。然而不久,赫兹便意识到自己更倾向理论学科方向,所以在慕尼黑研修一年后,他就转到柏林大学,而那年,著名物理学家亥姆霍兹和基尔霍夫正在这里职教。

1878 年 10 月,赫兹开始在亥姆霍兹物理实验室工作,鉴于其之前在老家和慕尼黑已有的实验操作经验,如今自然是有备而来,因而进步神速。当时的柏林大学哲学系向学生提出一个有关电动力学的悬赏项目,于是,赫兹决心在这个领域进行一些开创性研究。从他写给父母的信中,我们能够掌握赫兹与亥姆霍兹的第一次会面情况,以及两人对该问题的初步讨论内容。显然,他给老师留下良好印象,作为回报,后者也给予赫兹不错的待遇——他有自己单独的房间,有自己所需的一切实验设备。亥姆霍兹对这个年轻人的实验项目很感兴趣,每天都会亲自登门与他讨论研究进展。赫兹果然不负重托,很快就表现出一流实验家的才干,于 1878—1879 年冬结束了学校的悬赏项目,最终获得大学金质奖章。随后,他继续着电动力学研究,并在 1880 年 1 月提交了博士论文,也因此取得"优等毕业生(summa cum laude)"这项稀缺荣誉。

1880 年秋,赫兹开始担任亥姆霍兹的助手,因而能方便地在工作中使用研究所的全部仪器。在进行牛顿色环实验过程中,他对弹性体压缩理论产生出浓厚兴趣,并于 1881 年元月向柏林物理学会提交了相关论文。这篇文章意义非凡[1],不仅介绍了该问题的一般解,并将其应用到某些特定情况中,还准备好了数值表格以便简化工程应用。赫兹把

---

[1] 《纯数学与应用数学》第 92 卷,第 156～171 页,1881 年。

自己的弹性体压缩理论延伸至冲击问题,计算了两球撞击的持续时间,推导出冲击应力公式。赫兹的论文不仅得到物理学家认可,也引起工程师的重视,在大家期盼下,他又继续完成该文修订版①,其中,加入有关玻璃材质实体和圆柱体的压缩实验研究。实验前,赫兹先在其中一个实体表面涂抹上稀薄的煤烟灰,以便显示接触面的外形轮廓。通过仔细观察,他发现,接触面呈椭圆状,并精确测量出椭圆的轴线尺寸,以如此方式,赫兹通过实验证明了自己的理论。

在探讨弹性体受压问题时,赫兹格外关注材料硬度。因不满当时的硬度测定方法,他就决定自己探索②。为了便于测量,赫兹建议,应该采用可使接触面为圆形之物体作为试验工具;于是,他将一个给定半径的球施压于被研究对象的水平表面,并取受压材料产生永久变形的相应荷载作为硬度标准。在按上述规定确定玻璃硬度时,瞬时破坏前,玻璃始终保持弹性状态,当沿接触面边缘出现第一条裂纹时,赫兹取相应的荷载作为硬度标准。然而,这种方法并未得到业界认可,原因在于:对延性材料来说,欲发现永久变形开启点所对应的荷载将会异常困难③。

1883 年岁首,赫兹把目光再次投向弹性问题,其焦点是:在一个法向荷载作用下浮于水面的无限平板受弯问题④。他惊奇地发现:虽然,荷载作用点下方的板会向下变形,但在与该荷载有一定距离的地方,挠度会转为负值;而在之后的更大距离处,又将改写成正号,以此类推。故而,板表面将呈波浪状,随至荷载作用点距离的增加,波峰迅速减小。于是,赫兹得出一个似非而是的结论:一块比水更重的平板,可以通过在中心加载而使其漂浮。其原因是,弯曲使平板具备了壳之形式,能压出的水大于其自身的等效重量。

---

① 相关内容详见《贸易促进协会的谈判》(*Verhandlungen des Vereins zur Beförderung des Gewerbefleisses*),柏林,1882 年 11 月。

② 在于格尼(M. F. Hugueny)的《物体硬度的实验研究》(*Recherches expérimentales sur la dureté des corps*)一书中,他找到了关于这些方法的描述,斯特拉斯堡,1864 年。

③ 奥古斯特·弗普尔曾借助赫兹的方法,他采用两个等直径圆柱体作为试件,其轴线彼此相互垂直。参见《慕尼黑机械试验技术通讯》,慕尼黑,1897 年。

④《维德曼年鉴》(*Wiedemann's Ann.*)第 22 卷,第 449~455 页,1884 年。

就在该年,赫兹还解决了弹性力学另一重要问题①。考虑一根承受分布荷载的长圆柱,该荷载垂直于圆柱轴线,且沿轴线方向集度不变。他找到此问题之一般解,并作为特例,考查过圆形滚轴内的应力分布情况,而这类受力问题广泛存在于活动式桥梁支座结构中。

1883年,结束了亥姆霍兹实验室三年的助理工作,赫兹成为基尔(Kiel)大学的讲师,1885年又受聘成为卡尔斯鲁厄理工学院物理学教授。在这里,他完成了电动力学方面的杰出成就,发现电磁波的空间传播规律,表明其与光波或热波的相似性,从而以实验方式为麦克斯韦数学理论做出证明。1889年,赫兹当选波恩大学物理讲席教授。于此,这位学者将精力投入稀薄气体放电现象,并发表了一篇有关力学原理的文章,也是这位科学巨匠的最后作品。1894年1月,赫兹在波恩与世长辞。虽然,弹性理论研究仅构成赫兹科学成就一席之地,却成功解释了许多具有挑战性同时又极富实用价值的问题。如今,在铁路工程与机器设计领域内,其弹性体压缩理论仍被广泛应用②。

波赫哈默尔硕果累累,属于那个年代的辉煌。1876年,这位德国科学家发表了一篇有关圆柱体振动的重要文章③。自欧拉时代起,处理此问题时都假定:纵向振动时,质点的径向运动能够忽略不计。然而这次,波赫哈默尔放弃了该假定,进而考虑更一般的振动方式。如此一来,他就能够计算出不同纵向振动模态下的波速修正值。另外,这位学者还探讨过振动的弯曲模式。

在另一篇文章中④,波赫哈默尔就侧面分布力下的梁受弯问题展开

① 《数学与物理杂志》第28卷,第125页,1883年。
② 详见贝拉耶夫(N. M. Belajev)的俄语论文《弹性体受压的局部应力》(*Local Stresses in Compression of Elastic Bodies*),圣彼得堡,1924年。这个理论的进一步发展是在接触面上不仅取法向力也取切向力。对此,汉斯·弗罗姆(Hans Fromm)进行过讨论,《应用数学与力学》第7卷,第27~58页,1927年;L. 弗普尔也研究过这个问题,《工程研究》(*Forschung aufdem Gebiete des Ingenieurw esens*),1936年,第209页。另见萨维林(M. M. Saverin)的《材料的表面强度》(*Surface Strength of Materials*),莫斯科,1946年。
③ 《克莱尔数学杂志》第81卷,第324页,1876年。
④ 详见波赫哈默尔的《关于弹性杆件平衡的研究》(*Untersuchungen über das Gleichgewicht des elastischen Stabes*),基尔,1879年。

讨论。他表明,梁的中性轴不通过截面形心,所以通常计算弯曲应力的基本公式仅是一阶近似值。对于圆形截面悬臂梁,当荷载沿顶部母线均匀分布时,波赫哈默尔得到更为精确的近似解。除此之外,他还将自己的计算方法延伸至空心圆柱梁以及曲杆中。

71a. 1867—1900 年的二维问题解

　　时间来到 19 世纪冲刺阶段,解决弹性体二维问题的方法已经有了长足进步。众所周知,这种问题有两类。其一,当某薄板承受着作用于板中面,如 xy 平面边界上的力,则此薄板两个表面上的应力分量 σ_z、τ_{xz} 和 τ_{yz} 均为零;还将据此得出一个误差极小的推论——该应力分量沿整个板厚方向也必将为零,这就是所谓的平面应力问题。再者,如果某长圆柱或棱柱体,其上作用有沿柱长集度不变的分布荷载,在距离两端很远的弹性体内,将以平面变形为主。换言之,变形过程中,位移出现在同圆柱轴线,比如 z 轴相垂直的平面内。在此条件下,应变分量 ε_z、γ_{xz} 和 γ_{yz} 均为零,我们仅需考虑三个应变分量 ε_x、ε_y、γ_{xy},这便是众所周知的平面应变问题。由此可见,这两类问题的未知量个数都会从 6 个减少为 3 个,自然也就是一种简化情况。

　　最先探讨平面应力分布状态之人是克莱布什,他提供了圆板的一种解法(参见第 56 节)。而戈洛温(H. Golovin)则解决了另一非常重要的实际问题[1],他对等截面圆拱的变形与应力很感兴趣,认为这是二维问题,并成功得出图 209 受力体系之解。戈洛温发现:类似于曲杆基本理论中通常假定的那样,在图 209a 所示纯弯状态下,截面将保持为平面;然而应力分布却与基本理论矛盾。因为在该理论条件中,纵向纤维只承受单向拉、压应力 σ_t。 但戈洛温却认为,此处必须考虑径向应力 σ_r。 另外,如图 209b 所示,当因端部作用力 P 而产生弯曲时,每个截面将不仅产生法向应力,还将伴有剪应力,且其分布无法满足基本理论假设之抛物线规律。戈洛温不仅计算出曲杆应力,还得到挠度值,利用

---

[1]《圣彼得堡国立理工大学通报》,1880—1881 年。

这些挠度公式,他就能够求解两端嵌固拱的超静定问题。常规尺寸的拱计算表明,仅就工程实际而言,基本理论足够精确。戈洛温之成就代表了弹性理论在拱应力分析中的首次尝试。

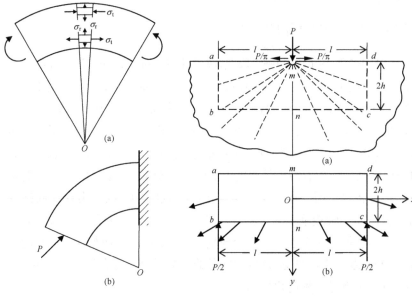

图 209　戈洛温的圆拱受力面图　　图 210　半无限平板内简单径向分布应力及其导致的简支梁应力

　　既然为数不多的现存弹性理论严格解仅适用于某些极简单工况,工程师便将目光集中到实验应力上。虽然,麦克斯韦曾说明了如何利用光弹法测定应力,但其研究成果却并未获得业界普遍赏识。只有当时间走过四十年后,卡鲁斯·威尔逊(Carus Wilson)才再次做出光弹法应力测定的尝试[1]。如今,他的研究对象是跨中荷载作用下的矩形截面梁应力问题,威尔逊意识到:应力实测结果与梁一般公式估算值出入很大。对此,G. 斯托克斯给出了差异原因。他主张,梁内应力可采用叠加方式得到,叠加对象之一是如图 210a 所示半无限平板内的简单径向

---

[1]《哲学杂志》,第 32 卷(5),1891 年。

分布应力[1]，另一个是由径向拉应力导致的简支梁应力(图 210b)，且以上拉应力与无限平板的压应力大小相等，方向相反。就每一半梁而言，与这些拉应力之合力相平衡的是：支座垂直反力 $P/2$ 以及作用于 m 点的水平力 P/π。故而于梁截面 mn 处，其弯矩大小为

$$\frac{Pl}{2} - \frac{Ph}{\pi}$$

且拉力为 P/π，相应的法向应力 σ_x 等于[2]

$$\sigma_x = \left(\frac{Pl}{2} - \frac{Ph}{\pi}\right)\frac{y}{I} + \frac{P}{2\pi h}$$

将这些应力叠加到半无限平板的径向压应力上，威尔逊便得到具有足够精度的光弹试验结果。

　　光弹法应力测定的另一实例来自梅纳热(A. Mesnager)[3]，他以实验方法检测了集中力作用于板中面时的径向应力分布。显而易见，伴随 19 世纪尾声将至，工程师已经开始发觉光弹法之重要性。而转瞬来到 20 世纪初，其工程应用前景更加突显；现如今，光弹法已成为应力分析实验的最强大武器之一。

　　正是基于应力函数的使用，二维问题的理论研究才得以进一步发展。众所周知(参见第 49 节)，该函数由艾里首先提出，并曾用于分析矩形梁弯曲问题。虽然其应力函数能够满足边界条件，但艾里却忽视了这样一个事实：此应力函数还必须满足圣维南所建立的相容方程。在《论互易图、框架及力的图解》一书中，麦克斯韦纠正了艾里的错误[4]，并建立起应力函数的微分方程。另外，他亦指出，如果没有体力，那么

　　[1] 据斯托克斯说，自己是在布西内斯克的《位能在弹性固体平衡与运动中的应用》一书中发现这样的应力分布，1885 年。另见斯托克斯的《数学与物理学论文集》第 5 卷第 238 页。
　　[2] 假定板厚为 1。
　　[3] 《国际物理学大会》(Congr. intern. phys.)第 1 卷，第 348 页，1900 年，巴黎。
　　[4] On Reciprocal Figures, Frames, and Diagrams of Forces.详见麦克斯韦的《科学论文集》第 2 卷，第 200 页。

求解两类二维问题的方程就会等价,并且应力分布和材料的弹性常数无关。

约翰·亨利·米歇尔(John. Henry. Michell,1863—1940)对二维问题理论作出重要补充[①]。在探讨该问题时[②],米歇尔指出:如果不存在体力,且边界是单连通的,那么应力分布与各向同性板的弹性常数无关。当边界为多连通时,如像穿孔板那样,则仅当每个边界上合力为零时,应力便同材料模量无关。

在把一般理论应用于特殊情况的过程中,米歇尔利用了布西内斯克和符拉芒的简化径向应力分布解(参见第 68 节),得出以下两个问题的答案[③]:一是半无限板直边上作用有斜向力时;二是端部受力的楔形悬臂梁(图 211)。随后,他依据问题二之变截面梁理论结果,提炼出了简支梁计算公式的精度。另外,针对无限板内部某点受力问

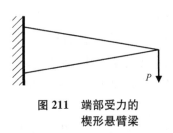

图 211 端部受力的楔形悬臂梁

题,米歇尔不仅算出答案,还表明:这里的应力分布依赖于弹性常数,且作用点处的应力值为无穷大。为消除该计算结果的瑕疵,必须在板中引入一个小圆孔,然后再把已知荷载按静力等效成小孔边界上的分布力,从而形成一个能够计算的多连通边界。

对于边界作用有集中荷载的圆盘应力问题,米歇尔与赫兹曾经的答案相同(参见第 71 节)。接下来,前者将目光放在水平面上的大体积圆盘或圆筒受力问题上,人们在其相关文章中发现了大量生动图形,这足以说明米歇尔为解释圆板不同应力分布所做的努力。

---

① 约翰·亨利·米歇尔出生于澳大利亚,就读于剑桥大学,1887 年取得硕士学位。在剑桥大学多年任教后,米歇尔回到澳大利亚并成为墨尔本大学的教授。

②《伦敦数学学会论文集》第 31 卷,第 100~124 页,1899 年。

③《伦敦数学学会论文集》第 32 卷,第 35 页,1900 年。

第 12 章

20 世纪的材料力学新进展

　　自 19 世纪末开始,材料力学发展进入快车道。国际材料实验大会引起越来越多工程师和物理学家重视,前者关注材料力学性能的研究,后者热衷于固体物理性质的探索。由于亥姆霍兹和维尔纳·西门子(Werner Siemens)的努力,德国国家物理技术研究所落地于柏林[①],旨在将物理学研究成果更好匹配工业领域的实际需求。在 1891 年英国科学促进会主席致辞中,奥利弗·洛奇(Oliver Lodge)提醒大家,应关注这家德国研究所的工作动态;并强调其对英国的重要性,因为类似科研机构将有助于英国工业建设[②]。作为回应,英国科学促进会组成一个委员会,并指派代表访问德国国家物理技术研究所以及位于波茨坦的测试中心(Versuchsanstalt)。在委员会随后的访问报告里,出现这样的声音:"我们应当意识到严格管控科研标准化的好处。虽然现在既不需要也不便干涉各种材料实验研究项目,即便这些项目大多出自私人或非国立实验室,但是对于那些特殊且重要的材料强度、力学性能等试验而言,如果能在权威部门进行,将会取得更大成效。"1899 年,英国国家物理实验室的预算获得批准,于是,这家重要机构开始运作起来。同时,远在大洋彼岸的美国也诞生了国家标准局,下属大型实验室专门从事各种材料力学性能的研究。

　　[①] 有关德国国家物理技术研究所(Reichsanstalt,1883—1887)的历史与成就,可参阅史塔克(J. Stark)的《帝国物理技术研究所五十年之研究与测试》(*Forschung und Prüfung 50 Jahre physikalisch-Technische Reichsanstalt*),莱比锡,1937 年。

　　[②] 详见该实验室首届(1900—1919)主任理查德·格拉泽布鲁克(Richard Glazebrook)爵士的《国立物理实验室的早期发展》(*Early days at the National Physical Laboratory*)。

私营公司逐渐意识到科学研究的重要性,各行业实验研究所如雨后春笋般出现,这不仅令材料力学研究数量激增,还改变了研究特点。新型实验室便于工程师同物理学家互相切磋,促使他们更加关注固体材料的结构和力学性能这些基本问题。1912 年,德国物理学家劳厄(Laue)发现了晶体的 X 射线衍射现象,从而使人们有可能根据这种现象来研究金属的内部结构。另外,生产大颗粒晶体的技术已日臻完美,同样,对单晶体的研究非常有助于人们掌握金属在不同条件下的力学性能①。于是,热衷材料力学性能研究的学者人数,以及该领域的论文发表数量均大幅拉升。在此,仅撷取其中最重要的论著以飨读者。

伴随材料实验研究的蓬勃发展,材料力学和弹性理论的应用范畴也在迅速膨胀。早在 19 世纪,结构工程中的应力分析已经得到普遍采用。当 20 世纪拉开帷幕,机械工业带来一种新潮流,非常渴望对零件进行精细应力分析,这些新趋势全都记录在机械设计的最新图书中,其中的实例当属斯托多拉的《汽轮机》②最为鲜活。就零件设计而言,如果说早期书本内容是以经验公式和初等材料力学为基础,那么在斯托多拉的著作里,看到的则是基于弹性理论不同应力分析手段的灵活运用,涉及板壳、温度以及转盘应力,且格外关注不同振动条件下的应力状况。另外,斯托多拉还留意到孔洞与倒角处的应力集中现象以及应力分析的实验方法。在某种程度上讲,《汽轮机》这本书代表材料力学的成长趋势,是以科学方法进行机械设计的重要著作。

72. 弹性极限内的材料特性

格林乃森提出一种更准确的弹性模量确定途径③。他采用光线干

---

① 有关描述单晶体成就的最重要论述包括:施密德(E. Schmid)与博厄斯(W. Boas)所著的《晶体的可塑性》(*Kristallplastizitat*),柏林,1935 年;以及伊拉姆(C. F. Elam)的《金属晶体的畸变》(*The Distortion of Metal Crystals*),牛津大学出版社,1936 年。

② 译者注:斯托多拉(A. Stodola),《汽轮机》(*Die Dampfturbinen*)。

③ 格林乃森(E. Grüneisen),《德国物理学会争鸣》(*Verhandl. deut. physik. Ges.*)第 4卷,第 469 页,1906 年。

涉法测量微小伸长量,从而断定,在低于 140 lb/in² 的较小应力条件下,像铸铁这样的材料是精确服从胡克定律的。另外,这位学者还认为,由比尔芬格[1]与霍奇金森[2]提出并经巴赫[3]和舒勒[4]广泛采用的指数公式 $\varepsilon = a\sigma^m$ 完全无法适用于极小变形的情况。对那些不服从胡克定律的材料,梅姆克曾讨论过各种不同的应力-应变计算公式[5]。

单晶体样品试验表明,材料模量具有明显的方向依赖性,图 212 便是铁的弹性模量 E 与剪切模量 G 在不同方向上的差异表现[6]。一旦掌握单晶体的这些信息,就能发展出一套计算多晶体试件模量平均值的方法,继而可以对实验结果进行高精度估算[7]。

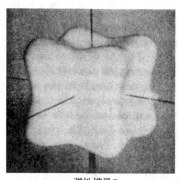
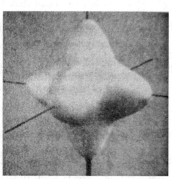

弹性模量E 　　　　　　剪切模量G

图 212　金属铁模量 E 和 G 的变化

根据光线干涉理论可知:对于理想弹性材料,胡克定律有微小偏差;再者,石英单晶体的滞回环和弹性后效现象完全能够通过材料热弹

① G. B. 比尔芬格,《彼得堡科学院评论》第 4 卷,第 164 页,1729 年。

② E. 霍奇金森,《曼彻斯特文学与哲学学会研究报告与会议论文集》(*Mem. Proc. Manchester Lit. Phil. Soc.*),第 4 卷,第 225 页,1822 年。

③ 卡尔·巴赫,《论文与报告》(*Abhandlungen und Berichte*),斯图加特,1897 年。

④ 舒勒(W. Schüle),《丁格尔理工学报》第 317 卷,第 149 页,1902 年。

⑤ 梅姆克(R. Mehmke),《数学与物理杂志》,1897 年。

⑥ 详见施密德与博厄斯所著《晶体的可塑性》第 200 页。

⑦ 详见博厄斯与施密德的论文,《瑞士物理学报》(*Helv. Phys. Acta.*)第 7 卷,第 628 页,1934 年。

性和压电性加以解释[1]。

开尔文勋爵曾表明[2]，当以十分缓慢的加载速度进行拉伸试验时，试件温度便会与环境温度保持相同，应力、应变关系即可用图 213a 所示直线 OA 表示，且斜率恰好就是等温条件[3]下的弹性模量 E。若迅速施加拉力，以致无足够时间进行热交换，则应力、应变关系就会由直线 OA 变为 OB。与等温情况相比，通常这种绝热条件下的弹性模量更大。因为试件受到突然拉伸，其温度会降低到周围环境温度以下。当恒定荷载作用下的试件放置较长时间后，它的温度将逐渐升至室温，并导致试件额外延伸，即如图 213a 中的水平直线 BA 所示，这种称为"弹性后效"的伸长量是由材料热弹性引起的。当温度达到完全均衡后，如果将试件突然卸载，则其绝热收缩的过程可用图 213a 中平行于 OB 的直线 AC 来表示。鉴于试件长度迅速缩短，其温度又会上升，而后续降至室温的冷却过程就会令试件加紧收缩，该过程可以图 213a 中的 CO 段表示。综上所述，当试件在绝热条件下变形并有足够时间达到温度均衡时，我们便可以得出一个完整的、由平行四边形 OBAC 表示的应力应变循环，其面积代表每次循环所损失的机械能。当然，上述推理的前提是绝热变形，而实际上，每个循环过程总会产生一些热交换，因此，可用如图 213b 所示的环线来代替平行四边形。通常，绝热模量和等温模量的差别非常小[4]，且每次循环的机械能消耗亦很少。然而，如果像振动那样往复不断地多次循环，那么机械能损失就会变成重要因素，则必须加以考虑，因为这就相当于所谓内摩擦对运动的阻尼效果。

在如上讨论里，假定试件突然伸长后，作用其上的荷载大小始终不变。反之，如果伸长后的试件长度维持恒定，则试件温度上升便会略微降低原有的作用力，这就是如图 213c 中垂线 BD 所代表的松弛过程。现突然放松试件，就能画出图 213c 中的 DC 段部分；随后因受冷，又将

① 约弗（A. Joffe），《物理年鉴》第 4 系列，第 20 卷，1906 年。
② 详见开尔文的《弹性理论与热学》第 18 页，爱丁堡，1880 年。
③ 译者注：等温条件（isothermal conditions）、绝热条件（adiabatic conditions）。
④ 对于钢材大约为 0.33%～1%。

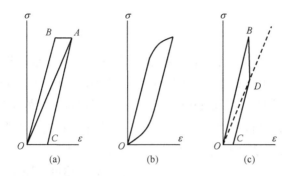

图 213　不同条件下的应力应变关系

得到 $OBDC$ 循环中的闭合线 CO。

　　虽然研究对象是单晶体试件,但是也会存在多晶体试件里类似的内摩擦现象。晶体伸长时,热弹性效应依赖于结晶方向,因此在每个晶粒中,多晶体试件伸长导致的温度改变各不相同。这样一来,不仅应考虑试件与周围环境之间的热交换,还必须关注各晶粒间的热流动。既然晶粒发热量正比于体积,而热交换的多少又和表面积大小有关,因此显而易见,晶粒尺寸的减小有助于均衡温度并增加机械能损失。以上结论具有重要实用价值,这是由于:在许多情况下,弹性体系的振动阻尼主要来源于材料内摩擦,欲增加体系内阻尼,就要使用具有细小晶粒的材料。

　　最后必须强调,在我们的讨论中,假定试件变形是完全弹性的。当然,如果应力足够小,上述假定便是可期的。一旦应力较大,内摩擦现象就会变得更加复杂,因为不只要考虑以上由于热交换所产生的机械能损失,更会涉及每个晶粒内部因塑性变形而造成的能量损失[①]。

---

　　① 大量有关各种材料阻尼性能测定的研究工作是由罗威特(Rowett)完成的,《伦敦皇家学会论文集》第 89 卷,第 528 页,1913 年。近期,在位于德国不伦瑞克的沃勒研究所(Wohler Institute),奥托·弗普尔(Otto. Föppl)团队也进行了相关研究,详见《德国工程师协会》(VDI)第 70 卷,第 1291 页,1926 年;第 72 卷,第 1293 页,1928 年;第 73 卷,第 766 页,1929 年。齐纳(C. Zener)和助手们的研究揭示出内摩擦热弹性成因的重要性,详见《物理学评论》(*Phys. Rev.*)第 52 卷,第 230 页,1937 年;第 53 卷,第 90 页,1938 年;第 60 卷,第 455 页,1941 年。上述研究成果均体现在齐纳的著作《金属的弹性与非弹性》(*Elasticity and Anelasticity of Metals*)中,1948 年。

73. 脆性材料的断裂

　　有关玻璃这类脆性材料的断裂研究在这一时期也取得了长足进步。通常,玻璃拉伸实验的极限强度非常小,仅有 10^4 lb/in² 的量级。当取弹性模量 $E = 10^7$ lb/in² 时,就会发现:只需每立方英寸 5 lb·in 的功就能使这种材料发生断裂。然而,如果按分子断裂所必需的力进行计算,那么其能量要求就会比以上数字大 30 000 倍。

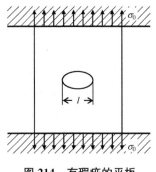

图 214　有瑕疵的平板

　　为厘清上述矛盾,格里菲斯(A. A. Griffith)提出一种理论[1]。他认为,玻璃强度大幅降低的原因在于存在着极细微的裂纹,这些瑕疵充当着应力集中源(stress raiser)角色。如图 214 所示,平板处于单向均匀拉伸状态,假设裂纹为一狭长的椭圆孔,并利用熟悉的椭圆孔周围应力分布计算公式,格里菲斯发现,鉴于孔的原因,而使单位厚度的平板应变能减少量为

$$\frac{\pi l^2 \sigma_0^2}{4E} \tag{a}$$

式中,l 为裂纹长度,且板的厚度取 1。当裂纹开始扩展至整个截面而发生断裂时,假定此刻应力大小为 σ_0。格里菲斯观察到,只有当因裂纹长度增量 $\mathrm{d}l$ 导致表面能的增加被平板应变能的相应减小所抵消时,才会出现如下情况:即使不需要任何额外的功,裂纹也有可能继续扩展。他由此得出

$$\frac{d}{\mathrm{d}l}\left(\frac{\pi l^2 \sigma_0^2}{4E}\right)\mathrm{d}l = 2S\mathrm{d}l \tag{b}$$

---

　　[1] 格里菲斯,《伦敦皇家学会学报》系列 A,第 221 卷,第 163 页,1920 年。另见《国际应用力学大会论文集》(*Proc. Intern. Congr. Applied Mechanics*),代尔夫特,1924 年,第 55 页;以及斯梅卡尔(A. Smekal)的论文,《机械工程的材料科学手册》第 4 卷,第 1 页,1931 年。

式中，S 为表面拉力。从上式可得

$$l = \frac{4SE}{\pi \sigma_0^2} \qquad\qquad (c)$$

这样一来，如能根据拉伸实验测得玻璃抗拉极限强度 σ_0，就可以计算出裂纹长度。格里菲斯取表面拉力[①] $S = 5.6 \times 10^{-4}$ kg/cm，并将 $E = 7 \times 10^5$ kg/cm²，$\sigma_0 = 700$ kg/cm² 代入上式，即有 $l \approx 1 \times 10^{-3}$ cm。

为了验证自己的理论，格里菲斯对承受内压的薄壁玻璃管进行实验。他用金刚石在管子表面划出不同长度的人工裂纹，这些纹路平行于管轴线，然后依照实验测算出 σ_0 的临界值，且完全吻合理论式（c）的答案。随后，格里菲斯对细玻璃纤维进一步实验，并发现：当单根纤维直径等于 3.3×10^{-3} mm 时，极限抗拉强度为 3.5×10^4 kg/cm²，该值比之前提到的强度 $\sigma_0 = 700$ kg/cm² 大 50 倍。按照格里菲斯的理论，如果能够观察到：在拉成细丝过程中，起先垂直于纤维长度方向上的裂痕都被消除了，那么较细的玻璃纤维之所以有如此高的相对强度便会得到完美诠释。另外，这位学者还注意到：伴随时间流逝，这些纤维会失去部分强度。如果对拉伸过的纤维马上进行二次张拉，则直径为 0.5 mm 的玻璃丝便将成功获得高达 6.3×10^4 kg/cm² 的极限强度，该值几乎等于分子力估算理论强度的一半。上述现象清楚表明，因脆性材料内部存在很多微裂痕，其抗拉强度会大幅降低。

单晶体试件拉伸试验有助于深入研究脆性材料断裂问题。在对岩盐样品测试后，约弗发现[②]：如在室温条件下测量，抗拉极限强度仅为 45 kg/cm²；当同类试件放入热水中，屈服应力就会达到 80 kg/cm²，随后进一步塑性伸长，最终断裂时的应力等于 16 000 kg/cm²，该值与茨

---

① 格里菲斯采用不同温度条件下熔融玻璃的试验数据，并用外推法得到了 S 的结果。

② 详见《物理学杂志》（Z. Physik.）第 286 页，1924 年。另见《国际应用力学大会论文集》，代尔夫特，1924 年，第 64 页。

维基(F. Zwicky)计算的理论强度 20 000 kg/cm² 相差无几[1]。这些实验表明：试件表面光滑程度对抗拉强度起到至关重要的作用[2]。

奥罗万(E. Orowan)的云母片抗拉强度实验是一次非常有趣的尝试[3]。他表明，我们可以作出以下对比

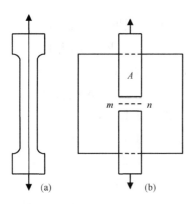

测试：如图 215a、b 所示，前一种方案是对从云母片上切下来的试件进行单向拉伸，后一种则用夹钳 A 使一叠云母片上的 mn 区域产生拉力。在完成多次试验后，就会发现后者极限强度将比前者大 10 倍。上述测试再次表明：在第一个方案中，沿试件纵向边缘的瑕疵会让强度明显降低，但如果采用方案二，则相应的云母片加载模式便能消除如此影响，因此可以得出较高的极限强度。

图 215　奥罗万的云母片实验

如果因存在瑕疵而使脆性材料的强度受到很大影响，那么似乎便可以从逻辑上判断，这类材料的极限强度应该与试件的尺寸大小有关。鉴于尺寸越大，出现瑕疵的概率自然就会增加，极限强度势必随之降低。在脆性断裂的案例中，虽然尺寸效应已经引起广泛关注，例如冲击实验[4]或疲劳实验[5]所产生的脆断可能和试件大小有关，但是该事实的统计学解释却还需经历时日才由韦布尔(W. Weibull)给出[6]。他指出，对于某种已知材料，当两种几何相似但体积不同的样品进行分组拉伸测

① 《物理学》(*Physik. Z.*)第 24 卷，第 131 页，1923 年。

② 有关约弗效应(Joffe effec)的进一步讨论，详见施密德与博厄斯所著的《晶体的塑性》第 271 页。

③ 奥罗万，《物理学杂志》第 82 卷，第 235 页，1933 年。

④ 沙尔皮(M. Charpy)，《国际材料实验学会第六届大会》(*Assoc. intern. essai matériaux*, *6ᵗʰ Congr.*)，纽约，1912 年，第 4 卷，第 5 页。

⑤ 彼得森(R. E. Peterson)，《应用力学学报》(*J. Applied Mechanics*)第 1 卷，第 79 页，1933 年。

⑥ 《瑞典皇家工程研究所第 151 号会议记录》(*Roy. Swed. Inst. Eng. Research*, *Proc.*, *nr. 151*)，1939 年，斯德哥尔摩。

定时,与体积 V_1、V_2 相应的极限强度值将存在如下关系:

$$\frac{(\sigma_{\text{ult}})_1}{(\sigma_{\text{ult}})_2} = \left(\frac{V_2}{V_1}\right)^{1/m} \tag{d}$$

式中,m 为材料常数。通过式(a)确定出 m 值后,便能估算出任意试件大小的 σ_{ult} 值。达维坚科夫(N. Davidenkov)完成了此类相关实验[①]:采用高含磷钢材,以两种不同直径 d(10 mm,4 mm)和不同长度 l(50 mm,20 mm)的样品为实验对象,他得出两个 σ_{ult} 值:57.6 kg/mm²、65.0 kg/mm²。这样一来,根据式(a)可得 $m = 23.5$。然后再以该值 m 估算出 $d = 1$ mm、$l = 5$ mm 试件的极限强度等于 77.7 kg/mm²,而实验结果为 75.0 kg/mm²。由此可见,理论值完美吻合实验结果。

如前所述,利用论文中的类似统计方法,韦布尔计算出矩形杆件的纯弯极限强度,并建立起以下比例关系:

$$\frac{(\sigma_{\text{ult}})_{\text{bending}}}{(\sigma_{\text{ult}})_{\text{tension}}} = (2m + 2)^{1/m} \tag{e}$$

此公式亦经达维坚科夫的实验证实:当 $m = 24$ 时,其实验所得比率是 1.40,而理论计算值等于 1.41。

在韦布尔的论文中,还发现了其他一些具有实用价值的应力分布形式以及相关实验研究,这些结果均与统计理论完全吻合。当然,上述理论只能用于脆性断裂情况。如果材料在断裂前呈现明显塑性变形,这种变形就会缓和所有瑕疵处的局部应力集中现象,也使得平均应力成为破坏与否的衡量标准。

在脆性材料的性能实验里,虽然试件通常承受压力,却很难令其均匀分布。鉴于试件与实验机台板接触面间存在摩擦力,所以侧向膨胀得以限制,并且在此局部区域内,材料将处于三向受压状态。这会导致接触面附近的材料完好无损,而试件其他各边都被压碎的情况。为消除接触面上的摩擦作用,奥古斯特·弗普尔将石蜡涂抹在接触

---

① 达维坚科夫论文的英文版详见《应用力学学报》第 14 卷,第 63 页,1947 年。

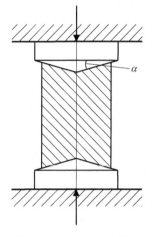

图 216 西贝尔和蓬普的抗压实验

面上[1]，如此一来，试件破坏形态便和之前的大相径庭，立方体试块将被分割成许多与侧边平行的条带而破坏。当压力测试中采用圆柱形试件，并取其高度等于直径的 2～3 倍，则试件中段应力分布比较均匀，故而端部效应就将名存实亡。西贝尔(E. Siebel)和蓬普(A. Pomp)提出了另一种产生均匀压力的方法[2]。如图 216 所示，把圆柱体试件置于两圆锥形表面之间而使其受压，并令 α 等于摩擦角，则合压力便会平行于圆柱体试件轴线。

在非常高的流体静压实验中，脆性材料会表现出塑性特征[3]。利用大理石和砂岩制成圆柱体试件[4]，并使之承受轴向及侧向压力，西奥多·冯·卡门(Theodore von Kármán)成功获得通常只会在铜这类塑性材料中呈现的筒状压缩形状。

74. 延性材料试验

单晶体试件变形的最新研究成果让我们了解到延性材料应变的大量前沿信息。这些工作表明[5]：单晶体拉伸时的塑性变形涉及一定方向上沿某结晶构造面的材料滑移。例如，当采用面心立方体晶格结构(图 217)的单晶体铝材样品进行实验时，滑移就会沿着平行于八面体的平面之一出现，比如 abc 面，滑移方向将平行于三角形的一条边。在拉

---

① 详见《慕尼黑机械试验技术通讯》第 27 期，1900 年。

② 《杜塞尔多夫威尔海姆钢铁研究所通讯》(*Mitt. Kaiser-Wilhelm Inst. Eisenforsch. Düsseldorf*)第 9 卷，第 157 页，1927 年。

③ 基克(F. Kick)，《德国工程师协会》第 36 卷，第 278、919 页，1892 年；亚当斯(F. D. Adams)、尼科尔森(J. T. Nicolson)，《英国皇家学会哲学学报》第 195 卷，第 363 页，1901 年。

④ 西奥多·冯·卡门。《德国工程师协会》第 55 卷，第 1749 页，1911 年。

⑤ 详见之前提到的由施密德与博厄斯所著的《晶体的可塑性》，以及由伊拉姆所写的《金属晶体的畸变》。

伸实验里,试件滑移并非出现在最大剪
应力作用的 45°平面,而发生于最不利方
位的八面体平面上。这就解释了为什么
在单晶体材料的实验中,每当试件开始
屈服时,拉伸荷载值往往都会非常离散。
正如我们了解到的那样,这些数值将不
仅与材料的力学性能有关,也与晶轴相
对于试件轴线的方向有关。

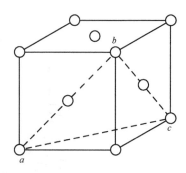

图 217　面心立方体的晶格结构

　　如图 218 所示,假设在横截面面积
为 A 的单晶体拉伸试件中,八面体滑移面之最不利方位由法线 n 及滑
移方向线 pq 确定,则作用于滑移面上的剪应力为

$$\tau = \frac{P}{A} \cos \alpha \sin \alpha \qquad (\text{a})$$

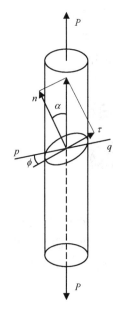

实验揭示出,滑移起点不仅取决于 τ 值,也和沿滑
移面 pq 方向上的应力分量 $\tau \cos \phi$ 之大小有关。如
果该分量达到某定值 τ_{cr} 时,滑移就会开始。将这
个定值代入式(a),有

$$\tau_{cr} = \frac{P}{A} \cos \alpha \sin \alpha \cos \phi \qquad (\text{b})$$

显然,对于已知材料,当 τ_{cr} 为常数时,开始屈服的
荷载 P 将依赖于角度 α 和 ϕ 的大小。

　　如图 219 所示,可以将滑移拉伸过程分解为两
个步骤:① 沿滑移面的平移运动(图 219b);② 试
件相对于初始方向以转角 β 转动(图 219c)。上述
拉伸机制清楚表明:一是在扭转过程中,拉力 P 的
方向与滑移面之间的角度发生了变化;二是试件原
本的圆形截面变成椭圆截面,且两个主轴的大小比
例为 $1 : \cos \beta$。

图 218　单晶体拉伸
　　　　试件

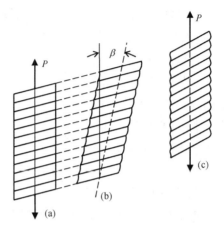

图 219　滑移拉伸的过程

大量单晶体实验数据均支持上述结论。比如,图 220 所示铜-铝单晶体拉伸试件[1]。另外,类似实验还表明,每当滑移起步时,τ_{cr} 值往往都非常小。图 221 代表不同温度条件下单晶体铝材的剪应变与剪应力关系[2],从中可以看出:虽然 τ_{cr} 值极小,但是随着试件变形的增加,为继续滑移所需的 τ 值也将逐渐变大,这正是材料应变硬化的结果。

图 220　拉伸后的铜铝单晶体样品

按照考虑分子作用力的计算方法,τ_{cr} 值非常大。这暗示出,滑移过程既涉及不同原子面之间的相对刚体平移;也需要引入以下假定:在较小的荷载作用下,鉴于存在某些局部瑕疵,使得滑移从这些瑕疵处开

---

① 详见伊拉姆的《金属晶体的畸变》第 182 页,1935 年。
② 详见博厄斯、施密德的论文,《物理学杂志》第 71 卷,第 703 页,1931 年。

始,扩展至整个滑移面。对此,路德维希·普朗特提出了一个模型,用以描述滑移开始于疵点的可能性[1]。杰弗里·英格拉姆·泰勒(Geoffrey Ingram Taylor)也有自己的力学解释[2],他假定:在原子分布中有一种称作"位错"的局部扰动,在极小应力 τ_{cr} 影响下,该扰动将沿晶体滑移面移动,并使部分晶体相对于另一部分产生位移。利用此计算模型,泰勒不仅告诉我们为何极小的 τ_{cr} 值就会开启滑移,还解释了图 221 曲线所示应变硬化现象。

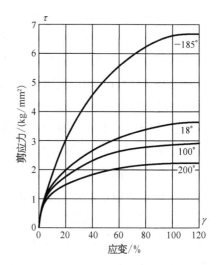

图 221　应变硬化现象

普通多晶体样品实验结果有助于我们深刻理解单晶体材料特性。采用抛光的铁质试件,尤因(J. A. Ewing)与罗森海因(W. Rosenhain)进行了多次非常有价值的拉伸实验[3]。显微镜下的金属表面告诉我们以下事实:即便在比较低的拉伸荷载作用下,一些晶粒表面仍然会出现"滑移带",这预示着晶粒中的滑移总会沿确定的结晶构造面发生。鉴于每个方向上的单晶体弹性性质可能大相径庭,且晶体分布呈现随机性,故拉伸试件的应力分布是非均匀的,在平均拉应力值达到屈服前,滑移现象就可能出现在最不利方向的个别晶粒内。如果此刻给试件卸载,遭受滑移的晶体已无法完全恢复到原来形状,从而导致卸载后的试件将会留下一些残余应力。当然,试件的其他"后效"(aftereffect)亦可归因于残余应力。在加载、卸载循环之间,每个晶体的屈服过程也会造

---

① 1909 年,在哥廷根一次有关弹性理论的研讨会上,普朗特讨论过这个模量,并将这些内容发表在《应用数学与力学》第 8 卷,第 85~106 页,1928 年。
②《伦敦皇家学会论文集》第 145 卷,第 362~404 页,1934 年。
③ 尤因、罗森海因《伦敦皇家学会学报》(系列 A)第 193 卷,第 353 页,1900 年。

成能量损失,并增加如第 72 节讨论过的滞回环面积。当对该试件进行二次张拉时,在拉力达到第一次加载值前,已经出现滑移的晶粒是不会屈服的,仅当荷载超过该值后才可能再次滑移。另外,如果在前述拉伸实验后对试件反向加压,那么在平均压应力达到能够令试件在原始状态产生滑移带之前,所施加的压应力连同残余应力(源于上次拉伸实验)将使最不利方位的晶体出现屈服。于是,拉伸实验循环便提高了抗拉弹性极限,但抗压弹性极限却随之降低。显而易见,单个晶体之滑移及其造成的残余应力是对包辛格效应的最佳诠释[1]。

当研究结构钢的抗拉强度时,屈服点处的突然延伸现象引起工程师高度重视。众所周知:当试件拉应力达到某个数值时,拉载就会突然下降;随后,金属材料又将在另一稍低应力下大幅伸长。为区别上述不同应力水平,卡尔·巴赫引入"屈服上限(upper)"和"屈服下限(lower)"这两个术语[2]。进一步实验揭示出:与屈服上限相比,屈服下限受试件形状影响较小,所以后者更具实用价值。另外,弯曲与扭转实验表明,和均匀应力分布工况相比,屈服特征线或称吕德斯线将会出现在更高的应力条件下,从而导致屈服的起点不仅与最大应力值有关,也取决于应力梯度。纳道伊曾指导过一些有关钢材屈服点的重要实验,结果表明,屈服起点非常依赖应变速率[3]。图 222 所示几条曲线是在一个较宽应变速率范围内的软钢测量结果($u = ds/dt = 9.5 \times 10^{-7} \sim 300/s$)。由此可见,屈服点、极限强度和总伸长量均十分依赖应变速率。

为了解释屈服点处钢材突然延伸的原因,曾有学者提出如下论据[4]:

---

① C. F. 詹金(C. F. Jenkin)提出了一个有价值的模型,用于描述滞回环与包辛格效应(Bauschinger effect),《工程》第 114 卷,第 603 页,1922 年。

② 卡尔·巴赫,《德国工程师协会》第 58 卷,第 1040 页,1904 年;第 59 卷,第 615 页,1905 年。

③ 曼朱尼(M. J. Manjoine).《应用力学学报》第 11 卷,第 211 页,1944 年。

④ 卢德维克(P. Ludwik)、朔伊(Scheu),《德国工程师协会材料委员会报告》(*Werkstoffanschuss VDI, Ber.*)第 70 期,1925 年;克斯特(W. Köster),《钢铁工业文献》(*Archiv. Eisenhuttenw*)第 47 期,1929 年。

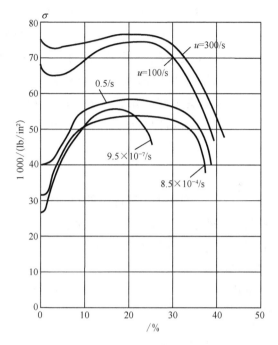

图 222　较宽应变速率范围内的软钢测量结果

微观颗粒边界是脆性的且形成一种刚性骨架,该骨架能够阻止颗粒在低应力下塑性变形。如果失去这种骨架,拉伸曲线就会变成图 223 中的虚线。正是存在刚性骨架,材料方可保持完全弹性状态,并在发生破断的 A 点之前始终服从胡克定律。伴随着材料塑性颗粒突然产生永久应变 AB,随后,试件便会像普通塑性材料那样按曲线 BC 继续变形。上述理论说明:在屈服上限,材料处于不稳定状态。

　　同时,该理论还解释了如下事实:通常,具有小晶粒的材料都会显示出更高的屈服应力值,也导致屈服时有较长的延伸段,其定义可取自图 223 中水平直线 AB 的长度。另外,从图 222 中的不同曲线可知,当加载速度变大时,不但屈服点应力会增长,同时还将伴随着该应力下的延伸量增加。

　　针对超过屈服点的拉伸试件塑性变形而言,相关研究已经取得了

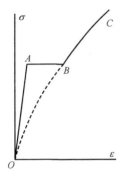

图 223　钢材拉伸曲线

新进展[1],这主要归功于在画拉伸测试图时,人们引入了"真实应力"和"自然应变"两个概念[2]。前者定义为:荷载除以该力作用时刻试件变形后的实际截面面积;而在计算后者时[3],采用实际长度 l 代替试件初始长度 l_0,于是,应变增量为 $d\varepsilon = dl/l$,故自然伸长量的定义如以下积分:

$$\varepsilon = \int_{l_0}^{l} \frac{dl}{l} = \log_e \frac{l}{l_0}$$

当作用于试件上的拉力达到最大值时,试件就会开始出现局部收缩现象,或称"颈缩"。颈缩截面上的应力将不再保持均匀分布,换言之,这时已非简单拉伸而呈三向应力分布状态。通过对圆形杆件的研究,N. N. 达维坚科夫揭示出最小颈缩截面上的应力分布情况[4]:截面中央的拉应力最大,而截面边缘处的应力最小,其近似值分别如下:

$$\sigma_{max} = \sigma_a \frac{R + 0.50a}{R + 0.25a}, \quad \sigma_{min} = \sigma_a \frac{R}{R + 0.25a}$$

式中,σ_a 为平均拉应力,a 为最小横截面的半径,R 为颈缩处的纵断面曲率半径。再者,除试件轴线方向上的应力外,在径向与切向还分别存在着应力 σ_r、σ_θ。达维坚科夫证明:这两个力大小相等,可表示为

$$\sigma_r = \sigma_\theta = \frac{\sigma_0 R}{R + 0.25a} \frac{a^2 - r^2}{2Ra}$$

---

① 有关拉伸试验的全面讨论及其发展史,详见萨克斯(G. Sachs)的《拉伸试验》(*Der Zugversuch*),莱比锡,1926 年。相同的主题另见麦克格雷戈(C. W. MacGregor)的论文,《美国材料与试验协会论文集》(*Proc. ASTM*)第 40 卷,第 508 页,1940 年;以及他在《实验应力分析手册》(*Handbook of Experimental Stress Analysis*)上的文章,1950 年。

② 译者注:真实应力(true stress)、自然应变(natural strain)。

③ 在提交给国际物理学大会的论文里,梅纳热提出了这个概念;详见《国际物理学大会》第 1 卷,第 348 页,1900 年,巴黎。

④ 该论文的英文版详见《美国材料与试验协会论文集》第 46 卷,1946 年。

式中，r 为计算点至试件轴线的径向距离。

在研究断裂现象时，普朗特建议将断裂问题分为两类[1]：① 垂直于拉力方向的粘结断裂或脆性断裂；② 剪切断裂。在圆柱形结构钢实验中，我们还获得了所谓杯锥状（cup-and-cone）断口。其中央表面垂直于试件轴线，属于脆性断裂；断口外部出现与拉力方向呈 45°角的圆锥面，代表着剪切断裂。另外，卢德维克注意到[2]，断裂从颈缩的最小截面中心开始，并像脆性断裂那样扩展到截面中部；与此同时，外围材料仍保持塑性伸展。如果拿显微镜对软钢断口进行检查[3]，便会发现：部分晶粒沿立方体平面裂开，而另一些却沿八面体平面折裂；在塑性变形过程中，断口表面的晶体会被拉成纤维状。

75. 强度理论

众所周知，有关延性材料力学性能的大量知识都出自拉伸实验，而脆性材料的信息则更多依赖压缩试验。针对工程实践中遇到的不同组合应力工况，为找到相应的工作应力论据，人们发展出各种强度理论[4]。起初，虽然像拉梅和朗肯这样的科学家都以假定的最大主应力作为强度准则，但到后来，在彭赛利、圣维南等学术权威大力影响下，最大应变理论逐渐得到认可。其具体假定如下：如果最大应变达到由拉伸实验得到的某种恰当临界值，那么在任意类型的组合应力条件下，材料都将发生破坏或出现屈服平台。

在确定组合应力临界值时，麦克斯韦曾建议引入应变能表达式。他表明，单位体积内的总应变能可以分解成两个部分：① 均匀拉伸或压缩时的应变能；② 畸变时的应变能。在谈到后者时，麦克斯韦强

---

① 《德国自然科学家研讨集》(*Verhandlungen deutacher Naturforscher und Ärate*)，德累斯顿，1907 年。

② 《瑞士材料实验技术协会报告》(*Schweiz. Verband Materialprufung. Tech., Ber.*)第 13 期，1928 年。

③ 蒂珀(C. F. Tipper)，《冶金学》(*Metallurgia*)第 39 卷，第 133 页，1949 年。

④ 关于这个主题的完整发展史可以参考汉斯·弗罗姆的论文，《物理与工程力学手册》第 4 卷，第 359 页，1931 年。这些强度理论就包括最大应变理论、最大畸变能理论。

调道："我有非常充足的理由相信，只有当畸变应变能达到某限值后，材料单元才会开始屈服。"他补充说："这是我第一次动笔涉及该主题，在此之前，我还没有见到任何相关研究报告，而这个问题就是，已知单元三个方向上的机械应变，它将在何时屈服？"由此可见，虽然麦克斯韦已经意识到屈服理论，也就是如今所谓最大畸变能理论，但是他却始终没有再次回到这个问题上，直到他的那些往来书信发表后[1]，人们才察觉到麦克斯韦的上述理念。这样一来，工程师不得不花费相当长的时间，才把材料强度理论发展到能与麦克斯韦所提理论同等层次的水平。

迪盖(C. Duguet)发展出一种与库仑压缩理论类似（参见第 12 节）的拉伸准则[2]。格斯特(J. J. Guest)还提出过一套最大剪应力理论，用于处理不同工况条件下的软钢组合应力问题[3]，其只是前述莫尔理论（参考第 60 节）之特例，也是一个补充，因为莫尔理论无法解释像砂岩这种材料的脆性断裂试验结果[4]。

贝尔特拉米(Beltrami)建议[5]，在确定组合应力临界值时，须采用材料单位体积的应变能大小作为破坏准则。但该理论无法吻合实验结果，这是由于：在均匀流体静压下，即便材料可能存储大量应变能，也未必会出现断裂或屈服。

上述强度理论的一个改良版是由胡贝尔(M. T. Huber)提出的[6]。

---

① 詹姆斯·克拉克·麦克斯韦致朋友威廉·汤姆森的信函最早发表于《剑桥大学哲学学会论文集》第 5 部分，第 32 卷，后来，这些信件又被剑桥大学出版社出版成书，纽约与剑桥，1937 年。

② 《固体变形》(*Déformation des corps solides*)第 2 卷，第 28 页，1885 年。

③ 《哲学杂志》第 50 卷，第 69 页，1900 年。

④ 西奥多·冯·卡门，《德国工程师协会》第 55 卷，第 1749 页，1911 年；伯克尔(R. Böker)，《工程研究》第 175～176 号，1915 年。

⑤ 《巴勒摩数学会报告》(*Rendiconti del Circolo Matematico di Palermo*)第 704 页，1885 年；《数学年鉴》第 94 页，1903 年。

⑥ 《技术杂志》(*Czasopismo tech.*)第 15 卷，1904 年，勒沃(Lwóv)。另见 A. 弗普尔和 L. 弗普尔的《应力与变形》(*Drang und Zwang*)第 2 版，第 1 卷，第 50 页。冯·米塞斯(R. von Mises)也独立提出了这个概念，参见《哥廷根科学院新闻》第 582 页，1913 年。

在确定组合应力临界状态时,胡贝尔只考虑了畸变能,此畸变能的表达式为

$$U = \frac{1}{12G} \left[(\sigma_1 - \sigma_2)^2 + (\sigma_1 - \sigma_3)^2 + (\sigma_2 - \sigma_3)^2 \right] \tag{a}$$

式中,σ_1、σ_2 和 σ_3 为三个主应力。在单向拉伸中,为计算屈服点应力所对应之畸变能,可以将 $\sigma_1 = \sigma_{yp}$、$\sigma_2 = \sigma_3 = 0$ 代入式(a),于是有

$$U = \frac{\sigma_{yp}^2}{6G} \tag{b}$$

令(a)、(b)两式相等,则任意三维应力状态的屈服条件为

$$(\sigma_1 - \sigma_2)^2 + (\sigma_1 - \sigma_3)^2 + (\sigma_2 - \sigma_3)^2 = 2\sigma_{yp}^2 \tag{c}$$

对于平面应力分布,取 $\sigma_3 = 0$,则从式(c)可得二维情况的屈服条件,即

$$\sigma_1^2 - \sigma_1 \sigma_2 + \sigma_2^2 = \sigma_{yp}^2 \tag{d}$$

例如,对纯剪应力而言,当取 $\sigma_1 = -\sigma_2 = \tau$ 时,由上式可得,屈服剪应力为

$$\tau_{yp} = \frac{\sigma_{yp}}{\sqrt{3}} = 0.577\,4\sigma_{yp} \tag{e}$$

该值完美吻合实验结果。

取直角坐标系 σ_1、σ_2,则屈服条件式(d)可用图 224 中的椭圆表示。其中,不等边六角形虚线为服从最大剪应力理论的屈服条件。

根据主应力 σ_1、σ_2 和 σ_3,可以计算出作用在八面体各面上的剪应力 τ_{oct}[①]。注意到八面体的各面均与主轴夹角相等,于是便有

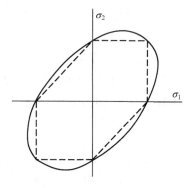

图 224　胡贝尔提出的屈服条件

---

① 此处的八面体概念与图 217 所示无关。

$$\tau_{\mathrm{oct}} = \frac{1}{3}\sqrt{(\sigma_1 - \sigma_2)^2 + (\sigma_1 - \sigma_3)^2 + (\sigma_3 - \sigma_1)^2} \tag{f}$$

将上式代入屈服条件式(c),可得

$$\tau_{\mathrm{oct}}^2 = \frac{2}{9}\sigma_{\mathrm{yp}}^2$$

换言之,屈服畸变能理论可表达成以下简单方式:无论任何情况的组合应力,只要八面体上的剪应力达到 $\tau_{\mathrm{oct}} = \sqrt{2}\sigma_{\mathrm{yp}}/3$,屈服就会发生。

为厘清畸变能理论的准确性,人们投入大量实验工作。在纳道伊建议下,罗德对铁、铜、镍等材料制成的薄壁管进行实验[1]。其间,试件同时承受轴拉及管内流体静压力,从而很容易制造出可忽略径向应力且具有不同 $\sigma_1 : \sigma_2$ 比值的二维应力状态,最终,实验数据精确地沿图 224 的椭圆界限分布。另外,在苏黎世联邦理工学院的材料实验室,M. 罗斯(M. Roś)和 A. 艾兴格(A. Eichinger)也完成过类似测试[2],结果再次支持了畸变能理论。杰弗里·英格拉姆·泰勒(G. I. Taylor)和奎尼(H. Quinney)分别对铝、铜和软钢制成的薄壁管进行试验,研究它们在轴向拉伸和扭转叠加作用下的二维应力[3]。对于前两种金属材料而言,实验结果与畸变能理论估算值非常吻合。

G. 萨克斯用完全不同的方法推导出剪切与拉伸屈服应力间的关系式(e)[4]。由第 74 节式(b)可知,单晶体试件的屈服荷载依赖于结晶方向。现假定多晶体试件为随机分布的晶体系统,不计晶体边界效应且全部晶体同时开始屈服,于是,萨克斯采用近似平均法得到 σ_{yp} 和临界剪应力 τ_{cr} 间的关系[5]。对于铝、铜、镍这些具有面心立方体晶格结构的晶体,他得出

---

① 罗德(W. Lode)。《物理学杂志》第 36 卷,第 913 页,1926 年。

②《国际应用力学大会论文集》,苏黎世,1926 年。

③《伦敦皇家学会学报》系列 A,第 230 卷,第 323~362 页,1931 年。

④ G. 萨克斯,《德国工程师协会》第 72 卷,第 734 页,1928 年。

⑤ 在 1925 年德累斯顿召开的应用数学与力学协会会议上,普朗特讨论并建议采用这种计算方式。另见 W. 罗德论文中的脚注,《物理学杂志》第 36 卷,第 934 页,1926 年。

$$\sigma_{yp} = 2.238\tau_{cr}$$

同理,对于纯剪而言,有

$$\tau_{yp} = 1.293\tau_{cr}$$

比较以上两式,可得

$$\tau_{yp} \approx 0.577\sigma_{yp}$$

在其计算精度范围内,萨克斯得到了与畸变能理论式(e)一致的结果。另外,他还进一步断言,就体心立方体晶格结构(比如铁)而言,可以近似得出相同结果。此前,有一种假说认为:对每种材料来说,只有当单位体积内的畸变能累积到一定量时,屈服才会开始。如今我们可以看到,萨克斯的成果为该假说提供了某些物理论据[①]。

76. 金属的高温蠕变

早在 19 世纪,人们就已经对高温条件下的材料强度进行过不少研究,但试验内容却仅限于室温环境下的强度指标,并未体现高温特点,实验目标旨在发现高温条件下的材料极限强度与弹性模量。然而,近三十多年来,材料的高温力学性能问题具备了更重大实用价值,例如,燃料经济性迫使工厂中各种类型的气动设备必须具有更高的环境温度。在蒸汽电厂,1920 年的设备温度约为 340 ℃,而如今已达 540 ℃。故而在汽轮机设计中,金属高温性能的知识储备就显得弥足珍贵。同样,柴油机和煤气机设计时也会遇到类似问题。只要引入能够承受高温考验的金属材料,便有可能提升燃气轮机或喷气推进式发动机的工作效率。另外,石化行业的新问题摆在大家面前,其中的难点亦绕不开金属高温力学性能。为了满足上述行业需求,一些部门已开始着手

---

① 关于各种强度理论的讨论及其更为完整的发展史,可以参阅 M. 罗斯与艾兴格的论文《抗裂体》(*Die Bruchgefahrfester Körpere*),瑞士材料科学与技术联邦实验室(EMPA)第 172 号报告,苏黎世,1949 年。

金属高温蠕变的实验研究①。在法国，以皮埃尔·舍弗纳尔（Pierre. Chevenard，1888—1960）为代表②；在英格兰，迪肯森（J. H. S. Dickenson）进行了炽热状态下的钢材流动性实验③。

　　研究表明：在高温环境中，恒定拉力作用下的钢材蠕变方式与室温条件的铅相同。人们试图建立一个极限蠕变应力，换言之，在此限值内不会产生蠕变。然而该努力却无功而返，因为并不存在这样的极限。并且，伴随高灵敏度测量仪器的大量涌现，人们能够测量出的受力试件蠕变应力越来越小。显而易见，通常使用的结构构件尺寸选择方法，例如，基于某种特定的工作应力，到高温环境下就会完全失效。设计人员必须考虑蠕变变形及其对确定构件适当尺寸之影响。具体措施包括：在结构使用期限内，比如发电厂按 20～30 年考虑，结构构件的变形不超过一定允许限值。

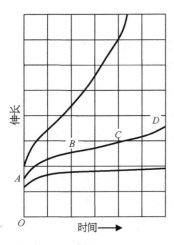

图 225　伸长量与时间的关系

　　为了掌握必要信息，有几家实验室进行了恒定荷载作用下的拉伸测试。这类实验结果大体如图 225 所示曲线，其中，伸长量为时间的函数。图 225 中不同曲线代表不同大小的拉伸荷载。以曲线 OABCD 为例，在加载瞬间，试件伸长量为 OA，随后开始发生蠕变，且蠕变率逐渐减小，这可由曲线 AB 的斜率加以说明。实际上，到了 BC 段，其斜率已基本不变，试件在蠕变率固定条件下继续延长。最终，沿 CD 段，蠕变率随着时间推移而增加。其主因在于，横截面的持续减

　　① 有关这类工作的信息及其完整的发展历程，可参阅塔普塞尔（H. J. Tapsel）的《金属的蠕变》（Creep of Metals），牛津，1931 年，以及乔治·史密斯（George V. Smith）的《梯度温度下的金属性能》（Properties of Metals at Elevated Temperatures），纽约，1950 年。
　　② 皮埃尔·舍弗纳尔。《法国科学院通报》第 169 卷，第 712～715 页，1919 年。
　　③ 迪肯森《伦敦钢铁协会学报》（J. Iron Steel Inst., London）第 106 卷，第 103 页，1922 年。

小,导致蠕变继续以不断增加的拉应力向前发展。对于工程师而言,最重要的是 BC 段,他们经常把焦点放在这个"最小蠕变率"范围内。如果在相应于 BC 曲线的时间段内,蠕变带来的应变硬化不断地被高温退火效应所克服,那么由于两者势均力敌,蠕变就将以恒定速率进行下去[1]。

鉴于实验持续时间一般不过几千小时,以致在预测整个使用期限内的结构蠕变变形时,就必须对实验数据进行外推。各种钢材的实测结果表明,在图 225 中曲线 AB 段内,伴随时间的算术级增加,最小蠕变率之上的增长率按几何级数减小,因此,常常利用如下蠕变率-时间关系式:[2]

$$\frac{d\varepsilon}{dt} = v_0 + c\,e^{-at} \tag{a}$$

式中,物理量 v_0 代表最小蠕变率,连同常数 c、α 均须根据温度及应力的实验蠕变-时间关系曲线确定,而且必须进行外推。将上式积分,可得

$$\varepsilon = \varepsilon_0 + v_0 t - \frac{c}{\alpha}e^{-at} \tag{b}$$

式中,常数 ε_0 仍旧源于实验。这样一来,任意时间 t 的试件伸长量都可由式(b)方便地算出。当 t 值很大时,式(b)中的最后一项可以忽略不计,并可用渐近线 BD 来代替蠕变曲线 AC(图 226)。于是,根据不同应力条件下 450 ℃的金属实验结果,就可以绘出图 227 所示曲线[3]。且以此为基础,求得任意假定应力 σ 及在役时间下的伸长量。

对于高温条件下的结构应力计算,期望有这样一个表达式,它能计算初始伸长后的那部分总蠕变(如图 226 中的 ε_1)。通常,假定这部分总蠕变可以表示成如下形式:

$$\varepsilon_1 = \phi(\sigma)\psi(t)$$

---

[1] 这个观点是由贝利(R. W. Bailey)提出的,他对蠕变研究的贡献很大。详见《金属协会学报》(*J. Inst. Metals*)第 35 卷,第 27 页,1926 年。

[2] 外推法是由麦克维蒂(P. G. McVetty)提出的,详见《美国材料与试验协会论文集》第 2 部分,第 34 卷,第 105~129 页,1934 年。

[3] 这些结果取自麦克维蒂的论文,《美国材料与试验协会论文集》第 34 卷,1938 年。

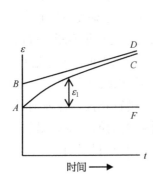

图 226 蠕变-时间关系曲线

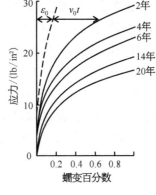

图 227 应力-蠕变关系曲线

式中，ϕ 仅与 σ 有关；而 ψ 只是时间 t 之函数。为实用起见，常取 ϕ 是 σ 的指数函数，并取图 226 所示实验曲线 AC 作为 ψ。如此可得

$$\varepsilon_1 = a\sigma^m \psi(t) \tag{c}$$

式中，a、m 均为常数，并且必须吻合实验曲线。应用上述方程，便可解决一些高温结构设计中遇到的实际问题。

例如，考虑高为 h、宽为 b 的矩形截面梁纯弯问题，假设弯曲时截面仍保持为平面，且拉伸与压缩时材料的力学性能相同，从而让中性轴始终通过截面质心。令 $\sigma_{\max}$ 为最大应力，σ 表示到中性轴距离等于 y 处的应力，则由式(c)可得

$$\left.\begin{aligned}\varepsilon_{\max} &= \frac{h}{2\rho} = a\sigma_{\max}^m \psi \\ \varepsilon &= \frac{2y}{h}\varepsilon_{\max} = a\sigma^m \psi\end{aligned}\right\} \tag{d}$$

所以有

$$\sigma = \sigma_{\max}\left(\frac{2y}{h}\right)^{1/m} \tag{e}$$

将其代入计算弯矩的表达式，可得

$$M = 2\int_0^{h/2} b\sigma y\,\mathrm{d}y = \sigma_{\max}\frac{bh^2}{6}\frac{3m}{2m+1}$$

于是可得 $\sigma_{\max}$，并根据式(d)计算任意时间 t 的曲率 $1/\rho$。在上述推导过程中，不计施加弯矩 M 时的瞬时曲率。

人们已经开展了少量组合应力条件下的蠕变实验研究。在室温环境里，R. W. 贝利进行了铅管承受内压及内压联合轴力作用的实验项目[1]，也探讨过 480 ℃ 及 550 ℃ 下轴拉与扭转混合作用时的钢管材料力学性能。埃弗里特(F. L. Everett)还测试过高温受扭钢管[2]。如果缺乏组合应力作用下的蠕变实验资料，则可以利用简单拉伸的蠕变试验结果间接求解这类较为复杂的问题。对此，通常假定如下：① 在塑性变形过程中，主应力 (σ_1，σ_2 与 σ_3) 的方向与主应变 (ε_1，ε_2 和 ε_3) 方向一致；② 材料的体积保持不变，故对于微小变形，可取

$$\varepsilon_1 + \varepsilon_2 + \varepsilon_3 = 0 \tag{f}$$

以及③最大剪应力正比于相应的剪应变，换言之，有

$$\frac{\varepsilon_1 - \varepsilon_2}{\sigma_1 - \sigma_2} = \frac{\varepsilon_2 - \varepsilon_3}{\sigma_2 - \sigma_3} = \frac{\varepsilon_3 - \varepsilon_1}{\sigma_3 - \sigma_1} = \theta \tag{g}$$

式中，θ 是 σ_1、σ_2、σ_3 的特定函数，可由实验确定。另外，从以上两式可得

$$\left. \begin{array}{l} \varepsilon_1 = \dfrac{2\theta}{3}\left[\sigma_1 - \dfrac{1}{2}(\sigma_2 + \sigma_3)\right] \\[2mm] \varepsilon_2 = \dfrac{2\theta}{3}\left[\sigma_2 - \dfrac{1}{2}(\sigma_1 + \sigma_3)\right] \\[2mm] \varepsilon_3 = \dfrac{2\theta}{3}\left[\sigma_3 - \dfrac{1}{2}(\sigma_1 + \sigma_2)\right] \end{array} \right\} \tag{h}$$

虽然这些方程类似于胡克定律的应力-应变关系式，但是其中有两点不同：$2\theta/3$ 代替了常数 $1/E$，且用 $1/2$ 这个因子代替了泊松比。

为让式(h)适用于计算恒定速率的蠕变值，可将以上方程除以时间

---

① 世界电力大会，东京，1929 年，《工程》第 129 卷，第 265~266、327~329、772 页，1930 年。
② 埃弗里特《美国机械工程师协会学报》(*Trans. ASME*)第 53 卷，1931 年；《美国材料与试验协会论文集》第 39 卷，第 215~224 页，1939 年。

t，并用符号 $\dot\epsilon_1$、$\dot\epsilon_2$ 和 $\dot\epsilon_3$ 表示主蠕变率，κ 代表括号前的因子，于是有

$$
\left.\begin{aligned}
\dot\epsilon_1 &= \kappa\left[\sigma_1 - \frac{1}{2}(\sigma_2+\sigma_3)\right] \\
\dot\epsilon_2 &= \kappa\left[\sigma_2 - \frac{1}{2}(\sigma_1+\sigma_3)\right] \\
\dot\epsilon_3 &= \kappa\left[\sigma_3 - \frac{1}{2}(\sigma_1+\sigma_2)\right]
\end{aligned}\right\} \tag{i}
$$

在把这些方程用于简单拉伸时，可取 $\sigma_1=\sigma$ 及 $\sigma_2=\sigma_3=0$，则有

$$\dot\epsilon = \kappa\cdot\sigma \tag{j}$$

已经强调过，在简单拉伸中，恒定蠕变率的实验结果可以完美地用一个指数函数来表示，即

$$\dot\epsilon = b\sigma^m \tag{k}$$

式中，b、m 为两个材料常数。欲使以上两式相等，必取

$$\kappa = b\sigma^{m-1} \tag{l}$$

为确定由式(i)表示的一般情况下的函数 κ 形式，可以利用第 75 节中的式(c)，这是因为：该式代表三维应力体系和简单拉伸这两种屈服条件之间的关系。于是，将式

$$\sigma_e = \frac{1}{\sqrt{2}}\sqrt{(\sigma_1-\sigma_2)^2+(\sigma_2-\sigma_3)^2+(\sigma_3-\sigma_1)^2} \tag{m}$$

所表示的数值作为一个等效拉应力代入式(l)。对于简单拉伸情况，可以根据这种方式再次得出式(k)；且对一般情况而言，由式(i)可得

$$
\left.\begin{aligned}
\dot\epsilon_1 &= b\sigma_e^{m-1}\left[\sigma_1 - \frac{1}{2}(\sigma_2+\sigma_3)\right] \\
\dot\epsilon_2 &= b\sigma_e^{m-1}\left[\sigma_2 - \frac{1}{2}(\sigma_3+\sigma_1)\right] \\
\dot\epsilon_3 &= b\sigma_e^{m-1}\left[\sigma_3 - \frac{1}{2}(\sigma_1+\sigma_2)\right]
\end{aligned}\right\} \tag{n}
$$

将简单拉伸蠕变实验所得值代替常数 b、m，便可有一套计算公式用于求解一般情况下的蠕变率 $\dot{\varepsilon}_1$、$\dot{\varepsilon}_2$、$\dot{\varepsilon}_3$。许多学者也采用相似公式来解决这类重要问题。例如，承受内压的厚壁圆筒蠕变以及转盘的蠕变[①]，对此，应力 σ_1、σ_2、σ_3 就无法依据静力公式求出，而必须采用逐步积分法加以解决。

77. 金属材料的疲劳

机械工业的发展进步带来了应力循环下的金属疲劳风险，而且这个问题也日益突出。在正常使用期间，机械损坏的主要诱因来源于零部件的疲劳，所以这种现象也就成为 20 世纪材料实验研究的重中之重[②]。自沃勒和包辛格那个年代开始，持久极限与应力幅[③]这两个概念就已经尽人皆知。通常，在已知完全交变应力的持久极限后，任意其他类型的应力循环疲劳特性便可按照格贝尔（W. Gerber）假定迎刃而解[④]。该假定认为，应力幅 R 与平均应力 σ_a 有如下抛物线规律：

$$R = R_{max}\left(1 - \frac{\sigma_a^2}{\sigma_{ult}^2}\right)$$

在实验室里，使用低速试验机来测量持久极限需要耗费大量时间和金钱，故而人们努力寻找持久极限与其他力学性能之间的可能关系，当然，这些力学性能往往都是可以通过静力实验研究得出的。虽然有人曾发现：承受完全交变应力的黑色金属，其持久极限约等于 0.40～

---

① 奥德克维斯特（F. K. G. Odqvist），《塑性理论》（*Plasticitetsteori med tillämpningar*），《瑞典皇家工程研究所论文集》，1934 年，斯德哥尔摩；R. W. 贝利，《机械工程师协会学报》（*J. Inst. Mech. Engrs.*）第 131 卷，第 131 页，1935 年；瑟德贝里（C. R. Soderberg），《美国机械工程师协会学报》第 58 卷，第 733～743 页，1936 年。

② 有关这项工作的描述可参阅如下图书：高夫（H. J. Gough）的《金属的疲劳》（*The Fatigue of Metals*），伦敦，1924 年；穆尔（H. F. Moore）、科默斯（J. B. Kommers）的《金属的疲劳》，纽约，1927 年；在 1937 年 6—7 月麻省理工学院的暑期班上，高夫的油印讲义；罗斯、艾兴格的论文，《瑞士材料科学与技术联邦实验室》第 173 号报告，苏黎世，1950 年。

③ 译者注：持久极限（endurance limit）、应力幅（range of stress）。

④ 格贝尔《贝耶建筑与工程杂志》（*Z. bayer. Architek. u. Ing. Ver.*），1874 年。

0.55 倍的极限强度,但是相关努力仍然收效甚微。

就算滞变现象与疲劳之间存在关系,学者们为寻找这种关系也已投入太多精力。包辛格曾经提出一个"自然比例极限"[1]概念:当材料承受应力循环时,该值固定不变,并且在疲劳实验中,此极限可用于确定安全幅(safe range)。贝尔斯托(L. Bairstow)把这个概念又向前进了一步[2],他将镜式伸长计与低速加卸载试验机结合起来,测量出滞回环的宽度,且发现:当绘制滞回宽度与所施加的循环应力最大值关系图形时,实验数据近似直线分布。贝尔斯托建议,可用此直线与应力轴的交点来确定安全应力幅(safe range of stress),而后来的耐久性实验结果也证明了上述假定。从那之后,人们又构思出一些通过滞回环确定疲劳应力幅的简捷方法。与测定滞回环宽度方法不同,霍普金森(B. Hopkinson)和威廉姆斯(G. T. Williams)对一次循环的能量耗散进行热工测量[3],进而提出一种快速确定持久极限的方法。近期,在位于德国不伦瑞克的沃勒研究所,针对金属阻尼性能[4]及其与疲劳强度的关系,奥托·弗普尔团队进行了广泛测试[5]。

尤因和汉弗莱(J. C. W. Humfrey)提出迅速测定持久极限的另一套办法[6]。他们采用表面抛光的瑞典铁试件,并在承受多次交变应力循环后对其进行显微观察,结果表明:当作用应力超过某限值不久后,有些晶体表面便会出现滑移带(slipbands)。其中几条滑移带还会因循环次数增加而变宽,最终,沿着某条已经变宽的滑移带轮廓线开始出现裂缝。人们一般认为,能够产生滑移带的应力会超出安全应力幅,如果继续该应力循环,就将沿构件表面出现连续滑移。当然,滑移的同时还会

① 译者注:自然比例极限(natural proportional limits)。
② 贝尔斯托《伦敦皇家学会学报》系列 A,第 210 卷,第 35 页,1911 年。
③ 霍普金森、威廉姆斯《伦敦皇家学会论文集》系列 A,第 87 页,1912 年。
④ 译者注:金属阻尼性能(damping capacity of metals)。
⑤ 这项成果的英文综述经由海德坎普(G. S. Heydekamp)发表,《美国材料与试验协会论文集》第 31 卷,1931 年;以及奥古斯特·弗普尔的论文,《伦敦钢铁协会学报》第 134 卷,1936 年。
⑥ 尤因、汉弗莱《伦敦皇家学会学报》系列 A,第 200 卷,第 241 页,1903 年。

伴随着摩擦,这与刚体滑移面间的行为类似。另外,据此理论,由于这种摩擦力作用,材料将沿滑移面逐渐磨损,并最终导致裂缝。H. J. 高夫和汉森(D. Hanson)的进一步研究[1]指出:因为滑移带可形成于比材料持久极限更低的应力状态,所以在不会导致裂缝形成的条件下,滑移带也能够扩展并加宽。

为深入明晰疲劳实验的破坏机理,高夫在攻坚克难中采用了一种叫作"精密 X 射线技术"的新方法[2]。他首先研究了单晶体试件,且表明:循环应力作用下的延性金属晶体,其变形机制与静力条件下的一致。换言之,滑移出现在晶面的某一确定方向上,并且依赖于滑移方向上的剪应力分量大小。高夫的 X 射线分析结果表明[3]:"当应力循环超过了安全应力幅,晶面就会发生扭曲变形,虽然扭曲面的平均曲率微不足道,但局部曲率却很显著。这表明:在如此扭曲的晶面上,一定存在较大局部应变,实际上,或许还包括晶格之间的不连续。换言之,在充分大范围的外部应力或应变作用下,该扭曲面将形成一条逐渐扩展的裂缝;而当循环应变幅度较小时,这种情况就可能是稳定的。"

在用软钢这类晶体材料进行实验时,基本静力测试表明,当实验维持在弹性极限内,理想晶粒就不会产生永久变形。而在弹性极限和屈服点之间,少数理想晶粒将发生破裂,形成少量更为细小的晶粒和雏晶,这些晶屑的最小尺寸极限在 $10^{-4} \sim 10^{-3}$ cm。一旦超过屈服点,每个理想晶粒都会破裂,继而形成更小的晶粒和大量雏晶。通过应力循环作用,可以发现:当施加的应力幅超出安全限值,逐渐损伤并破裂成雏晶的结果就将导致断裂,与静力测试中的破坏过程完全相同。综上所述,通过实验已经证明,在静力或者疲劳应力作用下,金属的断裂都将伴随同样的材料内部结构变化过程。

另外,人们还投入大量精力,用于研究影响持久极限的各种因素。

① H. J. 高夫、汉森《伦敦皇家学会论文集》系列 A,第 104 卷,1923 年。
② 有关这项成果的综述提交给了皇家航空协会,详见《皇家航空协会学报》(*J. Roy. Aeronaut Soc.*),1936 年 8 月。
③ 详见上述高夫的论文。

利用可以产生不同频率应力循环的实验设备,工程师们发现:当频率达到每分钟循环 5 000 次时,并未看到显著的频率效应;而当其提高至一百万次以上时,C. F. 詹金的结果表明①,工业纯铁和铝的持久极限增加了 30%。

如果对初始拉伸超过屈服点的钢材试件进行疲劳实验,就会发现,上述的适度拉伸会对持久极限有所提高。想要通过冷加工来进一步提高持久极限,那么当加工过度时,持久极限上升到某点后便会显著下降②。在开始进行正常持久性测试前,如果试件承受了若干多次的超过持久极限的应力循环,那么这里就存在一个过载循环极限次数,该值可依据过载应力幅度而定。低于此限值时,持久极限不受影响;但超过后,能够经受的循环次数便会表现出减少趋势。绘制出过载循环最大应力与这些循环极限次数的关系图形,便可得到测试材料的损伤线③,该曲线下方面积代表无法引起破坏的所有过载应力程度。这种损伤线能够用于使用程度不超过持久极限,却经常承受过载应力循环的机械零部件。另外,有人还建立了一个计算公式,以便掌握破坏前机械零件能够承受不同强度过载应力的循环次数④。在飞机结构中,经常要对各种零件的工作应力进行统计分析⑤,并且对疲劳实验的设计也有讲究,必须调整实验应力循环状态,使其能够符合被研究对象的实际工作情况。

暴露在氧化剂环境下的金属应力循环性能研究也备受关注,大量相关研究工作已经全面完成。黑格(P. B. Haigh)观察到⑥,当经受盐水、氨水或盐酸作用并承受交变应力时,黄铜试件的持久极限就会逐渐

① C. F. 詹金,《伦敦皇家学会论文集》系列 A,第 109 卷,第 119 页,1925 年;第 125 卷,1929 年。

② H. F. 穆尔、J. B. 科默斯,《伊利诺伊大学工程实验室通报》(*Univ. Illinois Eng. Exp. Sta. Bull.*),1921 年,第 124 号。

③ 损伤线(damage curve);弗伦奇(H. J. French),《瑞士工程科学院》(ASST)第 21 卷,第 899 页,1933 年。

④ 兰格(B. F. Langer),《应用力学学报》第 4 卷,第 160 页,1937 年。

⑤ 考尔(H. W. Kaul),《德国航空研究年鉴》(*Jahrb. deut. Luftfahrt-Forsch*)第 307~313 页,1938 年。

⑥ 黑格《金属协会学报》第 18 卷,1917 年。

下降。他还指出,除非遭受侵蚀性物质与交变应力的同时作用,否则,氨水对黄铜是没有损伤效果的。麦克亚当对腐蚀疲劳问题作出进一步研究[1],讨论了腐蚀与疲劳对不同金属或合金的综合影响效果,实验揭示出:在多数情况下,持久性实验前遭受强烈腐蚀的材料,其损伤程度远不及实验过程中伴随有轻微腐蚀的严重。麦克亚当的实验亦表明,空气中的钢材持久极限几乎正比于材料的极限强度,但清水环境下的结果却大相径庭。另外,对于含碳量 0.25% 以上的钢材,其腐蚀疲劳极限不会随含碳量进一步提高,反而会因热处理作用而降低。真空中的实验结果显示:钢材的持久极限与空气中的几乎相同[2],然而,铜、黄铜试件却分别增长超出 14% 和 16%。鉴于工程中的大量破坏情况恰恰源自腐蚀疲劳,因此上述结果具备重要实用价值。

大多疲劳信息的获取依赖于弯曲实验或直接拉压测试,可见,如何将简单应力用于组合工况并建立起相关法则就显得非常必要。为获取更有价值的实验数据,高夫和波拉德(H. V. Pollard)利用同相位往复弯曲与往复扭转组合作用[3],并采用改变最大弯矩和最大扭矩比率的方式,以实验表明,在低碳钢或铬镍合金钢(3.5% 的镍)中,弯曲应力和剪应力极限值可由下式确定:

$$\frac{\sigma^2}{\sigma_e^2}+\frac{\tau^2}{\tau_e^2}=1 \tag{a}$$

式中,σ_e、τ_e 分别为弯曲和扭转持久极限值。

采用最大畸变能理论可得出相同结果。将第 75 节的式(c)写成下列形式:

$$(\sigma_1-\sigma_2)^2+(\sigma_1-\sigma_3)^2+(\sigma_2-\sigma_3)^2=2\sigma_e^2 \tag{b}$$

并用以下数值代替式(b)中的 σ_1、σ_3:

① 腐蚀疲劳(corrosion fatigue)。麦克亚当(D. J. McAdam),《材料试验国际大会论文集》(Proc. Intern. Cong. Testing Materials),阿姆斯特丹,1928 年,第 1 卷,第 305 页。
② 高夫、索普维奇(D. G. Sopwich),《金属协会学报》第 49 卷,第 93 页,1932 年。
③ 高夫、波拉德。《机械工程师协会学报》第 131 卷。

$$\frac{1}{2}(\sigma \pm \sqrt{\sigma^2 + 4\tau^2}), \quad \sigma_2 = 0, \quad \tau_e = \frac{\sigma_e}{\sqrt{3}}$$

便会得到式(a)。彼得森与沃尔的实验也支持式(b)用于延性材料[1]。

以往艰难的经验说明,多数疲劳裂缝开始于应力集中处,通常在工程机械零部件的倒角、沟缝、孔洞、键槽周围。首次有关影响疲劳的应力集中效应实验由沃勒完成(参见第 39 节)。包辛格继续这位学者的成就,进行了一些带槽试件的实验研究[2],并认为,0.1 mm 和 0.5 mm 沟槽尺寸对降低软钢持久极限影响较小。奥古斯特·弗普尔对应力集中的研究更为系统[3],通过对带圆孔的矩形试件进行拉压试验,他意识到:孔的影响比理论公式计算值小很多,其偏差源于如下事实:试验所采用的高应力减少了产生断裂所需的循环次数。而当应力较小时,孔的影响就变得非常显著。奥古斯特·弗普尔还对带圆槽试件进行拉压及弯曲实验,仍然得出上述答案。最终,他采用具有 1 mm 和 4 mm 倒角半径的圆形试件($d=20$ mm)进行扭转疲劳测试,为迫使构件在相对较低的循环次数($n=10^5$)下发生断裂破坏,他采用了高应力。结果再次表明,倒角的影响的确远小于弗普尔的理论预期值[4]。

彼得森深入探讨过应力集中对疲劳问题的影响[5],从对不同直径试件的实验数据中,他得出如下结论:① 在某些情况下,疲劳实验结果十分接近应力集中的理论值;② 与非淬火碳钢比较,合金钢和淬火碳钢的疲劳实验结果更符合理论答案;③ 伴随试件尺寸减小,倒角、孔洞导致

---

[1] 彼得森、沃尔(A. M. Wahl),详见之前提交给工程教育促进学会(Society for the Promotion of Engineering Education)的论文,1941 年 6 月 23 日,美国密歇根州安娜堡市。

[2] 详见《慕尼黑工业大学机械技术实验室通讯》(*Mitt. mech. tech. Lab. Technischen Hochschule, Munich*)第 25 期,1897 年。

[3] 详见《慕尼黑工业大学机械技术实验室通讯》第 31 期,1909 年。

[4] 对于受扭杆轴倒角处的应力集中系数,奥古斯特·弗普尔可能是第一位提出其估算公式的人,详见《德国工程师协会》第 1032 页,1906 年。该问题的更精确解是由维勒斯(F. A. Willers)提出的,《数学与物理杂志》第 55 卷,第 225 页,1907 年。A. 莱昂利用玻璃试件进行了确定应力集中系数的实验,《槽口尺寸和槽口效应》(*Kerbgrosse und Kerbwirkung*),维也纳,1902 年。

[5] 《应用力学学报》第 1 卷,第 79,157 页,1933 年;第 3 卷,第 15 页,1936 年。

的疲劳强度降低将不再如此明显；对于非常细小的倒角、孔洞，其对疲劳强度降低的影响更是微不足道。基于上述结果，可提出一个应力集中影响系数的理论建议值，从而有助于大型机械零部件设计之需，或合金钢、热处理碳钢这类细晶粒钢的工程应用。

在有关应力集中的疲劳实验里，人们发展出各种理论，用来解释其中的尺寸效应现象。彼得森指出[1]，该效应可用韦布尔推荐的统计方法加以解释，这种方法源于脆性材料的静载测试数据，并被后者多次用于分析实验结果（参见第 73 节）。当然，是否此法能够充分诠释疲劳实验中的尺寸效应，取决于试件的数量及尺寸是否足够多，也与实验数据是否充分有关。很多疲劳测试中所采用的大型试件要么出自铁姆肯公司的机械设备[2]，要么被加工于英国斯泰夫利的船轴机[3]，结果表明：试件尺寸越大，疲劳强度就越低。

减轻应力集中的损伤效应是机械设计的头等大事。巧妙改变设计思想是释放应力集中现象的关键。例如，消除尖锐的凹角，采用大半径倒角，设计正确的倒角外形，以及引用泄压槽等措施，都是削减应力集中的好方法。然而，有时这些方式却行不通，所以就必须设法改善危险部位的材料属性。例如，可将材料加以适当表面热处理；或采用冷轧方法大幅提高材料相关力学性能。奥托·弗普尔提出：可以利用表面冷加工来改进材料的疲劳性能，另外，他还对小尺寸试件进行了大量研究[4]。布克沃特（T. V. Buckwalter）与 O. J. 霍尔格将以上方法用于足尺轮轴[5]，并开发出一台用于测试 14 in 轮轴的实验设备。这预示着疲

① 尺寸效应（size effect）。R. E. 彼得森，《材料工程中的金属性能》（*Properties of Metals in Materials Engineering*），由美国金属学会出版，俄亥俄州克利夫兰市，1948 年。

② 铁姆肯（Timken）。霍尔格（O. J. Horger）、奈弗特（H. R. Neifert），《美国材料与试验协会论文集》第 39 卷，第 723 页，1939 年。

③ 斯泰夫利（Stavely）。多雷（S. F. Dorey），《工程》，1948 年。

④ 详见其论文，《沃勒研究所通讯》（*Mitt. Wohler Inst.*），德国不伦瑞克；另见《工程》（*Maschinenbau*）第 8 卷，第 752～755 页，1929 年。

⑤ 布克沃特、O. J. 霍尔格《美国金属学会学报》（*Trans. ASM*）第 25 卷，第 229～244 页，1937 年。另见铁摩辛柯的论文《伦敦机械工程师协会论文集》第 156 卷，第 345 页，1947 年。

劳实验研究的现代趋势,以及在某些工况下可采用足尺试件来进行静力破坏实验。著名的沃勒疲劳实验便开始于实际大小的铁路机车轮轴(参见第 39 节),之后才转向实验室的小试件上。为了验证设计优化以及研究尺寸效应问题,人们再次将关注转向足尺试件上。

78. 实验应力分析

将新型测量设备引入实验研究是现代材料力学的重大成果之一,这些新手段极大地提升了人们有关工程结构应力分布的知识储备。实验应力分析的发展原因是多维度的。在材料力学和弹性理论中,公式推导的前提是假定材料为均质、完全弹性且遵循胡克定律。然而站在事实角度上,材料的力学性能有时远非完全均质与理想弹性,故而证明那些依据理想材料得出的公式是否可行就显得既实用又重要。仅在最简单条件下,采用理论公式才会得出应力分布的完整答案。相反,在大多数情形下,工程师必须依赖近似解,然后再通过直接试验去校核近似的精度。工程设计的现代趋势旨在追求最经济的材料使用量,因此就必须提高容许应力且降低安全系数。然而,只有当设计人员获得材料性能的准确信息,并掌握应力分析的适当方法,上述设计方式才能保证安全。仅就应力分析而言,掌握结构使用工况的详细信息是必须的,尤其是作用于结构上的各种外荷载。但是,人们通常对此只略知一二,故而欲充实认知储备,就要依靠对实际结构在不同使用条件下的应力情况进行研究。综上所述,近代发展起来的实验应力分析方法意义重大①。

这一时期,弹性力学的新进展涉及新型测量仪器和应力近似定量法的诞生。五花八门的应变计层出不穷,不仅用于变形直测或实验研究,还能服务于在役结构的现场测量。其中,电阻丝应变计特别值得一提,它大大简化了静力条件下的应力测定工作,甚至也能记录结构在交变外力或机器零部件在运转条件下的应力循环。这些数据记录有助于

---

① 实验应力分析学会成立于美国,其活动及出版物引起了工程师们的广泛重视。该学会新近出版的《实验应力分析手册》是由赫特尼(M. Hetényi)教授编写的,有助于提高我们对材料力学和弹性理论实验研究的认知水平。

人们正确分析振动问题,并提升对结构动力效应的认知水平。除此之外,还有一种叫作电感计的应变仪,当需要测定机车运动导致的轨道应力或轮轴转动之扭转角时,这种仪器就会发挥出重要的作用①。

在 20 世纪,由麦克斯韦提出的应力分析光弹法已经得到广泛使用。梅纳热利用该法校核了符拉芒有关集中力作用点周围的应力分布理论②,并解决过拱桥应力这个工程问题③。光弹法展现出两个主应力之差,而梅纳热建议,通过测量平板模型计算点处的厚度变化,还可以得出主应力之和。科克尔则利用此概念研制出专用横向引伸计,用以测量构件厚度的变化情况,另外,他还引入赛璐珞材料,从而极大地简化了光弹实验模型的制备工艺,可以说,科克尔对光弹法的推广应用功勋卓著④,正是在伦敦大学学院的科克尔实验室,许多青年才俊接受了光弹测量的初步熏陶。

弹性力学光弹法的再次升级应归功于图齐⑤,因为他提出了应力测量与影像记录的条纹法。由于加载后采用该方法可以立刻得出实验结果,故而会降低时间效应所造成的误差。另外,图齐还使用一种具有较大感光性的新材料,即所谓"酚醛塑料"来制作模型。在光测弹性学方面,法夫尔提出了一种纯粹的光学方法⑥。如今,光弹法已广泛流行于工程领域,相关设备也随处可见,无论科研院所还是大学实验室,甚至包括各类行业组织。鉴于模型制备和测量水平大幅提升,使得很多无理论方法的二维问题都能通过足够精密的实验加以解决⑦。

① 有关这种电感计的完整讨论,详见 B. F. 兰格的论文,参见《实验应力分析手册》第 238～272 页。

② 《国立路桥学校年鉴》第 4 卷,第 128～190 页,1901 年。

③ 《国立路桥学校年鉴》第 16 卷,第 133～186 页,1913 年。

④ 科克尔(E. G. Coker)的实验研究以及 L. N. G. 菲隆的理论成果,均收集在《光弹理论》(*A Treatise on Photo-elasticity*)一书中,剑桥,1931 年。

⑤ 齐罗·图齐(Zirô. Tuzi),《东京物理化学研究所科学论文》(*Sci. Papers Inst. Phys. Chem. Researches*,*Tokyo*)第 7 卷,第 79～96 页,1927 年。另见《第三届国际应用力学大会论文集》,斯德哥尔摩,1931 年,第 2 卷,第 176～180 页。另:条纹法(fringe method)。

⑥ 法夫尔(H. Favre),《瑞士建筑杂志》第 20 卷,1927 年。

⑦ 弗罗赫特(M. M. Frocht),《光测弹性学》(*Photoelasticity*),纽约,1941 年。

虽然在 1900 年前后，有学者试图在模型中采用应力冻结法来进行三维光弹应力分析。虽然麦克斯韦早已首先观察到了应力冻结这种现象，但是在那个年代，三维光测弹性学仍处于襁褓之中[1]。

仅就复杂结构而言，由于不易采用理论方法对其进行应力分析，因此脆性涂层法便成为首选[2]。当加载前给模型或试件表面涂上一种脆性漆，然后逐渐施力，漆层表面最先出现裂缝的地方就是最大应变所在，而与裂缝垂直的方位就代表最大拉应力方向。如果拿一根涂有同种脆漆的测度标杆进行单向拉伸实验，那么还能确定出杆件的应力大小。为了更加精确，甚至可以在裂缝方向的最薄弱处安放灵敏度更高的应变计，并使其垂直于裂缝。采取上述方法，迪特里希和莱尔分析了曲轴、连杆以及其他机器零件的应力[3]。

在各类工艺流程中，机械零件往往会产生残余应力，对此，工程师已经开展了大量的研究工作。如图 228a 所示，通过模具张拉出来的铜条，其整个截面上的应力分布是非均匀的，在表面附近，材料受压的效果比中心处更明显。当卸掉拉力 P，铜条便会均匀收缩，从而令部分均匀分布的应力从曲线 mn 中扣除。这样一来，最终的残余应力将会呈现出图 228b 中的阴影形状，其中，外层纤维受拉而内层纤维受压。如果把该杆件沿纵向剖开，则部分残余应力就会得到释放，而剖开后的两部分便类似于图 228c 中的曲线形状。如图 228d 所示，冷轧过程也会导致相似的残余应力。在杆件沿纵向截断前，当把引伸计附着在杆件的外表面上，那么当发生图 228c 的弯曲变形时，便能测量出残余应力峰值[4]。

---

① 有关应力冻结法(method of freezing the stress)的发展历史可参阅赫特尼的论文，《应用力学学报》，1938 年 12 月。另见发表于《实验应力分析手册》上的关于三维光弹的文章，第 924～965 页，1950 年。

② 有关这种脆性涂层法(method of brittle coatings)的描述，详见赫特尼发表于《实验应力分析手册》上的文章，第 636～662 页。

③ 迪特里希(Dietrich)、莱尔(Lehr)，《德国工程师协会》第 76 卷，第 973～982 页，1932 年。

④ 1924 年，在西屋电气公司的研究实验室里，作者进行了一些这类试验。

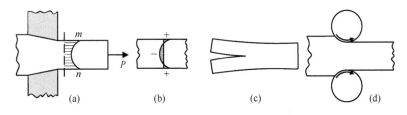

图 228　张拉铜条的残余应力

消除残余应力具有重要实用价值。在机械加工过程中，这种应力会产生令人讨厌的翘曲或季裂。有一些冷拉合金铜管，如果冷拉后未经适当退火处理，也将产生残余应力。为测量结构杆件内部该有害应力，需要将其切割成薄层，通过测定切割过程带来的变形，便能掌握计算残余应力的相关信息。这类残余应力实验的第一人是卡拉考兹基 (N. Kalakoutzky)[1]，而他的实验对象竟然是枪炮。为了弄清楚图 229 中矩形杆件的残余应力，先将其加工掉厚度为 Δ 的薄层。如果该层存在残余拉应力 σ，那么这种机械加工过程造成的形变效应就如同杆件上作用有两个偏心拉力 $\sigma b\Delta$（图 229a），从而会带来纵向应变 ε 及曲率 $1/\rho$，相应的计算公式分别如下：

$$\varepsilon = \frac{\sigma b\Delta}{Ebh} \tag{a}$$

$$\frac{1}{\rho} = \frac{\sigma bh\Delta}{2EI} \tag{b}$$

通过逐层刨平并测量每层的曲率改变，就能够利用以上两式计算出初始残余应力的相关数据。当然，还可以通过化学处理方式来替代上述机械"剥皮"过程。这种改进措施由前述达维坚科夫首先提出[2]，也被用于冷拉管件的残余应力研究。

---

① 卡拉考兹基《铸铁和钢材的内应力研究》(*The Study of Internal Stresses in Cast Iron and Steel*)，圣彼得堡，1887 年，英文翻译版，伦敦，1888 年。

② 《苏联物理技术学报》(*J. Tech. Phys.*, *USSR*)第 1 卷，1931 年。

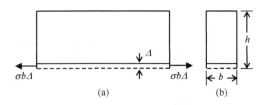

图 229 残余应力的分层计算模型

实心圆柱杆件的残余应力可用钻孔过程加以探究。通过把材料从圆柱内分层"剥皮"并测量圆柱纵向和切向的相应变形,便能够得到充分信息,从而计算出与圆柱成轴对称分布的残余应力[①]。这种方法不仅被大家用来研究各种热处理过程产生的残余应力,也能验证因不均匀冷却带来的塑性变形[②],当然,亦适用于热处理导致的塑性变形。为了增加机械零件在高度应力集中处的疲劳强度,人们会经常采用火焰硬化和渗氮法。这样一来,非常大的残余压应力就可能潜伏于金属表面,该应力与使用期间的循环应力结合在一起,有助于形成一种良性应力波动。

结构焊接造成的残余应力令人棘手。鉴于焊接过程会引起局部高温,因此,相继的冷却过程往往都会伴生出很高的残余应力。在焊接钢板结构中,这些应力的大小可采用应变花测定[③]。通过钢板平面应变花三个方向的相关数据,便能计算出主应变大小、方向以及相应的主应力值。当然,如果欲知钢板内部之残余应力,则应通过两次测量,一次在钢板未切割前,另一次在切除一小部分后,两者的读数差代表部分切割造成的应变值,也会显示出残余应力大小。

---

① 这种计算方法是由 G. 萨克斯发展完善的,《金属科学杂志》(*Z. Metallkunde*)第 19卷,第 352～357 页,1927 年;《美国机械工程师协会学报》第 821 页,1939 年。

② 布克霍尔茨(H. Buchholtz)、比勒(H. Bühler),《钢与铁》(*Stahl u. Eisen*)第 52 卷,第 490～492 页,1932 年。另见富克斯(S. Fuchs)的论文,《福施研究所通讯》(*Mitt. Forsch.-Inst.*)第 3 卷,第 199～234 页,1933 年;以及比勒、布克霍尔茨、舒尔茨(F. H. Schultz),《钢铁工业文献》第 5 卷,第 413～418 页,1942 年。

③ 有关各种应变花(rosette strain gauge)理论及应用的描述,可参阅迈耶(J. H. Meier)的论文,《实验应力分析手册》第 390～437 页。

实验应力分析法的触角正在向四面八方伸展,该领域的发展进步显而易见,材料力学的知识储备将会由此增长。在较长一段时间里,材料力学始终以解析途径为主导。虽然这种方法非常实用,却不能充分解决所有工程问题,因此,实验手段的广泛引入必将带来材料力学的新生。

第 13 章

1900—1950 年的弹性理论

79. 菲利克斯·克莱因(1849—1925)

早在高斯那个年代,德国哥廷根大学业已成为数学研究中心。高斯不仅是伟大的数学家,还热衷用数学解决天文学、物理学以及大地测量等方面的众多问题。鉴于其非凡成就,哥廷根大学确立了数学与工程实践有机结合的光荣传统。高斯的继承人,杰出数学家狄利克雷(Dirichlet)、黎曼(Riemann)和克莱布什也都保持着该传统,经常像纯粹数学那样开设一些理论物理的不同分支课程。到 19 世纪末与 20 世纪初,在克莱因的影响下,多学科融合的新理念开始迸发。

图 230　菲利克斯·克莱因

菲利克斯·克莱因(Felix Klein;图 230)出生于杜塞尔多夫[①]。从文理学校毕业后,克莱因进入波恩大学,不久便荣升为物理学教授普吕克(Plucker)的助教。1868年,未满 20 岁的克莱因就取得了博士学位,随后转入哥廷根大学任教,而当时的克莱布什也恰好在此。虽然,克莱因于 1871 年成

[①] 详见散存在克莱因《数学论文集》(*Gesammelte Mathematische Abhandlungen*)的自传注释,柏林,1921 年。另见《哥廷根大学联合会第 26 卷通报》(*Universilatsbund Gottingen E. V. Jahrgang 26, Mitteilungen*),1949 年,第 1 期;米塞斯,《应用数学与力学》第 4 卷,第 86 页,1924 年。有关哥廷根大学的数学历史,可参阅克莱因与希马克(Schimmack)的《数学教学》(*Der Mathematische Unterricht*)第 1 部分,第 158 页,1907 年。

为哥廷根大学的讲师,但第二年还是跳槽到埃尔朗根-纽伦堡大学(FAU),并在此当选讲席教授,而这一年克莱因还不到 23 岁。在该校,他发表了著名的《埃尔朗根纲领》(*Das Erlanger Programm*)讲演,并在其中强调数学与各应用学科相互融合的重要性。1875 年,他受聘为慕尼黑工业大学数学教授,不仅讲授微积分,还开设更高层次的专业数学讲座。克莱因意识到,如果工程专业的学生能够多学点数学知识,那么无论将来从事应用科学研究或担任教学工作,都是非常有益的。1880 年,克莱因再次从慕尼黑来到莱比锡大学,并于 1886 年重返哥廷根担任教授职位。克莱因始终关注着理论数学对技术物理或应用力学的帮助作用。在履职前,德国大学里还没有开设过此类课程,正是在克莱因影响下,哥廷根才开始设立了应用数学、技术物理(电气工程学)和应用力学这三个新讲席。

1893 年,克莱因去美国旅行,不仅目睹了芝加哥国际博览会盛况,还参加了当年的国际数学大会,并在埃文斯顿(Evanston)向美国数学家发表过一系列演讲。从那以后,克莱因便经常与美国科学家保持接触,其课堂上也时常出现美国学生身影。在美国期间,克莱因考查了许多大学的组织架构,他发现:在这些开设工程专业的学校里,数学训练不仅面向本专业,也有为工程学院开设的应用数学课程;此外,多数美国大学或科研机构是靠私人基金建立起来的,行政上完全独立,这些特点在克莱因脑海中留下深刻印象。

返回哥廷根后,克莱因便决心学习美国人的方法。他很快与德国企业代表取得联系,向他们解释了自己的办学理念,并希望在哥廷根大学成立应用数学、应用力学和应用物理学三个研究院,以便培养大批有利于实业发展的青年才俊。克莱因还详细叙述了这些研究院将会以怎样的活动来影响数学教学方法,以及怎样训练出一批具备工程学知识的数学教师。正是在克莱因的倡导下,1898 年,哥廷根应用物理及数学促进会①终于成立了。在该协会资金的支持下,哥廷根大学的几个研究

---

① 译者注:Göttinger Vereinigung zur Förderung der angewandten Physik und Mathematik。

院应运而生。克莱因不仅为新学院找到经济来源，还吸引来大批应用科学之优秀人才担任领导工作。当 1904 年组织工作完备后，这里的应用数学、应用力学及电气工程学方面的领军人物分别为卡尔·龙格、普朗特以及西蒙（H. T. Simon）[①]。

为加强新学院与理论数学学院之间的联系，在以克莱因为核心的应用学科教授们组织下，数次别开生面的研讨会引起了大家广泛的关注。材料力学、结构理论、弹性理论、电机工程等讨论主题贯穿着整个学期。在每次两小时的研讨会上，学生根据事先提供的主题，再经相关教授指导，最后在课堂上做出报告，随即教授与同学们共同参与讨论。席间，克莱因的建议总是很有价值，由于作为老师的他，有着丰富学识与非凡才干，能够洞察每个具体问题背后的普遍价值，并用一些适当的评论来说明学生见解与相关领域的联系。这种研讨会由纯粹数学与应用学科的代表们协同合作，是一种全新的教学模式，不仅在当时的德国独树一帜，也吸引着其他国家年轻工程师的兴趣，以致这里的聚会常常充满着浓厚的国际氛围。克莱因的新型学术活动圆满成功，大量学生选择哥廷根大学作为毕业后的深造场所。于是在该校，涌现出大量优秀的应用科学博士论文，并为不少理工院校输送了应用力学领域的教授。从那时起，克莱因、龙格、普朗特的昔日学生便逐渐成为德国工程力学专业的中坚力量。

克莱因的活动并不仅限于哥廷根大学的教学组织工作，他还将自己的渊博知识和才能投入到具有国际影响的科学项目上。在领导编纂《数学百科全书》（1901—1914）的过程中，鉴于克莱因同国外数学家的紧密联系，所以他很快就得到那些著名学者的合作编写意愿，从而使这本百科全书编写工作变成国际合作的典范。克莱因自己主笔力学部分，在其负责的四卷里，收录了当时最新的理论力学和应用力学各分支的全部资料，并附有非常完整的书目提要，其中也包括了大量历史文

[①] 西蒙。有关卡尔·龙格（Carl Runge）的传记，可参阅由艾丽丝·龙格（Iris Runge）著述的《卡尔·龙格》，另外，其还展现了一些 20 世纪初期哥廷根大学生动的学术活动画面。

献。这些图书的出版是当时那个年代力学发展的重大事件,并对每位科学家的研究工作有着极大的促进作用。通过将理论与应用学科密切结合,克莱因的《数学百科全书》显著推动了工程力学的发展进步。

为了改善纯粹科学与应用学科之间的关系,克莱因还提出对高中和大学数学教学大纲的修订方案。另外,他还提倡:德国大学应设立更多应用科学研究所,并希望工程院校能参与数学教师培训工作,从而有助于提升其基础学科水平。克莱因的以上措施,广泛影响着德国的数学教育理念,继而通过国际数学大会委员会,促进了其他国家数学教育方式的优化。

在 20 世纪,材料力学的发展趋向于数学工具的大量运用,而对此做出主要贡献的,恰恰都是那些既有工程素养又具备扎实理论基础之人。显然,工程科学的如此发展方向正是克莱因早已预见到的。

80. 路德维希·普朗特(1875—1953)

1875 年,路德维希·普朗特(Ludwig. Prandtl;图 231)出生于德国慕尼黑附近弗赖辛(Freising)的一位农校教授家庭。在慕尼黑工业大学,普朗特接受了工程专业教育,毕业留校后,成为奥古斯特·弗普尔教授的助理。虽然,当时的弗普尔也才刚开始在这里职教,但还是果断修订了工程力学的教学大纲和材料实验室的项目规划。在帮助老师完成那些工作的同时,初出茅庐的普朗特又完成了一项重要研究课题。

当时,弗普尔痴迷于曲杆弯曲理论,并对铁路连接器的强度进行过大量实验研究。他意识到,就计算连接钩最大弯曲应力而言,简单直梁公式具有足够精度。然而,斯图加特理工学院的巴赫教授却有不同见解,他力挺文克尔的曲杆弯曲理论,而其推导过程的基本假定为:曲杆

图 231　路德维希·普朗特

截面在弯曲后仍保持为平面。为了消除上述分歧,普朗特得到了狭窄矩形截面曲杆纯弯曲问题的严格解,从而表明:纯弯时截面仍保持为平面,且应力分布十分接近文克尔之理论结果[①]。

在研究圆形薄板弯曲过程中,普朗特留意到,仅在小变形条件下,挠度才正比于荷载;而当挠度较大时,薄板将呈现出刚度大于理论估算值的情况,这大概是对普通薄板理论适用条件的第一次实验证明。1899 年,普朗特完成了博士论文写作[②],内容是关于狭窄矩形截面梁在其最大抗弯刚度平面内弯曲时的侧向压屈问题。他得出很多特定工况下的解,非常具有实用价值[③],还列出该问题所需的贝塞尔函数计算表格,然后又通过一系列实验,验证了所提理论的正确性。在实验过程中,普朗特开发出一种确定临界荷载的精密测试技术,其在以后,逐渐成为研究弹性稳定问题的法宝。普朗特有关侧向压屈的博士论文开启了梁[④]和曲杆[⑤]侧向稳定研究的大门。

获得博士学位后,普朗特投入工程实践活动,然而不久之后,又重返学术圈。1900 年,他受聘成为汉诺威理工学院工程力学专业的主管教授。在这里,他发表了一篇关于扭转问题薄膜比拟法的重要论文[⑥],采用该方法,便可以利用皂膜实验发现扭转应力分布的全部信息。后来,他的学生安特斯再次进行相关研究[⑦],而格里菲斯和 G. I. 泰勒更是

---

① 受弯圆杆的严格解是由戈洛温在之前取得的,然而,由于他的论文是以俄文发表的,所以并未被西欧人所知,普朗特也从未发表过自己的研究成果。相关参考文献可详见廷佩的文章,《数学与物理杂志》第 52 卷,第 348 页,1905 年。

② 普朗特,《侧压屈曲》(*Kipperscheinungen*),学位论文,慕尼黑,1899 年。

③ 纯弯中的最简单屈曲情况是由米歇尔(A. G. M. Michell)独立解决的,《哲学杂志》(5),第 48 卷,第 298 页,1899 年。

④ 本书作者研究过工字形梁的横向屈曲问题。铁摩辛柯,《圣彼得堡理工学院通报》第 4 卷,1905 年;第 5 卷,1906 年。该问题的进一步研究是由恩斯特·奇沃洛(E. Chwalla)完成的,《建筑工程》(*Bauing*)第 17 卷,1936 年。另见:《瑞士维也纳科学院数学与自然科学学报》第 IIa 部分,第 153 卷,1944 年;以及彼得松(O. Pettersson)的论文,《皇家技术协会通报》第 10 号,斯德哥尔摩,1952 年。

⑤ 详见铁摩辛柯的论文,《基辅理工学院通报》(*Bull. Polytech. Inst. Kiev*),1910 年。

⑥ 《物理学》第 4 卷,1903 年;另:薄膜比拟(membrane analogy)。

⑦ 安特斯(H. Anthes),《丁格尔理工学报》第 342 页,1906 年。

预见到了这种比拟法的实用价值[1]，继而利用皂膜测定出各种复杂截面杆件的抗扭刚度。

普朗特如此工程力学成就引起克莱因注意，后经弗普尔推荐，克莱因决定将这位学者请到哥廷根大学，并给予他极大信任，让其承担发展工程力学的重要任务。把一位默默无闻的年轻工程师聘请到数学学院（图 232）并委以重任，这个不寻常举措再次证明克莱因的预见性[2]，而普朗特的到来及后续成就也令哥廷根大学声望倍增。

图 232　哥廷根大学应用数学与力学研究所

1904 年，在德国海德堡国际数学大会上，普朗特发表了他的著名论文《关于极小摩擦下的流体运动》[3]。其中，首次提出了边界层概念。听完论文宣读后，克莱因立刻意识到，该论文将对今后的流体力学或空气动力学产生巨大价值，于是，便慷慨地向他这位年轻同事致敬，认定这是大会中最好的文章。

1904 年秋，普朗特在哥廷根大学的研究工作正式启动。同年，挚友

---

① 《国家航空咨询委员会技术报告》(*Tech. Rept Advisory Comm. Aeronautics*)，伦敦，第 3 卷，第 910 页、938 页，1917—1918 年。

② 有些教授不同意在这所大学讲授应用科学，但普朗特的成就证明：只有这样才能和大学教育的较高理想协调。详见沃耳德玛·福格特于 1912 年在乔治-奥古斯特-哥廷根大学上的讲演。

③ 译者注：原书名 *Über Flüssigkeitsbewegung bei sehr kleiner Reibung*。

龙格教授也加入其行列,一道从事应用数学教学工作。珠联璧合,在两人配合下,应用数学和力学学院的研究水平日渐提高[1],这里不久便成为重要的研究中心(图232),不断吸引着年轻人将数学应用到工程科学领域[2]。当时,普朗特的学生毕业后大都从事材料力学工作,例如,霍特写过钢材拉伸实验中温度变化的文章[3],贝利纳研究了铸铁拉伸实验中的滞回环[4],而铁摩辛柯则着手解决如前所述的工字梁侧向压屈问题。魁北克大桥在结构设计方面的重大事故,使得普朗特开始把目光投向组合柱压屈问题,他指出[5],在该桥的受压构件中,与重要弦杆相连的斜杆和缀条,其截面尺寸都不够。

几乎在同一时期,冯·卡门也来到哥廷根。为完成博士论文,他在普朗特指导下,开始研究柱于塑性界限内的压屈问题[6]。取得博士学位后,冯·卡门留校任教,在哥廷根大学前几年里,作为普朗特助教的他,主要研究方向是这位老师热衷的曲管弯曲问题[7],也涉及纵向和侧向压力组合作用下的石材抗压强度实验研究[8]。而此时的普朗特,已经初步成形了自己的两类固体断裂理论,并构造出一种用于解释滞回环的模型(参见第74节)。

普朗特对梁的塑性变形颇感兴趣,在其指导下,赫伯特完成了相关学位论文[9]。实际上,许多塑性变形问题都能够在圣维南那里找到答案(参见第52节),普朗特只是进行了细化和拓展[10],例如,他解决了过半

---

① 在这所建筑物的墙壁上,可以看到托马斯·杨的纪念牌。在18世纪末,他作为一名学生在这栋楼里从事物理学研究(参见第90页)。

② 详见阿诺德·索末菲(A. Sommerfeld)为普朗特60周年纪念所发表的论文,《应用数学与力学》第15卷,第1页,1935年。

③ 霍特(H. Hort),《关于拉伸试验中的热过程》(*Über die Wärmevorgange beim Zerreissversuch*),学位论文,1906年。

④ 贝利纳(S. Berliner),《物理年鉴》第20卷,第527页,1906年。

⑤ 《德国工程师协会》第55卷,1907年;另:魁北克大桥(Quebec Bridge)。

⑥ 《研究》(*Forschungsarb*)第81期,1910年,柏林。

⑦ 《德国工程师协会》第55卷,第1889页,1911年。

⑧ 《德国工程师协会》第55卷,第1749页,1911年;《研究》第118期,1912年,柏林。

⑨ 赫伯特(H. Herbert),学位论文,哥廷根大学,1909年。

⑩ 《应用数学与力学杂志》(*Z. angew. Math. u. Mechanik*)第1卷,第15页,1921年。

无限体中更为复杂的一些二维问题。如图 233 所示半无限体,在一宽度为 a 的狭长条带上,分布有均匀压力 p。普朗特断言,当压力达到临界值 p_{cr} 时,三棱柱块体 ABC 将向下移动,另两个三棱柱块体 BDE 和 AFG 则会上移。在此过程中,两个扇形块体 BCD 与 ACF 起到传递压力的作用。上述滑移过程将沿图中的最大剪应力面出现,如果假设屈服时,最大剪应力等于抗拉屈服点应力的一半,那么,临界压应力等于

$$p_{cr} = \sigma_{yp}\left(1 + \frac{\pi}{2}\right)$$

该论文的发表,极大程度推动着塑性理论的进步,并使此研究方向成为材料力学的重要分支。相关的详细论述可在由纳道伊[①]、索科洛夫斯基[②]和希尔[③]等人的书中找到。

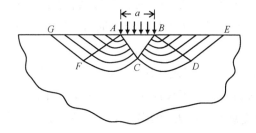

图 233　普朗特研究的半无限体

　　普朗特这篇关于塑性理论工程应用的论文还具有另一个重要历史意义,因为它发表在《应用数学与力学杂志》[④]的创刊号上。这本由冯·米塞斯主编的学术刊物不仅在德国,而且对其他各国都影响深远。于是,许多国家以此为例,陆续开办各种应用力学期刊,它们是材料力学

　　① A. 纳道伊,《固体的流动和断裂理论》(*Theory of Flow and Fracture of Solids*)第 2 版,1950 年。

　　② 索科洛夫斯基(W. W. Sokolovsky),俄文版《塑性理论》(*Theory of Plasticity*),莫斯科,1946 年。

　　③ 希尔(R. Hill),《塑性的数学理论》(*The Mathematical Theory of Plasticity*),牛津,1950 年。

　　④ 译者注: *Zeitschrift für angewandte Mathematik und Mechanik*。

研究者的福音,极大地加快了新成果的普及速度。

普朗特的材料力学论文仅代表他在工程力学领域的一小部分成就。事实上,其主要贡献表现在空气动力学方面,然而,这已经超出本书讨论范畴,在此仅谈 1906 年飞机发动机研究学会[1]成立之后的事情。从这时起,普朗特就把精力全部投入空气动力学研究上。1908 年,根据其规划,哥廷根建成了第一座小型风洞,且相关研究工作、测量技术与记录手段是如此成功,以致不久之后,普朗特风洞实验方式便获得全世界同行普遍认可。在第一次世界大战期间,哥廷根又完成了第二座更大的风洞。与此同时,普朗特老师有关"机翼理论(Tragflügeltheorie)"的不朽名篇也相继和读者见面,这篇重要论文说明了如何根据小尺寸模型的风洞实验结果来设计飞机。通过该论文的发表,他的理念再次得到了广泛共识,如今,所有飞机设计师仍然遵循着普朗特的思想。

开创性是普朗特论文的共同特点。通常,其论著都将为研究者带来一片新天地;而且,大批学生都愿意沿这条道路前行并继承他的衣钵。后来,很多追随者均成为德国或其他国家的骨干教师[2]。当评价这位学者之工程力学贡献时,大家不仅应关注其论述,更值得一提的是,普朗特在哥廷根大学发展起来的力学学院,因为这是一所伟大的学院。

81. 弹性问题的近似解法

到了 20 世纪,人们在机械设计和结构理论中遇到了新问题,对此,较之前更为精确的应力分析势在必行。然而,材料力学的基本公式却往往不够严格,因此越来越多的人提出应用弹性理论解决实际问题的理念。以前,人们只愿意在个别学校开设弹性理论课程,也仅涉及一些

---

[1] 译者注:Motorluftschiff-Studiengesellschaft。
[2] 在那个年代,普朗特的许多学生和曾经的助教都活跃在美国:西奥多·冯·卡门在空气动力学方面成就卓著;在西屋研究实验室,纳道伊对塑性理论作出重要成果;在布朗大学,普拉格尔(W. Prager)领导着塑性理论的新方向;弗吕格(W. Flügge)教授夫人在斯坦福大学工程力学系工作;为取得研究生学位,邓哈托(J. Den Hartog)和铁摩辛柯曾在哥廷根大学留下了一段时光,因此,我们也都是普朗特的学生。

理论概念,如今,这门课程却变得非常实用,以致很多工程院校都将其纳入教学计划,相关教材随之改头换面,作者不仅愿意讨论晦涩的弹性理论,更多工程案例也跃然纸上①。

众所周知,仅当情况简单时,弹性问题才有严格数学解。而现代弹性理论的发展趋势则强调各种近似方法的应用,其中之一便是基于比拟的应用②。前面所提及的由普朗特建议的薄膜比拟法就是一例,而且实践也证明,这种方法对于扭转问题非常有效。于是,维宁·曼尼兹便将比拟法推广到弯曲理论③。而铁摩辛柯则利用非均匀受力薄膜方程简化了梁弯曲问题的分析方法④。另外,邓哈托建议:在二维光弹实验研究中采用薄膜比拟法来确定两个主应力之和⑤。此后,魏贝尔又成功将比拟法用于研究倒角处的应力集中现象⑥。

另外,电比拟法也常用于解决弹性问题,其中一类问题是由雅各布森澄清的:在解决变直径轴杆受扭问题时,他表明⑦,当板的边界与杆件轴截面相同时,通过适度改变板厚度,就有可能令势函数微分方程与该杆件的应力函数一致。如此比拟有助于研究两不同直径轴杆连接处的倒角应力集中现象。该问题如此重要,因而图姆和鲍茨利用一个变深度电解槽代替变厚度薄板⑧,从而给出更为详尽的答案。

另一个有趣的比拟出自尼古拉·伊万诺维奇·穆斯赫利什维利之手笔。其中一方是二维稳态温度分布所导致的应力,另一方则是位

① 在此应指出:特别适用于工程师的第一本弹性理论教程是奥古斯特·弗普尔的《高等弹性理论及工程力学要义》(*Die wichtigsten Lehren der höheren Elastizitatstheorie, technische Mechanik*)第 5 卷,1907 年,莱比锡。后来,该书又被作者和 L. 弗普尔合作改编成三卷本的《应力与应变》(*Drang und Zwang*),1920—1947 年。

② 有关应力分析中的比拟法应用,可参阅《实验应力分析手册》;另见比耶诺(C. B. Biezeno)、格拉梅尔(R. Grammel)合著的《工程动力学》(*Technische Dynamik*),柏林,1939 年。

③ 维宁·曼尼兹(Vening Meinesz)。《工程师(乌得勒支)》,1911 年,第 108 页。

④ 详见《国立交通大学工程师协会通报》(*Bull. Inst. Engrs. Ways of Communication*),圣彼得堡,1913 年;另见《伦敦数学学会论文集》第 20 卷第 2 期,第 398 页,1922 年。

⑤《应用数学与力学杂志》第 11 卷,第 156 页,1931 年。

⑥ 魏贝尔(E. E. Weibel)。《美国机械工程师协会学报》第 56 卷,第 601 页,1934 年。

⑦ 雅各布森(L. S. Jacobsen)。《美国机械工程师协会学报》第 47 卷,第 619 页,1925 年。

⑧ 图姆(A. Thum)、鲍茨(W. Bautz)。《德国工程师协会》第 78 卷,第 17 页,1934 年。

错应力[①]。基于以上两者的相似性,魏贝尔以光弹法探讨过圆管和矩形管内的稳态温度应力问题[②]。

有一种比拟法存在如下事实:对于沿边缘分布力和分布力矩作用下的受弯薄板,艾里应力函数的双调和微分方程与该板的横向挠曲方程一致。显然,用这种比拟来求解二维弹性问题是再好不过的[③]。

另外,龙格也提出一个用于近似计算的高效方法[④],他以有限差分方程代替微分方程。例如,在考虑扭转问题时,必须对下式进行积分:

$$\frac{\partial^2 \phi}{\partial x^2} + \frac{\partial^2 \phi}{\partial y^2} = C$$

式中,ϕ 为应力函数。龙格用如下有限差分方程代替此关系式:

$$\phi_1 + \phi_2 + \phi_3 + \phi_4 - 4\phi_0 = C_1 \tag{a}$$

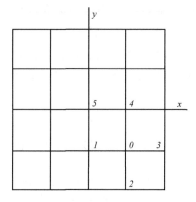

图 234 龙格使用的差分网格

在受扭构件横截面上所划分的方形网格中,每一个类似于图 234 中的 O 点均须满足上式。将式(a)用于如图 234 所示每个网格内点,且注意到边界处 ϕ 为零,便会得到一个能够计算所有 ϕ 值的线性方程组,继而由这些值求出抗扭刚度和最大剪应力。在图 234 所示对称条件下,仅需写出有关 0、1、5 点的三个方程式,因此,直接计算并不困难。当然,欲知更精确答案,就必

① 尼古拉·伊万诺维奇·穆斯赫利什维利(N. I. Muschelisvili),《圣彼得堡电子技术研究所通报》(*Bull. Elecrotech. Inst. St. Petersburg*)第 13 卷,第 23~37 页,1916 年;另见《林琴科学院通报》(*Rend. accad. Nazl. Lincei*)系列 5,第 31 卷,第 548~551 页,1922 年;M. A. 比奥,《哲学杂志》第 19 卷,第 540 页,1935 年。

② 《第五届国际应用力学大会论文集》,马萨诸塞州,坎布里奇,第 213 页,1938 年。

③ 维格哈特(K. Wieghardt),《研究通讯》(*Mitt. Forschungsarb*),第 49 卷,第 15~30 页,1908 年;另见(H. Cranz),《建筑工程师》(*Ing.-Arch.*)第 10 卷,第 159~166 页,1939 年。

④ 《数学与物理杂志》第 50 卷,第 225 页,1908 年。

须使用精细的网格,自然也就需要更多的方程个数。

当方程数目过多时,还能利用迭代法进行求解[1]。为此,先假定 ϕ 的一些任意初始值,并将其作为 ϕ_1、ϕ_2、ϕ_3、ϕ_4 代入式(a),从而得到方格网中所有各点新的 ϕ_0 值。如此这般,反复计算,经过几轮迭代后,便能得到具有足够精度的 ϕ 值。

对于必须满足四阶微分方程的二维弹性问题,理查森成功运用了有限差分方程[2]。而索斯韦尔则更上一层楼,他改进这种方法,而且在很多物理问题中加以系统应用,其中就包括大量弹性力学问题[3]。

瑞利-里兹法被证明是一个非常有效的弹性问题近似手段。在计算复杂系统基本振型的频率时,瑞利建议,可以假定某种振动形状,并推导出由此产生的一个频率表达式;接下来,为确定假想形状的参数,可令频率表达式取最小值。在研究矩形薄板弯曲时,里兹考虑过如下势能表达式[4]:

$$I = \iint \left\{ \frac{D}{2} \left[\left(\frac{\partial^2 w}{\partial x^2} + \frac{\partial^2 w}{\partial y^2} \right)^2 - 2(1-\mu) \left(\frac{\partial^2 w}{\partial x^2} \frac{\partial^2 w}{\partial y^2} - \left(\frac{\partial^2 w}{\partial x \partial y} \right)^2 \right) \right] - wq \right\} \mathrm{d}x\mathrm{d}y \tag{b}$$

式中,w 为体系的挠度,q 为横向荷载之集度大小,D 为抗弯刚度。注意到:挠度 w 的真实解必定将令上述这个势能表达式取极小值,于是,瑞利便将挠度方程展开成如下级数形式:

$$w = a_1\phi_1(x,y) + a_2\phi_2(x,y) + a_3\phi_3(x,y) + \cdots \tag{c}$$

其中的每个函数 ϕ 均须满足薄板边界条件,且系数 a_1、a_2、a_3、$\cdots$ 必从

---

① 详见利布曼(H. Liebmann)的论文,《慕尼黑巴伐利亚科学院数学与自然科学会议论文集》(*Sitz. ber. math-naturw. Abt. bayer. Akad Wiss. München*),1918 年,第 385 页。

② 理查森(L. F. Richardson)。《英国皇家学会哲学学报》系列 A,第 210 卷,第 307~357 页,1910 年。

③ 索斯韦尔(R. V. Southwell),《工程科学中的松弛法》(*Relaxation Methods in Engineering Science*),牛津,1940 年;以及《理论物理学中的松弛法》(*Relaxation Methods in Theoretical Physics*),牛津,1946 年。

④ 有关著名科学家里兹的生平,详见他的《论文集》,巴黎,1911 年。

如下线性方程组求得：

$$\frac{\partial I}{\partial a_1} = 0, \quad \frac{\partial I}{\partial a_2} = 0, \quad \frac{\partial I}{\partial a_3} = 0, \cdots \qquad (d)$$

如果已知式(c)的近似解，那么也就得到了积分 I 取极小值的条件[①]。经验表明，通常仅须取级数式(c)前几项便足以得到预期结果。

仅就横向力与轴力联合作用下的杆件弯曲问题而言，人们已经采用上述方法得到了近似公式。相似的方法也可用于求解具有某些初曲率的杆件和圆环[②]。在薄膜比拟过程中，通过里兹法计算出薄膜挠度后，便可推导出变截面杆件扭转和弯曲应力的简化计算公式[③]。在研究变截面杆件振动，或具有不同边界条件的矩形薄板振动问题时，许多有用结论的得出仍然需要依靠比拟法。

我们可以结合最小功原理来应用里兹法[④]。这意味着：对于一个给定边界力的体系，假设应力分量的改变不会影响平衡方程与边界条件，则真实的应力分量将使应变能的变分等于零。例如，对于具有应力函数 ϕ 的二维问题，其应变能为

$$V = \frac{1}{2E}\iint\left[\left(\frac{\partial^2\phi}{\partial x^2}\right)^2 + 2\left(\frac{\partial^2\phi}{\partial x\partial y}\right)^2 + \left(\frac{\partial^2\phi}{\partial y^2}\right)^2\right]\mathrm{d}x\,\mathrm{d}y \qquad (e)$$

把应力函数展开成级数形式：

$$\phi = a_1\phi_1(x, y) + a_2\phi_2(x, y) + a_3\phi_3(x, y) + \cdots \qquad (f)$$

式中，每一项都满足该问题的边界条件。然后，再将上式代入式(e)，就能根据如下等式计算出系数 a_1、a_2、a_3、$\cdots$ 的值：

---

① 按照这种方式就能得出 I 最小值的上限。特雷夫茨指出了如何得到 I 最小值的下限，详见《数学年鉴》第 100 卷，第 503 页，1928 年。

② 详见铁摩辛柯发在《奥古斯特·弗普尔诞辰 70 周年纪念》（*Festschrift sum siebzigsten Geburtstage*，*August Föppl*）上的文章，1923 年。

③ 详见铁摩辛柯的论文，《国立交通大学工程师协会通报》，圣彼得堡，1913 年；另见《伦敦数学学会论文集》第 20 卷，第 2 期，第 398 页，1922 年。

④ 详见铁摩辛柯的《弹性理论》（*Theory of Elasticity*），圣彼得堡，1914 年；另见铁摩辛柯的论文，《哲学杂志》第 47 卷，第 1095 页，1924 年。

$$\frac{\partial V}{\partial a_1} = 0, \quad \frac{\partial V}{\partial a_2} = 0, \quad \frac{\partial V}{\partial a_3} = 0, \cdots$$

将这些值代入式(f),便能得到用于应力近似计算的应力函数。正是采用如此方法,受弯工字梁有效宽翼缘内的应力分布问题便迎刃而解[①];同样,也能解释薄壁结构的剪力滞后现象[②]。

82. 三维弹性问题[③]

到了 20 世纪,有关圣维南扭转及悬臂梁弯曲问题的研究仍在继续着,人们已经发现了几种新截面形状的严格解[④]。对于弯曲工况,非对称截面成为研究热点,并确定出该截面条件下不会产生扭转的弯曲荷载作用点[⑤]。显然,在半圆或等边三角形截面里,为了消除扭转效应,仅需将外力从形心处偏移少许;然而对于薄壁截面,如此偏移可能就要大一些,当然,其实际意义也突显重要。对此,罗伯特·马亚尔做出澄清[⑥],因为他提出了"剪切中心"的概念,也说明了如何找到这个中心。

在扭转问题的圣维南解中,他假定:扭矩是通过分布于两端的剪应

---

① 相关内容可以详见西奥多·冯·卡门在《奥古斯特·弗普尔诞辰 70 周年纪念》上发表的文章,第 114 页,1923 年。

② E. 赖塞尔(E. Reissner),《应用数学季刊》第 4 卷,第 268 页,1946 年。另:剪力滞后(shear lag)。

③ 在这节中所提到的一些论文,只有几篇是有实用价值的。在这方面比较全面的描述可参阅廷佩、泰多内(O. Tedone)两人在《数学知识百科全书》中的文章,第 4 卷,1914 年;以及特雷夫茨和格克勒(J. W. Geckeler)在《物理手册》一书中的论文,第 6 卷,1928 年。

④ 详见特雷夫茨的论文,《数学年鉴》第 82 卷,第 97 页,1921 年;《应用数学与力学》第 2 卷,第 263 页,1922 年。

⑤ 相关内容详见铁摩辛柯的论文,《国立交通大学工程师协会通报》,圣彼得堡,1913 年。另见西加(M. Seegar)、卡尔·皮尔森的论文,《伦敦皇家学会论文集》系列 A,第 96 卷,第 211 页,1920 年。

⑥ 罗伯特·马亚尔(R. Maillart),《瑞士建筑》第 77 卷,第 195 页,1921 年;第 79 卷,第 254 页,1922 年。另见艾格恩施韦勒(A. Eggenschwyler)的论文,苏黎世联邦理工学院学位论文,1921 年。该主题的进一步研究是由韦伯(C. Weber)完成的,《应用数学与力学》第 4 卷,第 334 页,1924 年;另见特雷夫茨的文章,《应用数学与力学》第 15 卷,第 220 页,1935 年。另:剪切中心(shear center)。

力施加在杆件上的,并且,杆端与中间任意截面上的剪应力分布形式相同。然而,当两端的应力分布与此不同时,就会对应力结果带来局部干扰,从而导致圣维南解只在离开两端的区域内才有效。一些学者曾经研究过这类局部扰动现象[①]。对于薄壁开口截面,圣维南原理的适用性就显得牵强了,因为此时的扭转角,在很大程度上与两端扭力作用方式有关。铁摩辛柯研究过一端嵌固的工字梁扭转问题[②],并且意识到,要想得出扭转角的可信数值,不仅应考虑圣维南扭转应力,还须计入翼缘弯曲应力。已知,扭矩 T 带来的单位长度扭转角微分方程如下:

$$C\theta - C_1\theta'' = T \tag{a}$$

式中,C 为圣维南抗扭刚度;C_1 为某常数,其大小与翼缘的抗弯刚度有关。通过实验表明:式(a)的理论计算结果可信;且鉴于翼缘非局部性弯曲,因此圣维南原理的适用性会受到限制。另外,韦伯的槽形截面受扭研究[③]有着相同结论,而弗拉索夫对薄壁开口受扭构件的一般性讨论亦不例外[④]。

穆斯赫利什维利更是将复变函数引入对圣维南问题的计算中[⑤],并因此得出几种新截面形状的解。同时,还探讨过由两种不同材料构成的杆件受扭情况[⑥],例如,建筑中最常见的钢筋混凝土材料。

在这个时期,关于扭矩与轴力联合作用的问题也有所突破。托马斯·杨(参见第 22 节)考查了一根圆轴的受扭问题,他写出的扭矩表达

---

① 详见珀泽(F. Purser)的论文,《爱尔兰皇家学院学报》(*Proc. Roy. Irish Acad.*)系列 A,第 26 卷,第 54 页,1906 年;廷佩,《数学年鉴》第 71 卷,第 480 页,1912 年;沃尔夫(K. Wolf),《瑞士维也纳科学院数学与自然科学学报》第 125 卷,第 1149 页,1916 年。本书作者研究过两端嵌固的矩形杆,《伦敦数学学会论文集》第 20 卷,第 389 页,1921 年。关于圣维南原理,古迪尔(J. N. Goodier)曾有一个证明,《哲学杂志》第 24 卷第 7 期,第 325 页,1937 年。

② 《圣彼得堡理工学院通报》,1905—1906 年。

③ 《应用数学与力学》第 6 卷,第 85 页,1926 年。

④ 详见瓦西里·扎哈罗维奇·弗拉索夫(Vasiliĭ Zakharovich Vlasov)的《薄壁弹性杆》(*Thin Walled Elastic Bars*),莫斯科,1940 年。

⑤ 《林琴科学院学报》系列 6,第 9 卷,第 295~300 页,1929 年。

⑥ 《法国科学院通报》第 194 卷,第 1435 页,1932 年。

式包括两部分：一项正比于单位长度之扭转角 θ，另一项则与 θ^3 成正比。托马斯·杨认为，为得出第二项，在讨论变形时，必须考虑扭转分析中常被忽略的高阶小量。如图 235 所示，在和杆件同轴、半径为 r 的圆柱面上，取一矩形单元 $abcd$。在扭转作用下，该单元将变为平行四边形 ab_1c_1d，相应的剪应变与剪应力分别为 $r\theta$ 及 $Gr\theta$，由此可得计算扭矩的常见公式

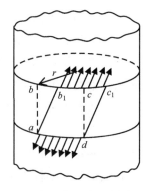

图 235　托马斯·杨的受扭面图

$$T_1 = \int_0^a Gr\theta \cdot 2\pi r^2 \mathrm{d}r = I_p G\theta \qquad \text{(b)}$$

然而，在扭转过程中，如果假设杆件两个横截面间的距离保持不变，则类似于 ab 或 cd 这样的线单元将会被拉伸，且单位伸长量为

$$\varepsilon = \sqrt{1 + r^2\theta^2} - 1 \approx \frac{1}{2}r^2\theta^2 \qquad \text{(c)}$$

再由相应拉应力 $Er^2\theta^2/2$ 可知，绕杆件轴线作用的附加扭矩等于

$$T_2 = \frac{1}{2}\int_0^a Er^2\theta^2 \cdot r\theta \cdot 2\pi r^2 \mathrm{d}r = \frac{\pi a^6}{6}E\theta^3 \qquad \text{(d)}$$

显然，其正比于 θ^3。 在推导式（c）过程中，托马斯·杨首次考虑到了高阶小量。虽然在钢杆中，修正式（d）与一般公式的差别是非常小的，然而，对那些在弹性范围内会出现大变形的材料，如橡胶而言，上述修正过程却必不可少。当然，对结构中常见的开口薄壁截面来说，此差异同样重要[1]。有几位学者已经提出了大挠度理论[2]，而经比奥证明：如上

---

① 详见巴克利（Buckley）的论文，《哲学杂志》第 28 卷，第 778～787 页，1914 年。另见韦伯在《奥古斯特·弗普尔诞辰 70 周年纪念》上发表的论文，柏林，1924 年。

② 详见索斯韦尔的论文，《伦敦皇家学会学报》系列 A，第 213 卷，第 187 页，1913 年；比耶诺、汉基（H. Hencky），《阿姆斯特丹科学院论文集》（*Proc. Acad. Sci. Amsterdam*）第 31 卷，第 569～578 页、579～592 页，1928 年；特雷夫茨，《应用数学与力学》第 12 卷，第 160～165 页，1933 年。

所述的托马斯·杨方法能够得出圆杆的正确答案[1]。另外,利用大挠度理论,古迪尔首先澄清了开口薄壁截面杆件在纯弯、轴力及扭矩共同作用下的受力特点[2],并且再次表明:托马斯·杨假定下的初步推论符合更为精细的研究结果。

一些新进展主要体现在变直径圆杆的扭转问题上。约翰·米歇尔[3]和奥古斯特·弗普尔[4]两人各自独立证明:应力分布可由一个应力函数来确定,并得到了圆锥杆轴的该函数。对于椭圆、双曲线以及旋转抛物面形状的轴杆工况,也可以采用应力函数求解。再者,龙格还提出一种近似方法[5],用以计算连接两个不同直径圆柱杆轴在圆形倒角处的局部应力。

另外,旋转实体轴对称应力分布中的几个问题也已有了眉目。其中,米歇尔[6]和勒夫[7]表明:在这些情况下,所有的应力分量都能够表示成单个应力函数的形式。而韦伯则澄清了该应力函数与二维问题应力函数间的关系[8]。如果将轴对称应力分布函数表达成多项式形式,便可获得几种对称均布荷载作用下圆板弯曲问题的严格解[9]。

在接近两端的表面剪应力作用下圆筒将会伸长[10],就此力学问题,菲隆利用贝塞尔函数给出了答案;另外,他还以同样方式研究过两块刚

---

① M. A. 比奥,《哲学杂志》第 27 卷,第 468~489 页,1939 年。

② 《应用力学学报》第 17 卷,第 383~387 页,1950 年。另见 A. E. 格林、谢尔德(R. T. Shield)的论文,《伦敦皇家学会学报》系列 A,第 244 卷,第 47 页,1952 年。

③ 《伦敦数学学会论文集》第 31 卷,第 140 页,1900 年。

④ 《慕尼黑巴伐利亚科学院数学与自然科学会议论文集》第 35 卷,第 249 页、504 页,1905 年。

⑤ 详见维勒斯的论文,《数学与物理杂志》第 55 卷,第 225 页,1907 年。另见 L. 弗普尔的文章,《慕尼黑巴伐利亚科学院数学与自然科学会议论文集》第 51 卷,第 61 页,1921 年。

⑥ 《伦敦数学学会论文集》第 31 卷,第 144 页,1900 年。

⑦ 《弹性体的数学理论》(Mathematical Theory of Elasticity)第 4 版,第 274 页,1927 年。

⑧ 《应用数学与力学》第 5 卷,1925 年。

⑨ 详见卡尔波夫(A. Korobov)的论文,《基辅理工学院通报》,1913 年。纳道伊研究了板中央作用有集中力的问题,详见他的《弹性平板》第 315 页,1925 年。

⑩ 《哲学学报》系列 A,第 198 卷,第 147 页,1902 年。

性垫板间的圆筒受压情况。对于长圆筒的应力分布,有一种受力情况
非常具有实用价值,即狭窄圆周带内的法向均布压力,这种情况类似于
把短颈圈紧箍在长轴杆上引起的应力分布。对此展开讨论的学者不在
少数[1],如今人们已掌握了该问题的充分信息。

近年来,工程师对弹性微分方程的一般解越来越感兴趣。布西内斯
克说明,变形的三个分量 u、v 及 w 可以用三个双调和函数来定义[2];帕
普科维奇更指出:布西内斯克的解能够被简化且具备如下形式[3]:

$$u = B\,\frac{\partial w}{\partial x} + \phi_1, \quad v = B\,\frac{\partial w}{\partial y} + \phi_2, \quad w = B\,\frac{\partial w}{\partial z} + \phi_3$$

此处,B 为常数,且有

$$w = w_0 + \frac{1}{2}(\phi_1 x + \phi_2 y + \phi_3 z)$$

另外,函数 ϕ_1、ϕ_2、ϕ_3 以及 w_0 均满足拉普拉斯方程,即

$$\frac{\partial^2 \phi}{\partial x^2} + \frac{\partial^2 \phi}{\partial y^2} + \frac{\partial^2 \phi}{\partial z^2} = 0$$

诺伊贝尔独立得到上述方程的一般解[4],并将其用于解决带凹槽或椭圆
孔的圆杆应力集中这个实际问题[5]。同时,他还把此方法拓展至二维
应力分布,推导出凹槽或椭圆孔处的应力集中系数计算公式,亦适用

---

① 奥古斯特·弗普尔、L. 弗普尔,《应力与变形》第 2 版,第 2 卷,第 141 页,1928 年。巴
顿(M. V. Barton),《应用力学学报》第 8 卷,第 97 页,1941 年;兰金(A. W. Rankin),《应用力
学学报》第 11 卷,第 77 页,1944 年;特兰特(C. J. Tranter)、克拉格斯(J. W. Craggs),《哲学杂
志》第 38 卷,第 214 页,1947 年。

② 《位能在弹性固体平衡与运动中的应用》第 281 页,巴黎,1885 年。

③ 《法国科学院通报》第 513 页,1932 年。

④ 诺伊贝尔(H. Neuber),《应用数学与力学》第 14 卷,第 203 页,1934 年。另见《建筑
工程师》第 5 卷,第 238~244 页,1934 年;第 6 卷,第 325~334 页,1935 年。

⑤ R. V. 索斯韦尔研究过球形洞的情况,《哲学杂志》,1926 年;另见 J. N. 古迪尔的论文,
《美国机械工程师协会学报》第 55 卷,第 39 页,1933 年。萨多夫斯基(M. A. Sadowsky)、施特
恩贝格(E. Sternberg)讨论过椭圆孔的一般情况,《应用力学学报》第 16 卷,第 149~157 页,
1949 年。

于面内拉、剪或弯作用下的平板情况。在诺伊贝尔的著作里发现了大量图表[1]，专门用来方便分析机械零件应力集中现象。

83. 二维弹性问题

20 世纪，人们已经有很多办法可以对付二维弹性问题，甚至在实际应力分析中，使用精确解都不在话下。A. 梅纳热利用带多项式的应力函数来解决二维问题[2]，并将结果用于狭窄矩形截面梁受弯工况中。他指出：仅需材料力学基本公式，就可找到在悬臂梁自由端加载条件下的正应力及剪应力答案；并且，如果对基本公式稍加修正，便可找到均布加载梁的严格解。甚至在实际工程中，这种修正都能忽略不计。

在讨论矩形梁受弯问题时，里比埃引入傅里叶级数[3]，菲隆又对此作出进一步研究[4]，并把一般解用于具备实用价值的特殊工况。考虑某无限长矩形条带，其上作用有等间距、等大小的集中力，且该力方向上下交错，贺拉斯·兰姆研究过以上工况，并以此为基础得出一个集中力作用下的挠度值[5]。而当冯·卡门再次探讨同样情况时[6]，竟然推导出了集中荷载作用下简支梁挠度的精确计算公式。

利用傅里叶级数的不只是里比埃，克莱布什和芬斯克也都曾使用过这种方法，前者用于研究圆盘（参见第 56 节），后者讨论了圆环受力问题[7]。而廷佩则涉及一些特殊情况[8]，得到在两端力偶与两端荷载作用下圆环段弯曲的戈洛温解。这里须指出：圆环构成多连通域的最简单

① 诺伊贝尔，《缺口应力理论：精确应力计算的基础》(*Kerbspannungslehre Grundlagen für Genaue Spannungsrechnung*)，柏林，1937 年。

②《法国科学院通报》第 132 卷，第 1475 页，1901 年。

③ 详见里比埃(M. C. Ribière)的论文《矩形杆件弯曲的各种情况》(*Sur divers cas de la flexion des prismes rectangles*)，1889 年，波尔多。

④《哲学学报》系列 A，第 201 卷，第 63 页，1903 年。

⑤ 贺拉斯·兰姆，《第四届罗马国际数学大会论文集》，1909 年，第 3 卷，第 12 页。

⑥《亚琛工业大学空气动力学论文集》(*Abhandl. aerodynam. Inst. Tech. Hochschule Aachen*)第 7 卷，第 3 页，1927 年。

⑦ 芬斯克(O. Venske)，《哥廷根科学院新闻》第 27 页，1891 年。

⑧《数学与物理杂志》第 52 卷，第 348 页，1905 年。

情况,其一般解包含多值项。通过考虑残余应力,廷佩给出了此多值解的物理解释。而这种残余应力产生的原因是:将圆环切断后,使切口的一端相对于另一端发生位移,然后用某种方法将它们连接起来。如前所述(参见第 71a 节),约翰·米歇尔对多连通边界二维问题的解法作出综述[1],并表明,如果没有体力且面力的合力在每个边界上都为零,则应力分布将与材料弹性常数无关。对于光弹法应力分析,该结论很有实用价值。明德林曾讨论过圆盘在任意点承受集中力的情况[2]。另外,作为受压圆环之特例,铁摩辛柯研究了沿直径作用两个大小相等、方向相反力的受压问题[3]。结果显示:在至加载点某一距离的横截面上,由文克尔初等理论得出的双曲线应力分布具有足够实用精度。其他一些圆环变形的案例则是菲隆[4]和赖塞尔[5]曾经的讨论对象。结合对圆柱形滚子轴承的应力分析,内尔松攻克了一类圆环变形的难题,其受力特点如下:在圆环内外边界处,沿径向作用有两个大小相等、方向相反的力[6]。

　　凹槽、倒角以及不同形状孔洞处的应力集中现象是非常重要的实际问题,对于其中的很多情况,人们已经掌握了二维弹性问题的精确解。基尔希研究过单向均匀拉力作用下薄板圆孔周围的应力分布[7],证明其最大应力出现在孔边缘,垂直于拉应力方向的直径两端,大小等于作用力的 3 倍。上述结论令我们第一次感到吃惊,意识到孔洞会造成局部不规则应力分布。从那个年代开始,工程师便对应力集中现象投

　　[1]《伦敦数学学会论文集》第 31 卷,第 100 页,1899 年。另见沃尔泰拉(V. Volterra),《法国高等师范学院科学年鉴》(Ann. école norm.),第 3 系列,第 24 卷,第 401～517 页,1907 年;奥古斯特·弗普尔,《工程力学》(Tech. Mech.)第 5 卷,第 293 页,1907 年。

　　[2] 明德林(R. D. Mindlin)。《应用力学学报》第 4 卷,第 A～115 页,1937 年。

　　[3] 铁摩辛柯,《基辅理工学院通报》,1910 年;《哲学杂志》第 44 卷,第 1014 页,1922 年。

　　[4]《工程论文选集》(Selected Engineering Papers)第 12 期,伦敦土木工程研究所出版,1924 年。

　　[5] 赖塞尔(H. Reissner)。《航空学会知识年鉴》(Jahrbuch. wiss. Ges. Luftfahrt)第 126 页,1928 年。

　　[6] 内尔松(C. W. Nelson)。《应用力学学报》论文号 50 - A - 16,1950 年 12 月提交给美国机械工程师协会会议。

　　[7] 基尔希(G. Kirsch)。《德国工程师协会》第 42 卷,1898 年。

入大量精力,既有理论上的,也包括实验方面。为此,豪兰考查了在有限宽度薄板对称轴上的圆孔受力问题[1];比克利[2]研究过圆孔边缘加载的情况;而椭圆孔受力问题的解决要得益于柯洛索夫[3]以及后来英格利斯[4]的努力;另外,铁摩辛柯也探讨过经凸缘加强后圆孔应力集中的降低现象[5];其他几位学者则考查了带有两个或多个圆孔的情形[6]。

人们利用复变函数解决过很多重要二维弹性问题。这种方法的发扬光大主要归功于柯洛索夫[7]和他的学生尼古拉·穆斯赫利什维利,在后者的书中,我们将会发现许多相关参考书目,当然,其中主要是一些俄文文献[8]。

在对飞机机身这种薄壁结构进行应力分析时,常会碰到如图 236 所示梁截面形状,其受弯问题自然也就非常重要。由于和梁的跨度相比,翼缘宽度或腹板间距 a 并不小,故而必须考虑截面的有效宽度和剪力滞后问题。有几位学者已经给出这类情况之近似解,在恩斯

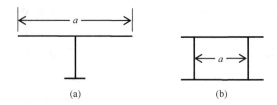

(a)   (b)

图 236　两种飞机机身梁的截面形状

---

① 豪兰(R. C. J. Howland)。《伦敦皇家学会学报》系列 A,第 229 卷,第 49 页,1930 年;第 232 卷,第 155～222 页,1932 年。

② 比克利(W. G. Bickley),《伦敦皇家学会学报》系列 A,第 227 卷,第 383 页,1928 年。

③ 柯洛索夫(G. V. Kolosoff),学位论文,圣彼得堡,1910 年。

④ 英格利斯(C. E. Inglis),《英国皇家造船师学会学报》(*Trans. Inst. Naval Architects*),伦敦,1913 年。

⑤ 铁摩辛柯,《富兰克林研究所学报》(*J. Franklin Inst.*)第 197 卷,第 505 页,1924 年。

⑥ 韦伯,《应用数学与力学》第 2 卷,第 267 页,1922 年;萨多夫斯基,《应用数学与力学》第 8 卷,第 107 页,1928 年。豪兰,《伦敦皇家学会论文集》系列 A,第 148 卷,第 471 页,1935 年。

⑦ 详见前述其学位论文及相关文章,《数学与物理杂志》第 62 卷,第 383～409 页,1914 年。

⑧ 尼古拉·穆斯赫利什维利,《弹性数学理论中的一些基本问题》(*Some Fundamental Problems of the Mathematical Theory of Elasticity*,俄文版),莫斯科,1949 年。

特·奇沃洛[1]、E. 赖塞尔[2]、哈吉·阿格瑞斯以及霍默沙姆·考克斯的文章中[3]，我们找到了大量相关参考文献。

鉴于许多结构使用木材或其他非各向同性材料，工程师的注意力也就自然集中到各向异性体的理论研究上。这样一来，一些相关的二维问题便取得进展。对此，人们通常假设，薄板的弹性性能可由下式确定：

$$\varepsilon_x = \frac{1}{E_1}\sigma_x - \frac{\mu_1}{E_2}\sigma_y, \quad \varepsilon_y = -\frac{\mu_2}{E_1}\sigma_x + \frac{1}{E_2}\sigma_y, \quad \gamma_{xy} = \frac{1}{G}\tau_{xy}$$

其中，$E_1\mu_1 = E_2\mu_2$。利用这些关系式，学者们推导出一个求解应力函数的微分方程，其形式类似于各向同性条件下所采用的。谢尔盖·列赫尼茨基得到该微分方程的解[4]，适用于计算矩形梁、圆环以及圆形孔或椭圆孔，这些解与之前提到过的各向同性板条件下的相仿。

84. 板壳的弯曲

现代结构中广泛使用的薄板、厚板和壳推动着板壳理论的进步。即便基尔霍夫已经推导出相关方程，并在声学方面崭露头角，然而直到 20 世纪，工程上广泛使用的薄板理论才浮现端倪。就两对边简支、其他两边为任意条件的矩形板来说，莫里斯·列维与埃斯坦纳夫（参见第 68 节）的研究成果具有重要实用价值。另外，工程师还探讨过各种特定荷载工况，汇编出最大挠度和最大弯矩的计算表格。随后，其他形状的薄板，如椭圆、三角形以及扇形薄板也都进入学者们视线。渐渐地，专门介绍薄板弯曲的图书多了起来[5]。然而，对于那些还没有精确解的问

[1] 《钢结构》(Stahlbau)第 9 卷，第 73 页，1936 年。

[2] 《应用数学季刊》第 4 卷，第 268 页，1946 年。

[3] 哈吉·阿格瑞斯(J. Hadji-Argyris)、霍默沙姆·考克斯，《英国航空研究理事会报告》(Aeronaut. Research Council, Brit., Rept.)，1969 年，1944 年。

[4] 谢尔盖·列赫尼茨基(Sergei. Lechnitski)，《各向异性板》(Anisotropic Plates，俄文版)，莫斯科，1947 年。这本书还包括相关研究主题的发展史。

[5] 铁摩辛柯，《弹性理论》(俄文版)第 2 卷，圣彼得堡，1918 年；纳道伊，《弹性平板》，柏林，1925 年；伽辽金(B. G. Galerkin)，《弹性薄板》(Elastic Thin Plates)，莫斯科，1933 年。

题,或级数表达式的解无法满足实际需要时,工程师只好退而求其次,重新回到近似方法上。当时,薄板理论分析中广泛采用且能得到实用结果的里兹法,而对一些复杂情况,有限差分方程就必须登场,因为许多必要信息都需要通过这种数值运算获得[1]。

虽然,四边嵌固矩形板的计算是一种常见工程问题,然而,其数学分析难度却相当大。对此,科贾洛维奇首次得出适合数值运算的解[2];后经布勃诺夫略加简化[3],并绘制出不同尺寸薄板最大挠度和最大弯矩的计算表格;另外,基于铁摩辛柯的解法[4],埃文斯也编制了更精细的数值表格[5]。

板上作用集中力的情况提醒学者,应深入研究荷载作用点处的局部应力问题,而这恰恰也是薄板基本理论无法解释的。纳道伊[6]与沃诺斯基-克里格曾讨论过以上状况[7],还有一些学者对各边简支矩形板上作用有集中力的话题很感兴趣[8]。铁摩辛柯思考过集中力作用下的各边固支薄板,并将结果写进如前所述的第五次国际会议论文中。另外,达纳·杨也对此发表过见解[9]。

在钢筋混凝土结构设计方面,等柱距支撑板具有很高的实用价值。格拉斯霍夫完成了该问题的第一个近似解[10];之后,莱韦又进一步完善了这种方法[11]。另外,在前面曾提到的由纳道伊与伽辽金合著的书中,

---

[1] 详见马库斯(H. Marcus)的《弹性网格理论及其在柔性板计算中的应用》(*Die Theorie elastischer Gewebe und ihre Anwendung auf die Berechnung biegsamer Platten*)第 2 版,柏林,1932 年。另见霍尔(D. L. Holl)的论文,《应用力学学报》第 3 卷,第 81 页,1936 年。

[2] 详见科贾洛维奇(B. M. Kojalovich)的博士论文,圣彼得堡,1902 年。

[3] 详见布勃诺夫(I. G. Bubnov)的《舰船结构理论》(*Theory of Structure of Ships*)第 2 卷,第 465 页,圣彼得堡,1914 年。

[4] 《第五届国际应用力学大会论文集》,马萨诸塞州,坎布里奇,1938 年。

[5] 埃文斯(T. H. Evans),《应用力学学报》第 6 卷,第 A~7 页,1939 年。

[6] 详见纳道伊的《弹性平板》第 308 页。

[7] 沃诺斯基-克里格(S. Woinowsky-Krieger),《建筑工程师》第 4 卷,第 305 页,1933 年。

[8] 纳道伊,《建筑工程》,1921 年,第 11 页;铁摩辛柯,《建筑工程》,1922 年,第 51 页;另见伽辽金的论文,《数学通报》第 55 卷,第 26 页,1925 年。

[9] 达纳·杨(Dana Young),《应用力学学报》第 6 卷,第 A~114 页,1939 年。

[10] 详见他的《弹性理论和强度理论》第 2 版,第 358 页,1878 年。

[11] 详见莱韦(V. Lewe)的《无梁楼盖》(*Pilzdecken*)第 2 版,柏林,1926 年。本书包含了该主题的完整发展史。

相关主题也跃然纸上。当然,如果想了解最新成果,也许沃诺斯基-克里格的论文就是不错的参考选择[1]。

联系到公路建设中的厚板应力分析,弹性地基上的平板问题逐渐进入人们视线,特别是韦斯特加德,更是进行了大篇幅地讨论[2]。另外,文特、埃尔古德[3]以及墨菲[4]还对这类平板问题进行过实验研究。

木板与钢筋混凝土楼盖的广泛使用,促进着各向异性板弯曲理论的发展。虽然,格林迈出相关研究的第一步[5],但大量实用解决方案却出自胡贝尔的手笔。他把很多解法写入 1929 年出版于华沙的《重要工程中的各向异性板静力问题》一书中,当然,其最新出版的弹性理论著作亦值得参考[6]。俄罗斯工程师成为该研究方向发展进步之重要推手,他们的很多成果均收录在谢尔盖·列赫尼茨基的书中,这是本书之前就已经提到过的。

在薄板基本理论中,假定挠度远小于板厚。但在大挠度条件下,就需考虑薄板中面的伸长,基尔霍夫[7]和克莱布什曾推导出相关方程(参见第 56 节)。这些方程不是线性的,难以处理,基尔霍夫只能用上述方程解决中面均匀伸长的最简单工况。该领域的进展要归功于其他工程师,特别是那些钻研船壳应力分析的学者。在考查均匀受力的矩形长板弯曲过程中,布勃诺夫将此问题简化成板带弯曲情况[8],并根据船舶

---

[1]《应用数学与力学》第 14 卷,第 13 页,1934 年。

[2]《工程师》(*Ingeniøren*)第 32 卷,第 513 页,1923 年;另见他的论文,《公路学报》(*J. Public Roads*),1926、1929、1933 年。

[3] 文特(J. Vint)、埃尔古德(W. N. Elgood),《哲学杂志》第 7 系列,第 19 卷,第 1 页,1935 年。

[4] 墨菲(G. Murphy),《爱荷华工程实验站通报》(*Iowa Eng. Exp. Sta. Bull*)第 135 卷,1937 年。

[5] 详见格林(F. Gehring)的博士论文,柏林,1860 年。另:《重要工程中的各向异性板静力问题》(*Probleme der Statik technisch Wichtiger orthotroper Platten*)。

[6] 波兰语的《弹性理论》(*Théorie de L'élasticité*),波兰,克拉科夫,第 1 卷,1948 年;第 2 卷,1950 年。

[7] 详见他的《数学物理及力学讲义》第 2 版,1877 年;另见经基尔霍夫指导并发表于《克莱尔学报》第 56 卷上的 F. 格林的学位论文。

[8] 相关论文的英文版发表于《英国皇家造船师学会学报》第 44 卷,第 15 页。

建造中常见的几个边界条件给出对应解,且准备好了多张计算表格,有助于大幅简化应力分析过程,如今,这些表格仍然在造船行业中广泛采用。在厘清初等线性理论精度限值过程中,铁摩辛柯曾讨论过在沿边缘均布力偶作用下的圆板大挠度[①]。S. 韦进而从理论与实验两方面解决了均布力作用下的固支圆板弯曲问题[②],也包括承受均布荷载的矩形板。还指出[③]:当板的长短边之比大于 2 时,其最大应力与布勃诺夫的无限长薄板计算结果区别不大。

依据作用在平板中面上均布压力的应力函数,奥古斯特·弗普尔简化了计算极薄板大挠度的一般方程[④],冯·卡门则进一步取消了上述这个"极薄"的必要条件[⑤],而卡门得出的方程又成为纳道伊和塞缪尔·利维的法宝,前者将其用在如上提及的书中,后者则用于研究矩形板大挠度问题[⑥]。

在推导薄板基本理论方程时,通常都要进行假定,即平行于中面 xy 的每一薄层都处于平面应力状态,因此,只有应力分量 σ_x、σ_y 及 τ_{xy} 不等于零。而到了厚板,考虑所有六个应力分量的全解成为当务之急。对此,在翻译克莱布什的著作过程中,圣维南提供了一些答案[⑦]。另外,卡尔波夫找到某些圆板的初等严格解[⑧];约翰·亨利·米歇尔曾全面讨论过板的精确理论[⑨];而在勒夫那本有关弹性力学的书中[⑩],更是发现

———————

① 《国立交通大学工程师协会报告》(*Mem. Inst. Engrs. Ways of Communication*)第 89 卷,1915 年。

② 韦(S. Way),《美国机械工程师协会学报》第 56 卷,第 627 页,1934 年;费德霍费尔(K. Federhofer),《航空研究》第 21 卷,第 1 页,1944 年;《瑞士维也纳科学院数学与自然科学学报》第 IIa 部分,第 155 卷,第 15 页,1946 年。

③ 详见发表在《第五届国际应用力学大会论文集》上的文章,马萨诸塞州,坎布里奇,1938 年。

④ 详见他的《高等弹性理论及工程力学的主要课程》第 5 卷,第 132 页,1907 年。

⑤ 详见冯·卡门的论文《机械工程中的强度》(*Festigkeit im Maschinenbau*),《数学知识百科全书》第 IV 卷,第 311 页,1910 年。

⑥ 塞缪尔·利维(Samuel Levy),《国家航空咨询委员会技术说明》(*Natl. Advisory Comm. Aeronaut. Tech. Notes*)第 846、847、853 条。

⑦ 详见该译著的第 337 页。

⑧ 详见铁摩辛柯《弹性理论》第 315 页,1934 年。

⑨ 《伦敦数学学会论文集》第 31 卷,第 100 页,1900 年。

⑩ 详见该书的第 4 版,第 473 页,1927 年。

了该问题的深层次成果。如今,板的精确理论引起工程师兴趣,其中一些难点已经得到完美解决,沃诺斯基－克里格①和伽辽金②的论文则是相关的杰出典范。

近些年来,鉴于薄壁结构的方兴未艾,薄壳理论开始受到学者们重视。在很多薄壳问题里,如果忽略弯曲变形,并假设应力沿结构厚度均匀分布,便可以计算出令人满意的答案。对于几个旋转曲面,特别是球面或圆柱面,学者们已经找到薄膜应力的解③。虽然,阿伦④和勒夫⑤提出了薄壳弯曲的一般性理论,但首次将这个理论用于工程实践的却是斯托多拉,因为他完成了等厚度锥形壳的应力分析⑥。H. 赖塞尔也曾研究过受对称荷载作用下的等厚度球壳⑦,并指出,球壳的弯曲应力主要源于沿结构固定边作用的反力,他还据此推导出计算这些力的微分方程。后来,迈斯纳和他的学生又利用此方程得到一些具有实用价值的精确解⑧,其适用性与级数展开项的收敛速度有关,对于厚度较薄的壳收敛较慢。为克服以上困难,布卢门撒尔⑨与格克勒⑩设计出一种非常方便的近似法。另外,哈弗斯还探讨过非对称荷载分布下的球壳问题⑪。说到圆柱壳理论,感兴趣的人自然是那些从事锅炉或管线设计方

① 《建筑工程师》第 4 卷,第 203 页、205 页,1933 年。

② 《法国科学院通报》第 190 卷,第 1047 页;第 193 卷,第 568 页;第 194 卷,第 1440 页。

③ 关于薄膜应力的发展史,详见弗吕格的《壳的静力学和动力学》(*Statik und Dynamik der Schalen*),柏林,1934 年;吉克曼(K. Girkmann)的《平面支撑结构》(*Ebene Flächentragwerke*)第 2 版,维也纳,1948 年。

④ 阿伦(H. Aron),《纯数学与应用数学》第 78 卷,第 136 页,1874 年。

⑤ 《英国皇家学会哲学学报》系列 A,第 179 卷,第 491 页,1888 年。

⑥ 《汽轮机》第 4 版,第 597 页,柏林,1910 年;另见凯勒(H. Keller)的论文,《瑞士建筑》1913 年,第 111 页,以及他的《穹顶的计算》(*Berechnung gewölber Boden*),柏林,1922 年。

⑦ 《海因里希－穆勒－布雷斯劳诞辰 60 周年纪念册》(*Festschrift Heinrich Mlüller-Breslau: gewidmet nach vollendung Seines Sechzigsten lebensjahres*)第 192 页,1912 年。

⑧ 迈斯纳(E. Meissner),《物理学》第 14 卷,第 343 页,1913 年。博莱(L. Bolle),《瑞士建筑》第 66 卷,第 105 页,1915 年。杜波依斯(F. Dubois),博士学位论文,苏黎世,1916 年;霍内格(E. Honegger),《应用数学与力学》第 7 卷,第 120 页,1927 年。

⑨ 布卢门撒尔(O. Blumenthal),《数学与物理杂志》第 62 卷,第 343 页,1914 年。

⑩ 《研究》第 276 期,1926 年,柏林。另见:《建筑工程师》第 1 卷,第 255 页,1930 年。

⑪ 哈弗斯(A. Havers),《建筑工程师》第 6 卷,第 282 页,1935 年。

面的学者①。

85.弹性稳定

鉴于钢材和高强合金在工程结构,特别是桥梁、船舶和飞机中的广泛使用,弹性不稳定越来越成为棘手问题②。近年来,无论从理论还是实验角度来说,人们都迫切需要掌握各种结构构件的稳定条件。从前,受压构件的侧向压屈是工程师的唯一焦点,但在现阶段,却需要回答其他各类重要问题。例如,前面提到的梁侧向压屈现象,以及普朗特研究过的狭长矩形截面,或铁摩辛柯讨论过的工字梁。

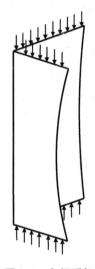

联系到上述工字梁侧向压屈现象,开口薄壁截面的受扭问题就显得更有实用价值了。人们已经搞清楚角钢截面受扭屈曲的最简单情况(图 237)③。瓦格纳全面研究过类似于飞机结构中薄壁截面受压支撑的扭转屈曲现象④,卡普斯又提出了更精确的理论依据⑤。从那时开始,很多工程师都在研究梁的侧向屈曲与压杆受扭压屈理论,因为它不仅在飞机结构,而且在桥梁建造方面也有着广泛的应用前景。古迪尔的成就是值得一提的⑥,他不仅考查过各种条件下独

图 237 角钢受扭

① 关于壳理论的发展史,参见 J. W. 格克勒的论文,《物理手册》第 6 卷,1928 年;W. 弗吕格,《壳的静力学和动力学》,柏林,1934 年;铁摩辛柯,《板壳理论》,1940 年。

② 有关弹性理论中稳定准则的一般性讨论,详见齐格勒(H. Ziegler)的论文,《应用数学与力学》第 20 卷,第 49 页,1952 年。

③ 铁摩辛柯,《基辅理工学院通报》,1907 年。普拉斯(H. J. Plass),《应用力学学报》第 18 卷,第 285 页,1951 年。

④ 详见瓦格纳(H. Wagner)的论文,《但泽技术大学二十五周年纪念文集》(*Festschrift Fünfundzwanzig Jahre Technische Hochschule Danzig*)第 329 页,1929 年。

⑤ 卡普斯(R. Kappus),《德国航空研究年鉴》,1937 年;《航空研究》(*Luftfahrt-Forsch.*)第 14 卷,第 444 页,1938 年。

⑥ 《康奈尔大学工程实验室通报》(*Cornell Univ. Eng. Exp. Sta. Bull.*),第 27 期,1941年;第 28 期,1942 年。

立支柱的稳定性,也涉及与弹性薄板刚接的压杆稳定问题。采用大变形理论,他给出一个严格证明,说明瓦格纳扭转屈曲理论所依据的假设实际上有效[1]。尼兰德对工字梁的侧向压屈问题建树颇丰[2],并进行过大量实验研究。恩斯特·奇沃洛讨论过非对称截面梁的侧向压屈现象[3],并给出广义方程,于是,工字梁就变成该方程的一种特殊情况。铁摩辛柯探讨了各种开口薄壁构件的弯曲、扭转和压屈基本理论[4]。在弗拉索夫的书中[5],可以看到受扭屈曲理论的另一种近似方法。另外,他还指出,圣维南原理不适用于薄壁构件,例如,当两端翼缘作用有弯曲力偶时,Z 形截面杆件就可能产生扭曲变形。

鉴于当年俄罗斯海军舰船上出现的一些结构性通病,铁摩辛柯便开始着手研究矩形板中面受力时的弹性稳定问题[6]。虽然布赖恩已经解决了四边简支矩形板均匀受压这种最简单情况(参见第 62 节);但是,在船舶建造过程中,工程师通常遇到的却是其他不同类型的边界条件,这样一来,就往往需要精确计算方能得到应力临界值。当时,许多特殊工况的稳定问题都已经有了答案,而且,相关的临界应力值计算表格也是现成的。

研究弹性稳定问题经常会遇见微分方程,其精确解却难以获取,因此有必要借助近似方法计算临界力。铁摩辛柯提出过一种基于体系能量的分析方法,类似于瑞利在近似计算弹性体系振动频率时所采用的手段,他用这种方法解决了不少稳定问题[7]。例如,对于一根受压柱,可

---

[1]《应用力学学报》第 17 卷,第 383 页,1950 年。

[2] 尼兰德(H. Nylander),《瑞典皇家工程研究所论文集》(*Proc. Roy. Swed. Inst. Eng. Research*)第 174 期,1943 年。

[3]《瑞士维也纳科学院学报》(*Sitzsber. Akad. Wiss. Wien.*)第 IIa 部分,第 153 卷,第 25~60 页,1944 年。

[4]《富兰克林研究所学报》239 卷,第 201 页,1945 年。

[5] V. Z. 弗拉索夫,《薄壁弹性杆》,莫斯科,1940 年。

[6]《基辅理工学院通报》,1907 年。另见德语版的论文,《数学与物理杂志》第 58 卷,第 357 页,1910 年。

[7]《基辅理工学院通报》,1910 年。另见法语版的论文,《国立路桥学校年鉴》,巴黎,1913 年。

以假设压屈后的某种变形曲线表达式,并使其满足端部条件;然后,根据柱子在屈曲过程中增加的应变能必将等于压力功这个条件,计算出相应的临界荷载。这样一来,通常会得到一个高于真实值的临界荷载。原因在于:假定的变形曲线效果等同于在体系中引入附加约束,从而避免柱子出现此假定曲线之外其他压屈形状的可能性,因此引入附加约束条件后的临界荷载就只能增大了。如果想要得到更好的近似临界值,就必须采用带有若干参数的假定曲线,并通过这些参数的变化来略微改变曲线形状,这样一来,就能计算出更为近似的临界荷载。其原因是:可以调整参数,使得该曲线条件下的临界值最小,最终更精确的临界荷载便会跃然纸上。上述方法适用于很多工况,也包括杆系在内。推而广之,组合柱、开敞式桥梁的受压弦杆以及多种骨架或框架结构体系的稳定性问题便会迎刃而解。

近似方法是攻克各类加劲板材问题的灵丹妙药。众所周知,在船舶制造中,人们常常采用一系列纵向或横向加劲构件来提高均匀受压矩形板的刚度,对于这类加强型钢板,设计师一般都通过能量法确定临界压应力,并利用许多表格去简化加劲肋的尺寸选择。当然,在剪应力作用下,矩形板屈曲问题也可用相同的近似法予以解决,进而更合理地选择加劲肋[1]。另外,工程中开始广泛使用的长跨板梁还将带来腹板加劲问题,分析方法仍然如上所述[2]。

伴随着薄腹拱桥施工建设的日益高涨,受压曲杆的弹性稳定显得格外重要。赫尔布瑞克解决了等截面两铰圆拱问题[3],铁摩辛柯讨论过其中带有微小初始曲率的情况[4]。迈尔的研究对象是三铰拱[5],随后,

① 详见铁摩辛柯的论文,《国立交通大学工程师协会报告》第 89 卷,第 23 页,1915 年。索斯韦尔独立研究了无限长矩形板的情况,《哲学杂志》第 48 卷,第 540 页,1924 年。

② 详见铁摩辛柯的论文,《钢铁建筑结构》(Eisenbau)第 12 卷,第 147 页,1921 年;《工程》第 138 卷,第 207 页,1934 年。巴布雷(R. Barbré)深入研究了加劲板的屈曲问题,《建筑工程》第 17 卷,1936 年;恩斯特·奇沃洛,《建筑工程》第 17 卷,1936 年。

③ 赫尔布瑞克(E. Hurlbrink),《船舶制造》(Schiffbau)第 9 卷,第 517 页,1908 年。

④《应用力学学报》第 2 卷,第 17 页,1935 年。

⑤ 迈尔(R. Mayer),《钢铁建筑结构》第 4 卷,第 361 页,1913 年。

加贝尔又进行了相关结构实验[①]。全面分析两端嵌固等截面均匀受压圆拱的学者是 E. 尼古拉[②],而施托伊尔曼[③]、金尼克[④]以及费德霍费尔[⑤]等人亦有所建树,他们的考查对象则是变截面拱。与此同时,哈林克斯还对螺旋弹簧的稳定性发表过广泛见解[⑥]。

对于现代飞机结构,薄壳的弹性稳定是头等大事。现有研究成果主要针对圆柱壳,许多学者已经讨论过其中的轴压问题[⑦],结果表明:薄壳的压屈形状不只是对称的,也可能是非对称的。在考查潜水艇外壳弹性稳定时,冯·米塞斯厘清了轴向及侧向压力联合作用下的圆柱壳稳定性[⑧]。铁摩辛柯也研究过弧面板的轴压问题[⑨],而莱格特则探讨了这种构件在剪力作用下的屈曲现象[⑩]。另外,什未林[⑪]与唐奈[⑫]两人的考查对象则是扭转条件下的圆柱壳屈曲。

在弗吕格那里,我们找到了纯弯作用下薄壁圆柱筒稳定性问题的答案[⑬],因为他指出:与轴压圆柱壳的对称屈曲临界值相比,上述情况

---

① 加贝尔(E. Gaber),《工程技术》(*Bautech*)1934 年,第 646 页。

② 尼古拉,《圣彼得堡理工学院通报》第 27 卷,1918 年;《应用数学与力学》第 3 卷,第 227 页,1923 年。

③ 施托伊尔曼(E. Steuerman),《工程文献》(*Ing.-Archiv.*)第 1 卷,第 301 页,1930 年。

④ 金尼克(A. N. Dinnik),《工程技术公报》(*Vestnik Inzhenerov i Tech*)第 6,12 期,1933 年。

⑤ 《建筑工程》第 22 卷,第 340 页,1941 年。

⑥ 哈林克斯(J. A. Haringx),《飞利浦自然实验室研究报告》(*Philips Research Repts.*)第 3 卷,1948 年;第 4 卷,1949 年。

⑦ 洛伦茨(R. Lorenz),《德国工程师协会》第 52 卷,第 1766 页,1908 年;《物理学》第 13 卷,第 241 页,1911 年。铁摩辛柯,《数学与物理杂志》第 58 卷,第 378 页,1910 年;《圣彼得堡电子技术研究所通报》(*Bull. Electrotech. Inst. St. Petersburg*)第 11 卷,1914 年。另见索斯韦尔的论文,《哲学杂志》第 25 卷,第 687 页,1913 年;《伦敦皇家学会学报》系列 A,213 卷,第 187 页,1914 年。

⑧ 《德国工程师协会》第 58 卷,第 750 页,1914 年。

⑨ 详见铁摩辛柯的《弹性理论》(俄文版)第 2 卷,第 395 页,1916 年。

⑩ 莱格特(D. M. A. Leggett),《伦敦皇家学会论文集》系列 A,第 162 卷,第 62～83 页,1937 年。

⑪ 什未林(E. Schwerin),《国际应用力学大会论文集》,代尔夫特,1924 年。《应用数学与力学》第 5 卷,第 235 页,1925 年。

⑫ 唐奈(L. H. Donnell),《国家航空咨询委员会技术说明》第 479 条,1933 年。

⑬ 《建筑工程师》第 3 卷,第 463 页,1932 年。

高出 30% 左右。考虑到飞机结构的设计需求,人们对各种圆柱壳的加强方法从理论和实验上进行了大量探索。如果圆柱壳采用等间距的纵向及环向肋加劲,则该稳定性问题可简化为各向异性壳的压屈情况,弗吕格已经建立出相应的微分方程,而周继全也作过一些计算[1]。

佐利[2]与范·德·诺特[3]这两位学者都曾经关注过均匀受压球壳问题,前者讨论的目标是对称屈曲,而后者的研究范畴更为广泛。另外,比耶诺还分析过带小曲率的球壳段压屈问题[4]。

采用基于小变形假定的挠度线性微分方程,就能得到计算板壳临界应力的理论公式。如果荷载大于此值,板壳压屈变形问题的解答则应采用最大应变理论。瓦格纳指出[5]:在腹板出现屈曲后,薄腹板梁仍然能够继续承受相当大的附加荷载,他还为此推导了一个计算极限荷载的近似公式。冯·卡门澄清了受压矩形板的极限荷载,并得到有效宽度的近似计算公式[6]。相同主题的进一步研究是由铁摩辛柯[7]、特雷夫茨与马格尔共同完成的[8]。薄壳压屈实验结果表明:一般情况下,开始屈曲的荷载远小于理论计算值,该现象的解释者就是大名鼎鼎的冯·卡门和钱学森[9]师徒二人,他们利用大挠度理论证明:实现稳定平衡形式所需的荷载小于经典理论值。后来,唐奈[10]与弗里德里希斯[11]又就此作

① 周继全(Dji-Djüan Dschon,译者注:中文译名出自袁同礼的《中国学生在欧洲大陆的博士论文指南 1907—1962》,第 97 页,第 1000 号),《航空研究》第 11 卷,第 223 页,1935 年。

② 佐利(R. Zoelly),学位论文,苏黎世,1915 年。

③ 范·德·诺特(Van der Neut),学位论文,代尔夫特,1932 年。

④《应用数学与力学》第 15 卷,第 10 页,1935 年。

⑤《飞行技术和机动航空杂志》(Z. Flugtech. u. Motorluftschiffahrt)第 20 卷,第 200 页,1929 年。

⑥《美国机械工程师协会学报》第 54 卷,第 53 页,1932 年。

⑦《弹性稳定理论》(Theory of Elastic Stability)第 390 页,1936 年。

⑧ 马格尔(K. Marguerre),《应用数学与力学》第 16 卷,第 353 页,1936 年;第 17 卷,第 121 页,1937 年。

⑨《航空科学学报》(J. Aeronaut. Sci)第 7 卷,第 43 页,1939 年;第 8 卷,第 303 页,1941 年。

⑩《应用力学学报》第 17 卷,第 73 页,1950 年。

⑪ 弗里德里希斯(K. O. Friedrichs),《西奥多·冯·卡门周年纪念文集》(Theodore von Kármán Anniversary Volume)第 258 页,1941 年。

出进一步研究。

弹性稳定问题通常都会出现在具有一个或两个小维度的实体中，如细杆、薄板或薄壳。然而，对于橡胶这种在弹性极限内就会产生巨大变形的材料，其稳定问题也会出现在三维尺寸同级的构件中。最早讨论该问题的人是索斯韦尔[1]，而对相关的弹性稳定一般理论更深入探求者还包括比耶诺、汉基[2]以及比奥[3]和特雷夫茨[4]。

86. 振动与冲击

通常，现代机械都会催生出一些需要进行应力分析的问题，而起因往往是振动。这些重要的实际问题包括杆轴的受扭振动、涡轮叶片与涡轮盘的振动、转轴急旋、滚动荷载作用下铁路轨条和桥梁的振动以及各类基础振动等。而以上麻烦的解决方法唯有振动理论，也只有该理论才能告诉我们如何找到合适的设计尺寸，从而令机器远离共振临界状态或避免出现剧烈振动。

工程师普遍认可的重要研究课题之一就是汽船螺旋桨杆轴的受扭振动现象。或许，弗拉姆是从理论与实验方面探讨该问题的开路先锋[5]，他证明：当发生共振时，扭转应力会非常大，以致材料将因疲劳而突然断裂。自从弗拉姆那篇了不起的文章发表后，很多工程师也对受扭振动产生了浓厚兴趣，不仅涉及螺旋桨杆轴问题，也包括含有多个回转质量的机械曲杆这类复杂情况。从理论上讲，这种问题能简化成理想条件下常系数线性微分方程组的解，并进而推导出相应的频率方程。但是，伴随着回转质量数目的增加，解决途径亦更加曲折，因为在处理过程中，不仅要对方程式系数进行定值，还必须掌握合适的数值计算方

---

①《伦敦皇家学会学报》系列 A，第 213 卷，第 187～244 页，1913 年。

②《阿姆斯特丹科学院论文集》第 31 卷，第 579～592 页，1928 年。

③《第五届国际应用力学大会论文集》，马萨诸塞州，坎布里奇，1938 年。《哲学杂志》(7)第 27 卷，第 468～489 页，1939 年。

④《应用数学与力学》第 13 卷，第 160～165 页，1933 年。

⑤ 弗拉姆(Frahm)，《德国工程师协会》第 797 页，1902 年。

法。在实际应用中,经常会碰到具有多个回转质量的体系,而如何给方程系数定值以及数值计算过程的困难程度却令人望而却步,所以必须找到无须推导频率方程却能直接计算频率的近似方法。显而易见,就最低频率来说,瑞利法通常可以获得满意结果。当然,为了计算更高的频率,就必须引入逐步近似手段,对此,维亚内洛建议的方法[1]能够计算出压杆屈曲荷载。在斯托多拉有关汽轮机的书中,他应用该法计算过杆轴的各阶主频。后来,在比耶诺、格拉梅尔合著的书中,又对这一途径进行了综述[2]。而克洛特尔则对分析扭转问题的各种手段做出非常全面的评论与比较[3]。

轴杆与梁的横向振动具有重大现实意义。早在 18 世纪,棱柱杆件振动的几种最简单工况引起人们兴趣,求解方法被写入有关声学的书中。然而,当实际梁的横截面尺寸与长度相比并不甚小,或高阶振型因非常重要而不可忽略时,就必须推导出一个更完整的、能够考虑剪力对变形影响的微分方程[4]。在实际工程中,经常会出现横截面尺寸沿梁长变化的情况,其精确振动分析将仅限于一些最简单的情况[5],而且,通常需要依靠微分方程的近似积分方法。上述途径对于计算船舶的横向振动频率意义重大[6],而其理论依据,一般就是前面提及的维亚内洛逐步近似法。除此之外,具有端部附加质量的棱柱杆是很常见的,这类构件的振动基本形态已经有了答案[7]。

移动荷载作用下的桥梁横向振动问题依旧令工程师倍感兴奋。1905

① 《德国工程师协会》第 42 卷,第 1436 页,1898 年。
② 《工程动力学》,柏林,1939 年。
③ 克洛特尔(K. Klotter),《建筑工程师》第 17 卷,第 1 页,1949 年。
④ 详见铁摩辛柯的《弹性理论》(俄文版)第 2 卷,第 206 页,1916 年。《哲学杂志》(6)第 41 卷,第 744 页;第 43 卷,第 125 页。
⑤ 瓦尔德(P. E. Ward),《哲学杂志》第 25 卷,第 85~106 页,1913 年。A. N. 金尼克,学位论文,叶卡捷琳诺斯拉夫(Ekaterinoslav,第聂伯罗彼得罗夫斯克的旧称),1915 年。
⑥ 有关船体振动的文献综述以及各种计算方法的比较,详见帕普科维奇(P. F. Papkovich,1887—1946)的论文,《应用数学与力学》(*Appl. Math. Mechanics*,俄文版)第 1 卷,第 97~124 页,1933 年。
⑦ 详见铁摩辛柯的论文,《数学与物理杂志》第 59 卷,1911 年。

年,克雷洛夫得到此问题的全解[1]。在计算过程中,他忽略滚动荷载质量,且假定:通过棱柱梁的力大小不变且速度恒定。铁摩辛柯亦研究过脉冲荷载工况,例如,一辆无法保证完全平稳的机车,通过桥梁时就会产生这种脉冲振动[2]。研究表明,在共振条件下,此脉冲力可能产生非常大之振动效果。英格利斯讨论过上述问题[3],其进展在于采用一些简化假定来考虑滚动荷载的质量效应。对该效应的更一般性讨论要归功于舍伦坎普[4],他甚至还利用小模型实验证实了挠度曲线与理论计算非常吻合。对于移动荷载作用下的两跨连续梁振动,艾尔、乔治·福特和雅各布森三人在斯坦福大学的理论与实验研究最具说服力[5]。

　　为了改善汽轮机设计,工程师研究过几个重要的振动现象。从理论与实验角度出发,奥古斯特·弗普尔首先探讨了圆盘轴的回旋问题[6]。在斯托多拉有关汽轮机的著作中,我们找到以上问题更深入细致的答案。金博尔讨论过轴杆回旋振动时的滞回效应[7]。涡轮机叶片会因振动过大而破裂,这种现象已经引起许多工程师关注。如今,我们的课题则是变截面杆在横向力和轴力共同作用下的振动成因,而在计算基本频率时,仍然采用瑞利法[8]。为减小汽轮机振动效应,人们常把叶片连接成组,对这种复杂体系的振动来说,什未林[9]和克龙[10]二人应该最有发言权。

---

① 克雷洛夫(A. N. Krylov,1863—1945),《数学年鉴》第 61 卷,1905 年。

② 铁摩辛柯,《基辅理工学院通报》1908 年;《哲学杂志》第 43 卷,第 1018 页,1922 年。

③《铁路桥梁振动的数学理论》(A Mathematical Treatise on Vibrations in Railway Bridges),剑桥,1934 年。

④ 舍伦坎普(A. Schallenkamp),《建筑工程师》第 8 卷,第 182 页,1937 年。

⑤ 艾尔(R. S. Ayre)、乔治·福特(George Ford)、雅各布森,《应用力学学报》第 17 卷,第 1、283 页。

⑥《土木工程》第 41 卷,第 333 页,1895 年。

⑦ 金博尔(A. L. Kimball),《物理学评论》,1923 年;《哲学杂志》系列 6,第 49 卷,第 724 页,1925 年。

⑧ 泽伦森(E. Sörensen),《建筑工程师》第 8 卷,第 381 页,1937 年;梅斯梅尔(G. Mesmer),《建筑工程师》第 8 卷,第 396 页,1937 年。

⑨《技术物理杂志》(Z. tech. Physik)第 8 卷,第 312 页,1927 年。

⑩ 克龙(R. P. Kroon),《美国机械工程师协会学报》第 56 卷,第 109 页,1934 年;《机械工程》第 62 卷,第 531 页,1940 年。

涡轮机设计中的另一个棘手问题是旋转圆盘振动现象。依据瑞利法，斯托多拉完成了理论研究[1]；通过实验，威尔弗雷德·坎贝尔告诉我们，如何在使用条件下对圆盘振动进行监测[2]。对该课题做出完整实验研究的人是玛丽·沃勒[3]，她发展出一种新方法，能够有效获得克拉德尼线。矩形板振动的研究已有大幅进展，其中以沃尔特·里兹的划时代成就（参见第 69 节）最为突出。如今，达纳·杨进一步将里兹法发展光大[4]，使其能够应用于各种边界条件下的矩形板频率计算。

在研究圆形骨架、可旋转电力机械或拱桥时，我们都会碰到圆环及圆环段的振动问题。霍佩讨论过圆形截面环在自身平面内的弯曲振动[5]；约翰·米歇尔也研究过相同问题，只是振动方向与环自身平面垂直罢了[6]；巴塞特另辟蹊径，他把焦点集中到圆环受扭振动上[7]。另外，也有学者喜欢琢磨不同边界条件下的圆环段振动现象，其中，又以费德霍费尔的阐述最为完整[8]，他还将大量相关论述汇编成书，以飨读者。

弹性体冲击课题是 20 世纪的持续热点。赫兹理论的有效性正在被大量钢球冲击实验所证明[9]，虽然圣维南为我们提供了圆柱杆的纵向冲击理论，但替该理论背书的却是西尔斯的圆头杆件实验[10]，而 D. 泰伯则进一步研究了超过弹性极限的钢球撞击问题[11]。

① 《瑞士建筑》第 63 卷，第 112 页，1914 年。
② 威尔弗雷德·坎贝尔(Wilfred Campbell)，《美国机械工程师协会学报》第 46 卷，第 31 页，1924 年。
③ 玛丽·D. 沃勒(Mary. D. Waller)，《英国皇家物理学会学报》(*Proc. Phys. Soc., Brit.*)第 50 卷，第 70 页，1938 年。
④ 《应用力学学报》第 17 卷，第 448 页，1950 年。
⑤ 霍佩(R. Hoppe)，《克莱尔数学杂志》第 73 卷，1871 年。
⑥ 《数学通报》第 19 期，1890 年。
⑦ 巴塞特(A. B. Basset)，《伦敦数学学会论文集》第 23 卷，1892 年。
⑧ 《拱与圆环的动力学》(*Dynamik des Bogenträgers und kreisringes*)，维也纳，1950 年。
⑨ 金尼克，《俄罗斯物理学会学报》(*J. Russian Phys. Soc.*)第 38 卷，第 242 页，1906 年。
⑩ 《剑桥大学哲学学会论文集》第 14 卷，第 257 页，1908 年。格斯塔夫，《伦敦皇家学会论文集》系列 A，第 105 卷，第 544 页，1924 年。普劳斯(W. A. Prowse)，《哲学杂志》第 22 卷，第 7 期，第 209 页，1936 年。戴维斯(R. M. Davies)，《伦敦皇家学会学报》系列 A，第 240 卷，第 375~457 页，1948 年。
⑪ 泰伯(D. Tabor)，《工程》第 167 卷，第 145 页，1949 年。

　　铁摩辛柯从理论上探讨过钢球对梁的横向冲击情况[1]。他把赫兹的接触面变形理论与梁横向振动理论结合在一起,为计算冲击持时指明了方向,并指出:在此过程中,有可能多次出现球与梁接触间断现象。随后,梅森用实验证实了上述研究成果[2]。我们注意到:伴随横向冲击现象的研究深入,不少学者正在投入其中[3]。如今,鉴于军事工程需要,人们更加重视冲击荷载作用下的杆件塑性变形及各种结构的弹塑性变形问题。

---

　　[1] 《数学与物理杂志》第 62 卷,第 198 页,1914 年。

　　[2] 梅森(H. L. Mason),《应用力学学报》第 58 卷,第 A~55 页,1936 年。

　　[3] 阿诺德(R. N. Arnold),《伦敦机械工程师协会论文集》第 137 卷,第 217 页,1937 年。李(E. H. Lee),《应用力学学报》第 62 卷,第 A~129 页,1940 年。齐纳,《应用力学学报》第 61 卷,第 A~67 页,1939 年。齐罗·图齐、梨田正高(Masataka Nizida),《东京物理化学研究所通报》(*Bull. Inst. Phys. Chem. Research, Tokyo*)第 15 卷,第 905~922 页,1936 年。

第 14 章

1900—1950 年的结构理论

87. 求解超静定体系的新方法

19 世纪的结构理论主要是围绕桁架分析发展起来的。通过假定各节点均为铰接，便能让所有构件只承受轴力，从而得出桁架分析的满意结果。然而，自从建筑结构普遍使用钢筋混凝土后，各种刚架体系就变成力学分析的首要问题。这些结构往往属于高次超静定，构件以弯曲变形为主。人们不久便发现，过去发展起来的手段已经无法适用，所以就必须纳入以变形为依据的新方法。

如前所述（第 66 节），在分析次应力时，将刚性节点的转角作为未知量是有利的。而系统使用转角未知量来分析刚架结构的学者是阿克塞尔·本迪克森[①]，他发展出所谓的"转角位移法"。如图 238 所示，当忽略刚架结构的节点位移时[②]，则可写出众所周知的如下方程：

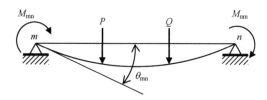

图 238　本迪克森的转角位移法简图

---

① 详见阿克塞尔·本迪克森（Axel Bendixen）的《框架结构的 α 方程计算方法》（*Die Methode der Alpha-Gleichungen zur Berechnung von Rahmenkonstruktionen*），柏林，1914 年。另：转角位移法（Slope-deflection method）。

② 在他的论文里，本迪克森考虑了更一般的情况。

$$M_{mn} = 2K_{mn}(2\theta_{mn} + \theta_{nm}) + M_{mn}^{0} \qquad (a)$$

该式可用于计算作用在杆件 mn 的 m 端之弯矩 M_{mn}。其中 θ_{mn}、θ_{nm} 为两端转角，以顺时针方向为正；$K_{mn} = EI_{mn}/l_{mn}$ 是所谓的刚度系数；M_{mn}^{0} 为固端弯矩。即当杆件两端被嵌固，且仅承受竖向荷载 P、Q 时，作用于 m 端的弯矩值，以顺时针为正。如图 239 所示，若将 ab、ac、ad 及 ae 各杆端弯矩看成未知量，那么必须推导并求解七个方程；然而，当以刚性节点 a 的转角 θ_a 作为未知量时，此问题将简化成一个方程。只需令连接于 a 点的四根杆件其杆端弯矩之和等于零，即可得到该方程。为此，利用杆端弯矩方程(a)，并注意到 b、c、d 和 e 均为固定端，于是有

$$4\theta_a(K_{ab} + K_{ac} + K_{ad} + K_{ae}) = -(M_{ab}^{0} + M_{ad}^{0}) \qquad (b)$$

从方程中解出 θ_a 并代入式(a)，便可知体系所有构件的杆端弯矩。碰到更为复杂的结构，就必须考虑其中的若干节点，例如上例中的节点 a，并就每个节点写出类似于式(b)那样的方程。由于这些方程与转角未知量的个数相等，故在计算出转角后，便能根据式(a)求解所有杆端弯矩。

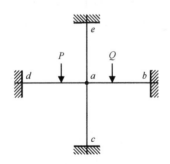

图 239　含四个杆件的受力简图

　　乔里舍夫进一步简化了刚架结构分析过程[1]。他利用逐步近似法，将问题缩减为每次仅需求解含有一个未知量的一个方程。考虑图 240 所

---

[1] 乔里舍夫(K. A. Čališev)，《工程图表》(*Tehnički List*)第 1~2 期，1922 年；第 17~21 期，1923 年。

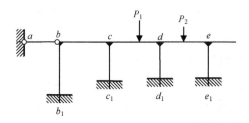

图 240　乔里舍夫研究过的骨架结构

示骨架结构,为避免侧移,可以引入水平杆件 ab。乔里舍夫首先假定各节点均被嵌固,并且在荷载 P_1、P_2 作用下不会发生转动。以此假定为基础,他计算出所有受力杆件的固端弯矩,以及每个节点的固端弯矩之和,而带负号的总和代表节点不平衡弯矩。将所有不平衡弯矩产生的杆端力矩与之前得到的固端弯矩进行代数求和,即为杆端弯矩的最终结果。采用这种逐步近似法,其成功解决了图 240 所示问题[①]。以 M_c、M_d 及 M_e 代表体系的不平衡弯矩,每次放松一个节点,且令其他节点继续维持固定状态,然后计算转角的第一次近似值。例如,先松开图 240 的节点 d,而令其他节点固定,则转角 θ_d 第一次近似值 θ'_d 的方程将形如式(b),即

$$4\theta'_d (K_{dc} + K_{de} + K_{dd_1}) = -(M^0_{de} + M^0_{dc}) = M_d$$

由此可得

$$\theta'_d = \frac{M_d}{4\sum K_{mn}} \tag{c}$$

这样一来,便可根据如下众所周知的简单方程,并通过各节点转角计算出相应杆端弯矩的第一次近似值

$$M'_{mn} = 2K_{mn}(2\theta'_{mn} + \theta'_{nm}) \tag{d}$$

---

① 乔里舍夫建议:从不平衡弯矩(unbalanced moment)最大的地方开始计算。

显然,此方程中的 θ'_{mn}、θ'_{nm} 并不精确,所以,节点 d 处的合力矩 $-\sum M'_{mn}$ 有别于不平衡弯矩 M_d。为进行第二次近似,乔里舍夫引入差值 $\Delta'M_d = M_d + \sum M'_{mn}$,并将其代替式(c)中的 M_d,从而得到修正值 $\Delta\theta'_d$。 如果掌握所有节点的修正值,并将其代入式(d),我们就会知道另一个修正值 $\Delta M'_{mn}$。 再将这些修正值与杆端弯矩的首个近似值相叠加,更好的近似值也就跃然纸上。对于大多数实际工程而言,上述过程已经足够精确,如果需要更加精确的,则可按照以上方式再做一轮,得出第二、第三次的近似值 M''_{mn},依此类推。

当然,我们可以不按照式(c)、式(d)去获得逐步近似,而在每次放松一个节点的同时,嵌固住其他节点,将不平衡弯矩进行直接分配,最终结果也会相同。这种逐渐近似的方法是由哈迪・克罗斯首先提出的[1],并在美国得到广泛使用。

对于选择钢结构合理截面尺寸,有时不仅应考虑材料开始屈服之际的荷载,还须考虑会导致结构完全破坏的情况。分析表明,如果有两种结构是按照相对于屈服条件的相同安全系数设计出来的,那么两者相对于完全破坏的安全系数就有可能大相径庭。例如,考虑某纯弯梁,在屈服之前,材料服从胡克定律,而超过该限值后,便会在无应变硬化下伸长。这样一来,将会得到如图 241a、b 所示应力分布情况,其分别代表如下两种极限状态:① 开始屈服;② 完全破坏。则图 214c 所示矩形截面相应弯矩分别为

$$M_{yp} = \sigma_{yp}\frac{bh^2}{6}, \qquad M_{ult} = \sigma_{yp}\frac{bh^2}{4}$$

故有 $M_{ult}:M_{yp}=1.5$。 但对工字梁而言,该比值就会小很多,并与图 241d 所示截面细部尺寸比例有关。由此可知,如果矩形梁与工字梁均依屈服条件下的相同安全系数来进行设计,那么到完全破坏状态时,

---

① 哈迪・克罗斯(Hardy Cross),《美国土木工程师协会学报》(*Trans. ASCE*)第 96 卷, 1932 年。

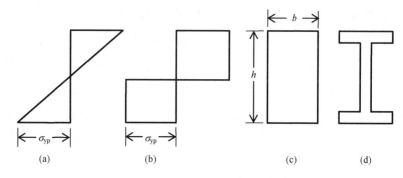

图 241　不同状态下的梁截面应力分布

后者的安全系数就会小于前者。

　　鉴于以上情况，有些工程师主张[1]：应根据极限强度选择构件截面尺寸；并且，如果取图 241b 所示应力分布状态作为极限强度条件，那么，相应极限荷载的计算就会非常简单。例如，对于图 242a 的中央加载、两端固定梁，可以推断，当截面 a、b、c 同时达到极限值 M_{ult} 后，梁才会完全破坏。如果进一步加载，则相应的计算简图为图 242b 所示两铰杆。这样一来，该极限荷载值便能够从相应的弯矩图 242a 中获得，即 $P_{ult}l/4 = 2M_{ult}$。对于办公大楼那样的高次超静定结构体系，当采取相似分析方式，且假定：弯矩达到极限值的所有截面都将出铰，那么确定极限荷载的过程就可降维成简单的刚体静力学问题，从而大大简化了整个体系的应力分析过程。

　　在探讨同时承受轴向力与横向力的长细杆体系过程中，梁-柱骨架问题就显得既实用又重要。对此进行系统研究的第一人是范·德·弗利特[2]，他不只是将问题停留在理论层面上，还绘制出用于简化分析

---

　　[1] 详见基斯特(N. C. Kist)的论文，《钢铁建筑结构》第 425 页，1920 年；该问题的理论分析是由格吕宁(M. Grüning)完成的，参见他的《超静定钢结构在任意重复荷载作用下的承载力》(*Die tragfahigkeit statischt unbestimmter tragwerke aus stahl bei beliebig haufig wiederholter belastung*.)，柏林，1926 年。

　　[2] 范·德·弗利特(A. P. Van der Fleet)，《国立交通大学工程师协会报告》1900—1903 年；《圣彼得堡理工学院通报》，1904 年。

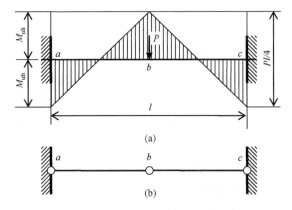

图 242　梁出铰后的弯矩分布

的计算表格。伴随飞机结构的日新月异,梁-柱骨架结构体系这个研究课题突显重要,于是,许多学者编制出更为精细的简化分析表格[1]。

88. 拱与悬索桥

伴随结构工程中钢筋混凝土材料的广泛使用,拱结构再次焕发出活力,特别是在桥梁建设中,因此,拱的应力分析方法也逐渐成为研究热点。虽然在无铰拱体系中存在三个静不定未知量,但通过适当选择这些物理量便能将分析过程大幅简化。为此,库尔曼引入"弹性中心"概念[2],并指出,如果作用于拱座处的反力能够以作用于其弹性中心处的一个力和一个弯矩来表示,那么便可以求出这三个未知量,即两个力分量与一个力偶,且每个方程只包含一个未知数。为确定弹性中心位置并计算出反力,库尔曼采取了图解法,其间,他引入类似于计算梁挠度时的虚力。另外,默施[3]、

① 阿尔弗雷德·奈尔斯进行了非常完整的表格计算,详见其与纽尔(J. S. Newell)合著的《飞机结构》(Aeroplane Structures)一书的第 2 版,1938 年。

② 详见 A. 里特尔的《图解静力学的应用》(Anwendungen der graphischen Statik)第 4 卷,第 197 页,苏黎世,1906 年。另:弹性中心(elastic center)。

③《瑞士建筑》第 47 卷,第 83 页,1906 年。相关内容另见默施(E. Mörsch)的《钢筋混凝土结构》(Der Eisenbetonbau)第 2 卷,第 3 部分,1935 年。

梅兰①与施特拉斯纳②也提出很多分析方法,并在相关论著中罗列了大量不同尺寸的拱推力和弯矩计算表格。

在合理形状上,拱的中心线等同于恒载作用下的索曲线。如果能够在三铰拱中满足该有利条件,那么在拱体的每个截面上,合力都将与中线相切,从而仅出现均布压应力。对于无铰拱,其内力和结构变形有关,并且弯曲应力无法完全被消除。虽然在初始状态下,这种拱的中线也与恒载作用时的索曲线重合,然而,一旦考虑到材料受压变形、混凝土干缩以及温度降低等因素,拱的轴线还是会出现某些程度的缩短。根据三铰结构计算出的拱推力略小于真实值,这种差异将导致如下结果:在拱冠处,无铰拱的推力线会从假设的与恒载作用下索曲线重合的中心线上移,而在拱脚处又会向下偏移。此偏移在扁厚拱中格外显著,将造成墩台处的有害拉应力。如今,人们已经构思出很多方法,用以降低大型拱结构的上述偏差。工程师会在拱顶和拱脚处安装临时铰,让拱在偏心时可以自由转动。恒载带来的中线压缩将导致推力线移位,而上述临时措施则能够消除该现象。当中线偏移后,可以用混凝土填塞临时铰的接缝,并最终形成中心线与索曲线一致的无铰拱。为容许因混凝土收缩及温度降低所产生的推力线移位,在安装临时铰时,必须带有适度偏心。这样一来,当中线偏移并填塞完接缝时,该措施所带来的拱冠和拱脚附加弯矩,就会抵消因混凝土干缩和温度降低所造成的预期弯矩。弗雷西内曾提出③,在两个半拱之间的拱顶处,可以将多个填块嵌入临时铰接缝里,这样一来,在混凝土灌进接缝前,便能够确保拱顶推力线的有利位置。迪辛格尔建议:在带系梁的拱中采用拉索④,

---

① 梅兰(J. Melan)、西奥多·吉斯基(Theodor Gesteschi),《拱桥,钢筋混凝土结构手册》(*Bogenbrucken,Handbuch fur Eisenbetonbau*)第 11 卷,1931 年。

② 阿尔伯特·施特拉斯纳(Albert Strassner),相关内容参见《弹性拱桥的理论设计》(*Der Bogen und das Brückengewölbe*)第 3 版,第 2 卷,柏林,1927 年。

③ 弗雷西内(E. Freyssinet),《土木工程》(*Génie civil*)第 79 卷,第 97 页,1921 年;第 93 卷,第 254 页,1928 年。

④ 迪辛格尔(F. Dischinger),《建筑工程》第 24 卷,第 193 页,1949 年。

因为拉索的拉紧力将大幅降低恒载和混凝土干缩产生的弯矩[1]。现在，土木工程结构中普遍利用预应力概念，迪辛格尔就是采用这种方法减轻了德国最新设计的钢筋混凝土桥梁重量。

在混凝土结构中，预应力的使用催生出大量相关实验与理论研究成果[2]。人们利用高强钢丝，使其在混凝土硬化时维持很大的拉应力，从而能够预制出一种特殊的加强梁，其显著特征表现为：混凝土中存在着巨大的初压应力，在其开裂前，预应力梁能承受的荷载远大于无预应力的普通梁。为简化施加预应力的过程，罗西埃建议采用硬化时会膨胀的特种混凝土[3]，其结果将导致钢丝产生拉应力，与此同时，在混凝土中也将建立起压应力，自然无须完全依赖预加应力所用的特殊装置。

通常，拱的设计者都会这样假定：弹性变形导致的位移非常小，当他们进行内力分析时，只考虑初始未变形之拱中线。然而，对于大跨拱结构，挠度对冗余力大小的影响却是不可以被忽视的[4]。这样一来，按初始未变形中线进行计算就只能视作对冗余力的第一次近似。在上述过程中，如果考虑该近似值带来的中线变位，便能得到更精确的结果。

伴随着拱坝结构的广泛使用，摆在工程师面前的烫手山芋便是那些超级复杂的应力分析难题。在美国，大型拱坝的应力分析已经有了近似方法。首次近似时，人们采用水平拱系叠加竖向悬臂梁系来代替拱坝；然后，再将水平流体压力分解成两个径向分量，一个作用于拱上，另一

　　[1]《土木工程》，1944 年。
　　[2] 有关初始应力计算方法的讨论以及对实验过程描述的相关图书如下：M. 里特尔、拉迪（P. Lardy），《预应力混凝土》（Vorgespannter Beton），苏黎世，1946 年；古斯塔夫·马格纳尔（Gustave Magnel），《预应力混凝土》（Prestressed Concrete），比利时，根特，1948 年，英文翻译版，伦敦，1950 年。
　　[3] 罗西埃（H. Lossier）。1927—1928 年，修建德国阿尔斯莱本（Alsleben）附近的萨勒河（Saale）大桥时，迪辛格尔便利用了这种预应力方法。另外，在战争期间，许多吊桥结构也采用了上述方式。
　　[4] 详见梅兰的论文，《工程科学手册》（Handbuch der Ingenieurwissenschaften）第 2 卷，1906 年；《建筑工程》，1925 年。另见：卡萨诺夫斯基（S. Kasarnowsky）的论文，《钢结构》，1931 年；以及 B. Fritz 的《实体拱的理论与计算》（Theorie und Berechnuing vollwandiger Bogenträger），柏林，1934 年。

个施加在悬臂梁上。对于所有点,当拱与悬臂梁的挠度径向分量相同时,荷载的分配过程便宣告结束。该方法是由美国垦务局工程师首先提出的①。若想获得较好近似效果,在分析时就应考虑如下影响因素:水平和垂直截面上的扭矩、沿拱中线各水平截面上的剪力②,以及相应径向截面内的竖向剪力。为了验证该理论,大家对其中一些重要工况进行了模型实验。例如,在建造胡佛水坝时,工程师就在试验中采用过熟石膏硅藻土(plaster-celite)模型,并以水银作为荷载,所得变形结果十分接近设计分析预期,随后的现场实测亦完美契合计算及模型实验结果。

近年来,悬索桥的分析与建造技术进步神速③。19 世纪初期那些悬索桥无法满足预期效果,由于这些桥梁太过柔软,以致其中一些会因动载或风力所产生的剧烈震动而垮掉。后来,上述不利柔度通过结构中的加劲桁架得以克服。人们还发现,动载振动会随跨度或桥重的增大而减小,所以,在超大桥中不用加劲桁架也可能没有问题。从前,在对加劲桁架悬索桥进行应力分析时,通常都假定变形很小,并采用与刚性桁架相同的分析方式。第一位试图计入加劲桁架挠度的是里加工业学院的教授 W. 里特尔④,其他学者也做了深入研究,其中,又以梅兰的研究成果更为合理且实用⑤。美国人就曾用他的理论设计出许多大型悬索桥梁,这种理论既适用于均布恒载,也同样适用于部分跨内作用有均布动载的情形。

为了甄别最不利荷载分布,戈达尔建议应采用影响线作为分析工具⑥,

① 详见豪厄尔(C. H. Howell)与贾奎斯(A. C. Jaquith)的论文,《美国土木工程师协会学报》第 93 卷,第 1191 页,1929 年。另:美国垦务局(Bureau of Reclamation)。
② 相关内容详见韦斯特加德的文章,《第三届国际应用力学大会论文集》,1931 年,斯德哥尔摩,第 2 卷,第 366 页。
③ 有关悬索桥的完整发展史,可参阅亚库拉的"书目中的悬索桥历史",详见《德州农工大学公报》(Bull. Agr. Mech. Coll. Texas)第 4 系列,第 12 卷,1941 年。
④ 里加工业学院(Polytechnical Institute of Riga)的教授里特尔(W. Ritter),《建筑工程杂志》,1877 年,第 189 页。
⑤ 详见梅兰的《铁拱桥与吊桥理论》(Theorie der eisernen Bogenbrücken und der Hängebrücken)第 2 版,柏林,1888 年。
⑥ 戈达尔(T. Godard)。《国立路桥学校年鉴》第 8 卷,第 105~189 页,1894 年。

当然,这种手段并不十分精确,因为此时无法严格满足叠加原理。铁摩辛柯曾使用三角级数来分析加劲桁架的弯曲问题[1],该方式的好处在于:当你在研究一个集中力对加劲桁架的受弯效果时,就如同说明绘制影响线时所必需的步骤那样简单。布莱希[2]和施托伊尔曼[3]推广了此级数方法,前者考查加劲桁架的几种端部条件,后者研究过变截面加劲桁架。另外,斯图西还证明:在分析变截面加劲桁架弯曲问题时,有限差分方程是一种可行途径[4]。而铁摩辛柯则与 S. 韦合作,共同研究了连续三跨加劲桁架悬索桥的受力问题[5]。

悬索桥理论持续吸引着工程师的兴趣,最新成果层出不穷[6]。其中,有关悬索桥的自激振动已经成为热门话题,许多文章纷至沓来。这里值得一提的是安曼、冯·卡门、邓恩以及伍德拉夫,正是他们提出了关于塔科马窄桥破坏的研究报告[7];当然,还包括 H. 赖塞尔[8]、克勒佩尔和利耶[9],

---

[1]《美国土木工程师协会论文集》(*Proc. ASCE*)第 54 卷,第 1464 页,1928 年。加劲桁架受弯分析中的三角级数应用方法是由马丁(H. M. Martin)独立完成的,《工程》第 125 卷,第 1 页,1928 年。亚库拉比较了上述级数法与梅兰所提出的级数法,《国际桥梁结构工程协会学报》(*Publ. Intern. Assoc. Bridge Structural Eng.*)第 4 卷,第 333 页,1936 年,苏黎世。

[2] 详见布莱希(H. H. Bleich)的《锚固式悬索桥的计算》(*Die Berechnung verankerter Hängebrucken*),维也纳,1935 年。

[3] 施托伊尔曼(E. Steuerman),《美国土木工程师协会学报》第 94 卷,第 377 页,1930 年。

[4] 斯图西(F. Stüssi),《国际桥梁结构工程协会学报》第 4 卷,第 531 页,1936 年。另见他的论文,《瑞士建筑》第 116 卷,1940 年;第 117 卷,1941 年。

[5]《国际桥梁结构工程协会学报》第 2 卷,第 452 页,1934 年。

[6] 可供的参考文献如下:阿特金森(R. I. Atkinson)、索斯韦尔,《伦敦土木工程师协会学报》(*J. Inst. Civil Engrs, London*),1939 年,第 289~312 页;克勒佩尔(K. Klöppel)、利耶(K. H. Lie),《钢结构研究手册》(*Forschungshefte Stahlbau*)第 5 期,柏林,1942 年;格兰霍姆(H. Granholm),《哥德堡查尔姆斯理工大学学报》(*Trans. Chalmers Univ. Technol., Göthernburg*),1943 年;阿斯普伦德(S. O. Asplund),《瑞典皇家工程研究所第 184 号会议记录》,斯德哥尔摩,1945 年;泽尔贝格(A. Selberg),《悬索桥设计》(*Design of Suspension Bridges*),挪威,特隆赫姆,1946 年;格兰·R. 奥尔森(R. Gran Olsson),《挪威皇家科学院》(*Kgl. Norske Videnskab. Selskabs.*)第 17 卷,第 2 期。

[7] 安曼(O. H. Amman)、邓恩(L. G. Dunn)、伍德拉夫(G. B. Woodruff):塔科马窄桥(Tacoma Narrow Bridge)。

[8]《应用力学学报》第 10 卷,第 A23~32 页,1943 年。

[9]《建筑工程师》第 13 卷,第 211~266 页,1942 年。

这些人用论文剖析出那场灾难背后的原因。

89. 铁轨应力

似乎打第一条铁路建成之日起,移动荷载作用下的铁轨应力分析就引起了工程师兴趣。巴洛(参见第 23 节)视轨道为搁置在两支座上的梁,进而探讨其不同截面形状的抗弯能力。显然,当荷载为 P,支座间距为 l 时,最大弯矩应为 $0.250Pl$。而文克尔则把铁轨当成刚性支座上的连续梁[①],因此,他认为的最大弯矩是 $0.189Pl$。

这个研究课题的进一步发展源于齐默尔曼[②],他编制出许多表格,用以简化文克尔弹性地基梁分析方法,并以该理论计算轨枕挠度。齐默尔曼假设:轨条是弹性支座上的连续梁,因为轨枕等间距,垂直的轨条荷载将分配至若干轨枕之上,故而可用等效连续弹性地基代替单独的弹性支座。这样一来,就能够利用弹性地基梁理论去分析钢轨的应力及挠度[③]。以 K 代表地基模量,则挠度曲线(图 243)的微分方程为

$$EI \frac{\mathrm{d}^4 y}{\mathrm{d}x^4} = -Ky \tag{a}$$

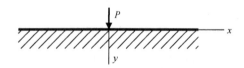

图 243 齐默尔曼的铁轨模型

---

① E. 文克尔,《铁路建筑讲义》(*Vorträge uber Eisenbahnbau*)第 3 版,布拉格,1875 年。

② 齐默尔曼(H. Zimmermann),《铁路上部结构计算》(*Die Berechnung des Eisenbahn-Oberbaues*),柏林,1888 年;第 2 版,柏林,1930 年。另见他的论文《上部结构计算》(*Berechnung des Oberbaues*),《工程科学手册》第 2 卷,第 1~68 页,1906 年。

③ 铁摩辛柯将这个简化理论用于俄罗斯铁路系统,详见《国立交通大学工程师协会报告》,圣彼得堡,1915 年。瓦修提斯基(A. Wasiutyński)将其用于波兰铁路系统,《华沙科学技术学院年鉴》(*Ann. acad. sci. tech. Varsovie*)第 4 卷,第 1~136 页,1937 年。在德国,扎勒(Saller)博士使用过该理论,详见《铁路技术进展》第 87 卷,第 14 页,1932 年;以及奇塔瑞(E. Czitary)在同一期刊上的文章,第 91 卷,1936 年。

把铁轨视作无限长梁并将式(a)积分,便可知最大弯矩

$$M_{\max} = \frac{P}{4} \sqrt[4]{\frac{4EI}{K}} \qquad \text{(b)}$$

且相应最大应力

$$\sigma_{\max} = \frac{M_{\max}}{S} = \frac{P}{4} \cdot \frac{\sqrt[4]{I}}{S} \sqrt[4]{\frac{4E}{K}} \qquad \text{(c)}$$

式中,S 为铁轨截面模量。由于该式第二项的量纲为英寸$^{-2}$,故可知:在轨条断面的几何尺寸相似且 E/K 为常数条件下,当荷载 P 同单位长度的轨条重量等比例增加时,$\sigma_{\max}$ 的大小将保持不变。

根据弹性地基梁理论并利用叠加原理,我们容易作出荷载系的轨条弯矩图。例如,图 244 便是四个等值荷载作用下的弯矩图,其中 $I =$ 44 in^4,$K = 1\,500$ lb/in^2。作为单位弯矩刻度,其值可根据单独荷载 P 作用下的 $M_{\max}$ 值由式(b)计算。显然,最大弯矩出现在第一个与最后一个荷载处,大小是单独荷载 P 产生弯矩值的 75%。在这几个力之间,轨条将上凸弯起,相应的弯矩最大值约等于式(b)计算结果的 25%。可见:当机车通行时,钢轨任意截面之应力大小和方向都将多次改变,亦从侧面印证了轨条的疲劳破坏机理。

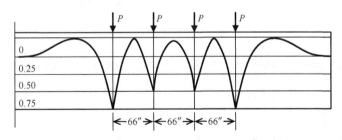

图 244　四个等值荷载下的轨条弯矩图

虽然人们已对动载作用下的铁路轨道变形问题进行了大量实验测量,然而,早期研究所用的机械设备并不可靠。瓦修提斯基改变了这一切,他设计出一种光学方法,并以此成功获取了轮下钢轨的弯曲应变和

挠度影像记录,而此刻的机车正在行驶过程中[①]。

美国西屋电气公司[②]对钢轨应力进行过大规模测试,他们所使用的应变测量工具为磁性应变计[③]。这些实验表明:用于轨条应力分析的弹性地基梁理论是足够精确的。同时也指出,类似于竖向荷载那样,侧向力也能让轨条出现弯曲和扭转,大家不能忽视这些效应[④]。为选择依据现场试验进行应力计算的最佳方法,人们往往会首先在实验室进行初步研究,内容包括弹性支撑轨条的弯曲情况,以及集中力作用点处的局部应力问题[⑤],进而再根据实验结果确定现场条件下应变计的合理安装位置。

现场实验表明,车轮滚动时的动力因素对轨条的应力影响巨大。在如前所述的论文里,瓦修提斯基指出:和表面光滑的重型机车车轮相比,带扁坑(flat spots)的货车车轮更容易使钢轨产生大挠度。提出轴承摩擦中流体力学理论的彼得罗夫对此进行研究[⑥],并首次澄清了车轮扁坑和轨条低坑(low spots)的动力效应。在进行理论推导时,他不计钢轨质量,并将其看成搁置在等间距弹性支座上的梁,从而得到与威利斯相似的微分方程(参见第 40 节),并且,该方程能够通过逐步积分的数值方法求解。于是,在计算钢轨轮压时,不仅应考虑轨条自身的弯曲变形,还要考虑支座竖向弹性振动以及轨条低坑瑕疵所导致的垂直振动。

---

① 有关这些重要试验的完整描述,详见瓦修提斯基提交给国立交通大学工程研究所的学位论文,圣彼得堡,1899 年。另见:《国际铁路研究论文集》(*Verhandl. Internat. Eisenbahn Kong.*),1895—1898 年;以及瓦修提斯基的《铁路轨道弹性变形的研究》(*Beobachtungen uber die elastischen Formanderungen des Eisenbahngeises*),威斯巴登,1899 年。

② 译者注:Westinghouse Electric Corp.

③ 应变计的雏形是由里特尔(J. G. Ritter)发明的,更进一步的发展则归功于西屋电气的工程师 B. F. 兰格、尚贝尔热(J. P. Shamberger),他们还进行了应力轨迹实验。有关该仪器的完整描述,详见兰格的《实验应力分析手册》第 238 页。

④ 详见铁摩辛柯的论文,《第二届国际应用力学大会论文集》,苏黎世,1926 年,第 407 页。

⑤ 详见铁摩辛柯和兰格的论文,《美国机械工程师协会学报》,第 54 卷,第 277 页,1932 年。

⑥ 彼得罗夫(N. P. Petrov),《俄罗斯帝国技术学会通报》(*Bull. Russian Imp. Tech. Soc.*),1903 年;以及他后续发表在《国立交通大学学报》上的论文。

把钢轨想象成放置在弹性地基而非单独弹性支座上的梁,我们就可以对其进行简化分析[1],从而容易发现低坑瑕疵对轨条挠度的动力效应。比如,假设长为 l、深为 δ 的低坑纵剖面可以用下式表示:

$$y = \frac{\delta}{2}\left(1 - \cos\frac{2\pi x}{l}\right) \tag{d}$$

那么,低坑所产生的附加动挠度将正比于 δ,且跟 T_1/T 的大小有关。其中,T 为将轨条视作弹簧时车轮在垂直方向上的振动周期,T_1 则是车轮越过此低坑所需的时间。经计算,当行驶速度对应于 $T_1/T = 2/3$ 时,就会出现最大附加挠度,其值等于 1.47δ。 因此可以断定,由于低坑造成的附加动压力,大致与能使轨条产生 1.5δ 静挠度所需的荷载相同;换言之,在一定速度下,即使很小的低坑瑕疵也会带来相当明显的动力效应。在上述分析中,相比于车轮,轨条质量是可以忽略不计的,当然,前提条件是时间 T_1 要长于钢轨在弹性地基上的振动周期。

在推导式(a)过程中假定:梁任意断面之挠度正比于该截面处地基所受压力。然而,如果将地基看作半无限弹性体,那么梁上任意截面处的挠度将与沿梁长分布的压力有关,这样一来,挠度计算就会变得更加复杂。对此,比奥[2]和马格尔[3]进行过深入研究,后者用更准确的理论证明:梁内最大弯曲应力比基本公式的计算值高出 20% 左右。

90. 船舶结构理论

进入 20 世纪,在船舶结构设计方面,应力分析的普遍使用已经取得长足进步,特别是军舰方面。因为舰船尺寸迅速增加,人们便力求降低船壳重量,以便装备重型火炮和装甲防护,并提高航速。这样一来,设计师就必须面临许多新课题,为解决矛盾,船舶结构理论便成了研究热点。

---

① 详见第 431 页所提到过的铁摩辛柯的论文;另见他的论文,《土木工程》,1921 年,第 551 页,巴黎。有关铁轨上车轮动力作用的进一步研究,可参考霍维(B. K. Hovey)的博士论文,哥廷根,1933 年。

②《应用力学学报》第 4 卷,第 1~7 页,1937 年。

③《应用数学与力学》第 17 卷,第 224~231 页,1937 年。

托马斯·杨视舰船为一根大梁,并提出浮力曲线和重量曲线的概念,而两条曲线纵坐标之差即为作用于"船梁"上的荷载。这种分析船舶纵向强度的方法已被普遍认可,其精度也得到直接实验佐证。基于"豺狼号"[①]及后来的"普雷斯顿号""布鲁斯号"[②]驱逐舰实验,人们以实船弯曲数据表明:如果在计算船体结构弯曲刚度时,考虑某些钢板压屈对刚度降低的影响,那么实测挠度和应力都将符合梁理论。而"普雷斯顿"与"布鲁斯"的寿终正寝恰恰开始于受压钢板和纵梁的屈曲。

实验已经表明,除应广泛关注船舶主梁的抗弯强度外,也要重视截面突变处的局部应力,并给予必要加强措施。受条件制约,大多数情况下,甲板室必须建于强力甲板这个关键结构部位之上。这时,裂缝就很容易在甲板内发展,甚至还会延伸至甲板室的墙内或转角处;另外,在强力甲板的舱口角部,经常出现的应力集中问题也是不争的事实。这些部位一旦开裂,裂缝就会逐渐延伸至甲板板面,上述案例都对舰船安全构成极大威胁[③]。英格利斯考查过甲板开洞的应力集中现象[④],而铁摩辛柯则研究了圆形孔洞的加强措施[⑤]。

船壳横向强度问题吸引着很多船舶设计师的兴趣,并发展出各种结构变形的分析方法。事实上,此问题对鱼雷艇和潜水艇尤其重要,鉴于这些舰艇的骨架很像封闭的圈梁,故而曲杆原理和拱理论中用到的方法非常契合船壳横向强度分析问题[⑥]。

---

① 豺狼号(Wolf)。相关内容详见拜尔斯(J. H. Biles)的文章,《英国皇家造船师学会学报》第 1 卷,1905 年;霍夫曼(G. H. Hoffmann),《英国皇家造船师学会学报》,1925 年。

② 普雷斯顿号(Preston)、布鲁斯号(Bruce)。详见霍夫高(W. Hovgaard)的论文,《海军建筑师和海洋工程师学会学报》(*Trans. Soc. Naval Architects Marine Engrs.*),1931 年,第 25 页。另见凯尔(C. O. Kell)于 1931 年提交给海军建筑师和海洋工程师学会的会议论文。

③ 埃尔斯伯格(E. Ellsberg)描述了白星航运公司雄伟号汽轮船(S. S.Majestic)的案例,《海洋工程》,1925 年。莱尔·威尔逊(J. Lyell Wilson)描述了相似的利维坦(Leviathan)号轮船案例,《海军建筑师和海洋工程师学会学报》,1930 年。

④《英国皇家造船师学会学报》,伦敦,1913 年。

⑤《富兰克林研究所学报》第 197 卷,第 505 页,1924 年。

⑥ 详见马尔贝克(M. Marbec)的论文,《海事技术协会通报》(*Bull. assoc. tech. maritime*),1908 年。

克雷洛夫(图 245)对合理应力分析方法的进步影响巨大,在舰船结构设计方面举足轻重。这里我们简单了解下这位伟大工程师与科学家的丰功伟绩[1]。还在海军学校读书时,克雷洛夫的数学天赋就已经表露无遗。他经常利用课余时间阅读数学书,以至于当 1884 年毕业时,他扎实的数学功底已经远超出学校规定的教学大纲。1888 年,参加完俄罗斯海军实习后,克雷洛夫便进入海军学院,在这里,他痴迷于舰船理论和结构设计。鉴于成绩优秀,1890 年毕业后,克雷

图 245　克雷洛夫

洛夫受邀留校担任数学教员。1891 年,晋升为讲师,主攻舰船理论。作为对该课程的引介,这位年轻人编写了一系列有关近似计算的讲义,并告诉学生们:那些数学家和天文学家创造出来的计算方法也能给工程师带来有利条件。以这些讲义为素材,克雷洛夫马不停蹄,又在随后的 1906 年出版过一本关于近似计算的专著,如今,这本书仍是舰船理论领域最重要的工具之一。

很快,克雷洛夫又开始着迷于船体的波浪振动理论。在弗劳德(Froude)注意到舰船横摇运动问题的同时,克雷洛夫则将目光投向更为复杂的纵摇现象。1896 年,他不仅成功地解决了这个问题,还把研究成果以英文[2]和法文形式[3]公开发表。接下来,克雷洛夫一如既往地追逐着舰船在波浪中的一般振动,并将结论变成不朽名篇《波浪中舰船振

---

① 详见克雷洛夫的《我的回忆录》(*My Reminiscences*),由俄罗斯科学院出版,1945 年。另见克雷洛夫的讣告,《应用数学与力学》(俄文版)第 10 卷,第 3 页,1946 年。克雷洛夫的论文列表与书目也附加在该讣告中。

② 《船舶在波浪上的纵摇运动及其产生应力的新理论》(*A new theory of the pitching motion of ships on waves, and of the stresses produced by this motion*),《英国皇家造船师学会学报》,第 326～359 页,伦敦,1896 年。

③ 《海事技术协会通报》第 8 卷,第 1～31 页,1897 年。

动的一般理论》①。这些论著捍卫了其在船舶理论方面的权威地位,以致英国造船工程师学会授予他金质奖章,而在这之前,从未有外国人获此殊荣。在研究船舶振动过程中,克雷洛夫不仅注意到船壳的惯性应力问题,还提供了计算此应力的一系列有效方法②。在俄罗斯的大量海军舰艇上,利用自己设计的那些高灵敏伸长仪,克雷洛夫完成了很多动态应力实验。

1900年在圣彼得堡俄罗斯海军学院,这位俄罗斯人负责模型船坞建造工作。在这里,他重新编排了模型实验流程,使其能够与新舰船的海上实测工作更加协调。与此同时,克雷洛夫还帮助圣彼得堡理工学院完成造船系重组工作,并为他们准备好了船舶振动的一系列讲座。随后,相关讲义被正式出版并得到同行的热烈反响③。

施利克是最先研究船舶振动之人④,他制造出一台记录船振的专用仪器⑤,并实验测定了各种振动方式的频率。而在以上克雷洛大准备的讲义中,这位学者就施利克关心的问题再次进行理论分析;其中,他把船壳结构视为变截面梁,且引入 J. C. 亚当斯的近似法对常微分方程进行积分运算⑥。几乎同一时期,克雷洛夫又对桥梁振动产生兴趣,发表了前述(参见第86节)关于动载作用下梁强迫振动的文章。后来,这篇文章中的方法还派上其他用场,包括对引擎缸纵向振动的研究以及测量枪膛气体压力⑦。

① *General Theory of the Oscillations of Ship on Waves*,《英国皇家造船师学会学报》第40卷,第135~190页,伦敦,1898年。
② 详见《工程》,1896年,第522~524页;《英国皇家造船师学会学报》第40卷,第197~209页,伦敦,1898年。
③ 《船舶振动》(*Vibration of Ships*,俄文版),1936年。
④ 施利克(O. Schlick),《英国皇家造船师学会学报》第24页,1884年。
⑤ 《英国皇家造船师学会学报》第167页,1893年。
⑥ 详见巴什福德(F. Bashford)的《用亚当斯积分方法检验毛细作用理论的尝试》(*An Attempt to Test the Theories of Capillary Action with an Explanation of the Method of Integration Employed by J. C. Adams*),剑桥,1883年。
⑦ 《俄罗斯科学院通报》(*Bull. Russian Acad. Sci.*)第6系列,1909年,第623~654页。

　　联系舰船在波浪中的振动问题,克雷洛夫还研究过稳定用陀螺装置[1],并出版了后续的相关著作[2]。

　　在大家耳熟能详的《数学知识百科全书》里,克雷洛夫撰写过船舶理论一节[3],动因源于克莱因的邀约,因为当时后者正在收集整理如前所述的《力学卷》材料。

　　1908 年,克雷洛夫开始全面负责建造俄罗斯海军舰艇,当时的俄罗斯,正全力以赴重建日俄战争中遭受重创的舰队。而在英国,一些新型无畏级战舰刚刚下水,俄国当然也有同类舰艇的建造计划。这些新舰船设计过程中出现的很多问题让克雷洛夫有了用武之地,其渊博知识和科学方法成为解决之道。克雷洛夫用数学分析代替过往的经验法则,事实证明,这种理念是正确的。在他领导下,许多结构问题都得到圆满解决。克雷洛夫亲自参与项目研究,并发展出弹性地基梁分析的新方法,其极大简化了计算过程[4],特别是那些有关变截面梁的复杂问题。另外,他还对大挠度压曲支撑的弹性曲线进行过全面剖析[5]。

　　克雷洛夫出版过多部应用数学和力学专著,这些均是他的教学成果。其中一本的内容有关工程中的偏微分方程,对此,工程师和物理学家的好评如潮[6],第一版在几天之内就告售罄。另一本还被译成法文[7],主题涉及常微分方程的数值积分方法。在其有关怀旧的谈话中,克雷洛夫谈道[8]:"在办公疲倦之余,我总是通过阅读天文学和数学经典

----

　　① 详见克雷洛夫的论文,《海事技术协会通报》第 109～139 页,1909 年。

　　②《陀螺仪一般理论及其技术应用》(*General Theory of Gyroscopes and Some of Their Technical Applications*),由俄罗斯科学院出版,1932 年,第 394 页。

　　③ 详见《数学知识百科全书》第 4 卷,第 3 部分,第 517～562 页,1906 年。

　　④ 该研究细节在后来出版成书,详见《弹性地基梁分析》(*Analysis of Beams on Elastic Foundation*),俄罗斯科学院出版,第 2 版,第 154 页,1931 年。

　　⑤《俄罗斯科学院通报》第 7 系列,1931 年,第 963～1012 页。

　　⑥ 海军学院版,第 2 版,1913 年;俄罗斯科学院版,472 页,1932 年。

　　⑦《微分方程的近似数值积分及其在弹道轨迹中的应用》(*Sur l'intégration numerique approchée des équations differentielles avec application au calcul des trajectoires des projectiles*)。

　　⑧ 详见第 217 页。

来打发时间。"恰恰就是在如此不经意间,他完成了那篇重要著述《从少量观测确定彗星和行星的轨道》[1]。除此之外,克雷洛夫还承担着牛顿《自然哲学的数学原理》俄文翻译的巨量任务,并在其中加入自己的200多个注释。在人生后半程,克雷洛夫又翻译完成欧拉有关月球运动新理论的专著[2]。大约在1936—1943年,俄国科学院将其全部论述编纂成八卷本文集以飨后人。

作为克雷洛夫的学生与同事,布勃诺夫设计过俄罗斯第一批无畏型战舰和潜水艇,并对船舶结构做出重要贡献,也是第一位将板壳弯曲理论用于舰船结构设计之人。布勃诺夫指出,在流体静压力作用下,板的挠度通常不小。因此,不仅需要考虑中面弯曲,还应考虑中面伸长。他推导了该问题的一般解,绘制出数值表格用以简化计算。这项功劳得到俄国与其他各国广泛关注,其中一篇早期论述被译成英文[3],后续成果则都被编入他的《舰船结构理论》里[4]。

纵横交叉梁理论对船舶设计十分重要,对此,布勃诺夫成绩斐然。仅就支撑在等距平行纵梁系下的横梁,他断言,这种横梁支座可视为弹性地基上的梁,他还为此给出了简化分析的计算表格。后来,布勃诺夫又将这种方法推广到多根横梁的情况[5]。

在俄罗斯无畏战舰的船体设计过程中,学者们针对不同荷载或边界条件下的板,首次进行了弹性稳定分析[6]。战舰进入船坞时,如果仅依靠中龙骨,便会给横舱壁的稳定和强度带来相当大麻烦。作为解

---

[1] *On Determination of Trajectories of Comets and Planets from a Small Number of Observations*,《海军学院公报》(*Publs. Naval Academy*),1911年,第1~161页。

[2] 详见《俄罗斯科学院公报》(*Publs. Russian Acad. Sci.*),1934年。

[3] 《英国皇家造船师学会学报》第44卷,第15页,1902年。

[4] 这本重要著作的前两卷首印于1912年的圣彼得堡,第三卷是有关船舶设计中结构理论应用的内容,仍然为油印版。另见:铁摩辛柯的《板壳理论》第1~33页,1940年;以及S. 韦呈交给全国应用力学大会的论文,1932年6月。

[5] 有关这类问题的更进一步研究以及相关主题的发展史,可参阅M. 赫特尼的《弹性地基梁》(*Beams on Elastic Foundation*),密歇根大学出版社,1946年。另见赫利特契耶夫(J. M. Hlitčijev)的《弹性理论》(*Theory of Elasticity*),贝尔格莱德,1950年。

[6] 铁摩辛柯曾以顾问工程师的名义(1912—1917)参与过这项工作。

决该问题的成果,前述加劲板屈曲理论(参见第 85 节)已经得到长足发展,人们完成了一系列 15 ft 长、7 ft 宽的模型实验。在分析纵横交叉梁系的弯曲问题时,瑞利-里兹法不仅走上前台[①],还据此得出非常精确的解。

　　帕普科维奇对船体结构不同精细化应力分析的方法给予了评述和补充。而他那两卷本的《舰船结构理论》更是构成最完整的现代船舶结构知识体系。其中,第一卷有关构架与交叉梁理论,共 816 页,1947 年在莫斯科出版;第二卷涉及板壳受弯与屈曲,共计 960 页,出版于 1941 年。

---

　　① 详见铁摩辛柯的《材料力学》第 321 页,1911 年;《弹性理论》(俄文版)第 2 卷,第 72 页,1916 年;以及铁摩辛柯的论文,《应用数学与力学》第 13 卷,第 153 页,1933 年。

后 记

材料力学是工程科学的一个分支,其关注实体的变形和破裂。当然,这些问题应源自力而非位置或平衡状态的改变。材料力学认知的发展,有助于工程师掌握结构作用力的安全性,或选择构件必要尺寸的材料,从而使其在不破坏正常功能条件下承受给定的外力。

作为对材料力学发展史的回顾,本书可谓品质优良,其中涉及大量弹性与结构理论的参考文献,是铁摩辛柯在加利福尼亚州帕罗奥图市斯坦福大学系列讲座的总结。本书展示出该学科的早期发端情景,从古埃及伟大的纪念碑与金字塔,到古希腊和古罗马的庙宇、道路及防御工事。我们有理由相信,现代材料力学的诞生标志就是伽利略的名著《关于两门新科学的对话》。另外,作者还追溯了这门新学科的兴起与发展,及其在17—20世纪的工业及商业应用场景。

铁摩辛柯充实了该学科的理论骨架,向读者清晰展示出相关的重要方程和那些影响力非凡的数学家或物理学家生平,包括欧拉、拉格朗日、纳维、托马斯·杨、圣维南、弗朗茨·诺伊曼、麦克斯韦、开尔文、瑞利、克莱因、普朗特等众多大师。通过对意大利、法国、德国、英国和其他地区学术发展和工科教育的澄清,这些理论、方程和大师的丰功伟绩又得到了进一步升华。